筆記試験

(科　目)：

1．電気に関する基礎理論
2．配電理論及び配線設計
3．電気応用
4．電気機器・蓄電池・配線器具・電気工事用の材料及び工具並びに受電設備
5．電気工事の施工方法
6．自家用電気工作物の検査方法
7．配線図
8．発電施設・送電施設及び変電施設の基礎的な構造及び特性
9．一般用電気工作物及び自家用電気工作物の保安に関する法令

(試験形式)

一般問題40問，配線図問題10問の計**50問の四肢択一**方式で，試験時間は**2時間20分**(140分)．解答はマークシートに記入する方式．

技能試験

次に掲げる事項の全部又は一部について行われます．

①電線の接続　②配線工事　③電気機器・蓄電池及び配線器具の設置　④電気機器・蓄電池・配線器具並びに電気工事用の材料及び工具の使用方法　⑤コード及びキャブタイヤケーブルの取付け　⑥接地工事　⑦電流・電圧・電力及び電気抵抗の測定　⑧自家用電気工作物の検査　⑨自家用電気工作物の操作及び故障箇所の修理

(試験形式)

持参する作業用工具により，配線図で与えられた問題を，支給された材料で一定時間内に完成させる方法で行われます．なお，試験問題の元になる候補問題(単線図) 10問が事前に「受験案内・申込書」等で公表され，そのうちの1問が出題されます．試験時間は**1時間**(60分)．

■受験資格

受験資格の制限はありません．

＊第一種電気工事士の資格は，第二種電気工事士の上位資格ですので，第二種の資格若しくは知識及び技能があればなおベターでしょう（テキストなどもそれがベースになっています)．

■試験日程

筆記試験　10月初旬の日曜

技能試験　12月初旬の日曜

■受験申込

受験申込書の受付は，「**郵便受付**」と「**インターネット受付**」があります．

- **受験申込書の受付**—**6月中旬から7月上旬**
- **受験申込書の配付**—受験申込開始の約1週間前から配布されます．配布場所等の詳細は，一般財団法人 電気技術者試験センターのホームページでご確認下さい．

・技能試験とも，47都道府県の全

れます．

＊受験の申込み及び試験に日程については，「受験案内・受験申込書」等でご確認下さい．

問い合わせ先
一般財団法人 電気技術者試験センター
TEL.03-3552-7691　FAX.03-3552-7847
＊9時から17時15分まで（土・日・祝日を除く）
ホームページ　https://www.shiken.or.jp/

第一種電気工事士

筆記試験完全マスター

改訂4版

オーム社 編

はじめに

住宅・商店，また，ビル・工場などの電気設備工事関係の業務に携わろうとする方にとって，第一種電気工事士の資格は必須の国家資格です．第一種電気工事士の資格は，第二種電気工事士が一般電気工作物を対象とするのに対して，その一般電気工作物はもとより 500 kW 未満の自家用電気工作物までを対象とします．

この資格を取得するには，第一種電気工事士試験に合格することが近道であり，合格するためには，過去の試験問題の出題傾向を把握したうえで学習を進めるのが最も効果的です．

本書は，第一種電気工事士試験の“筆記試験”を受験する方を対象にして作られたテキストです．本書の特色は次の通りです．

✓過去問題を徹底的に分析，105 のテーマを設定
✓図や写真を豊富に掲載，初心者が理解しやすいように解説
✓過去に出題された重要な問題を豊富に収録

改訂 4 版においても，本書の特色はそのままに，最近の試験傾向に合わせてテーマや練習問題等を見直してまとめました．

効率よく，バランスよく学習できるようになっていますので，個人で学習される方はもちろんのこと，講習会等での筆記試験のテキストとして活用いただける一冊です．

2022 年 1 月

オーム社

第一種電気工事士筆記試験完全マスター　改訂４版
目次

4 電気機器・高圧受電設備等

5 電気工事の施工方法

配線図問題 編 215

鑑別・選別問題 編 265

チャレンジ! 過去の筆記試験問題例と解答・解説 287

第一種電気工事士筆記試験の概要と学習方法

●試験内容

次に掲げる内容について試験を行い，解答方式はマークシートに記入する四肢択一方式により行います．問題数は50問で，試験時間は140分です．

①電気に関する基礎理論

②配電理論及び配線設計

③電気応用

④電気機器，蓄電池，配線器具，電気工事用の材料及び工具並びに受電設備

⑤電気工事の施工方法

⑥自家用電気工作物の検査方法

⑦配線図

⑧発電施設，送電施設及び変電施設の基礎的な構造及び特性

⑨一般用電気工作物及び自家用電気工作物の保安に関する法令

●配点と合格点

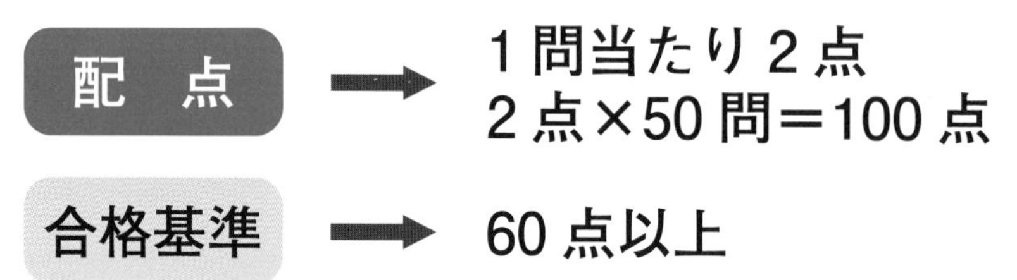

●出題の傾向

試験科目（本書の分類によります）		平均出題数	平均出題率〔%〕
一般問題	電気に関する基礎理論	5.2	10.4
	配電理論・配線設計	3.5	7.0
	電気応用	1.4	2.8
	電気機器,蓄電池,配線器具,電気工事用材料・工具,受電設備	7.0	14.0
	電気工事の施工方法（一般）	4.6	9.2
	電気工事の施工方法（施工図）	5.0	10.0
	自家用電気工作物の検査方法	1.9	3.8
	発電施設，送電施設，変電施設	3.2	6.4
	保安に関する法令	3.0	6.0
	鑑別	5.2	10.4
配線図	高圧受電設備	7.5	15.0
	電動機の制御回路	2.5	5.0
計		50	100

●効果的な学習方法

高得点を目指して学習すると負担が大きくなります．合格点が 60 点ですから，とりあえず 70〜80 点程度を目指して学習するとよいでしょう．

第一種電気工事士筆記試験では，計算問題が重視され，50 問中，約 10 問出題されます．計算問題が苦手な方は，とりあえず 10 問中，4〜5 問は解けるように学習を進めましょう．

必ずしもテキストの順番に従って学習する必要はありません．計算問題が苦手な方は，「電気に関する基礎理論」や「配電理論・配線設計」等を後回しにして，「電気工事の施工方法」あたりから学習を進めていただいても結構です．学習する内容が多いので，無理のない形で進めることが大切です．

筆記試験の受験対策では，過去問題を繰り返し解いて問題慣れすることが大切です．本書には，過去に出題された問題を，練習問題として多く載せてあります．さらに，年度版として発行されている『第一種電気工事士筆記試験 完全解答』を併用して，問題を解くようにすると，効果的に学習を進めることができます．

合格への近道  **過去問題を繰り返し解く**

●第一種電気工事士筆記・技能試験受験者数等の推移

〔単位：人〕

項目 / 年度	申込者			筆記試験			技能試験		
	筆記申込者	筆記免除者	小計	申込者*	受験者	合格者	受験有資格者**	受験者	合格者
平成 23 年度	39 821	6 484	46 305	39 821	34 465	14 633	21 117	20 215	17 104
平成 24 年度	40 557	2 908	43 465	40 557	35 080	14 927	17 835	16 988	10 218
平成 25 年度	42 362	6 231	48 593	42 362	36 460	14 619	20 850	19 911	15 083
平成 26 年度	45 126	3 963	49 089	45 126	38 776	16 649	20 612	19 645	11 404
平成 27 年度	43 611	6 782	50 393	43 611	37 808	16 153	22 935	21 739	15 419
平成 28 年度	45 054	5 149	50 203	45 054	39 013	19 627	24 776	23 677	14 602
平成 29 年度	44 379	7 594	51 973	44 379	38 427	18 076	25 670	24 188	15 368
平成 30 年度	42 288	6 536	48 824	42 288	36 048	14 598	21 134	19 815	12 434
令和 元 年度	43 991	4 915	48 906	43 991	37 610	20 350	25 625	23 816	15 410
令和 2 年度	35 262	6 438	41 700	35 262	30 520	15 876	22 314	21 162	13 558

（注）　＊：筆記免除者を除く
＊＊：筆記免除者＋筆記合格者

第一種電気工事士の資格の取得手続きの流れ

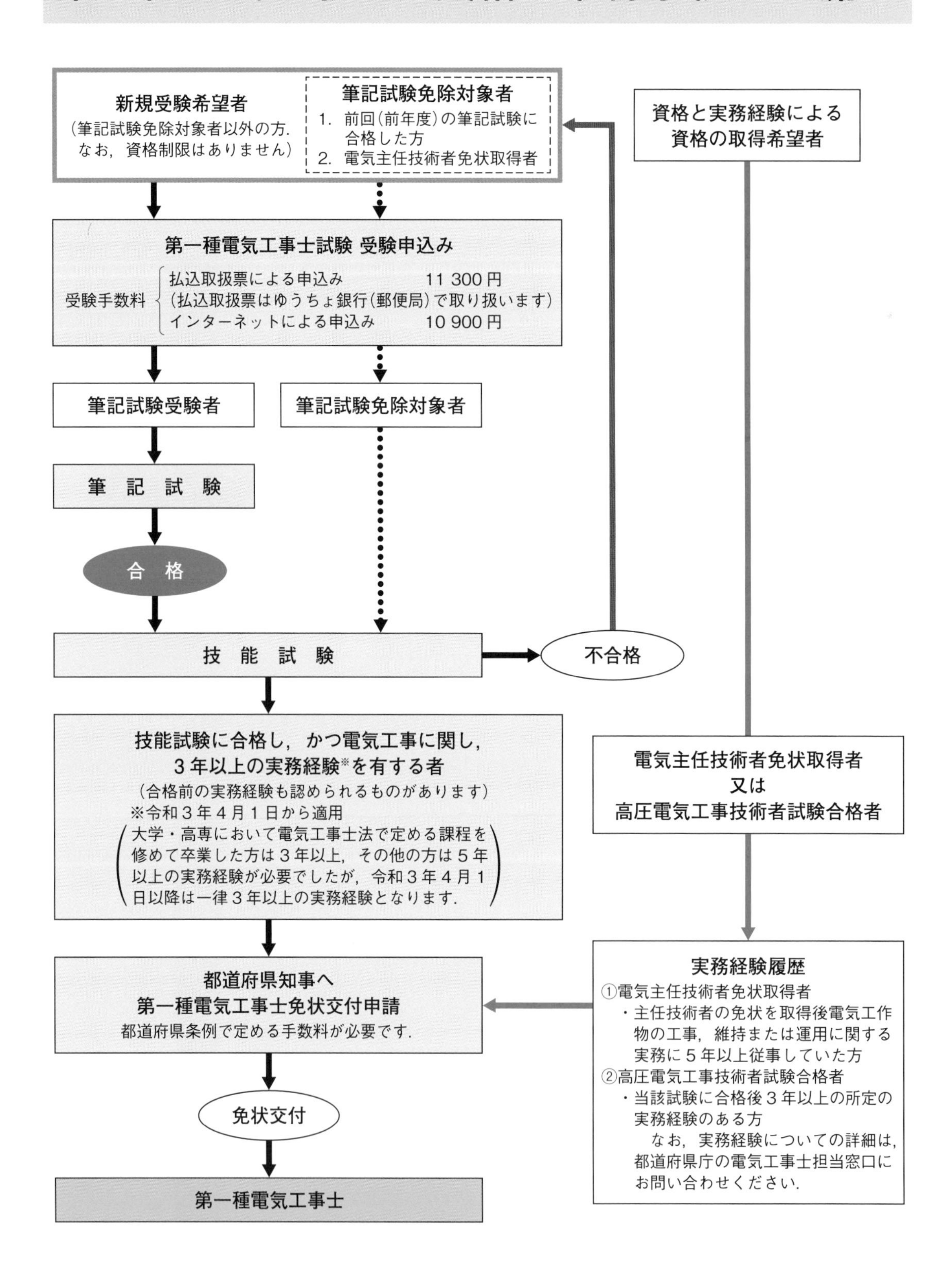

一般問題 編

1　電気に関する基礎理論
2　配電理論・配線設計
3　電気応用
4　電気機器・高圧受電設備等
5　電気工事の施工方法
6　自家用電気工作物の検査方法
7　発電・送電・変電施設
8　保安に関する法令

一般問題の効果的な学習

出題傾向

過去に出題された問題を分析すると，次のような傾向にある.

- 40 問のうち約 10 問が計算問題である.
- 類似した問題が繰り返し出題されている.
- 出題内容が広範囲にわたっている.

学習の進め方

出題傾向を踏まえ，次のような方法で効果的に学習を進めて，目標を達成していただきたい.

- 初めて学習する場合は，まず「ポイント」を学習・理解してから，「練習問題」を通じて，問題の解き方をマスターする.
- すでに学習が進んでいる場合は，「練習問題」を解いて，わからないところを「ポイント」によって重要事項を再確認をする.
- 出題範囲が広いので，とりあえず 70～80% 程度を目標にして学習を始める.
- 必ずしもテーマ順にこだわらないで，なじみやすい内容から学習を始めてもよい.
- 電卓は使用できないので，計算問題は電卓なしで計算して計算力を身に付ける.
- わからないことがあっても，あきらめないで継続して学習をする.

1
電気に関する基礎理論

テーマ1 計算の基礎

ポイント

❶ 分　数

$$\frac{1}{a}+\frac{1}{b}=\frac{b}{ab}+\frac{a}{ab}=\frac{a+b}{ab}$$

$$\frac{a}{b}+\frac{c}{d}=\frac{ad+bc}{bd} \qquad \frac{a}{b}\times\frac{c}{d}=\frac{ac}{bd}$$

$$\frac{\frac{a}{b}}{\frac{c}{d}}=\frac{a}{b}\times\frac{d}{c}=\frac{ad}{bc}$$

$\frac{a}{b}=\frac{c}{d}$ のとき　$ad=bc$

❷ 平方根

$\sqrt{2}\fallingdotseq 1.41 \qquad \sqrt{3}\fallingdotseq 1.73$

$$\sqrt{a}\times\sqrt{a}=\sqrt{a\times a}=a$$

$$\frac{1}{\sqrt{a}}=\frac{\sqrt{a}}{\sqrt{a}\times\sqrt{a}}=\frac{\sqrt{a}}{a}$$

$$\sqrt{a}\times\sqrt{b}=\sqrt{ab}$$

$$\frac{\sqrt{a}}{\sqrt{b}}=\sqrt{\frac{a}{b}}$$

（計算例）

$$\sqrt{0.64}=\sqrt{0.8\times0.8}=0.8$$

$$\frac{30}{\sqrt{3}}=\frac{30\times\sqrt{3}}{\sqrt{3}\times\sqrt{3}}=\frac{30\sqrt{3}}{3}$$

$$=10\sqrt{3}\fallingdotseq 10\times1.73=17.3$$

$$\frac{2}{\sqrt{3}}=\frac{2\sqrt{3}}{3}\fallingdotseq\frac{2\times1.73}{3}\fallingdotseq 1.15$$

❸ 指　数

$a^0=1 \qquad a^1=a \qquad a^2=a\times a$

$$a^{-n}=\frac{1}{a^n} \qquad a^m\times a^n=a^{m+n}$$

$$\frac{a^m}{a^n}=a^{m-n} \qquad \frac{a^n}{b^n}=\left(\frac{a}{b}\right)^n$$

（計算例）

$$10^3=10\times10\times10=1\,000$$

$$10^{-3}=\frac{1}{10^3}=\frac{1}{10\times10\times10}=\frac{1}{1\,000}=0.001$$

$$10^2\times10^3=10^{2+3}=10^5$$

$$\frac{10^2}{10^5}=10^{2-5}=10^{-3}$$

❹ 直角三角形の性質

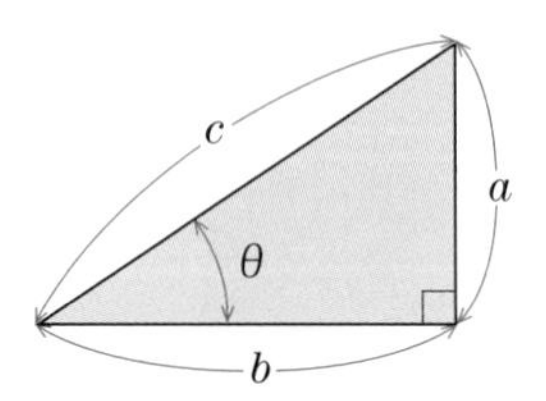

$$a^2+b^2=c^2\rightarrow c=\sqrt{a^2+b^2}$$

$$\sin\theta=\frac{a}{c}\rightarrow a=c\sin\theta$$

$$\cos\theta=\frac{b}{c}\rightarrow b=c\cos\theta$$

$$\tan\theta=\frac{a}{b}\rightarrow a=b\tan\theta$$

$$\sin^2\theta+\cos^2\theta=1\rightarrow\sin\theta=\sqrt{1-\cos^2\theta}$$

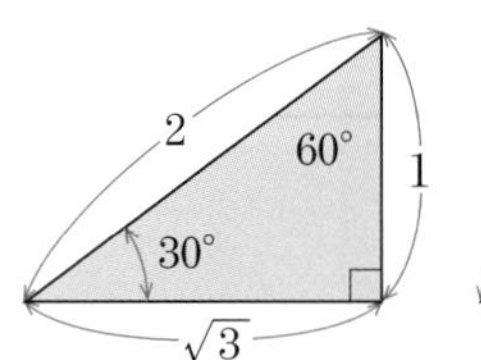

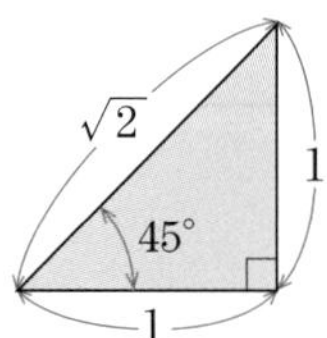

❺ 角度の表し方

角度を表す単位には，〔°〕（度）の他に弧度法の〔rad〕（ラジアン）がある．

180〔°〕が，π〔rad〕に相当する．

°	30	45	60	90	180	360
rad	$\pi/6$	$\pi/4$	$\pi/3$	$\pi/2$	π	2π

❻ ベクトルの合成

ベクトルは，**大きさ**と**方向**を有するものをいう．矢印で表し，矢印の長さで大きさを，矢印の向きで方向を示す．

（1） ベクトルの和

平行四辺形を形作り，その対角線を結んだものが，二つのベクトルの和となる．

（2） ベクトルの差

引くベクトルを反対方向に描き，負（－）の符号にして，ベクトルの和によって求める．

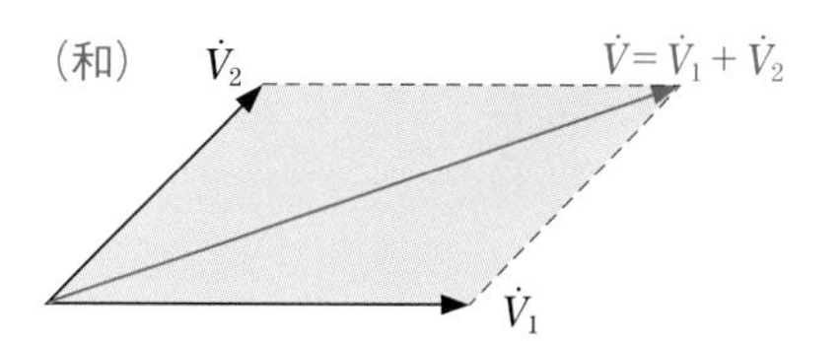

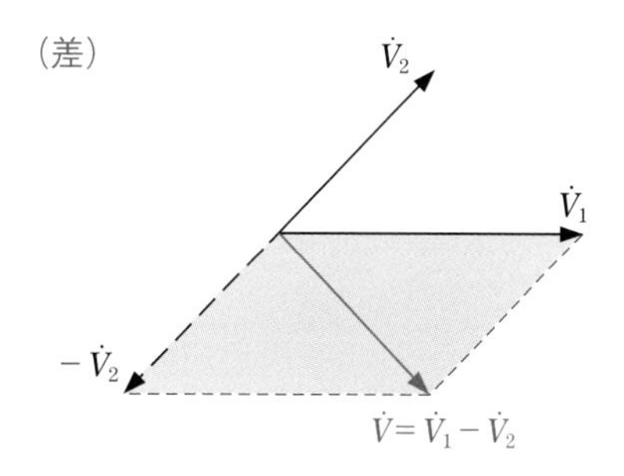

練習問題

1	$\frac{1}{2}+\frac{1}{3}$ は.	イ．$\frac{1}{6}$	ロ．$\frac{1}{5}$	ハ．$\frac{2}{5}$	ニ．$\frac{5}{6}$
2	$\sqrt{3^2+4^2}$ は.	イ．3.5	ロ．5	ハ．7	ニ．12
3	$\frac{200}{\sqrt{10^2+10^2}}$ は.	イ．1	ロ．4.5	ハ．14.1	ニ．20
4	$\frac{90\times10^3}{\sqrt{3}\times6\,000}$ は.	イ．5	ロ．8.65	ハ．5×10^3	ニ．8.65×10^3
5	図の直角三角形で，$\cos\theta$ は.（底辺 8，高さ 6）	イ．0.57	ロ．0.6	ハ．0.75	ニ．0.8

解答

1. ニ

$$\frac{1}{2}+\frac{1}{3}=\frac{3+2}{2\times3}=\frac{5}{6}$$

2. ロ

$$\sqrt{3^2+4^2}=\sqrt{9+16}=\sqrt{25}=\sqrt{5\times5}=5$$

3. ハ

$$\frac{200}{\sqrt{10^2+10^2}}=\frac{200}{\sqrt{100+100}}=\frac{200}{\sqrt{200}}=\frac{200}{\sqrt{2\times100}}$$
$$=\frac{200}{\sqrt{2}\times10}=\frac{20}{\sqrt{2}}=\frac{20\times\sqrt{2}}{2}\fallingdotseq14.1$$

4. ロ

$$\frac{90\times10^3}{\sqrt{3}\times6\,000}=\frac{90\times10^3\times\sqrt{3}}{3\times6\times10^3}=5\sqrt{3}$$
$$\fallingdotseq5\times1.73=8.65$$

5. ニ

斜辺の長さは，

$$\sqrt{8^2+6^2}=\sqrt{64+36}$$
$$=\sqrt{100}=10$$
$$\cos\theta=\frac{底辺}{斜辺}=\frac{8}{10}=0.8$$

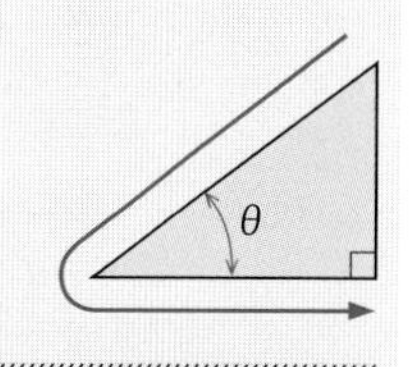

ヒント

1. 分母が異なるので，通分する．
2. $\sqrt{a\times a}=a$ を利用する．
4. $1\,000=10^3$　$\frac{10^m}{10^n}=10^{m-n}$
5. 斜辺の長さ $=\sqrt{(底辺)^2+(高さ)^2}=\sqrt{8^2+6^2}$.

テーマ2 オームの法則・合成抵抗

ポイント

❶ オームの法則

抵抗に流れる電流は，加えた電圧に比例し，抵抗値に反比例する．

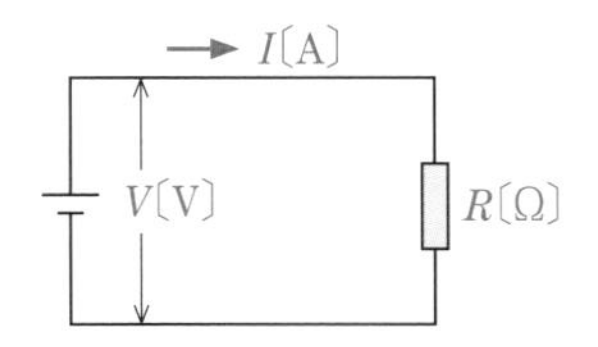

$$I=\frac{V}{R}\ 〔\mathrm{A}〕$$

$$R=\frac{V}{I}\ 〔\Omega〕\qquad V=IR\ 〔\mathrm{V}〕$$

メモ

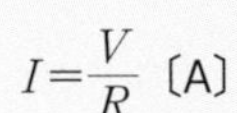

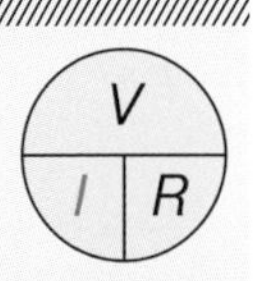

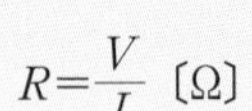

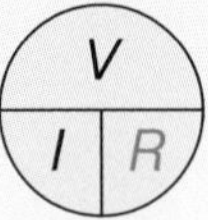

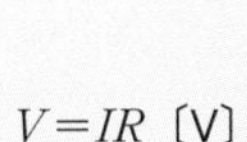

V | I | R

❷ 直列接続の合成抵抗

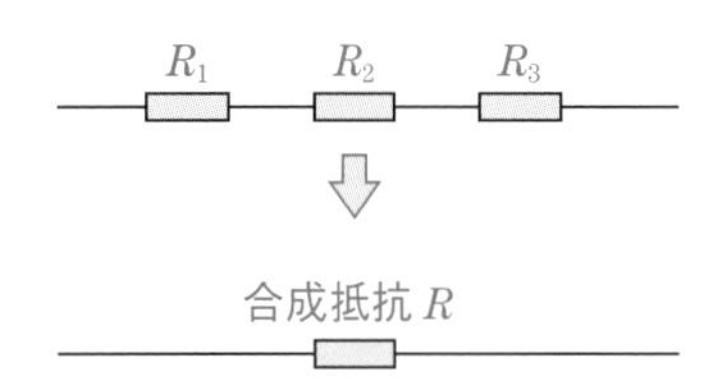

合成抵抗 R は，

$$R=R_1+R_2+R_3\ 〔\Omega〕$$

❸ 並列接続の合成抵抗

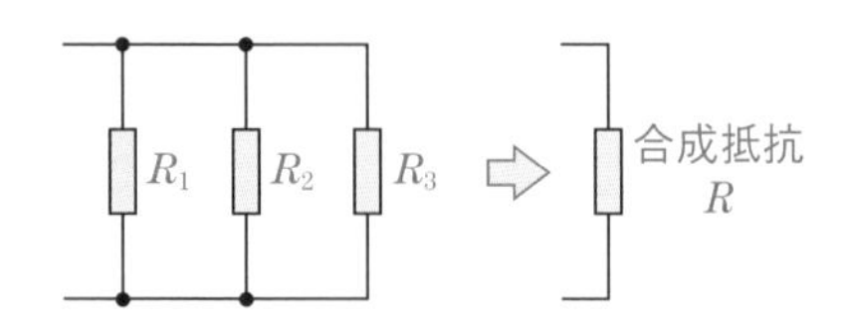

合成抵抗 R は，

$$R=\frac{1}{\frac{1}{R_1}+\frac{1}{R_2}+\frac{1}{R_3}}\ 〔\Omega〕$$

抵抗が二つだけの場合は，

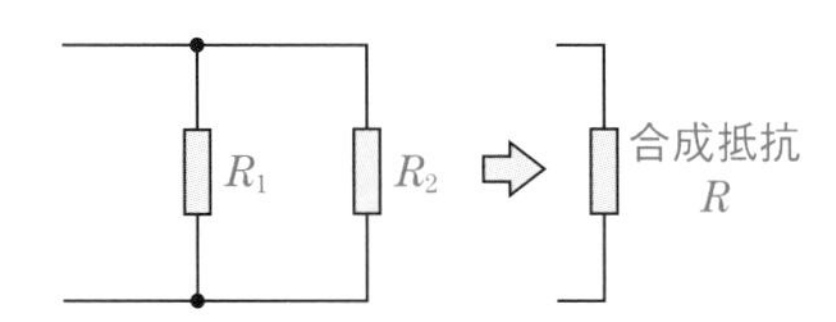

$$R=\frac{1}{\frac{1}{R_1}+\frac{1}{R_2}}=\frac{1}{\frac{R_2}{R_1R_2}+\frac{R_1}{R_1R_2}}=\frac{1}{\frac{R_1+R_2}{R_1R_2}}$$

$$=\frac{R_1R_2}{R_1+R_2}=\frac{抵抗の積}{抵抗の和}\ 〔\Omega〕$$

❹ 直並列接続の合成抵抗

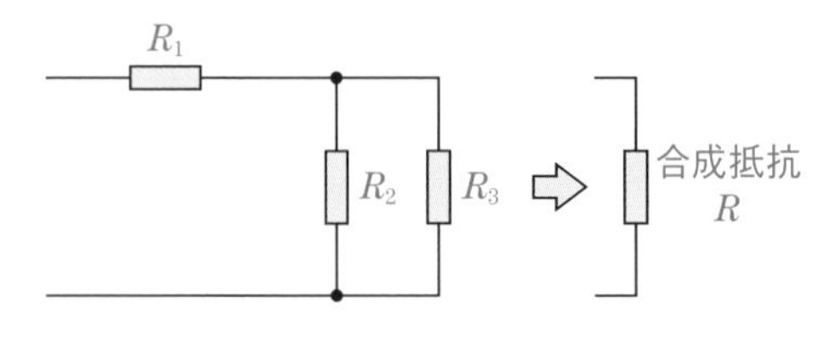

合成抵抗 R は，

$$R=R_1+\frac{R_2R_3}{R_2+R_3}\ 〔\Omega〕$$

練習問題

1	図のような直流回路において，抵抗 R の値〔Ω〕は.	イ．1	ロ．2	ハ．3	ニ．4
2	図のような直流回路において，電源から流れる電流は 20〔A〕である．図中の抵抗 R に流れる電流 I_R〔A〕は.	イ．0.8	ロ．1.6	ハ．3.2	ニ．16
3	図のような直流回路において，電源電圧は 36〔V〕，回路に流れる電流は 6〔A〕である．抵抗 R に流れる電流 I_R〔A〕は.	イ．1	ロ．2	ハ．3	ニ．4

解答

1. ハ

20 Ω の抵抗に加わっている電圧は，

106−6=100〔V〕

回路全体に流れる電流は，

100/20=5〔A〕

2 Ω に流れている電流は，

6/2=3〔A〕

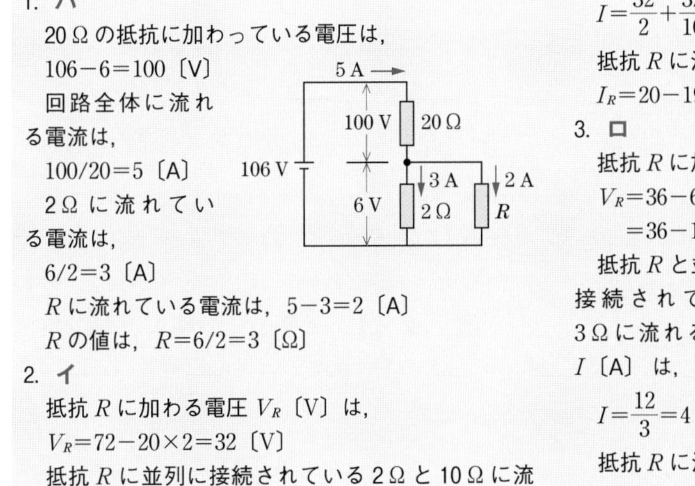

R に流れている電流は，5−3=2〔A〕

R の値は，R=6/2=3〔Ω〕

2. イ

抵抗 R に加わる電圧 V_R〔V〕は，

V_R=72−20×2=32〔V〕

抵抗 R に並列に接続されている 2 Ω と 10 Ω に流れる電流の合計 I〔A〕は，

$I=\frac{32}{2}+\frac{32}{10}=16+3.2=19.2$〔A〕

抵抗 R に流れる電流 I_R〔A〕は，

I_R=20−19.2=0.8〔A〕

3. ロ

抵抗 R に加わる電圧 V_R〔V〕は，

V_R=36−6×3−6×1

=36−18−6=12〔V〕

抵抗 R と並列に接続されている 3 Ω に流れる電流 I〔A〕は，

$I=\frac{12}{3}=4$〔A〕

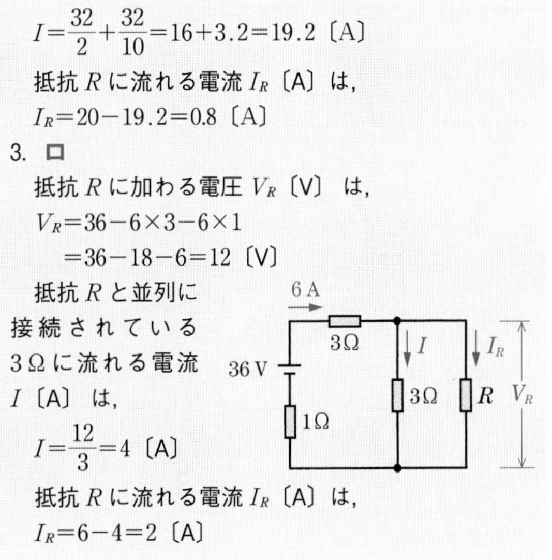

抵抗 R に流れる電流 I_R〔A〕は，

I_R=6−4=2〔A〕

テーマ 3 ブリッジ回路・キルヒホッフの法則

ポイント

❶ ブリッジ回路の平衡条件

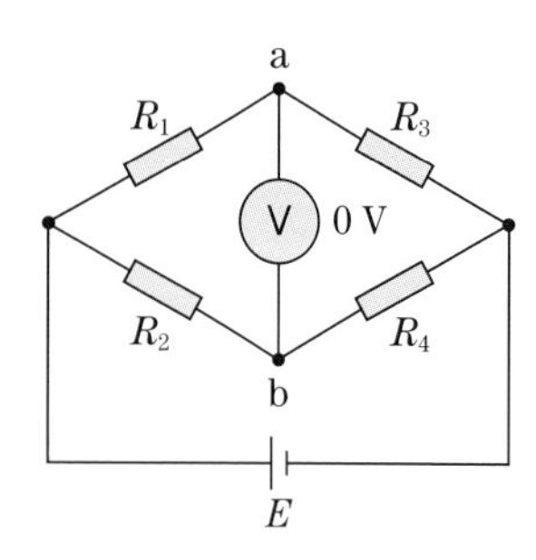

a 点と b 点の電位が等しくなって，電圧計の指針が振れない状態を，平衡したという．

平衡するための条件は，

$R_1 \times R_4 = R_2 \times R_3$

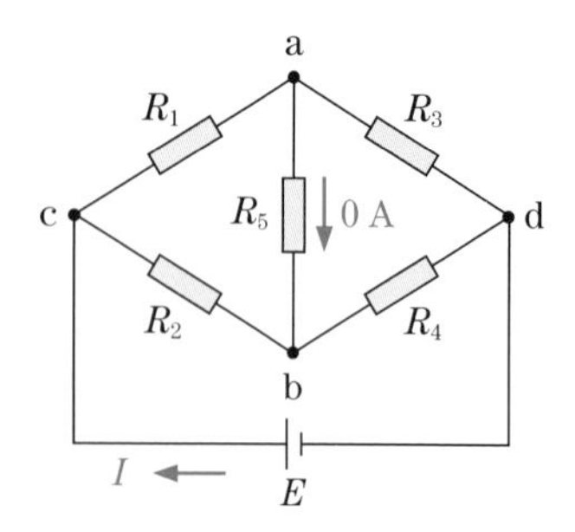

回路が平衡した場合，a-b 間に電位の差がないので，R_5 を外しても，また a-b 間を短絡しても回路に流れる電流 I には変化はない．

c-d 間の合成抵抗は，R_5 を取り外した状態，あるいは a-b 間を短絡した状態で求めることができる．

回路に流れる電流は，

$$I = \frac{E}{\text{c-d間の合成抵抗}} \text{〔A〕}$$

❷ キルヒホッフの法則

《第 1 法則》

ある 1 点に流入する電流の和は，流出する電流の和に等しい．

《第 2 法則》

閉回路において電圧降下の代数和は，起電力の代数和に等しい．

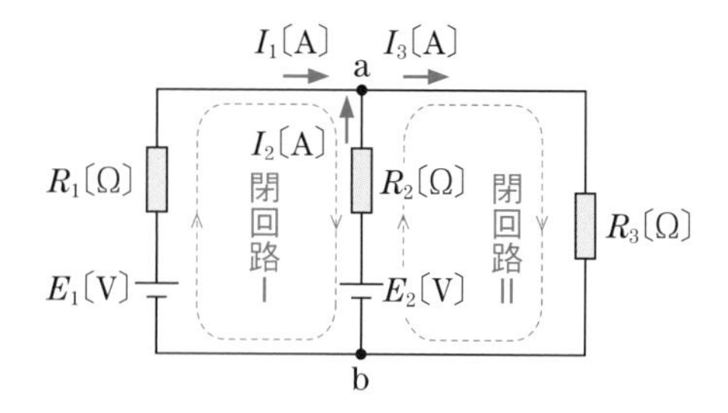

a 点に第 1 法則を適用すると，流入する電流は I_1 と I_2 で，流出する電流は I_3 であるから，

$I_1 + I_2 = I_3$ ……………………………… **1**

閉回路Ⅰ・Ⅱに第 2 法則を適用して（図の破線矢印のように，起電力と電流の＋方向を任意に定める），

$R_1 I_1 - R_2 I_2 = E_1 - E_2$ ……………………… **2**

$R_2 I_2 + R_3 I_3 = E_2$ ……………………………… **3**

1，**2**，**3**式を解いて各部に流れる電流や，電圧降下を求めることができる．

練習問題

	問題	イ	ロ	ハ	ニ
1	図のような回路で，電流 I〔A〕の値は．	イ．4	ロ．6	ハ．8	ニ．10
2	図のような直流回路において電流 I の値〔A〕は．	イ．1	ロ．2	ハ．3	ニ．4
3	図のような直流回路において，閉回路 a→b→c→d→e→a にキルヒホッフの第2法則を適用した式として，**正しいものは**．	イ．$I_1-2I_2=0$	ロ．$I_1-I_2=2$	ハ．$I_1+3I_2=10$	ニ．$2I_1+I_2=10$

解答

1. **ニ**

このブリッジ回路は，$8\times2=4\times4=16$ で，平衡している．中央の 4Ω には電流が流れないので，図の回路で計算できる．

回路全体の合成抵抗 R〔Ω〕は，

$$R=\frac{(8+4)\times(4+2)}{(8+4)+(4+2)}=\frac{12\times6}{18}=4\ 〔\Omega〕$$

電流 I〔A〕は，

$I=40/4=10$〔A〕

2. **イ**

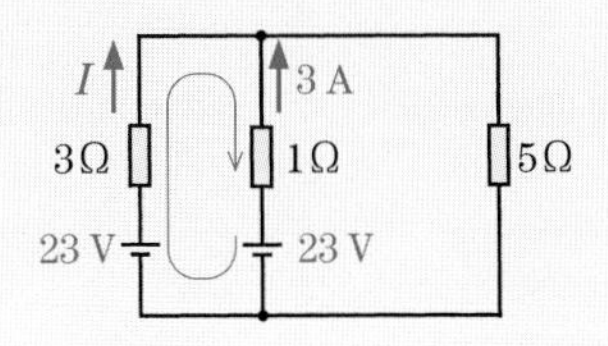

図の矢印に示すように，起電力と電流の正方向を決めて，キルヒホッフの第2法則を適用する．

$3I-1\times3=23-23$　　$3I=3$

$I=1$〔A〕

3. **ハ**

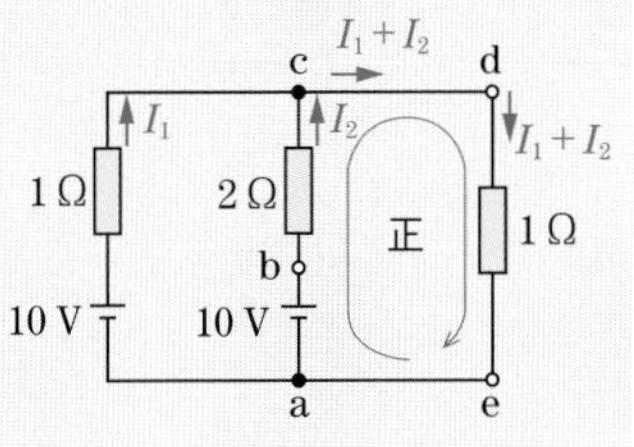

キルヒホッフの第1法則により，c-d 間に流れる電流 I_{cd}〔A〕は，

$I_{cd}=I_1+I_2$〔A〕

閉回路の正方向を図のようにすると，キルヒホッフの第2法則から，

$2I_2+1\times(I_1+I_2)=10$

$I_1+3I_2=10$

テーマ4 電線の抵抗

ポイント

❶ 導体の抵抗

導体の抵抗は，導体の長さに比例し，断面積に反比例する．その比例定数を，**抵抗率**という．

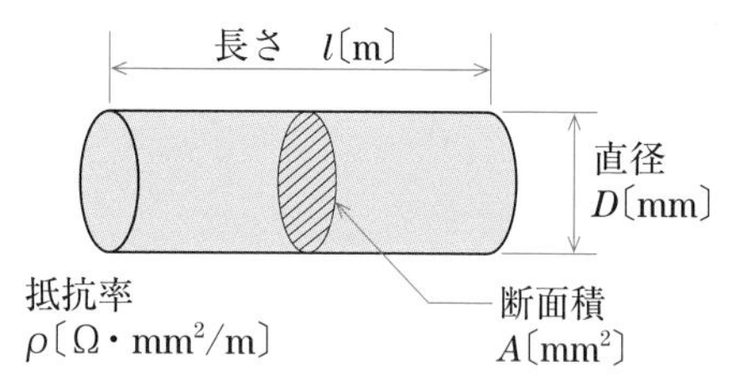

・**導体の抵抗**

$$R=\rho\frac{l}{A}=\rho\frac{l}{\frac{\pi D^2}{4}}\ 〔\Omega〕$$

1〔kΩ〕＝1 000〔Ω〕

1〔MΩ〕＝1 000〔kΩ〕

主な導体の抵抗率 ρ

導　体	抵抗率 ρ〔Ω·mm²/m〕
銀	1.62×10^{-2}
銅	1.72×10^{-2}
金	$2.4\ \times10^{-2}$
アルミニウム	2.75×10^{-2}

《ギリシャ文字》

ρ：Pの小文字で，ローと読む．

σ：Σの小文字で，シグマと読む．

・**導電率**

電気の通しやすさを示し，抵抗率の逆数である．

$$\sigma=\frac{1}{\rho}\ 〔\mathrm{S\cdot m/mm^2}〕$$

S：ジーメンス

（抵抗の単位〔Ω〕の逆数，〔1/Ω〕のこと）

❷ 温度による抵抗値の変化

金属は温度が高くなると，抵抗値が大きくなる．また，ゲルマニウムやシリコンなどの半導体は，温度が高くなると抵抗値が小さくなる．

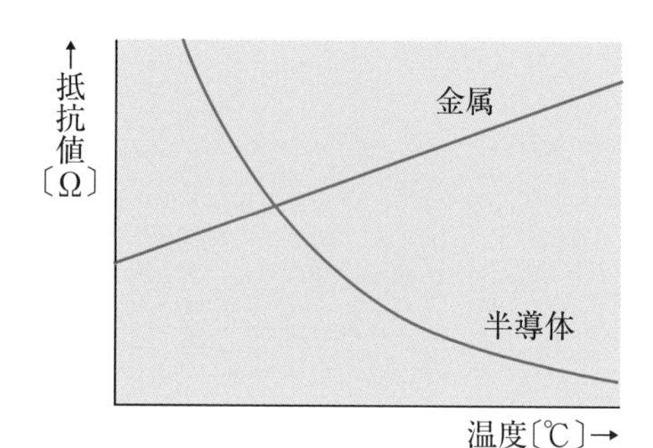

温度と抵抗値

メモ

直径 D〔mm〕の面積 A〔mm²〕

$$A=\pi r^2=\pi\left(\frac{D}{2}\right)^2$$

$$=\frac{\pi D^2}{4}\ 〔\mathrm{mm^2}〕$$

$$r=\frac{D}{2}\ 〔\mathrm{mm}〕$$

r　D

$r=D/2$

練習問題

	問題	イ	ロ	ハ	ニ
1	電線の抵抗値に関する記述として，**誤っているものは**.	イ. 周囲温度が上昇すると，電線の抵抗値は小さくなる.	ロ. 抵抗値は，電線の長さに比例し，導体の断面積に反比例する.	ハ. 電線の長さと導体の断面積が同じ場合，アルミニウム電線の抵抗値は，軟銅線の抵抗値より大きい.	ニ. 軟銅線では，電線の長さと断面積が同じであれば，より線も単線も抵抗値はほぼ同じである.
2	A，B 2本の同材質の銅線がある．Aは直径1.6〔mm〕，長さ200〔m〕，Bは直径3.2〔mm〕，長さ100〔m〕である．Aの抵抗はBの何倍か.	イ．2	ロ．4	ハ．8	ニ．16
3	温度が上昇すると抵抗値が減少するものは.	イ. ニクロム線	ロ. 銅導体	ハ. アルミニウム導体	ニ. シリコン半導体
4	導体について，導電率の大きい順に並べたものは.	イ. 銅，銀，アルミニウム	ロ. 銅，アルミニウム，銀	ハ. 銀，アルミニウム，銅	ニ. 銀，銅，アルミニウム

解答

1. イ

金属は，周囲温度が上昇すると抵抗値が大きくなるので，イは誤りである.

2. ハ

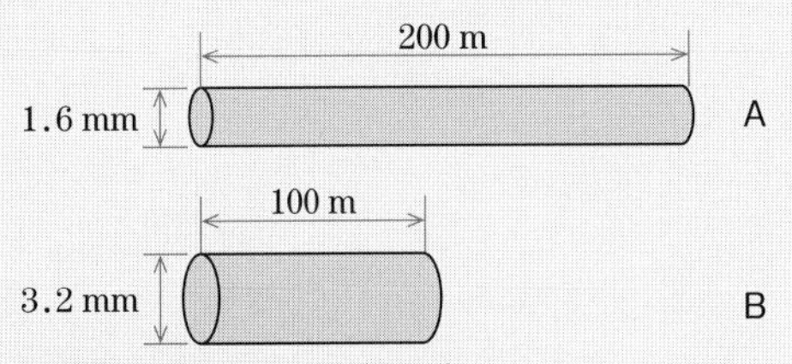

銅線Aの断面積 A_A〔mm^2〕は,

$$A_A=\frac{\pi\times1.6^2}{4}\fallingdotseq2.0 \text{〔mm}^2\text{〕}$$

銅線Bの断面積 A_B〔mm^2〕は,

$$A_B=\frac{\pi\times3.2^2}{4}\fallingdotseq8.0 \text{〔mm}^2\text{〕}$$

銅線の抵抗率を ρ とすると，銅線Aの抵抗値 R_A〔Ω〕は,

$$R_A=\rho\times\frac{200}{2}=100\rho \text{〔Ω〕}$$

銅線Bの抵抗値 R_B〔Ω〕は,

$$R_B=\rho\times\frac{100}{8}=12.5\rho \text{〔Ω〕}$$

したがって,

$$\frac{R_A}{R_B}=\frac{100\rho}{12.5\rho}=8 \text{〔倍〕}$$

3. ニ

温度が上昇すると，銅やアルミニウムなどの導体は抵抗値が増加する.

半導体は，温度の変化によって抵抗率が大きく変化し，温度が上昇すると抵抗値が減少する.

4. ニ

導電率は，抵抗率の逆数で，電気の通しやすさを示す．アルミニウムの導電率は銅の約60%で，銀>銅>アルムニウムの順となる.

テーマ5 電力・電力量・熱量

ポイント

❶ 電　力

電流が流れて，電気が1秒当たりにする仕事の量を電力といい，単位には〔W〕（ワット）を用いる．電力は，消費電力ともいう．

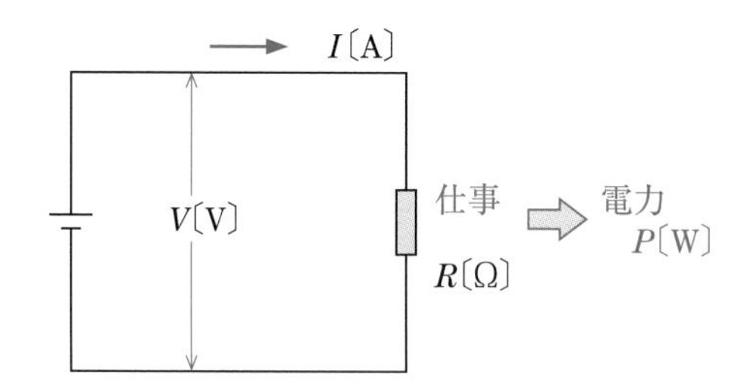

電力は，次式で示される．

$$P=VI=I^2R=\frac{V^2}{R}\ 〔W〕$$

❷ 電力量

電気がある時間内にする仕事の量を，電力量という．単位は，電力の単位と使用した時間の単位との積である．

1Wの電力を1秒（単位〔s〕）使用した電力量は，次のようになる．

$W=1$〔W〕$\times 1$〔s〕

$\quad=1$〔W·s〕（ワット秒）

電力が P〔kW〕のものを，t〔h〕（時間）使用した場合の電力量は，

$W=Pt$〔kW·h〕（キロワット時）

である．

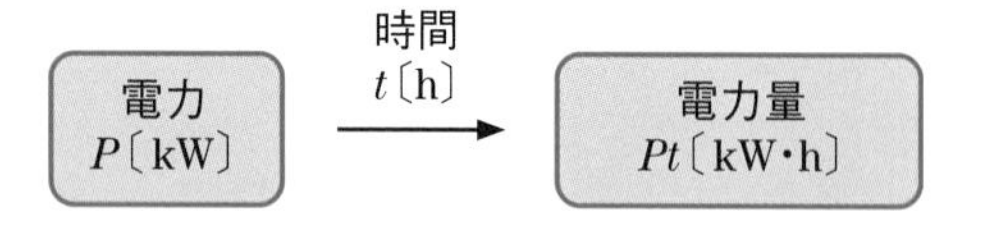

❸ 熱　量

電力量1W·sを，熱量に換算すると1Jであり，電力量を発生する熱量に換算すると次のようになる．

1〔W·s〕＝1〔J〕

1〔kW·h〕＝3 600〔kJ〕

電力量 P〔kW〕の電熱器を，t〔h〕使用したときに発生する熱量 Q〔kJ〕は，次のようになる．

$Q=3\,600Pt$〔kJ〕

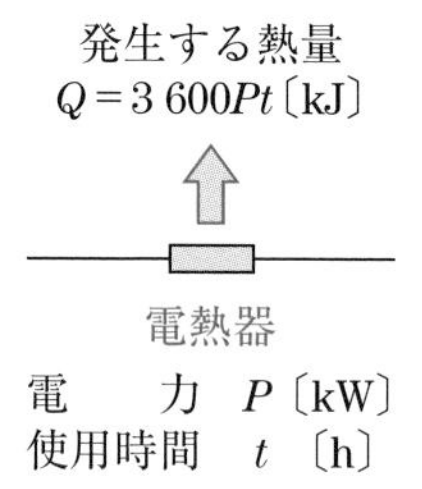

M〔L〕の水の温度を1℃上昇するのに必要な熱量は，約4.2kJである．

メ　モ

1〔kW·h〕＝1 000〔W〕×3 600〔s〕
＝3 600×1 000〔W·s〕
＝3 600×1 000〔J〕
＝3 600〔kJ〕

練習問題

1	図の回路において，抵抗 3〔Ω〕の消費電力〔W〕は. 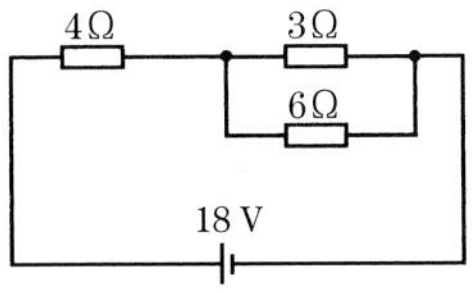	イ. 3	ロ. 6	ハ. 12	ニ. 36
2	図のような直流回路において，抵抗 3〔Ω〕には 4〔A〕の電流が流れている. 抵抗 R における消費電力〔W〕は. 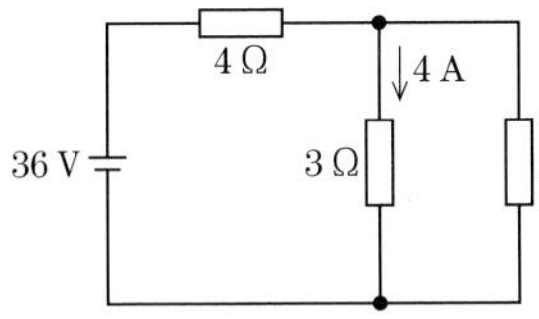	イ. 6	ロ. 12	ハ. 24	ニ. 36
3	定格電圧 100〔V〕，定格消費電力 1〔kW〕の電熱器を，電源電圧 90〔V〕で 10 分間使用したときの発生熱量〔kJ〕は. ただし，電熱器の抵抗値は一定とする.	イ. 292	ロ. 324	ハ. 486	ニ. 540

解答

1. ハ

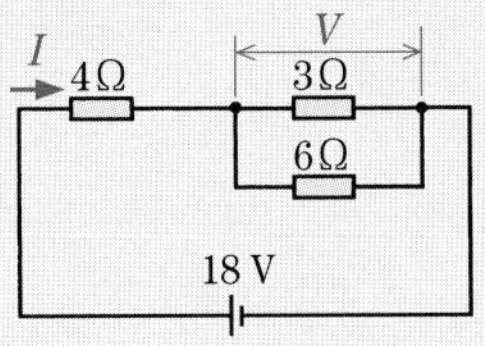

3Ω と 6Ω の合成抵抗 R〔Ω〕は,

$R=\frac{3\times6}{3+6}=\frac{18}{9}=2$〔Ω〕

回路全体の合成抵抗 R_0〔Ω〕は,

$R_0=4+2=6$〔Ω〕

回路全体に流れる電流 I〔A〕は,

$I=\frac{18}{6}=3$〔A〕

3Ω に加わる電圧 V〔V〕は,

$V=IR=3\times2=6$〔V〕

3Ω で消費する電力 P〔W〕は,

$P=\frac{V^2}{3}=\frac{6^2}{3}=\frac{36}{3}=12$〔W〕

2. ハ

抵抗 R に加わる電圧 V_R〔V〕は,

$V_R=4\times3=12$〔V〕

4Ω に加わる電圧 V〔V〕は,

$V=36-12=24$〔V〕

回路全体に流れる電流 I〔A〕は,

$I=\frac{24}{4}=6$〔A〕

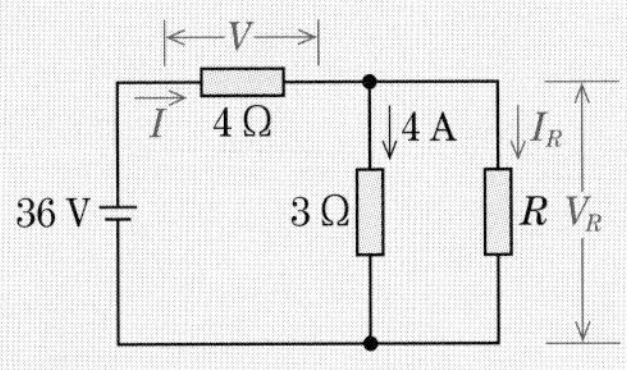

抵抗 R に流れる電流 I_R〔A〕は,

$I_R=6-4$

$=2$〔A〕

抵抗 R における消費電力 P〔W〕は,

$P=V_RI_R=12\times2=24$〔W〕

3. ハ

電熱器の抵抗値 R〔Ω〕は，$P=V^2/R$ から,

$R=\frac{V^2}{P}=\frac{100^2}{1\,000}=\frac{10\,000}{1\,000}=10$〔Ω〕

電圧が 90 V のときの消費電力 P は,

$P=\frac{V^2}{R}=\frac{90^2}{10}=\frac{8\,100}{10}=810$〔W〕

$=0.81$〔kW〕

10 分間は 10/60 時間で，1〔kW·h〕=3 600〔kJ〕であるから，発生熱量は,

$3\,600\times0.81\times\frac{10}{60}=600\times0.81=486$〔kJ〕

テーマ6 磁 気

ポイント

❶ 磁束と磁束密度

磁石どうしに働く力や磁石が鉄片を吸引する力を**磁力**といい，この磁力の働く空間を**磁界**という．

磁界の様子を理解しやすくするために，仮想的な磁力線を考え，N極からS極に向かって出るとする．磁力線どうしは，反発し合い，交わることはない．

磁力線を束にしたものが**磁束**で，量記号にΦを用い単位は〔Wb〕（ウエーバ）である．

磁界中で，1 m^2の面を通る磁束の量を**磁束密度**といい，量記号にB，単位に〔T〕（テスラ）を用いる．

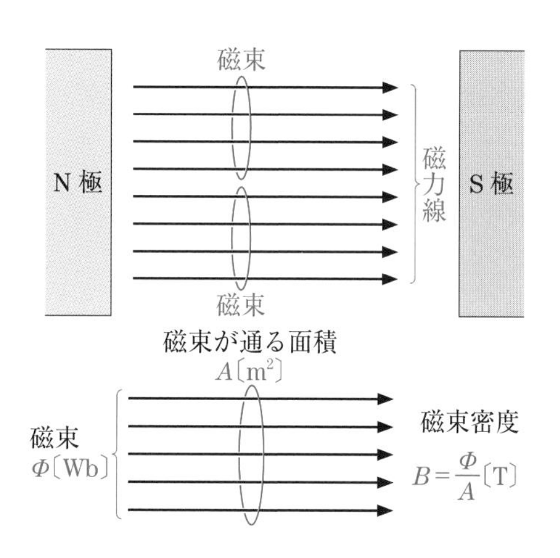

❷ 電流のつくる磁界

《右ねじの法則》

直線導体に電流を流すと，導体の周りに磁界ができる．磁界の方向は，右ねじの進む方向に電流を流すと，磁界の方向はねじの回転方向と同じになる．これを右ねじの法則という．

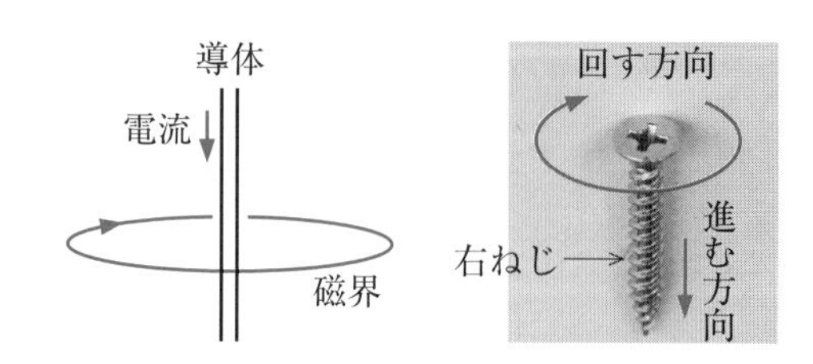

磁界の量記号にはHを用い，単位は〔A/m〕（アンペア毎メートル）である．

《直線状導体》

・**磁界の強さ**

$$H=\frac{I}{2\pi r}\ 〔A/m〕$$

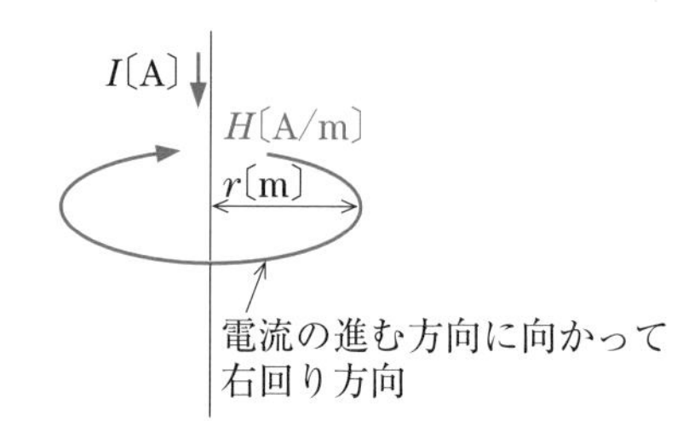

《円形コイル》

・**磁界の強さ**

$$H=\frac{NI}{2r}\ 〔A/m〕$$

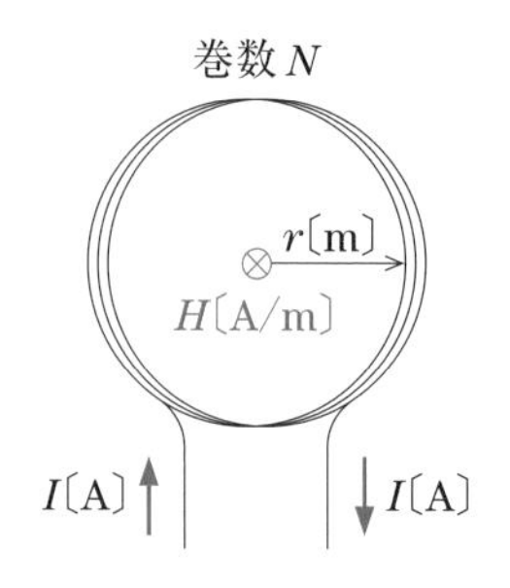

《環状コイル》

・**磁界の強さ**

$H=\frac{NI}{l}=\frac{NI}{2\pi r}$〔A/m〕

・**磁束密度**

$B=\mu H$〔T〕

μ：透磁率で，物質によって異なる．

・**磁束**

$\Phi=BA=\mu HA=\mu\frac{NI}{l}A$〔Wb〕

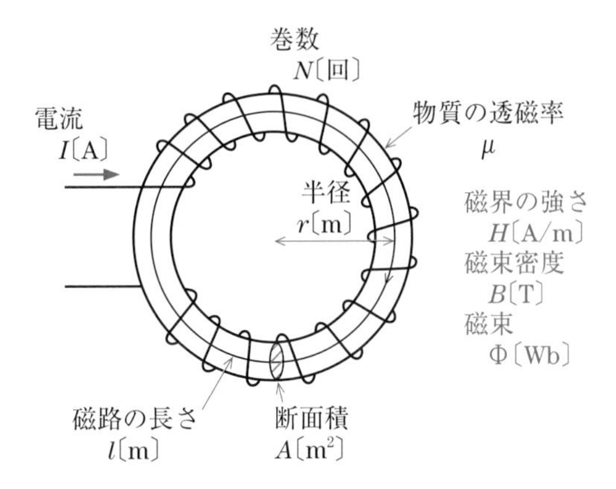

❸ 電磁力

《フレミングの左手の法則》

磁界中に導体を置いて，電流を流すと導体に力が働く．これを電磁力という．作用する力の方向は，フレミングの左手の法則によって求められる．

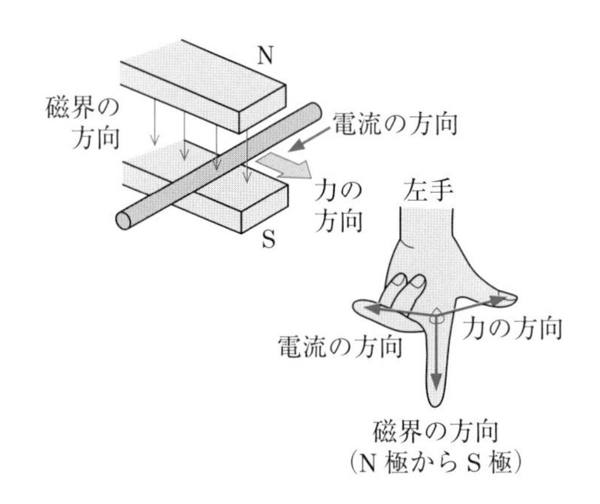

《電線間に働く力》

平行に置いた電線に同じ大きさの電流を流すと，電線 1 m 当たりに働く電磁力 F〔N/m〕は，次のようになる．

$F=\frac{2I^2}{d}\times10^{-7}$〔N/m〕

働く力の方向は，

・**電流が同方向**：**吸引力**

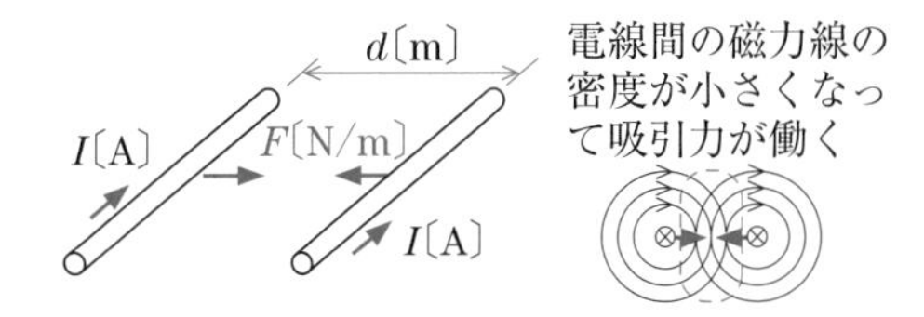

・**電流が逆方向**：**反発力**

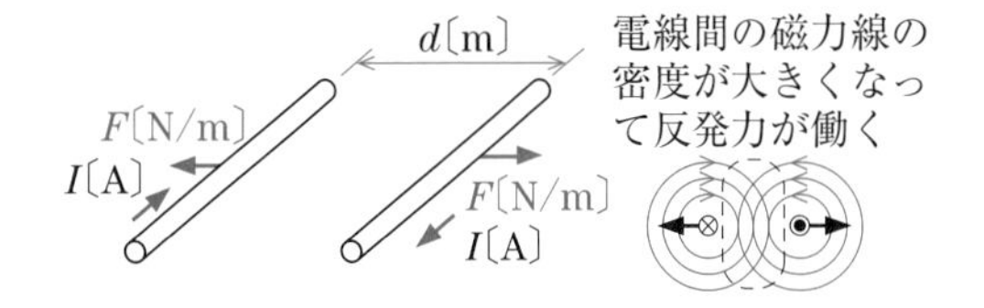

❹ 電磁誘導

《自己誘導》

コイルに流れる電流が変化すると，コイル自身に誘導起電力を生じ，電流の変化を妨げようとする．この現象を自己誘導という．

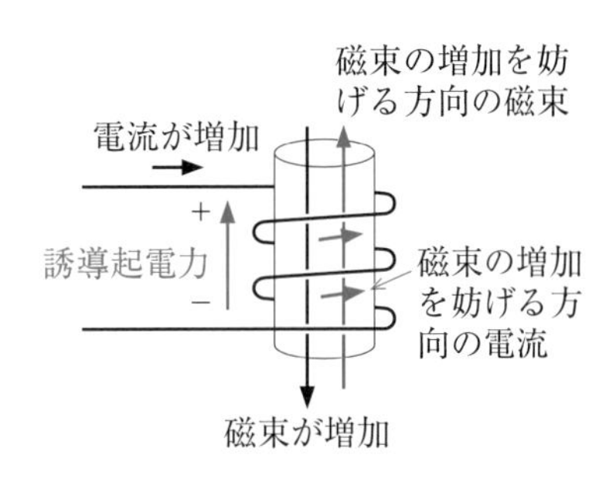

コイルは，交流を加えると自己誘導によって，抵抗と同じように電流の流れを妨げる性質がある．

コイルの自己誘導の大きさの程度を表すの

が，コイルの自己インダクタンスである．

自己インダクタンスが大きいものほど，交流に対して電流を流しにくい性質がある．

自己インダクタンスは，量記号にLを用い，単位は〔H〕（ヘンリー）である．

《環状コイルの自己インダクタンス》

$$L=\frac{N\Phi}{I}=\frac{\mu_0\mu_r N^2 A}{l}\ \text{〔H〕}$$

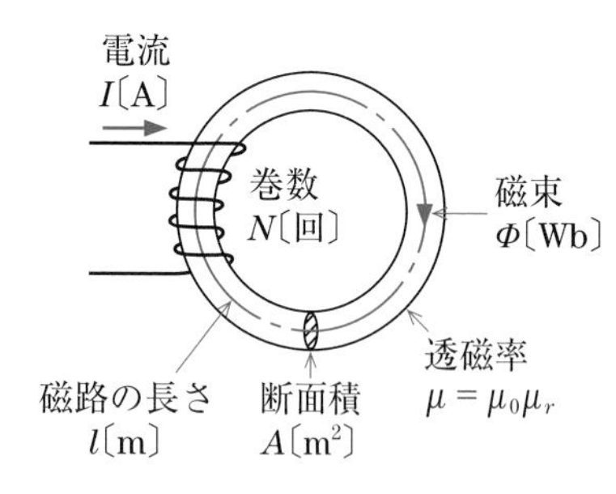

透磁率$\mu=\mu_0\mu_r$は，物質によって異なる．

μ_0：真空の透磁率　　$4\pi\times10^{-7}$〔H/m〕

μ_r：物質の比透磁率

（空気≒1，鉄≒200～8 000）

《円筒コイルの自己インダクタンス》

$$L=\lambda\frac{\mu_0\mu_r N^2 A}{l}\ \text{〔H〕}$$

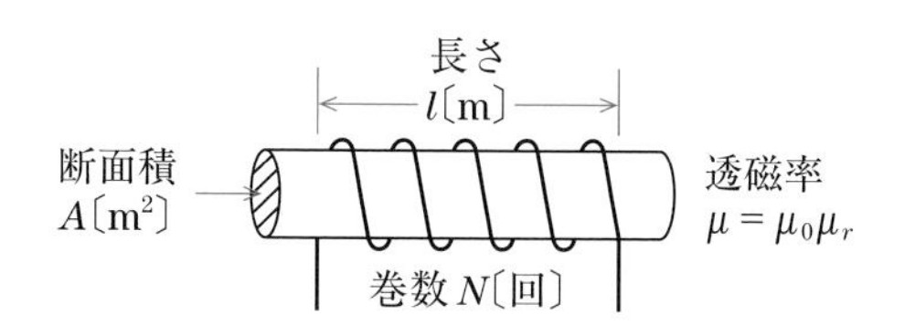

λは，コイルの直径と長さで決まる長岡係数である．

円筒コイルの自己インダクタンスL〔H〕は，空心の場合より透磁率の大きい鉄心の方が大きくなる．

❺ 電磁エネルギー

鉄心に巻いたコイルに，直流電流を流すとエネルギーが蓄えられる．これを，電磁エネルギーといい，大きさは次のようになる．

$$W=\frac{1}{2}LI^2\ \text{〔J〕}$$

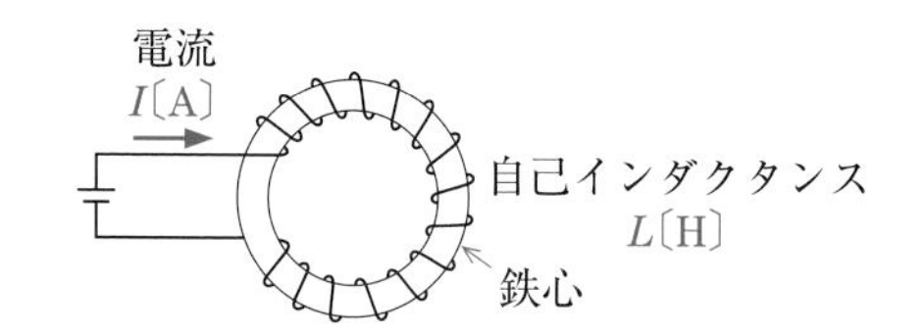

練習問題

	問題	イ	ロ	ハ	ニ
1	図のように，円形に巻かれた巻数Nのコイルがあり，電流I〔A〕が流れている．円形コイルの中心A点の磁界の強さは． A点 N巻の円形コイル 抵抗 電流I〔A〕　電池	イ． NIに比例する．	ロ． N^2Iに比例する．	ハ． NI^2に比例する．	ニ． N^2I^2に比例する．

2	図のように，鉄心に巻かれた巻数Nのコイルに，電流Iが流れている．鉄心内の磁束Φは． ただし，漏れ磁束及び磁束の飽和は無視するものとする． 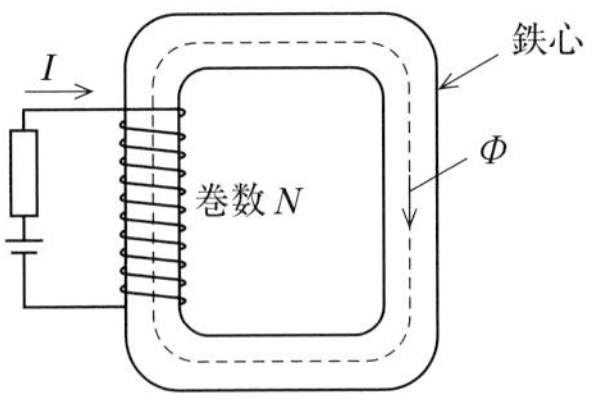 I　鉄心　Φ　巻数N	イ． NIに比例する．	ロ． N^2Iに比例する．	ハ． NI^2に比例する．	ニ． N^2I^2に比例する．
3	図のように，磁極間に置かれた電線に図に示す方向に電流が流れているとき，電線に働く電磁力の方向は．矢印で示すA～Dのうちどれか． 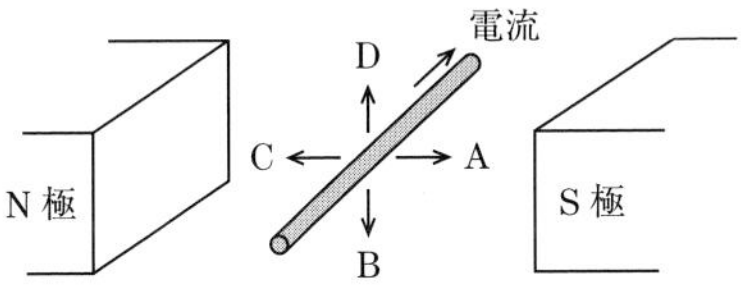 電流　D　C　A　B　N極　S極	イ．A	ロ．B	ハ．C	ニ．D
4	図のように，2本の長い電線が，電線間の距離d〔m〕で平行に置かれている．両電線に直流電流I〔A〕が互いに逆方向に流れている場合，これらの電線間に働く電磁力は． 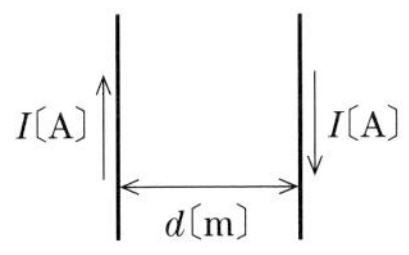 I〔A〕　I〔A〕　d〔m〕	イ． $\dfrac{I}{d}$に比例する 吸引力	ロ． $\dfrac{I}{d^2}$に比例する 反発力	ハ． $\dfrac{I^2}{d}$に比例する 反発力	ニ． $\dfrac{I^2}{d^2}$に比例する 吸引力

解答

1. イ

円形コイルの磁界の強さは，

$H=\dfrac{NI}{2r}$〔A/m〕で表され，NIに比例する．

2. イ

鉄心の形状が四角であるが，環状コイルとして扱う．鉄心内の磁束Φは，次式のようになる．

$\Phi=\mu\dfrac{NI}{l}A$〔Wb〕

μは鉄心の透磁率，Aは鉄心の断面積，lは磁路の長さである．

したがって，鉄心内の磁束Φは，NIに比例する．

3. ロ

フレミングの左手の法則を適用する．

4. ハ

電線1m当たりに働く電磁力F〔N/m〕は，両電線に流れる電流をI〔A〕，離隔距離をd〔m〕とすると，

$F=\dfrac{2I^2}{d}\times10^{-7}$〔N/m〕

となり，I^2/dに比例する．

流れる電流が逆方向なので，電磁力は反発力となる．

テーマ7 静電気・コンデンサ回路

ポイント

❶ 点電荷に働く力

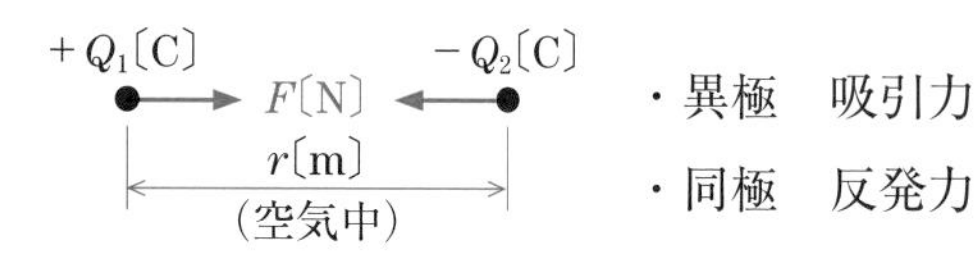

空気中で点電荷に働く力の大きさF〔N〕は，

$$F=9\times10^9\times\frac{Q_1Q_2}{r^2}\ \text{〔N〕}$$

❷ 電界の強さ

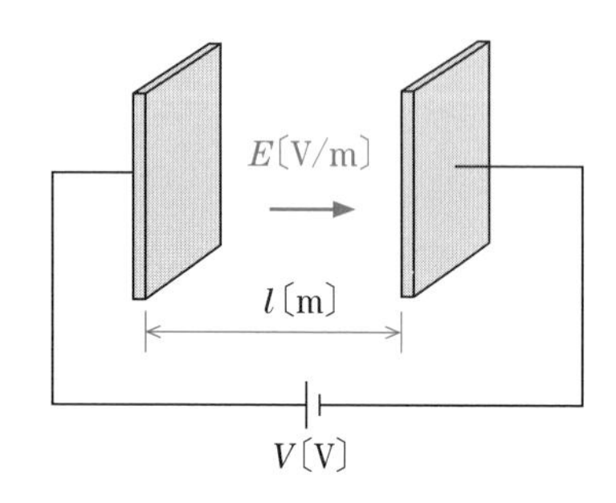

平板電極中の電界の強さE〔V/m〕は，

$$E=\frac{V}{l}\ \text{〔V/m〕}$$

❸ 静電容量と蓄えられるエネルギー

電極を向かい合わせて電圧を加えると，電荷を蓄える性質がある．静電容量は，電荷を蓄える能力の大小を示す．

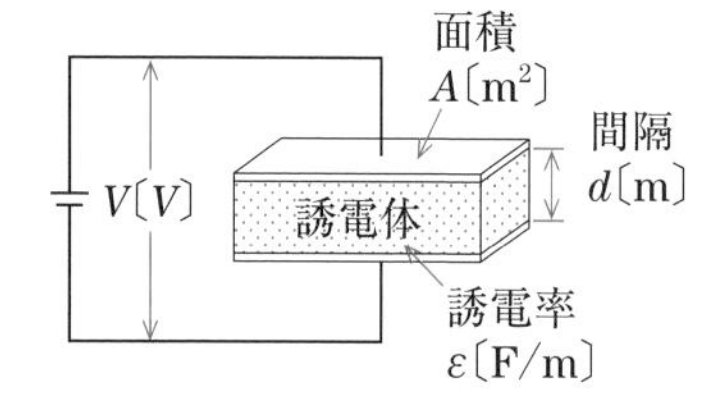

・**静電容量**

$$C=\varepsilon\frac{A}{d}\ \text{〔F〕（ファラド）}$$

1〔μF〕$=10^{-6}$〔F〕
マイクロファラド

・**蓄えられる電荷**

$Q=CV$〔C〕（クーロン）

・**蓄えられるエネルギー**

$$W=\frac{1}{2}CV^2\ \text{〔J〕（ジュール）}$$

❹ 直列接続

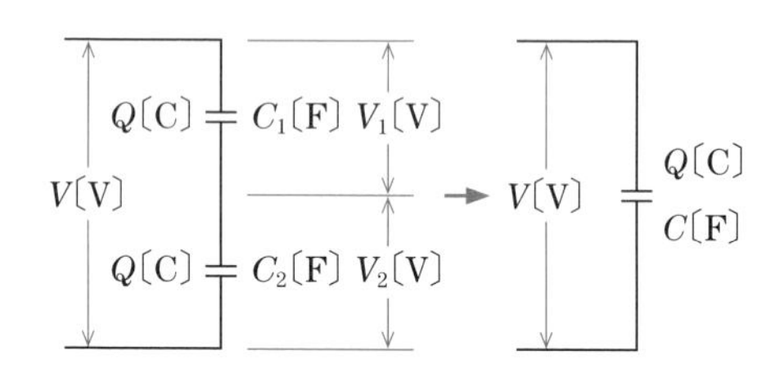

・**合成静電容量**

$$C=\frac{1}{\frac{1}{C_1}+\frac{1}{C_2}}=\frac{C_1C_2}{C_1+C_2}\ \text{〔F〕}$$

・**電　荷**　$Q=C_1V_1=C_2V_2$〔C〕

・**電　圧**　$V=V_1+V_2$〔V〕

$$V_1=\frac{C_2}{C_1+C_2}V\ \text{〔V〕}$$

$$V_2=\frac{C_1}{C_1+C_2}V\ \text{〔V〕}$$

❺ 並列接続

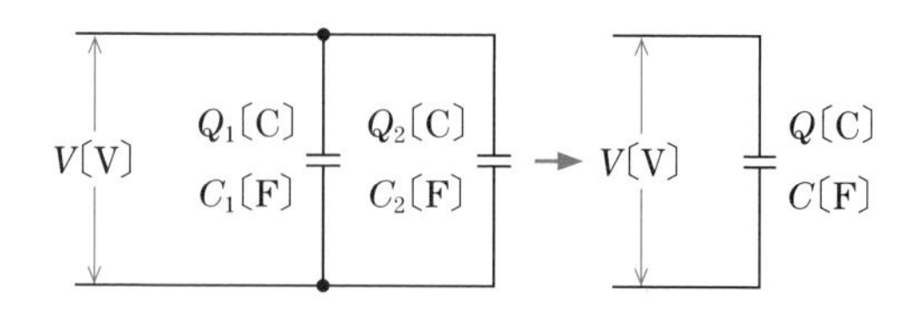

・**合成静電容量**　$C=C_1+C_2$〔F〕

・**全電荷**

$Q=Q_1+Q_2=(C_1+C_2)V$〔C〕

練習問題

1	図のように静電容量３〔μF〕のコンデンサを３個接続して直流電圧1 000〔V〕を加えたとき，コンデンサに蓄えられる全静電エネルギー〔J〕は． 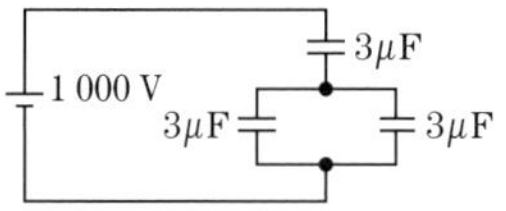 1 000 V　3μF　3μF　3μF	イ．0.5	ロ．0.9	ハ．1.0	ニ．1.5
2	図のような回路において，b-c 間の電圧を 50〔V〕とするには，コンデンサ C_1 の静電容量〔μF〕は． 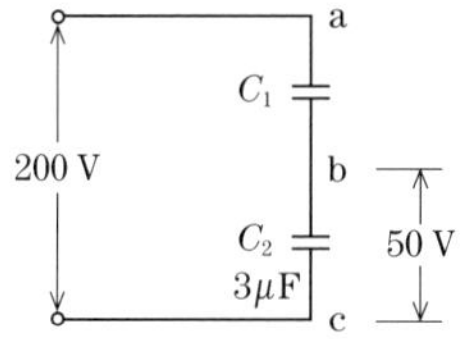 a　C_1　200 V　b　C_2 3μF　50 V　c	イ．0.5	ロ．1	ハ．1.5	ニ．2
3	図のように，面積 A の平板電極間に，厚さが d で誘電率 ε の絶縁物が入っている平行平板コンデンサがあり，直流電圧 V が加わっている．このコンデンサの静電エネルギーに関する記述として，**正しいものは**． 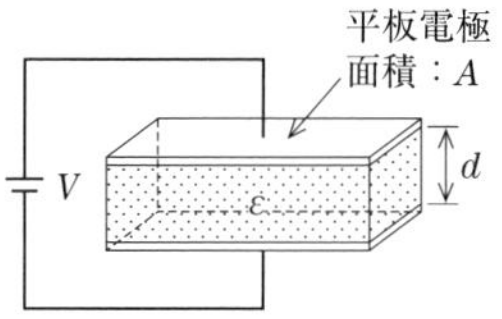 平板電極　面積：A　V　d　ε	イ．電圧 V の２乗に比例する．	ロ．電極の面積 A に反比例する．	ハ．電極間の距離 d に比例する．	ニ．誘電率 ε に反比例する．
4	電界の強さの単位として，正しいものは．	イ．〔V/m〕	ロ．〔F〕	ハ．〔H〕	ニ．〔A/m〕

解答

1. ハ

合成静電容量は，$C=\frac{3\times6}{3+6}=\frac{18}{9}=2$〔$\mu$F〕であり，全静電エネルギー W〔J〕は，

$$W=\frac{1}{2}CV^2=\frac{2\times10^{-6}\times1\,000^2}{2}=1.0〔J〕$$

2. ロ

a-b 間の電圧は 150 V で，C_1 と C_2 は直列接続なので，C_1 と C_2 に蓄えられる電荷 Q〔C〕は等しい．

$Q=C_1\times150=3\times10^{-6}\times50$〔C〕

これから，

$150C_1=150\times10^{-6}$

$C_1=1\times10^{-6}$〔F〕$=1$〔μF〕

3. イ

コンデンサの静電エネルギーは，次式で表される．

$$W=\frac{1}{2}CV^2=\frac{1}{2}\times\varepsilon\frac{A}{d}\times V^2〔J〕$$

したがって，静電エネルギーは電圧 V〔V〕の２乗に比例する．

4. イ

〔H〕は，自己インダクタンスの単位（ヘンリー）である．

テーマ 8 単相交流の基本回路

ポイント

❶ 単相交流

コイルを磁界の中で回転させると，下図のような正弦波交流を発生する．

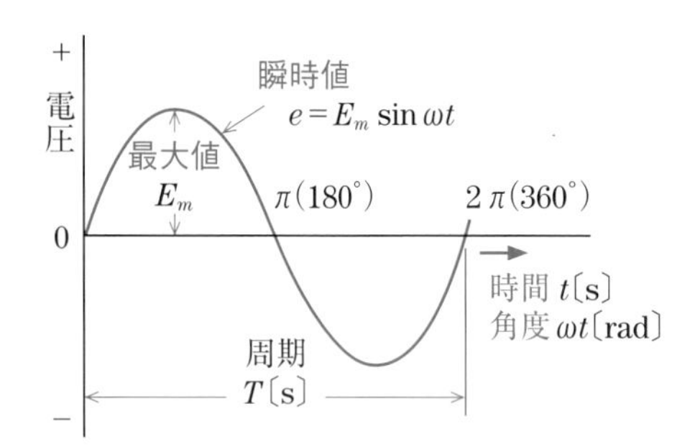

周波数 f〔Hz〕は 1 秒間に繰り返す波形数を示し，周期 T〔s〕は一つの波形に要する時間を示す．

$$f=\frac{1}{T}\text{〔Hz〕}$$

ω〔rad/s〕は，コイルの角速度（1 秒間当たりの回転角度）であり，周波数 f〔Hz〕とは次の関係がある．

$$\omega=2\pi f\text{〔rad/s〕}$$

❷ 実効値

実効値は，抵抗を接続した場合に，直流と同じ熱作用をする交流の値である．最大値を E_m〔V〕とすると，実効値 E〔V〕は，

$$E=\frac{1}{\sqrt{2}}E_m\text{〔V〕}$$

❸ ベクトル表示

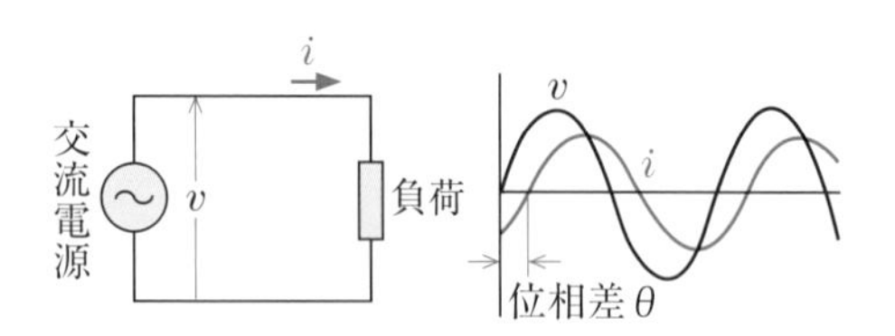

一般的に，交流電源に負荷を接続すると，電圧と電流は時間的にずれて変化する．大きさと時間的な関係をわかりやすく，図で表したのがベクトル図である．

ベクトル図では，電圧 $\dot{V}$ や電流 $\dot{I}$ の大きさを実効値の長さで表し，位相差（時間的なずれ）を，角度 θ で表す．

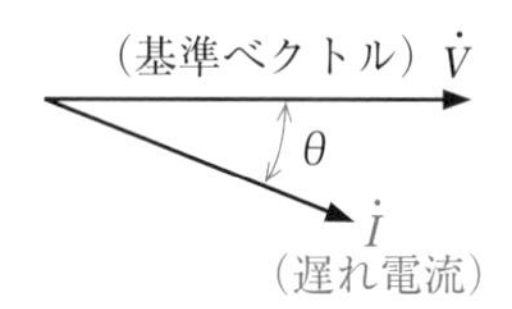

$\dot{V}$：電圧のベクトル
$\dot{I}$：電流のベクトル
θ：電圧と電流の位相差

基準になるベクトルを水平方向に描き，それより遅れて変化するものを時計回り方向に，それより早く変化するものを時計回りと反対方向に，位相差 θ の角度だけ回転して描く．

❹ 基本回路

（1） 抵抗回路

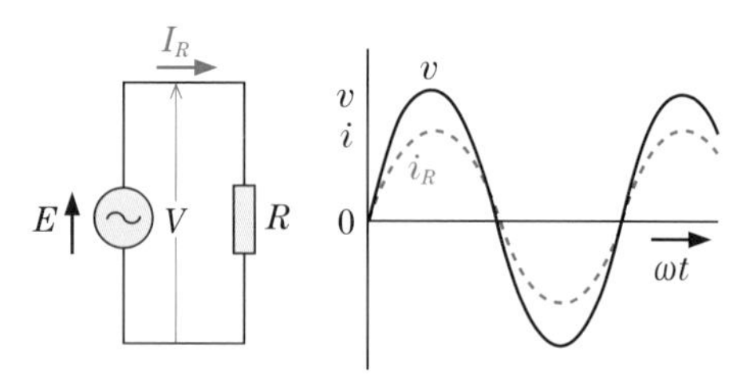

・**同相電流**

$$I_R=\frac{V}{R}\text{〔A〕}$$

$\dot{V}$

$\dot{I}_R$

(2) 誘導性リアクタンス回路

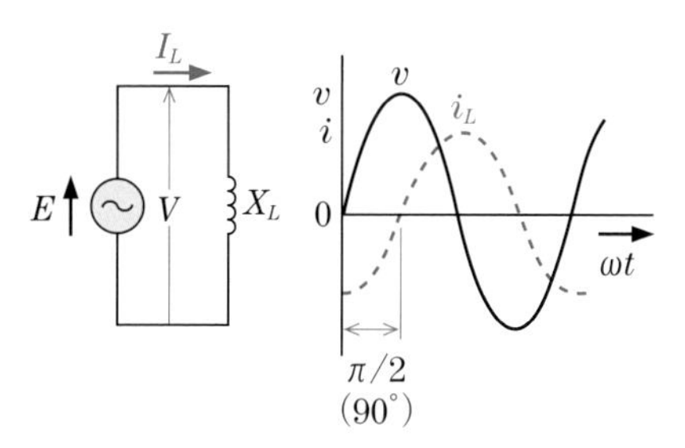

・**遅れ電流**

$$I_L=\frac{V}{X_L}$$

$$=\frac{V}{2\pi fL}\ \text{〔A〕}$$

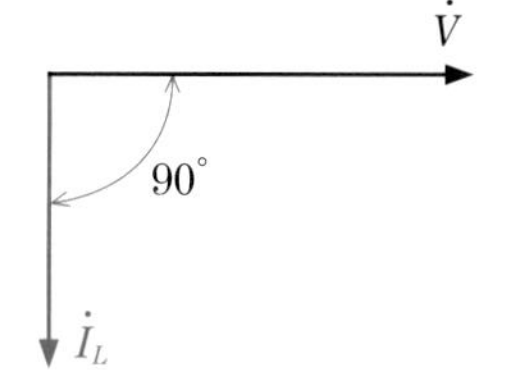

・**誘導性リアクタンス**

電流の流れを妨げる性質を表す.

$X_L=2\pi fL=\omega L$〔Ω〕

L:自己インダクタンス〔H〕

(3) 容量性リアクタンス回路

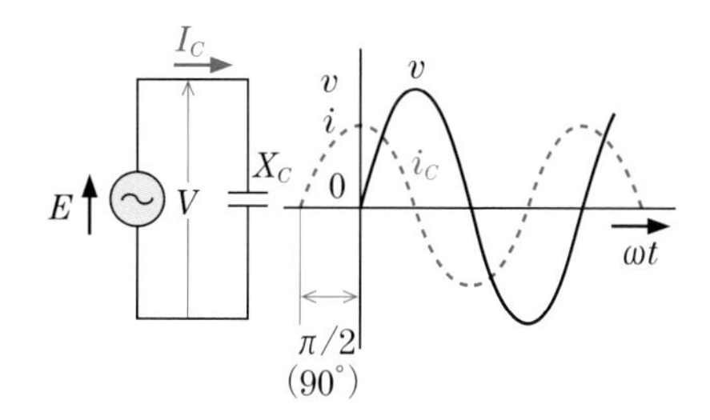

・**進み電流**

$$I_C=\frac{V}{X_C}=\frac{V}{1/2\pi fC}$$

$$=2\pi fCV\ \text{〔A〕}$$

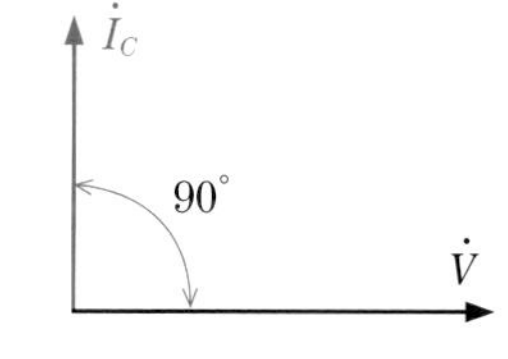

・**容量性リアクタンス**

電流の流れを妨げる性質を表す.

$$X_C=\frac{1}{2\pi fC}=\frac{1}{\omega C}\ \text{〔Ω〕}$$

C:静電容量〔F〕

練習問題

	問題	イ	ロ	ハ	ニ
1	図のような正弦波電圧波形に関する記述として,**誤っているものは**. (図:v〔V〕,141,v,0,−141,10,20,30,t〔ms〕)	イ. 周期は10〔ms〕である.	ロ. 周波数は50〔Hz〕である.	ハ. 実効値は100〔V〕である.	ニ. 最大値は141〔V〕である.
2	あるコンデンサに100〔V〕, 60〔Hz〕の電圧を加えたら10〔A〕の電流が流れた. このコンデンサに100〔V〕, 50〔Hz〕の電圧を加えた場合, 流れる電流〔A〕は.	イ. 6.9	ロ. 8.3	ハ. 10.0	ニ. 12.5

解答

1. イ

周期 $T=20$〔ms〕

周波数 $f=\dfrac{1}{T}=\dfrac{1}{20\times10^{-3}}=50$〔Hz〕

実効値 $V=\dfrac{V_m}{\sqrt{2}}=\dfrac{141}{\sqrt{2}}=\dfrac{100\sqrt{2}}{\sqrt{2}}=100$〔V〕

最大値 $V_m=141$〔V〕

2. ロ

流れる電流 I〔A〕は,

$$I=\frac{V}{X_C}=\frac{V}{\dfrac{1}{2\pi fC}}=2\pi fCV\ \text{〔A〕}$$

で表され, 周波数に比例する.

$$I=10\times\frac{50}{60}\fallingdotseq 8.3\ \text{〔A〕}$$

テーマ9 単相交流の直列回路

ポイント

❶ R，L 直列回路

直列回路では，電流ベクトルを基準にしてベクトル図を描く．

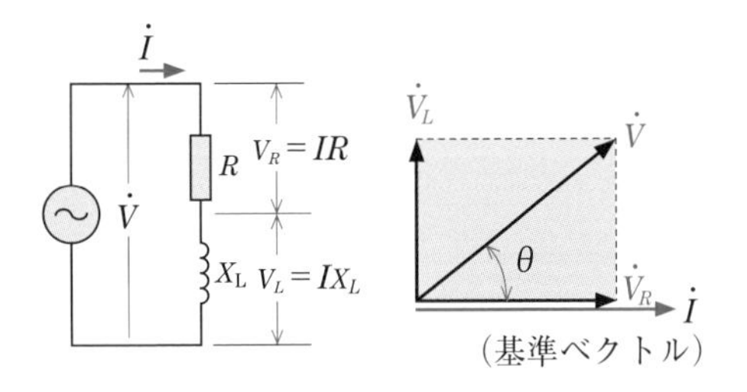

・電　圧　　　$V=\sqrt{V_R{}^2+V_L{}^2}$〔V〕

・インピーダンス　$Z=\sqrt{R^2+X_L{}^2}$〔Ω〕

・電　流　　　$I=\dfrac{V}{Z}$〔A〕

・力　率　　　$\cos\theta=\dfrac{R}{Z}=\dfrac{V_R}{V}$

インピーダンス Z は流れる電流を制限するもので，力率 $\cos\theta$ は電圧と電流との時間的なずれの程度を示す．

❷ R，C 直列回路

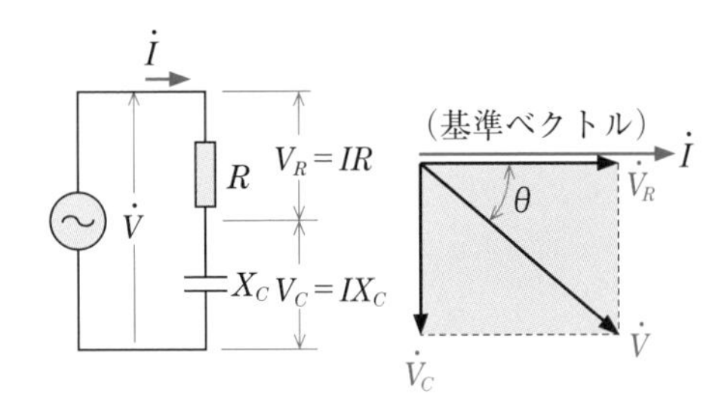

・電　圧　　　$V=\sqrt{V_R{}^2+V_C{}^2}$〔V〕

・インピーダンス　$Z=\sqrt{R^2+X_C{}^2}$〔Ω〕

・電　流　　　$I=\dfrac{V}{Z}$〔A〕

・力　率　　　$\cos\theta=\dfrac{R}{Z}=\dfrac{V_R}{V}$

❸ R，L，C 直列回路

誘導性リアクタンス X_L〔Ω〕が容量性リアクタンス X_C〔Ω〕より大きい場合は，遅れ電流が流れて，次のようなベクトル図になる．

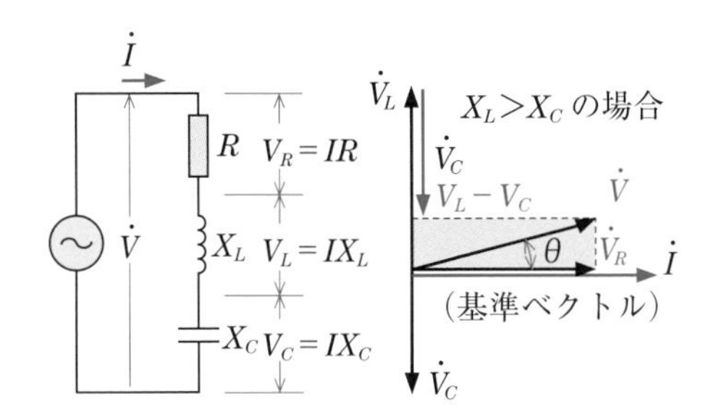

・電　圧　$V=\sqrt{V_R{}^2+(V_L-V_C)^2}$〔V〕

・インピーダンス

$Z=\sqrt{R^2+(X_L-X_C)^2}$〔Ω〕

・電　流　$I=\dfrac{V}{Z}$〔A〕

・力　率　$\cos\theta=\dfrac{R}{Z}=\dfrac{V_R}{V}$

$X_L < X_C$ の場合は，進み電流が流れる．

練習問題

1	図のような交流回路において，電源電圧は100〔V〕，電流は20〔A〕，抵抗 R の両端の電圧は60〔V〕であった．誘導性リアクタンス X は何〔Ω〕か． 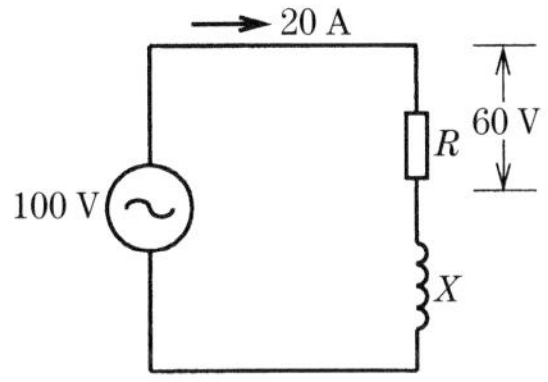 	イ．2	ロ．3	ハ．4	ニ．5
2	図のように，角周波数が $\omega=500$〔rad/s〕，電圧100〔V〕の交流電源に，抵抗 $R=3$〔Ω〕とインダクタンス $L=8$〔mH〕が接続されている．回路に流れる電流 I の値〔A〕は． 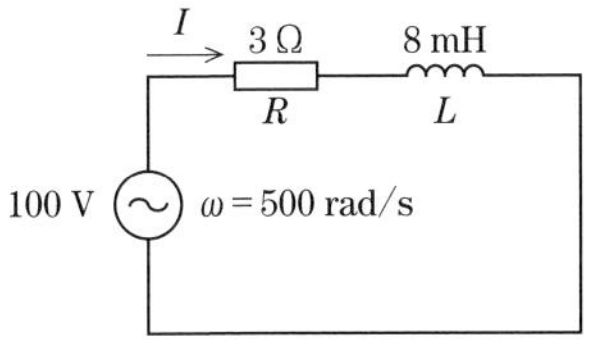 	イ．9	ロ．14	ハ．20	ニ．33
3	図のような交流回路において，抵抗の両端の電圧 V_R〔V〕は． 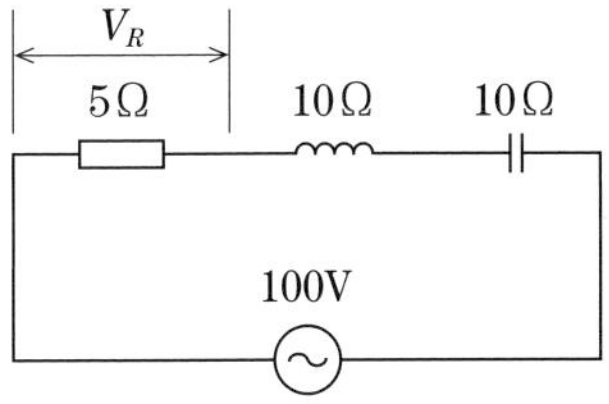 	イ．20	ロ．40	ハ．100	ニ．200

解答

1. ハ

誘導性リアクタンス X に加わっている電圧 V_X〔V〕は，

$V_X=\sqrt{100^2-60^2}=\sqrt{6\,400}=80$〔V〕

誘導性リアクタンス X〔Ω〕は，

$X=V_X/I=80/20=4$〔Ω〕

2. ハ

インダクタンス $L=8$〔mH〕の誘導性リアクタンス X_L〔Ω〕は，

$X_L=2\pi fL=\omega L=500\times8\times10^{-3}=4$〔Ω〕

回路のインピーダンス Z〔Ω〕は，

$Z=\sqrt{R^2+X_L{}^2}=\sqrt{3^2+4^2}=5$〔Ω〕

回路に流れる電流 I〔A〕は，

$$I=\frac{V}{Z}=\frac{100}{5}=20 \text{〔A〕}$$

3. ハ

インピーダンス Z〔Ω〕は，

$Z=\sqrt{5^2+(10-10)^2}=\sqrt{5^2}=5$〔Ω〕

回路に流れる電流 I〔A〕は，

$I=V/Z=100/5=20$〔A〕

抵抗の両端に加わる電圧 V_R〔V〕は，

$V_R=IR=20\times5=100$〔V〕

テーマ 10 単相交流の並列回路

ポイント

❶ R，L 並列回路

並列回路では，電圧を基準にしてベクトル図を描く．

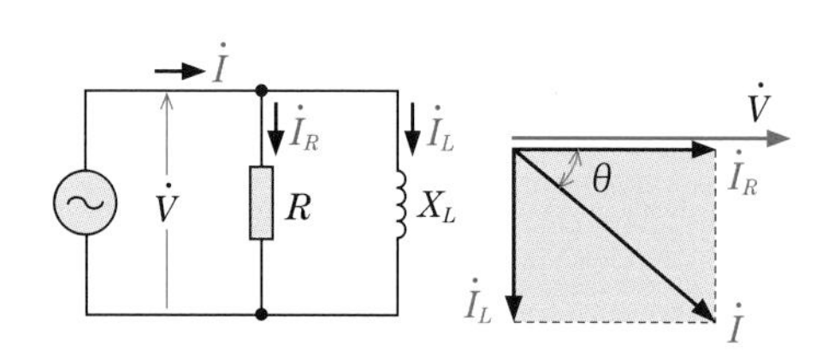

$I_R=\dfrac{V}{R}$〔A〕　$I_L=\dfrac{V}{X_L}$〔A〕

・**全電流**　$I=\sqrt{I_R{}^2+I_L{}^2}$〔A〕

・**力　率**　$\cos\theta=\dfrac{I_R}{I}$

・**インピーダンス**　$Z=\dfrac{V}{I}$〔Ω〕

❷ R，C 並列回路

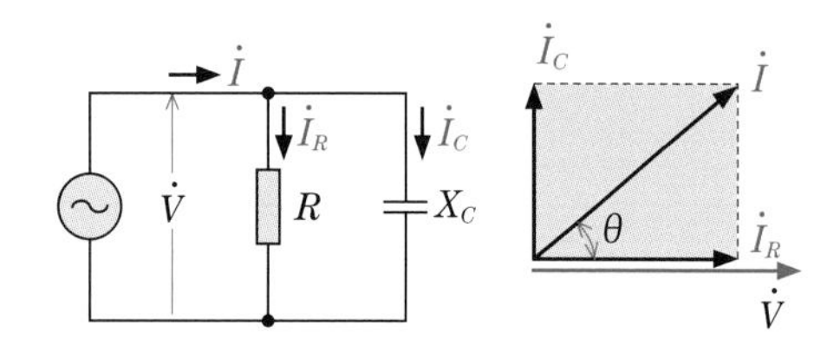

$I_R=\dfrac{V}{R}$〔A〕　$I_C=\dfrac{V}{X_C}$〔A〕

・**全電流**　$I=\sqrt{I_R{}^2+I_C{}^2}$〔A〕

・**力　率**　$\cos\theta=\dfrac{I_R}{I}$

・**インピーダンス**　$Z=\dfrac{V}{I}$〔Ω〕

❸ L，C 並列回路

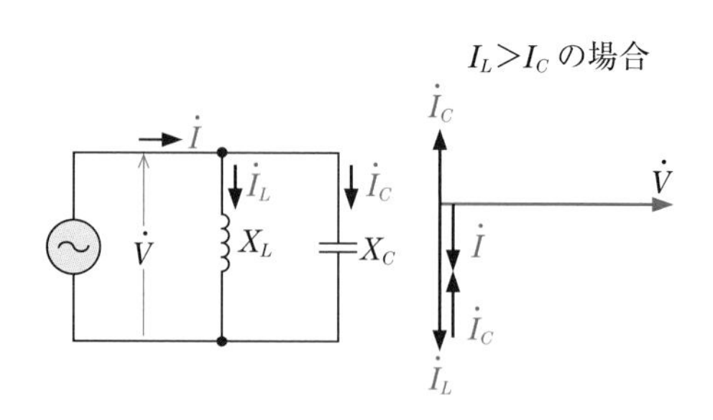

$I_L=\dfrac{V}{X_L}$〔A〕　$I_C=\dfrac{V}{X_C}$〔A〕

・**全電流**　$I=I_L-I_C$〔A〕

・**力　率**　$\cos\theta=0$

❹ R，L，C 並列回路

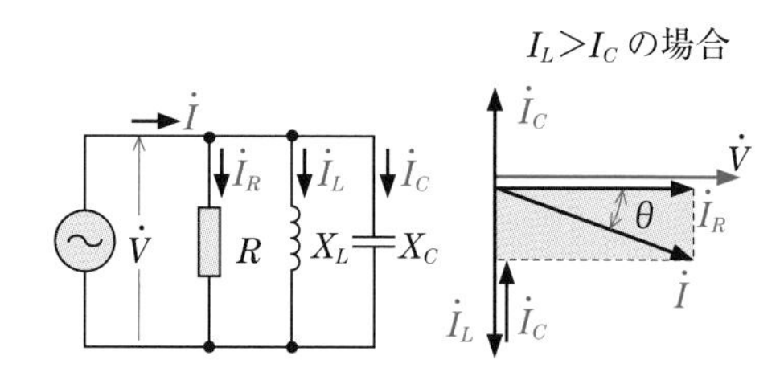

$I_R=\dfrac{V}{R}$〔A〕　$I_L=\dfrac{V}{X_L}$〔A〕

$I_C=\dfrac{V}{X_C}$〔A〕

・**全電流**　$I=\sqrt{I_R{}^2+(I_L-I_C)^2}$〔A〕

・**力　率**　$\cos\theta=\dfrac{I_R}{I}$

・**インピーダンス**　$Z=\dfrac{V}{I}$〔Ω〕

練習問題

	問題	イ	ロ	ハ	ニ
1	図のような交流回路において，電源電圧 120〔V〕，抵抗 20〔Ω〕，誘導性リアクタンス 10〔Ω〕，容量性リアクタンス 30〔Ω〕である．図に示す回路の電流 I〔A〕は． 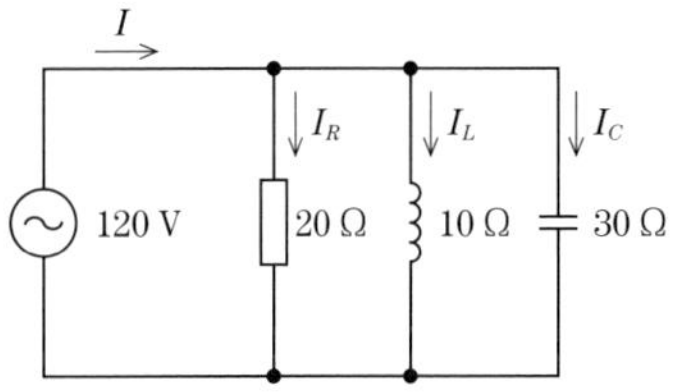 （図：I，I_R，I_L，I_C，120 V，20 Ω，10 Ω，30 Ω）	イ．8	ロ．10	ハ．12	ニ．14
2	図のような交流回路において，電源電圧は 200〔V〕，抵抗は 20〔Ω〕，リアクタンスは X〔Ω〕，回路電流は 20〔A〕である．この回路の力率〔%〕は． 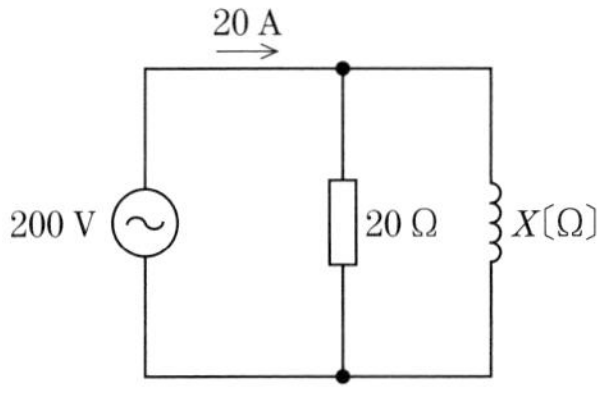 （図：20 A，200 V，20 Ω，X〔Ω〕）	イ．50	ロ．60	ハ．80	ニ．100
3	図のような交流回路において，回路のインピーダンス〔Ω〕は． 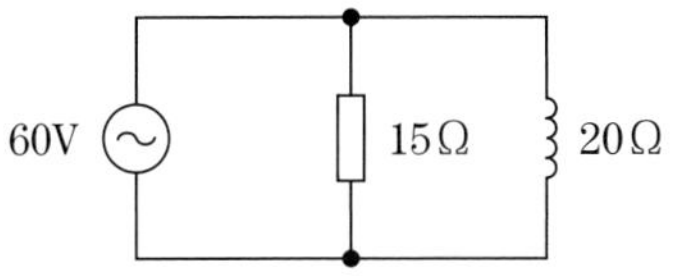 （図：60V，15Ω，20Ω）	イ．8.6	ロ．12	ハ．25	ニ．30

解答

1. ロ

抵抗に流れる電流 I_R〔A〕は，

$$I_R=\frac{V}{R}=\frac{120}{20}=6\ \text{〔A〕}$$

コイルに流れる電流 I_L〔A〕は，

$$I_L=\frac{V}{X_L}=\frac{120}{10}=12\ \text{〔A〕}$$

コンデンサに流れる電流は I_C〔A〕は，

$$I_C=\frac{V}{X_C}=\frac{120}{30}=4\ \text{〔A〕}$$

回路全体に流れる電流 I〔A〕は，

$$I=\sqrt{I_R{}^2+(I_L-I_C)^2}=\sqrt{6^2+(12-4)^2}$$
$$=\sqrt{6^2+8^2}=\sqrt{100}=10\ \text{〔A〕}$$

2. イ

抵抗に流れる電流 I_R〔A〕は，

$$I_R=\frac{V}{R}=\frac{200}{20}=10\ \text{〔A〕}$$

回路の力率 $\cos\theta$〔%〕は，

$$\cos\theta=\frac{I_R}{I}\times100=\frac{10}{20}\times100=50\ \text{〔%〕}$$

3. ロ

抵抗に流れる電流は，60/15=4〔A〕．

コイルに流れる電流は，60/20=3〔A〕．

回路全体に流れる電流 I〔A〕は，

$$I=\sqrt{4^2+3^2}=\sqrt{16+9}=\sqrt{25}=5\ \text{〔A〕}$$

インピーダンス Z〔Ω〕は，

$$Z=\frac{V}{I}=\frac{60}{5}=12\ \text{〔Ω〕}$$

テーマ 11 単相交流の電力

ポイント

❶ 単相交流の電力

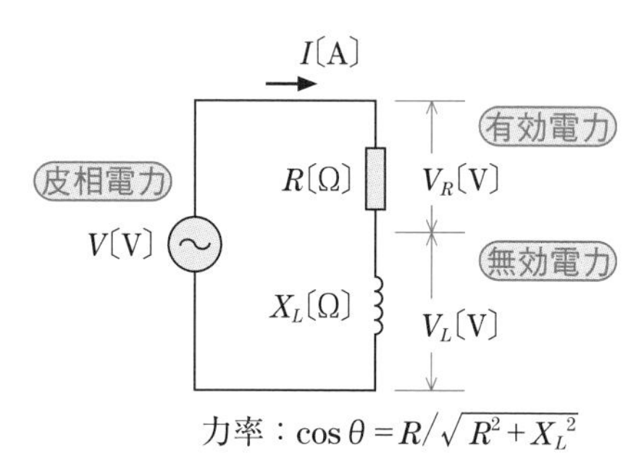

力率：$\cos\theta = R/\sqrt{R^2+X_L^2}$

・**有効電力**

抵抗によって実際に消費される電力を有効電力といい，消費電力ともいう．単位には，〔W〕が用いられる．

$$P=I^2R=\frac{V_R^2}{R}=V_RI=VI\cos\theta \text{〔W〕}$$

・**無効電力**

無効電力は，リアクタンスによって生ずる電力で，実際には消費されない電力である．単位には，〔var〕（バール）が用いられる．

$$Q=I^2X_L=\frac{V_L^2}{X_L}=V_LI=VI\sin\theta \text{〔var〕}$$

・**皮相電力**

電源の電圧と回路に流れる電流の積を皮相電力という．単位には，〔V･A〕（ボルト・アンペア）が用いられる．

$$S=VI \text{〔V･A〕}$$

❷ 有効電力・無効電力・皮相電力の関係

遅れ電流が流れる負荷の場合のベクトル図は，電源電圧を基準にすると，次のようになる．

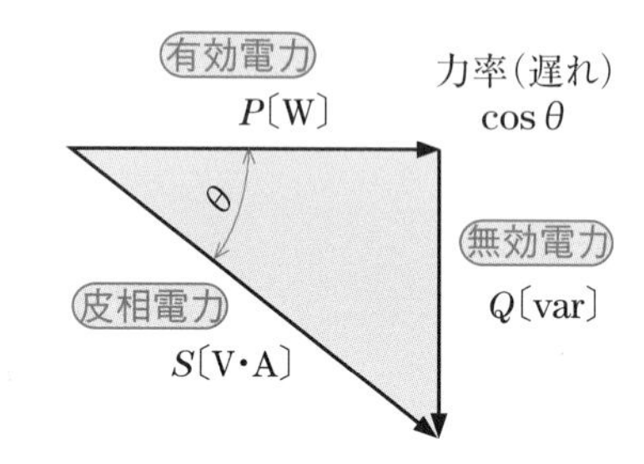

・**有効電力**

$$P=S\cos\theta \text{〔W〕}$$

・**無効電力**

$$Q=S\sin\theta=S\sqrt{1-\cos^2\theta}=P\tan\theta \text{〔var〕}$$

・**皮相電力**

$$S=\sqrt{P^2+Q^2} \text{〔V･A〕}$$

練習問題

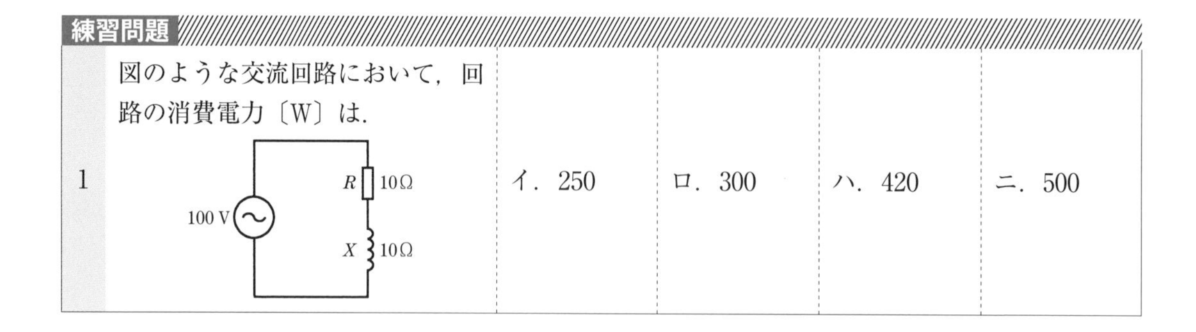

	問題	イ	ロ	ハ	ニ
1	図のような交流回路において，回路の消費電力〔W〕は．（100 V，R 10Ω，X 10Ω）	イ．250	ロ．300	ハ．420	ニ．500

2	図のような回路において，抵抗 R の消費電力〔W〕は， 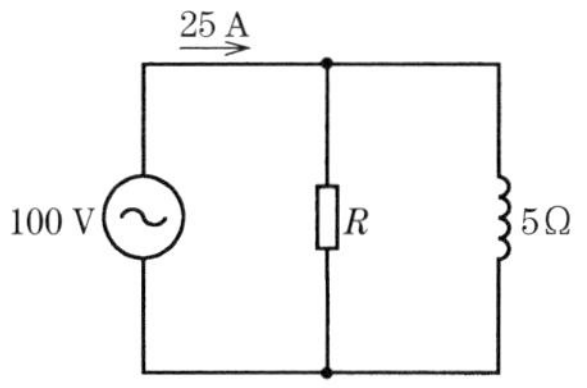 （回路図：100 V 電源，25 A，抵抗 R，5 Ω）	イ．1 000	ロ．1 500	ハ．2 000	ニ．2 500
3	図のような交流回路において，抵抗 12〔Ω〕，リアクタンス 16〔Ω〕，電源電圧は 96〔V〕である．この回路の皮相電力〔V·A〕は． 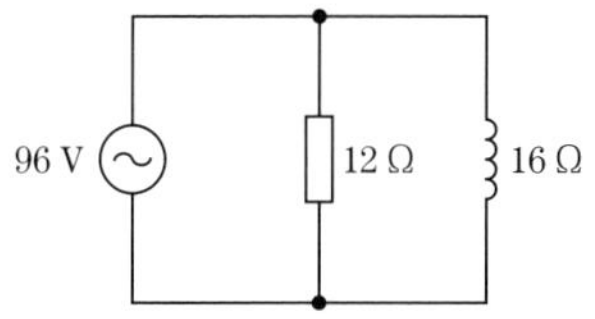 （回路図：96 V 電源，12 Ω，16 Ω）	イ．576	ロ．768	ハ．960	ニ．1 344
4	消費電力 120〔kW〕．力率 80〔%〕の負荷の無効電力〔kvar〕は．	イ．54	ロ．72	ハ．90	ニ．150

解答

1. ニ

回路のインピーダンス Z〔Ω〕は，

$Z=\sqrt{10^2+10^2}=\sqrt{10^2\times 2}=10\sqrt{2}$〔Ω〕

回路に流れる電流 I〔A〕は，

$I=\dfrac{V}{Z}=\dfrac{100}{10\sqrt{2}}=\dfrac{10}{\sqrt{2}}=\dfrac{10\sqrt{2}}{2}=5\sqrt{2}$〔A〕

消費電力 P は，

$P=I^2R=(5\sqrt{2})^2\times 10=25\times 2\times 10=500$〔W〕

2. ロ

リアクタンス 5Ω に流れる電流 I_L〔A〕は，

$I_L=\dfrac{V}{X_L}=\dfrac{100}{5}=20$〔A〕

抵抗に流れる電流 I_R〔A〕は，

$\sqrt{I_R{}^2+20^2}=25$

$I_R{}^2+20^2=25^2$

$I_R{}^2=625-400=225$

$I_R=\sqrt{225}=15$〔A〕

抵抗 R の消費電力 P〔W〕は，

$P=VI_R=100\times 15=1\,500$〔W〕

3. ハ

抵抗 12 Ω に流れる電流 I_R〔A〕は，

$I_R=\dfrac{V}{R}=\dfrac{96}{12}=8$〔A〕

リアクタンス 16 Ω に流れる電流 I_L〔A〕は，

$I_L=\dfrac{V}{X_L}=\dfrac{96}{16}=6$〔A〕

回路に流れる全電流 I〔A〕は，

$I=\sqrt{I_R{}^2+I_L{}^2}=\sqrt{8^2+6^2}=10$〔A〕

皮相電力 S〔V·A〕は，

$S=VI=96\times 10=960$〔V·A〕

4. ハ

$P=S\cos\theta$〔kW〕から，皮相電力 S〔kV·A〕は，

$S=\dfrac{P}{\cos\theta}=\dfrac{120}{0.8}=150$〔kV·A〕

である．

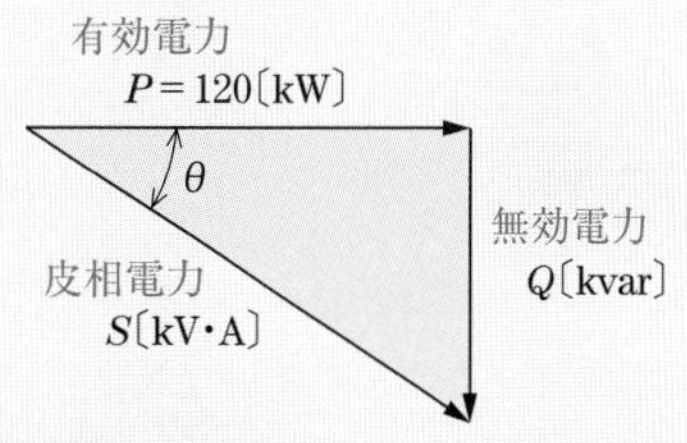

図から無効電力 Q〔kvar〕は，

$Q=S\sin\theta=S\sqrt{1-\cos^2\theta}$

$=150\times\sqrt{1-0.8^2}=150\times 0.6$

$=90$〔kvar〕

テーマ 12 三相交流デルタ結線

ポイント

❶ 三相交流

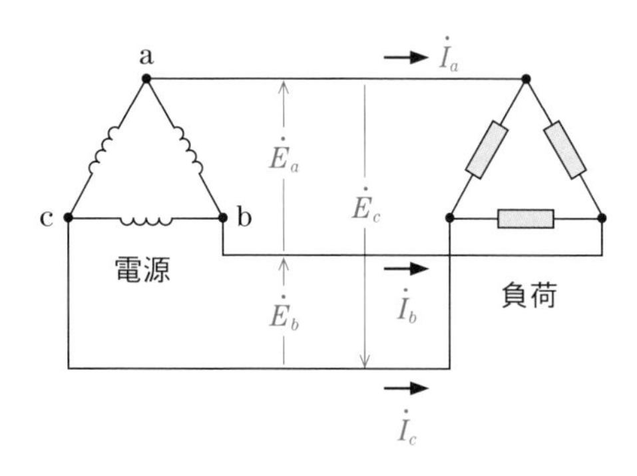

三相交流は，位相が 120° ずつ異なった三つの交流を 1 組にまとめたものである．

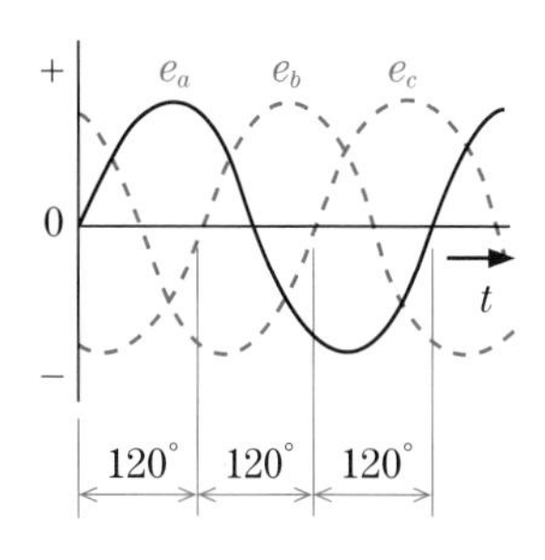

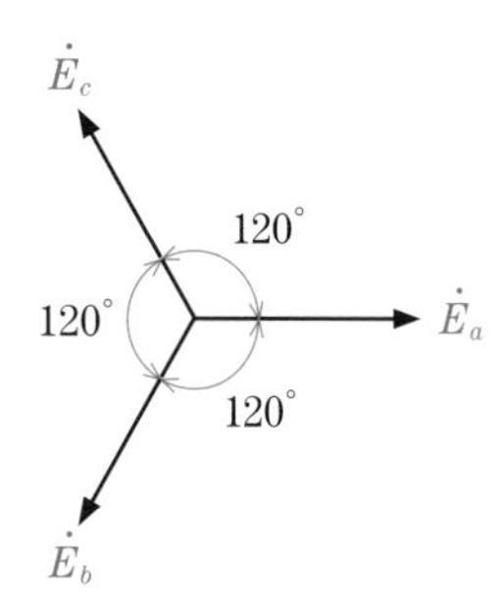

三つの相のインピーダンスが等しいものを，平衡三相負荷という．このときは，各線に流れる電流の大きさは等しく，位相差は 120° ずつになる．

❷ デルタ(△)結線

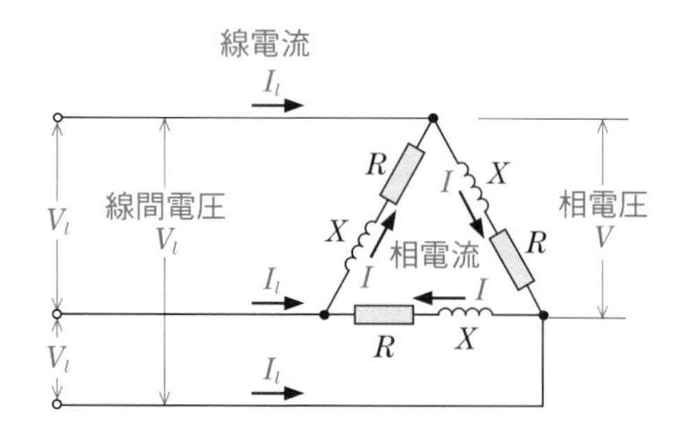

上図のデルタ(△)結線の三相交流回路において，

・**相電圧と線間電圧**

$V=V_l$〔V〕

・**線電流と相電流**

$I_l=\sqrt{3}I$〔A〕

$I=\dfrac{I_l}{\sqrt{3}}$〔A〕

・**相電流**

$I=\dfrac{V}{Z}=\dfrac{V}{\sqrt{R^2+X^2}}$〔A〕

・**力　率**

$\cos\theta=\dfrac{R}{Z}=\dfrac{R}{\sqrt{R^2+X^2}}$

・**有効電力**

$P=\sqrt{3}\,V_lI_l\cos\theta=3I^2R$〔W〕

・**無効電力**

$Q=\sqrt{3}\,V_lI_l\sin\theta=3I^2X$〔var〕

・**皮相電力**

$S=\sqrt{3}\,V_lI_l=\sqrt{P^2+Q^2}$〔V·A〕

練習問題

	問題	イ	ロ	ハ	ニ
1	図のような三相交流回路の全消費電力が3 000〔W〕であった．線電流Iの値〔A〕は． 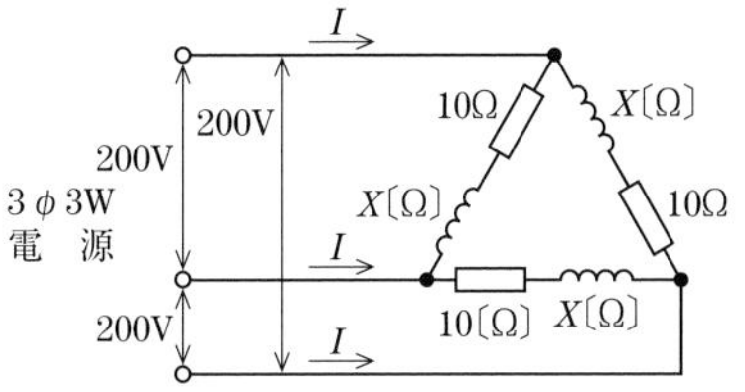	イ．5.8	ロ．10.0	ハ．17.3	ニ．20.0
2	図のような三相交流回路において，全無効電力〔kvar〕の値は． 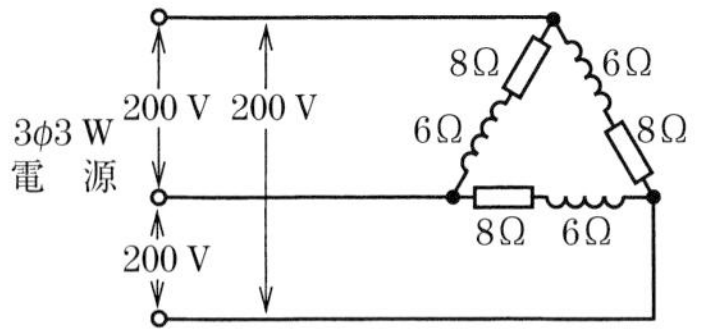	イ．4.2	ロ．7.2	ハ．9.6	ニ．12
3	図のような三相交流回路において，全皮相電力〔V･A〕を表す式は． 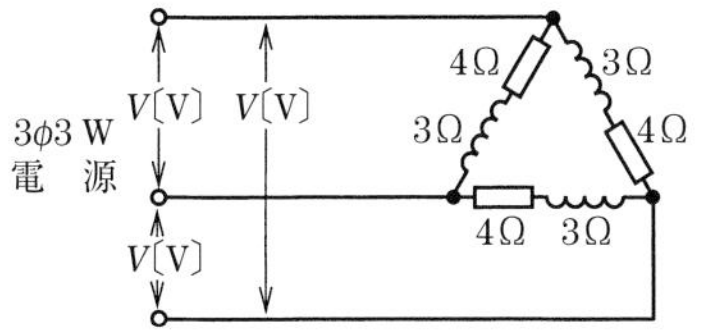	イ．$\dfrac{V}{5}$	ロ．$\dfrac{3V^2}{5}$	ハ．$\dfrac{9V^2}{25}$	ニ．$\dfrac{12V^2}{25}$

解答

1. ハ

交流回路で電力を消費するのは，抵抗だけである．相電流をI_P〔A〕とすると，

$3I_P{}^2R=3I_P{}^2\times10=3\,000$

$I_P{}^2=3\,000/3\times10=100$

$I_P=\sqrt{100}=10$〔A〕

線電流I〔A〕は，

$I=\sqrt{3}I_P=1.73\times10=17.3$〔A〕

2. ロ

1相のインピーダンスZ〔Ω〕は，

$Z=\sqrt{8^2+6^2}=\sqrt{100}=10$〔Ω〕

相電流I〔A〕は，

$I=\dfrac{200}{10}=20$〔A〕

全無効電力Q〔kvar〕は，

$Q=3I^2X=3\times20^2\times6=7\,200$〔var〕

$=7.2$〔kvar〕

3. ロ

1相のインピーダンスZ〔Ω〕は，

$Z=\sqrt{4^2+3^2}=\sqrt{25}=5$〔Ω〕

相電流I〔A〕は，

$I=\dfrac{V}{Z}=\dfrac{V}{5}$〔A〕

線電流I_l〔A〕

$I_l=\sqrt{3}I=\dfrac{\sqrt{3}V}{5}$〔A〕

全皮相電力S〔V･A〕は，

$S=\sqrt{3}VI_l=\sqrt{3}V\times\dfrac{\sqrt{3}V}{5}=\dfrac{3V^2}{5}$〔V･A〕

テーマ 13 三相交流スター結線

ポイント

● スター（Y）結線

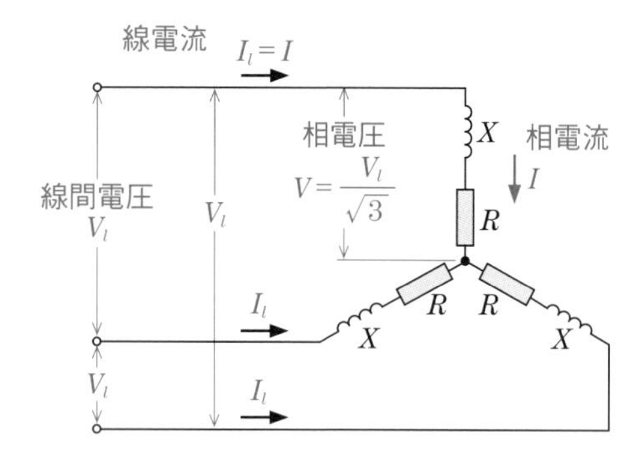

・**相電圧と線間電圧**

$V = \frac{V_l}{\sqrt{3}}$〔V〕　$V_l = \sqrt{3}\,V$〔V〕

・**線電流と相電流**

$I_l = I$〔A〕

$I = \frac{V}{Z} = \frac{V}{\sqrt{R^2 + X^2}}$〔A〕

・**力　率**

$\cos\theta = \frac{R}{Z} = \frac{R}{\sqrt{R^2 + X^2}}$

・**有効電力**

$P = \sqrt{3}\,V_l I_l \cos\theta = 3I^2R$〔W〕

・**無効電力**

$Q = \sqrt{3}\,V_l I_l \sin\theta = 3I^2X$〔var〕

・**皮相電力**

$S = \sqrt{3}\,V_l I_l = \sqrt{P^2 + Q^2}$〔V·A〕

練習問題

	問題	イ	ロ	ハ	ニ
1	図のような三相交流回路の線電流 I の値〔A〕は． ただし，各相の抵抗 $R = 8$〔Ω〕，リアクタンス $X = 6$〔Ω〕とする．	イ．8.2	ロ．10.0	ハ．11.5	ニ．20.0
2	図のような三相交流回路の全消費電力〔W〕は．	イ．3 700	ロ．4 800	ハ．6 400	ニ．8 000

3	図のような直列リアクトルを設けた高圧進相コンデンサがある．線間電圧が V〔V〕，誘導性リアクタンスが 9〔Ω〕，容量性リアクタンスが 150〔Ω〕であるとき，回路に流れる電流 I〔A〕を示す式は． 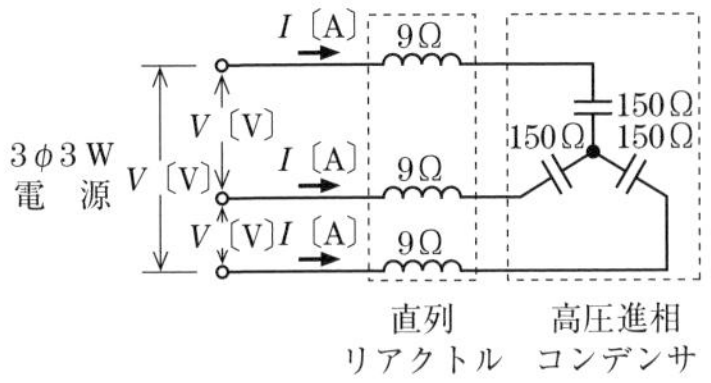 	イ．$\dfrac{V}{141\sqrt{3}}$	ロ．$\dfrac{V}{159\sqrt{3}}$	ハ．$\dfrac{\sqrt{3}\,V}{141}$	ニ．$\dfrac{\sqrt{3}\,V}{159}$
4	図のような三相交流回路において，電源電圧は 200〔V〕，リアクタンスは 5〔Ω〕である．回路の全無効電力〔kvar〕は． 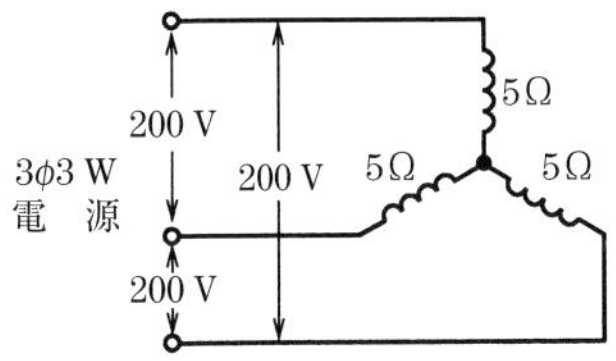 	イ．5	ロ．8	ハ．11	ニ．14

解答

1. ハ

1 相のインピーダンス Z〔Ω〕は，

$Z=\sqrt{R^2+X^2}=\sqrt{8^2+6^2}=10$〔Ω〕

1 相に加わる電圧(相電圧) V〔V〕は，線間電圧の $1/\sqrt{3}$ であるから，

$V=\dfrac{200}{\sqrt{3}}$〔V〕

スター結線の場合，線電流と相電流は等しいから，

$I=\dfrac{V}{Z}=\dfrac{200/\sqrt{3}}{10}=\dfrac{200}{10/\sqrt{3}}=\dfrac{20}{\sqrt{3}}\fallingdotseq 11.5$〔A〕

となる．

2. ハ

1 相のインピーダンス Z〔Ω〕は，

$Z=\sqrt{4^2+3^2}=\sqrt{25}=5$〔Ω〕

1 相に加わる電圧は線間電圧の $1/\sqrt{3}$ であるから，流れる電流 I〔A〕は，

$I=\dfrac{200/\sqrt{3}}{Z}=\dfrac{200}{\sqrt{3}Z}=\dfrac{200}{5\sqrt{3}}=\dfrac{40}{\sqrt{3}}$〔A〕

消費電力 P〔W〕は，

$P=3I^2R=3\times\left(\dfrac{40}{\sqrt{3}}\right)^2\times 4=3\times\dfrac{1\,600}{3}\times 4$

$=6\,400$〔W〕

となる．

3. イ

誘導性リアクタンスが 9 Ω と容量性リアクタンスが 150 Ω の直列接続のY結線として考える．

1 相のリアクタンス X〔Ω〕は，

$X=X_C-X_L=150-9=141$〔Ω〕

回路に流れる電流 I は相電流と等しいから，

$I=\dfrac{V/\sqrt{3}}{141}=\dfrac{V}{141\sqrt{3}}$〔A〕

4. ロ

1 相に加わる電圧は線間電圧の $1/\sqrt{3}$ であるから，相電流 I〔A〕は，

$I=\dfrac{200/\sqrt{3}}{5}=\dfrac{200}{5\sqrt{3}}=\dfrac{40}{\sqrt{3}}$〔A〕

回路の全無効電力 Q〔kvar〕は，

$Q=3I^2X\times 10^{-3}=3\times\left(\dfrac{40}{\sqrt{3}}\right)^2\times 5\times 10^{-3}$

$=3\times\dfrac{1\,600}{3}\times 5\times 10^{-3}=8\,000\times 10^{-3}$

$=8$〔kvar〕

テーマ14 スター・デルタ等価変換

ポイント

● Y－△変換

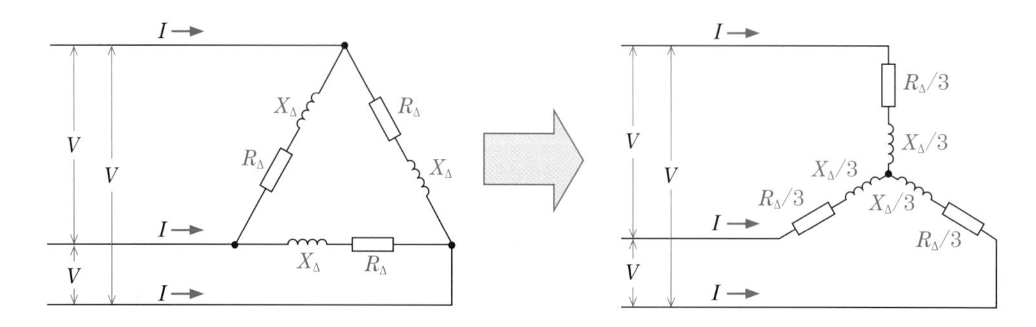

同一の電圧を加えて線電流が変化しないように，△結線をY結線に変換することを，等価変換という．

△結線と同一電圧で，Y結線にしても同一の電流が流れるようにするには，抵抗及びリアクタンスをそれぞれ 1/3 の値にすればよい．

$$R_{\mathrm{Y}}=\frac{R_{\triangle}}{3}〔\Omega〕\qquad X_{\mathrm{Y}}=\frac{X_{\triangle}}{3}〔\Omega〕$$

練習問題

	問題	イ	ロ	ハ	ニ
1	図（A）及び（B）の両回路が等価であるとき，R の値〔Ω〕は． 30 Ω　30 Ω　30 Ω　（A） R　R　R　（B）	イ．10	ロ．15	ハ．60	ニ．90
2	図のような回路の線電流 I の値〔A〕は． 3φ3W 電源　200 V　200 V　200 V　I 5 Ω　5 Ω　5 Ω　15 Ω　15 Ω　15 Ω	イ．2.3	ロ．6.7	ハ．10.0	ニ．11.5

3	図 A の等価回路が図 B であるとき，図 B の抵抗 R〔Ω〕，リアクタンス X〔Ω〕の値は.	イ．$R=2$ $X=4$	ロ．$R=3.5$ $X=6.9$	ハ．$R=18$ $X=4$	ニ．$R=18$ $X=36$
4	図のような三相交流回路において，電流 I〔A〕は.	イ．$\frac{200\sqrt{3}}{17}$	ロ．$\frac{40}{\sqrt{3}}$	ハ．40	ニ．$40\sqrt{3}$

解答

1. **イ**

△結線を Y 結線に等価変換するには，1/3 にすればよいから，

$$R_{\curlyvee}=\frac{R_{\triangle}}{3}=\frac{30}{3}=10\ 〔\Omega〕$$

2. **ニ**

15 Ω の△結線を，Y 結線に等価変換すると，15/3＝5〔Ω〕になり，下図のようになる．流れる線電流 I〔A〕は，

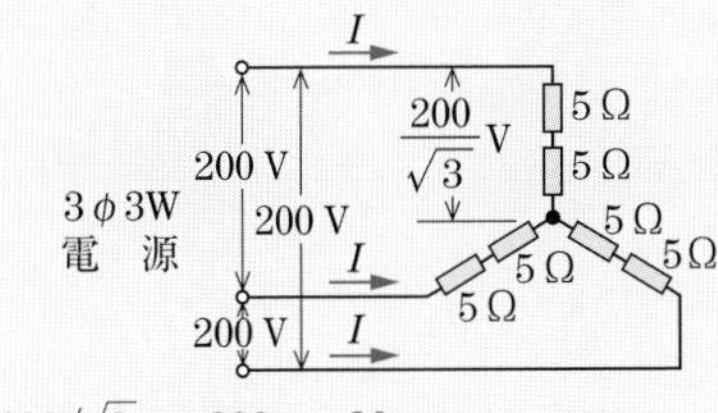

$$I=\frac{200/\sqrt{3}}{5+5}=\frac{200}{10\sqrt{3}}=\frac{20}{\sqrt{3}}\fallingdotseq 11.5\ 〔A〕$$

3. **イ**

△結線を Y 結線に等価変換するには，1/3 にすればよいから，

$R=6/3=2$〔Ω〕

$X=12/3=4$〔Ω〕

4. **ロ**

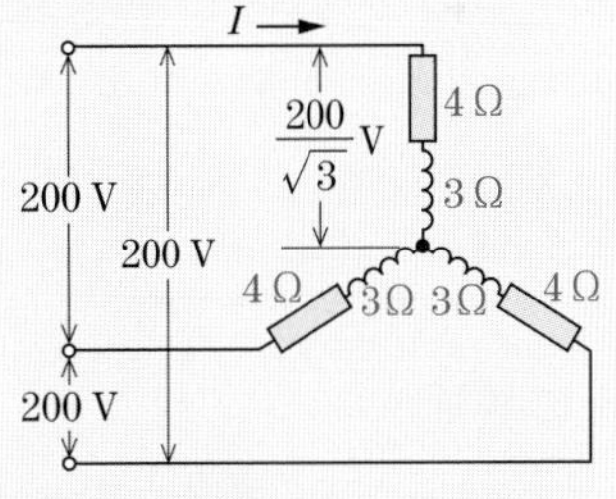

△結線された誘導性リアクタンス 9 Ω を，Y 結線に等価変換すると，9/3＝3〔Ω〕になる．

1 相のインピーダンス Z〔Ω〕は，

$Z=\sqrt{4^2+3^2}=\sqrt{25}=5$〔Ω〕

1 相に加わる電圧 V〔V〕は，

$$V=\frac{200}{\sqrt{3}}\ 〔V〕$$

電流 I〔A〕は，

$$I=\frac{V}{Z}=\frac{200/\sqrt{3}}{5}=\frac{40}{\sqrt{3}}\ 〔A〕$$

テーマ 15 過渡現象

ポイント

❶ 抵抗とコンデンサの直列回路

《コンデンサの充電》

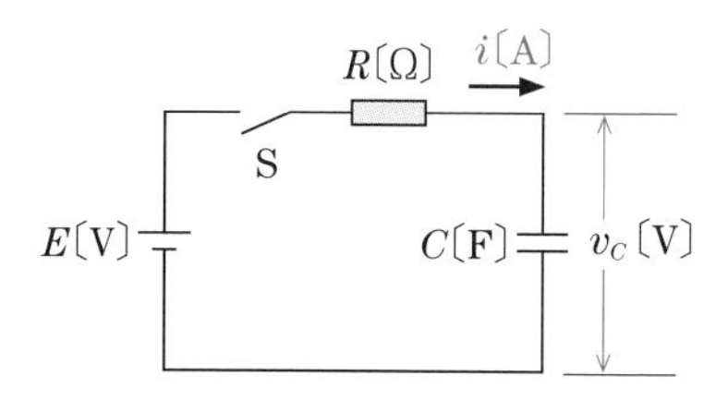

スイッチSを閉じた瞬間には，E/R〔A〕の電流 i〔A〕が流れ，時間の経過に従って電流 i〔A〕は減少する．コンデンサに加わる電圧 v_C〔V〕は，徐々に上昇して最終的には，電源の電圧 E〔V〕になる．

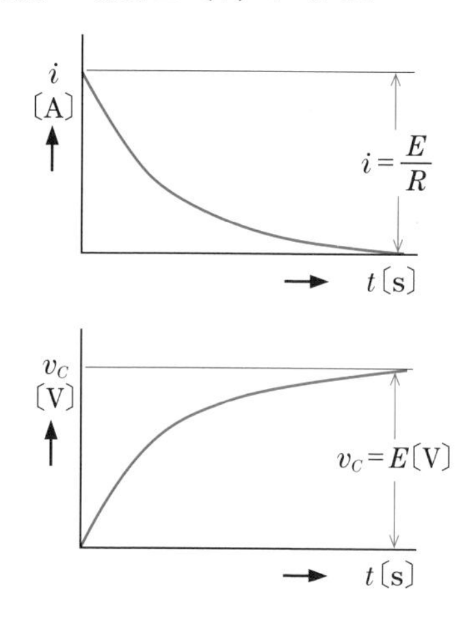

《コンデンサの放電》

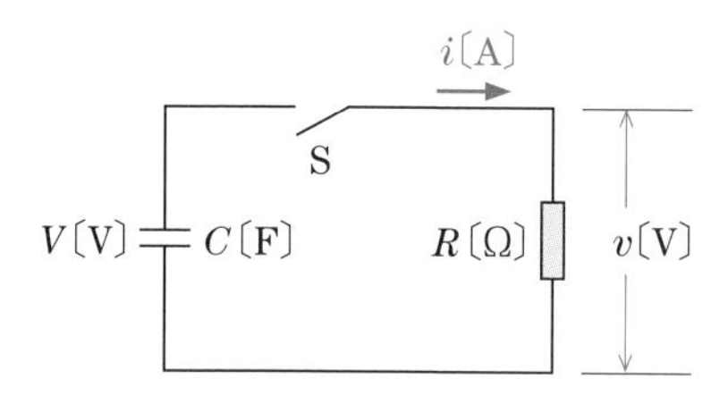

V〔V〕に充電したコンデンサに抵抗 R〔Ω〕を接続すると，最初に V/R〔A〕の電流 i〔A〕が流れ徐々に減少する．

コンデンサと抵抗に加わる電圧 v〔V〕は，スイッチSを閉じた瞬間には V〔V〕であるが，徐々に減少する．

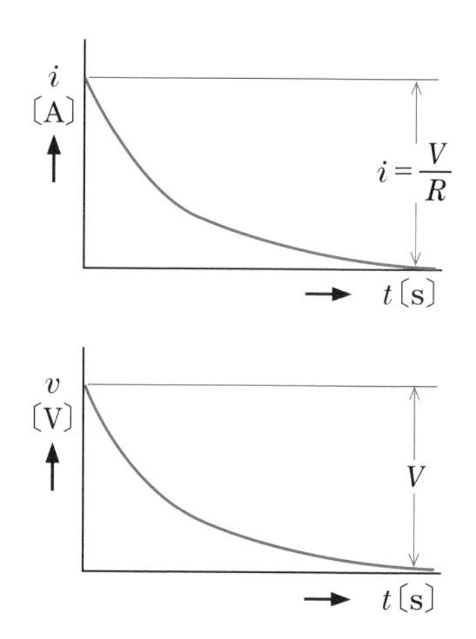

❷ 抵抗とコイルの直列回路

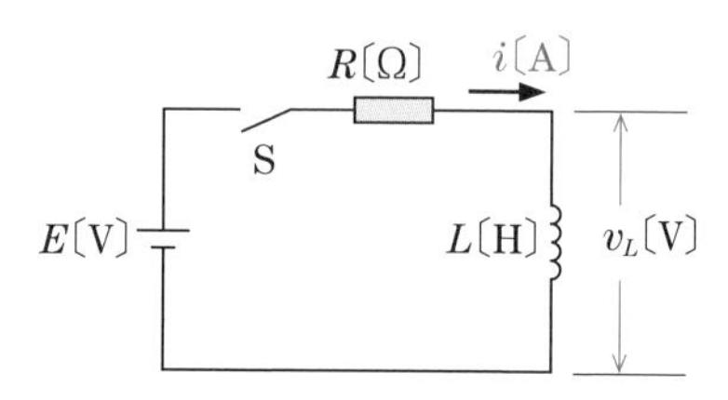

スイッチSを閉じると，時間の経過とともに電流 i〔A〕は増加し，コイルに加わる電圧 v_L〔V〕は減少する．これは，コイル内に発生する誘導起電力の影響による．

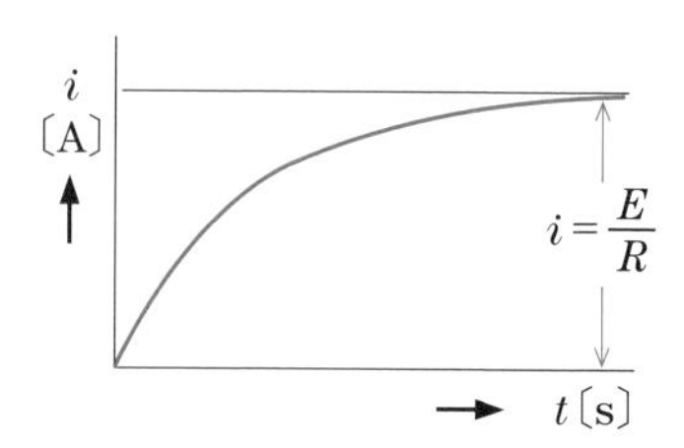

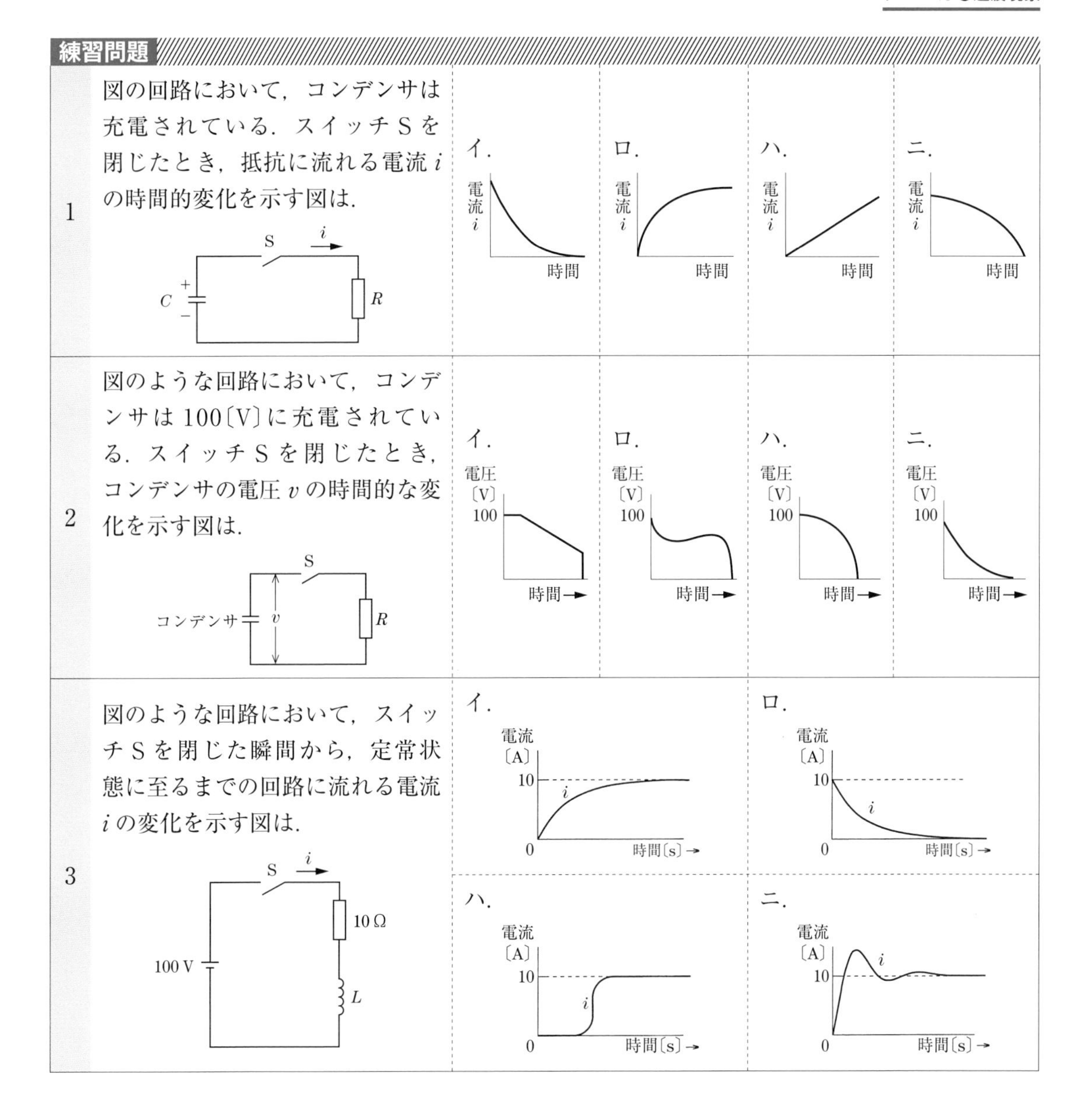

解答

1. イ

コンデンサを充電して抵抗に接続すると，初めに大きな電流が流れる．電荷を放電するに従って，徐々に電流が減少する．

2. ニ

スイッチSを閉じた瞬間の電圧は100 Vで，時間が経過するに従って減少し，最終的には0 Vになる．

3. イ

スイッチSを閉じて十分に時間が経過し，一定値に落ち着いた状態を定常状態という．

抵抗とコイルを直列に接続して，直流電圧を加えると，コイルに発生する誘導起電力の影響により，回路に流れる電流は徐々に増加する．定常状態では，$E/R=100/10=10$〔A〕の電流が流れる．

まとめ　電気に関する基礎理論

1　直流回路

❶ オームの法則

$I=\dfrac{V}{R}$〔A〕　$V=IR$〔V〕　$R=\dfrac{V}{I}$〔Ω〕

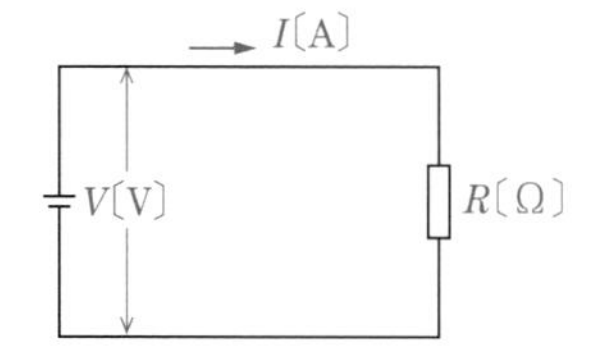

❷ 合成抵抗

・**直列接続**

$R=R_1+R_2$

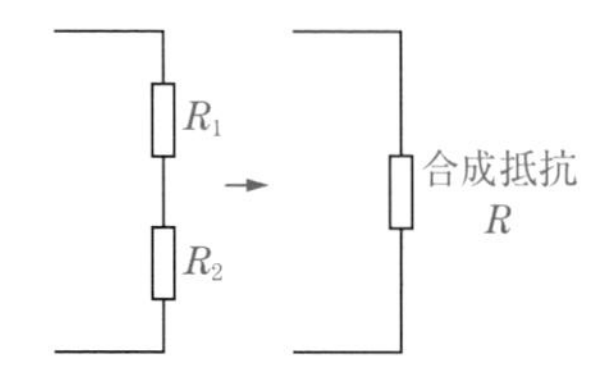

・**並列接続**

$R=\dfrac{1}{\dfrac{1}{R_1}+\dfrac{1}{R_2}}=\dfrac{R_1R_2}{R_1+R_2}$

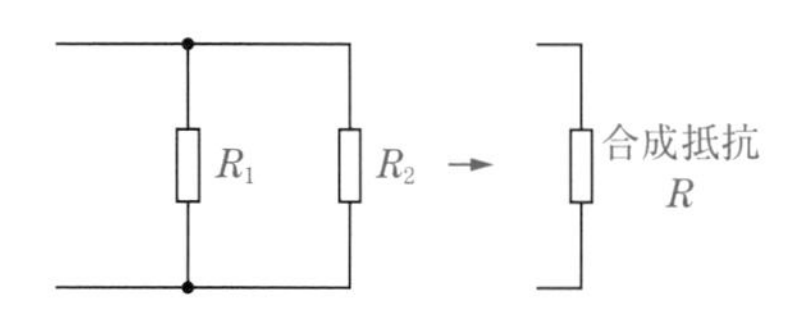

❸ ブリッジ回路

・**平衡条件**

$R_1R_4=R_2R_3$

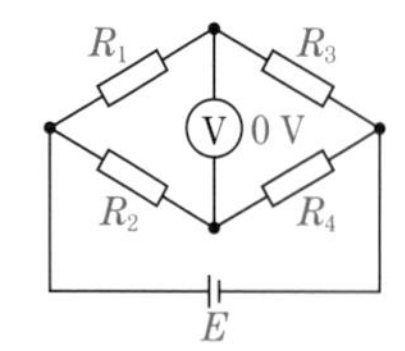

❹ キルヒホッフの法則

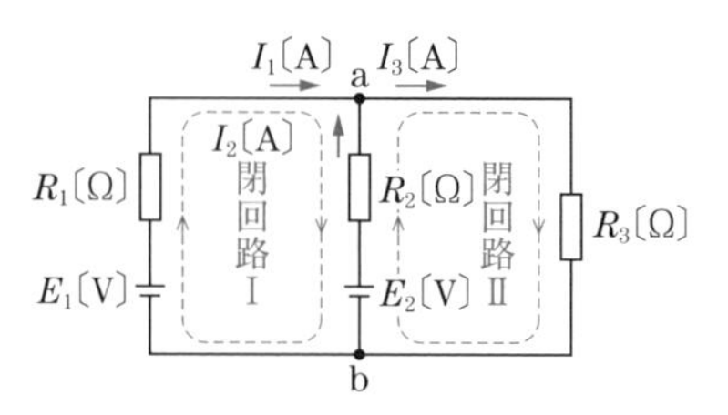

・**第 1 法則（電流に関する法則）**

ある 1 点に流入する電流の和は，流出する電流の和に等しい．

$I_1+I_2=I_3$

・**第 2 法則（電圧に関する法則）**

閉回路において，電圧降下の代数和は，起電力の和に等しい．

$R_1I_1-R_2I_2=E_1-E_2$

$R_2I_2+R_3I_3=E_2$

❺ 電線の抵抗

・**電線の抵抗**

$R=\rho\dfrac{l}{A}$〔Ω〕　$A=\dfrac{\pi D^2}{4}$〔mm²〕

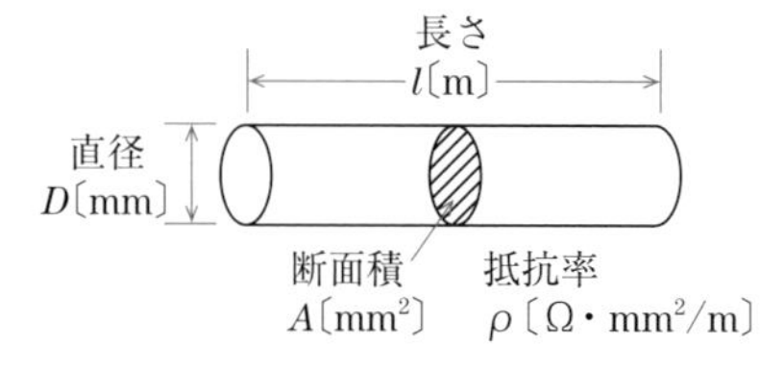

❻ 電力・電力量・熱量

・**電　力**

$P=VI=I^2R=\dfrac{V^2}{R}$〔W〕

・**電力量**

$W=Pt$〔kW·h〕　P〔kW〕　t〔h〕

・**熱　量**

1〔kW·h〕＝3 600〔kJ〕

$Q=3\,600Pt$〔kJ〕

2 磁 気

❶ 電流の作る磁界

・円形コイル

$$H=\frac{NI}{2r}\ \text{〔A/m〕}$$

・直線状導体

$$H=\frac{I}{2\pi r}\ \text{〔A/m〕}$$

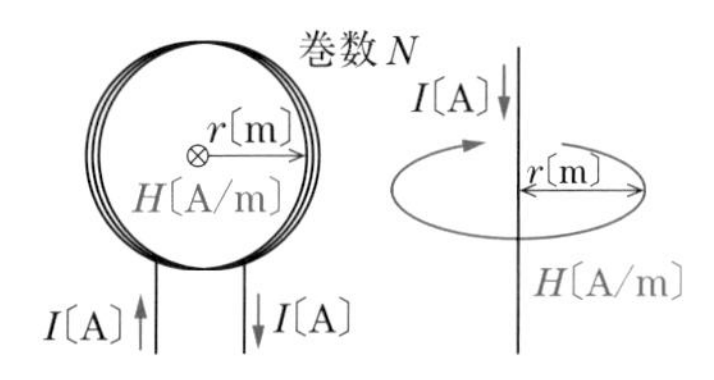

❷ 環状コイル

・磁界

$$H=\frac{NI}{2\pi r}=\frac{NI}{l}\ \text{〔A/m〕}$$

・磁束

$$\Phi=\mu\frac{NI}{l}A\ \text{〔Wb〕}$$

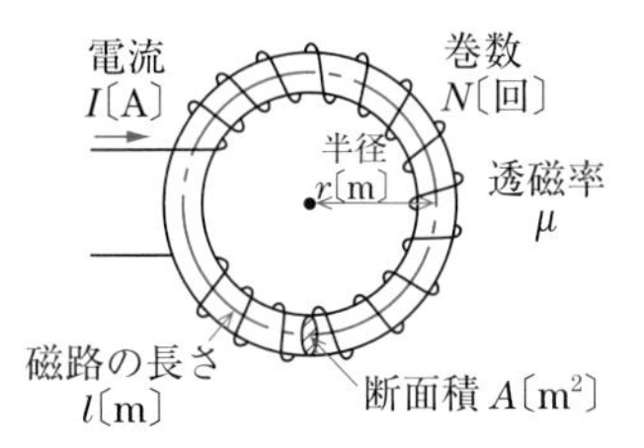

❸ 円筒コイル

・自己インダクタンス

$$L=\lambda\frac{\mu_0\mu_r N^2 A}{l}\ \text{〔H〕}$$

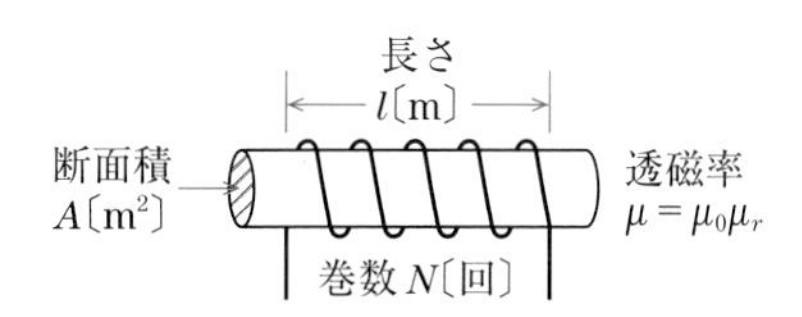

❹ 電磁力

・平行電線の電磁力

$$F=\frac{2I^2}{d}\times10^{-7}\ \text{〔N/m〕}$$

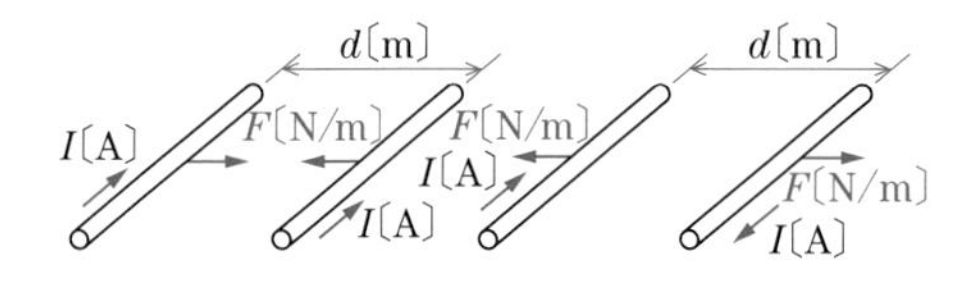

❺ 電磁エネルギー

・コイルに蓄えられるエネルギー

$$W=\frac{1}{2}LI^2\ \text{〔J〕}$$

3 静電気・コンデンサ

❶ 電界の強さ

・平行板の電界

$$E=\frac{V}{l}\ \text{〔V/m〕}$$

❷ コンデンサ

・静電容量

$$C=\varepsilon\frac{A}{d}\ \text{〔F〕}$$

・蓄えられる電荷

$$Q=CV\ \text{〔C〕}$$

・蓄えられるエネルギー

$$W=\frac{1}{2}CV^2\ \text{〔J〕}$$

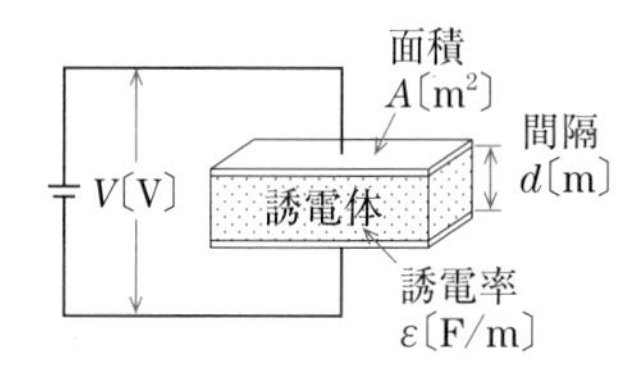

❸ コンデンサの合成静電容量

・直列接続

$$C=\frac{1}{\frac{1}{C_1}+\frac{1}{C_2}}=\frac{C_1C_2}{C_1+C_2}\ \text{〔F〕}$$

・並列接続

$$C=C_1+C_2\ \text{〔F〕}$$

❹ コンデンサの直列接続

・蓄えられる電荷

$$Q=C_1V_1=C_2V_2\ \text{〔C〕}$$

・電圧分担

$$V_1=\frac{C_2}{C_1+C_2}V\ \text{〔V〕}$$

$$V_2=\frac{C_1}{C_1+C_2}V\ \text{〔V〕}$$

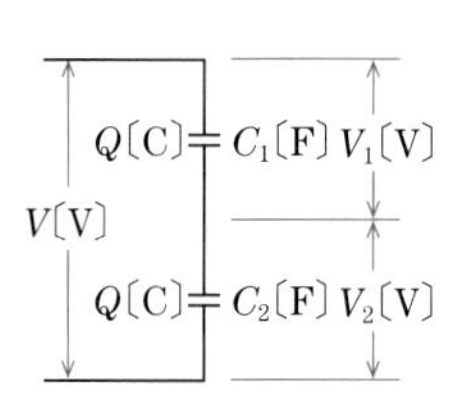

4 単相交流回路

❶ 直列接続

・電　圧

$V=\sqrt{V_R{}^2+(V_L-V_C)^2}$〔V〕

・インピーダンス

$Z=\sqrt{R^2+(X_L-X_C)^2}$〔Ω〕

・電　流

$I=\dfrac{V}{Z}=\dfrac{V}{\sqrt{R^2+(X_L-X_C)^2}}$〔A〕

・力　率

$\cos\theta=\dfrac{R}{Z}=\dfrac{V_R}{V}$

・有効電力

$P=VI\cos\theta=I^2R$〔W〕

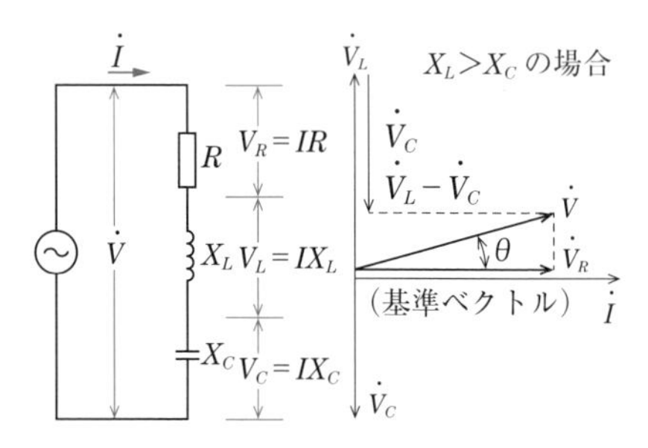

❷ 並列接続

・電　流

$I=\sqrt{I_R{}^2+(I_L-I_C)^2}$〔A〕

・インピーダンス

$Z=\dfrac{V}{I}$〔Ω〕

・力　率

$\cos\theta=\dfrac{I_R}{I}$

・有効電力

$P=VI\cos\theta=VI_R=\dfrac{V^2}{R}$〔W〕

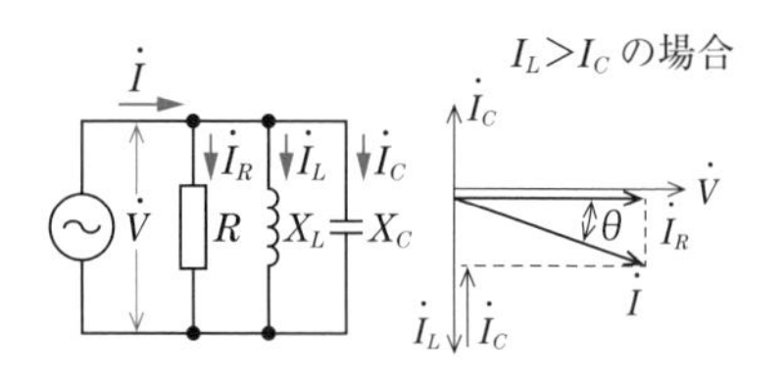

5 三相交流回路

❶ デルタ（△）結線

・線間電圧と相電圧

$V_l=V$〔V〕

・線電流と相電流

$I_l=\sqrt{3}I$〔A〕　　$I=\dfrac{I_l}{\sqrt{3}}$〔A〕

・有効電力

$P=\sqrt{3}V_lI_l\cos\theta=3I^2R$〔W〕

・無効電力

$Q=\sqrt{3}V_lI_l\sin\theta=3I^2X$〔var〕

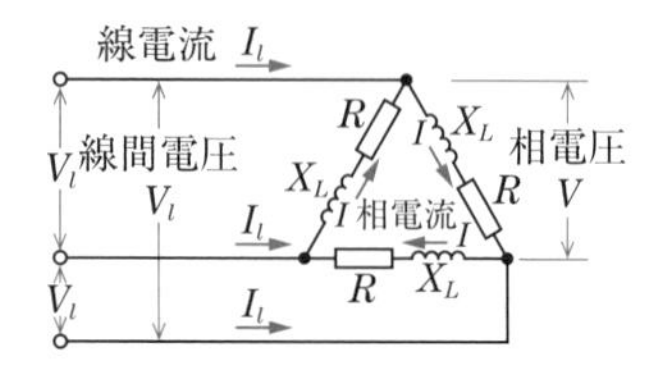

❷ スター（Y）結線

・相電圧と線間電圧

$V=\dfrac{V_l}{\sqrt{3}}$〔V〕　　$V_l=\sqrt{3}V$〔V〕

・線電流と相電流

$I_l=I$〔A〕

・有効電力

$P=\sqrt{3}V_lI_l\cos\theta=3I^2R$〔W〕

・無効電力

$Q=\sqrt{3}V_lI_l\sin\theta=3I^2X$〔var〕

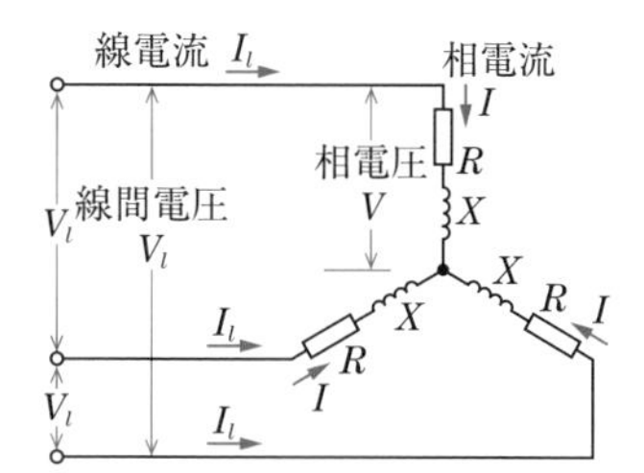

❸ スター・デルタ等価変換

・Y－△等価変換

$R_Y=\dfrac{R_\triangle}{3}$〔Ω〕　　$X_Y=\dfrac{X_\triangle}{3}$〔Ω〕

2 配電理論・配線設計

テーマ16 配電一般

ポイント

❶ 高圧・低圧配電系統

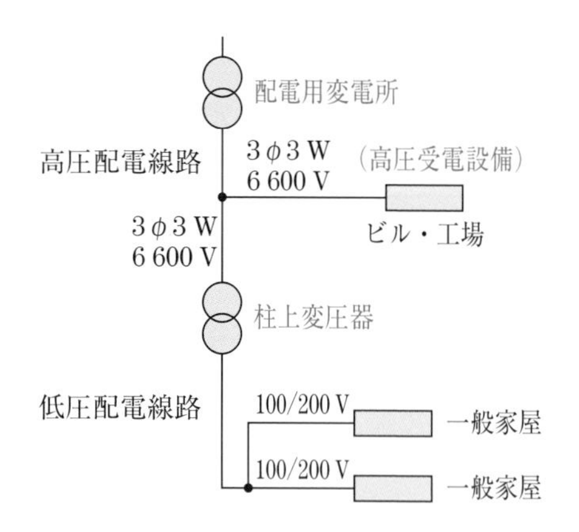

❷ 高圧配電線路の非接地方式

わが国の配電線路のほとんどは，非接地方式が採用されている．

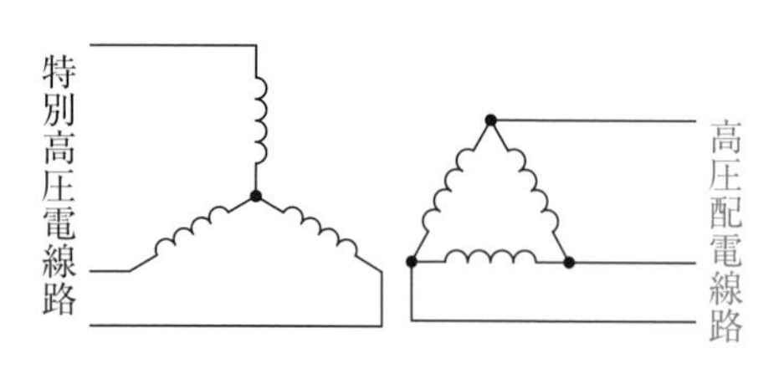

配電用変電所変圧器

(利点)

- 1線地絡電流が小さい．
- 1線地絡時の弱電流電線への電磁誘導障害が小さい．
- 高低圧混触時の低圧電路の電位上昇が小さい．

❸ 低圧配電方式

- 単相2線式　100 V

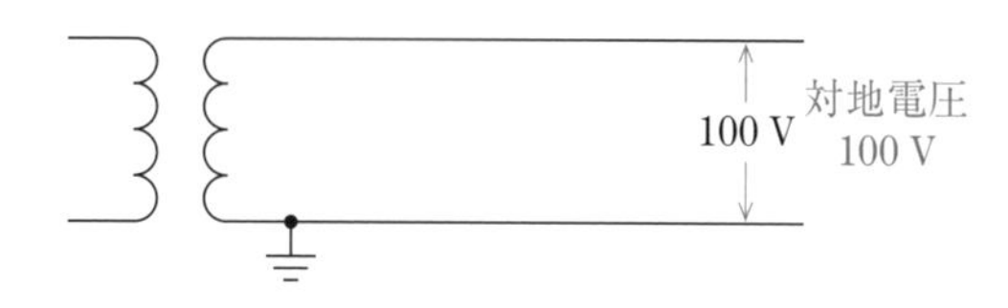

- 単相3線式　100/200 V

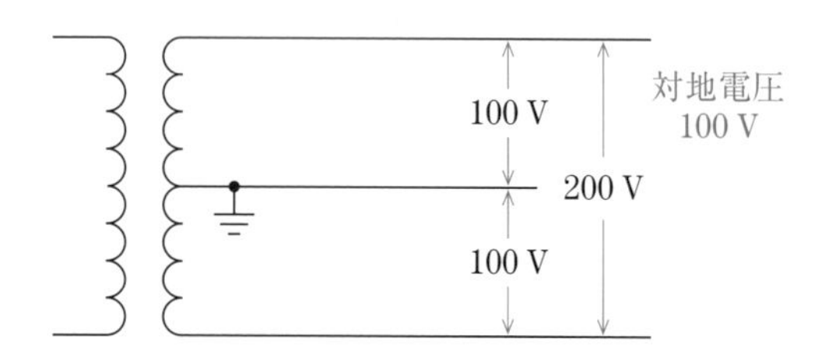

- 三相3線式　200 V

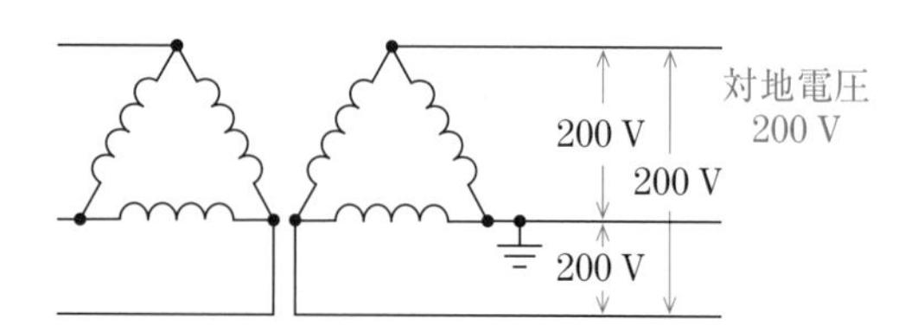

- 三相4線式　400 V

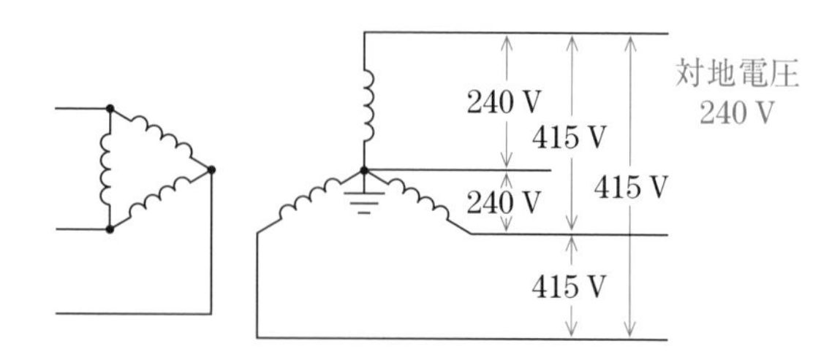

❹ 低圧側地絡時の金属製外箱の対地電圧

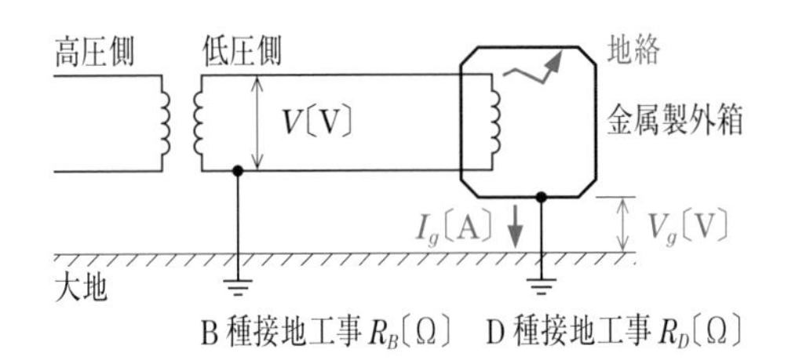

V_g：地絡時の大地との対地電圧

I_g：地絡電流

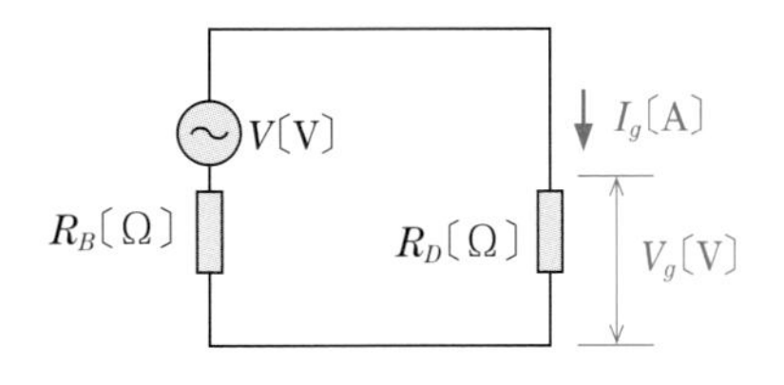

・**地絡電流**　$I_g=\dfrac{V}{R_B+R_D}$〔A〕

・**対地電圧**　$V_g=R_DI_g=\dfrac{R_D}{R_B+R_D}V$〔V〕

練習問題

	問題	イ	ロ	ハ	ニ
1	わが国の高圧配電系統には，主として非接地方式が採用されている．この理由として，**誤っているものは．**	イ．1 線地絡時の故障電流が小さい．	ロ．1 線地絡故障時の電磁誘導障害が小さい．	ハ．短絡事故時の故障電流が小さい．	ニ．非接地系統でも信頼度の高い保護方式が確立されている．
2	図において，B 点，C 点における接地抵抗値は，それぞれ 10〔Ω〕，20〔Ω〕であった．A 点で完全地絡を生じたとき，負荷の金属製外箱の対地電圧〔V〕は．ただし，金属製外箱，配電線，変圧器のインピーダンスは無視するものとする． （図：6 600 V，105 V，A，5Ω，金属製外箱，B 10Ω，C 20Ω）	イ．45	ロ．70	ハ．105	ニ．140

解答

1. **ハ**

わが国の高圧配電線路のほとんどは，非接地方式である．それは，1 線地絡時に健全相の対地電圧が $\sqrt{3}$ 倍に上昇しても配電電圧が低くて問題にならないことや，信頼度の高い保護継電方式が確立されているためである．

非接地方式には，次の利点がある

（1）1 線地絡時の地絡電流が小さい．

（2）弱電流電線への電磁誘導障害が小さい．

（3）高低圧混触時の低圧線電位上昇の抑制

短絡事故時の故障電流の大小は，接地方式とは関係ない．

2. **ロ**

問題の図において，A 点で完全地絡したときの回路を，図のような等価回路として考える．

地絡電流 I_g は，　$I_g=\dfrac{105}{10+20}=3.5$〔A〕

対地電圧 V_g は，$V_g=3.5\times20=70$〔V〕

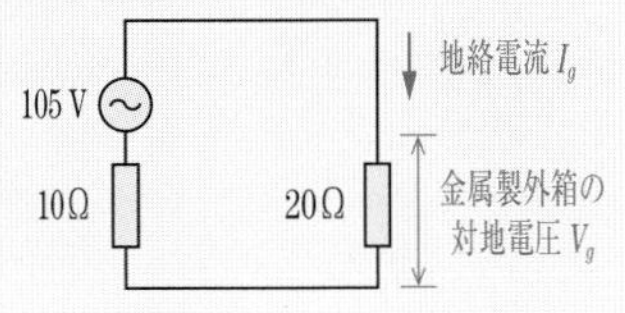

テーマ17 単相3線式配電線路

ポイント

❶ 各線に流れる電流

（1） 抵抗負荷

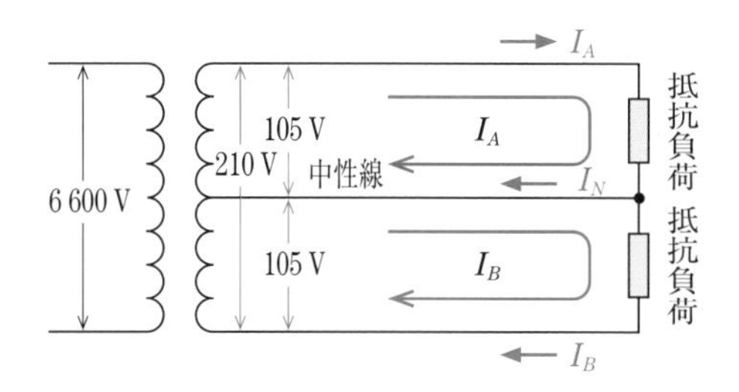

・中性線に流れる電流

大きさ　$I_N = I_A - I_B$

方　向　$I_A > I_B$ のときは右から左へ

$I_A < I_B$ のときは左から右へ

$I_A = I_B$ の場合，中性線に電流が流れない．負荷が平衡したという．

（2） 抵抗・リアクタンス負荷

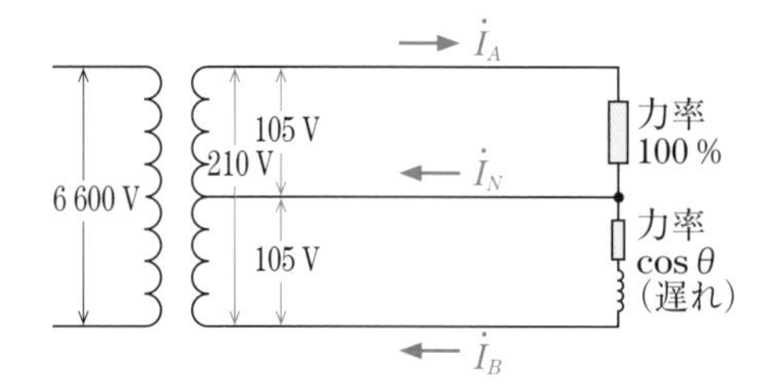

キルヒホッフの第1法則により，

$\dot{I}_A = \dot{I}_N + \dot{I}_B$ から，

$\dot{I}_N = \dot{I}_A - \dot{I}_B = \dot{I}_A + (-\dot{I}_B)$

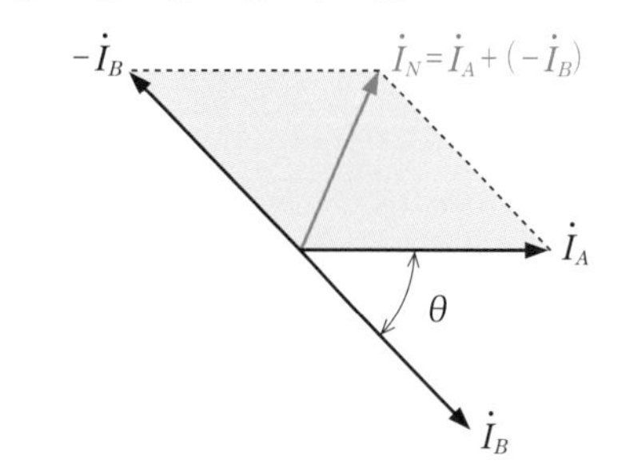

❷ 平衡負荷の電圧降下

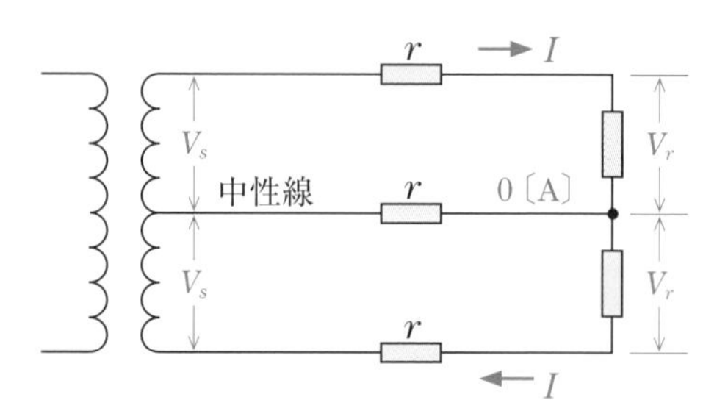

負荷が平衡している場合は，中性線には電流が流れず，電圧降下を生じない．

・電圧降下

$v = V_s - V_r = Ir$〔V〕

❸ 不平衡負荷の電圧

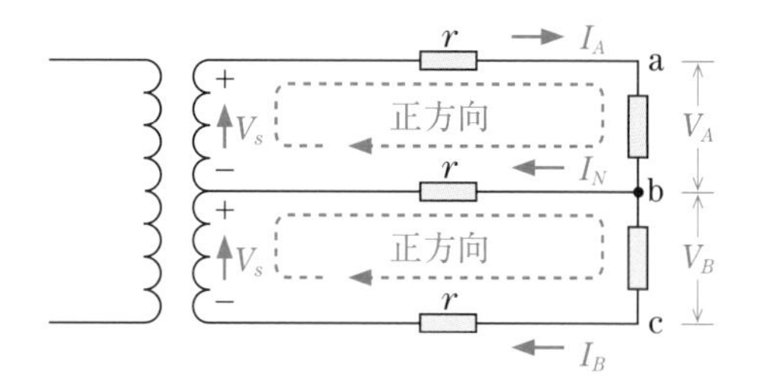

閉回路の起電力と電流の正方向を図のように定めて，キルヒホッフの第2法則を適用すると，次の式が成立する．

$rI_A + V_A + rI_N = V_s$

$-rI_N + V_B + rI_B = V_s$

上式から，a-b 間の電圧 V_A〔V〕と b-c 間の電圧 V_B〔V〕は，

$V_A = V_s - rI_A - rI_N$〔V〕

$V_B = V_s - rI_B + rI_N$〔V〕

練習問題

	問題				
1	図のような単相 3 線式配電線路において，中性線に流れる電流 I_N〔A〕は．ただし，線路インピーダンスは無視する．	イ．5	ロ．10	ハ．20	ニ．25
2	図のような単相 3 線式配電線路において，スイッチ A を閉じ，スイッチ B を開いた状態から，次にスイッチ B を閉じた場合，a-b 間の電圧 V_{ab} はどのように変化するか．	イ．約 3〔V〕下がる．	ロ．約 3〔V〕上がる．	ハ．約 5〔V〕下がる．	ニ．約 5〔V〕上がる．

解答

1. ロ

中性線と負荷の接続点にキルヒホッフの電流に関する法則（第 1 法則）を適用して，

$\dot{I}_N+\dot{I}_B=\dot{I}_A$

$\dot{I}_N=\dot{I}_A-\dot{I}_B=\dot{I}_A+(-\dot{I}_B)$

$\cos\theta=0.5$ のとき $\theta=60°$ であり，ベクトル図は次のようになる．

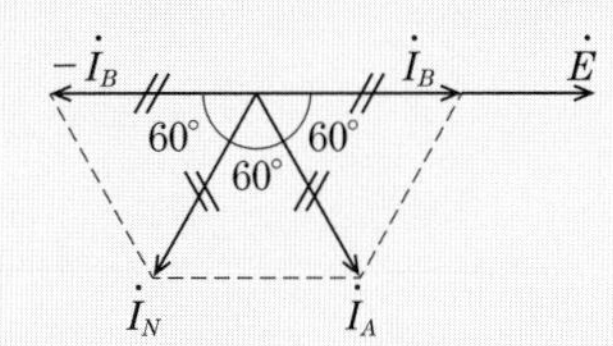

中性線に流れる電流 I_N の大きさは，負荷 A に流れる電流 I_A 及び負荷 B に流れる電流 I_B と同じ大きさの電流 10 A が流れる．

2. ロ

スイッチ A を閉じ，スイッチ B を開いた状態の a-b 間の電圧 V_{ab} は次のようになる．

回路に流れる電流 I_1〔A〕は，

$$I_1=\frac{105}{0.1+0.1+3.3}=\frac{105}{3.5}=30\ \text{〔A〕}$$

このときの a-b 間の電圧 V_{ab}〔V〕は，

$V_{ab}=30\times3.3=99$〔V〕

次に，スイッチ A を閉じ，スイッチ B を閉じた場合，負荷が平衡して，中性線には電流が流れない．

上と下の電線に流れる電流 I_2〔A〕は，

$$I_2=\frac{105+105}{0.1+0.1+3.3+3.3}=\frac{210}{6.8}\fallingdotseq31\ \text{〔A〕}$$

このときの a-b 間の電圧 V_{ab}〔V〕は，

$V_{ab}=31\times3.3\fallingdotseq102$〔V〕

したがって，約 102−99=3〔V〕上がる．

テーマ18 電力損失

ポイント

❶ 単相２線式

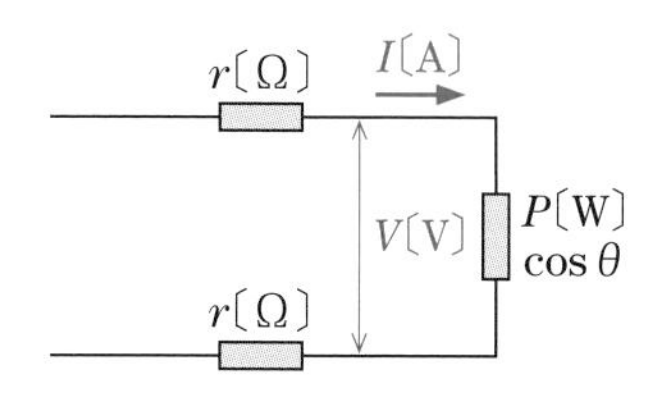

・電線に流れる電流

$$I=\frac{P}{V\cos\theta}\ 〔\mathrm{A}〕$$

・電線路の電力損失

$$P_l=2I^2r\ 〔\mathrm{W}〕$$

❷ 単相３線式（平衡負荷）

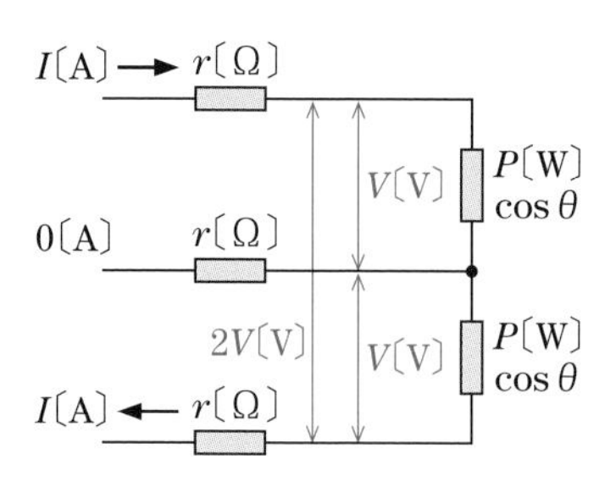

図のように，単相３線式回路において負荷が平衡している場合（平衡負荷），中性線には電流は流れないが，上下の線には同じ大きさの電流が流れて電力損失が生じる．

・上下の電線に流れる電流

$$I=\frac{P}{V\cos\theta}\ 〔\mathrm{A}〕$$

・電線路の電力損失

$$P_l=2I^2r\ 〔\mathrm{W}〕$$

❸ 三相３線式

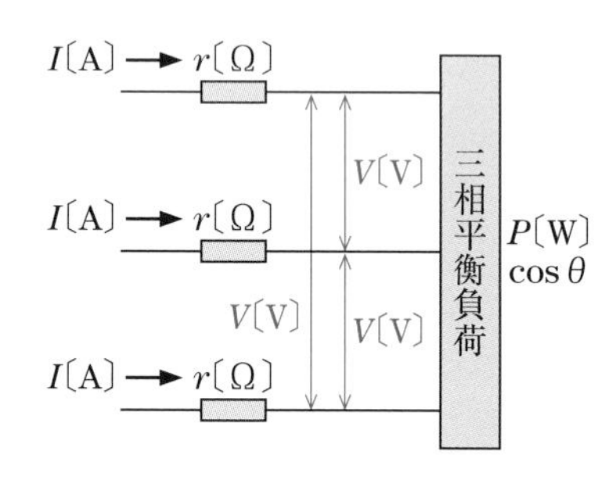

・電線に流れる電流

$$I=\frac{P}{\sqrt{3}\,V\cos\theta}\ 〔\mathrm{A}〕$$

・電線路の電力損失

$$P_l=3I^2r\ 〔\mathrm{W}〕$$

練習問題

	問題	イ	ロ	ハ	ニ
1	遅れ力率 80〔%〕の三相負荷に並列にコンデンサを設置して力率を 100〔%〕に改善した場合，配電線路の電力損失はもとの何倍となるか． ただし，負荷の電圧は変化しないものとする．	イ．0.64	ロ．0.89	ハ．1.00	ニ．1.56

2	図のような単相3線式配電線路において，負荷A，負荷Bともに消費電力800〔W〕，力率0.8（遅れ）である．負荷電圧がともに100〔V〕であるとき，この配電線路の電力損失〔W〕は． ただし，電線1線当たりの抵抗は0.4〔Ω〕とし，配電線路のリアクタンスは無視する． 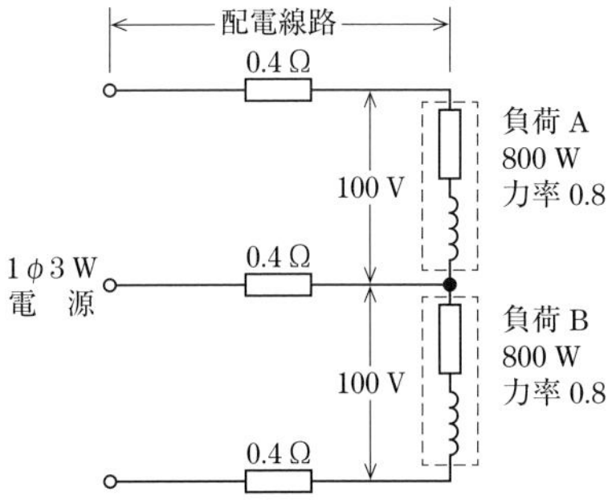 （図：配電線路　0.4 Ω　0.4 Ω　0.4 Ω　1φ3W 電源　100 V　100 V　負荷A 800 W 力率0.8　負荷B 800 W 力率0.8）	イ．40	ロ．60	ハ．80	ニ．120
3	図のような配電線路の電力損失〔W〕は． 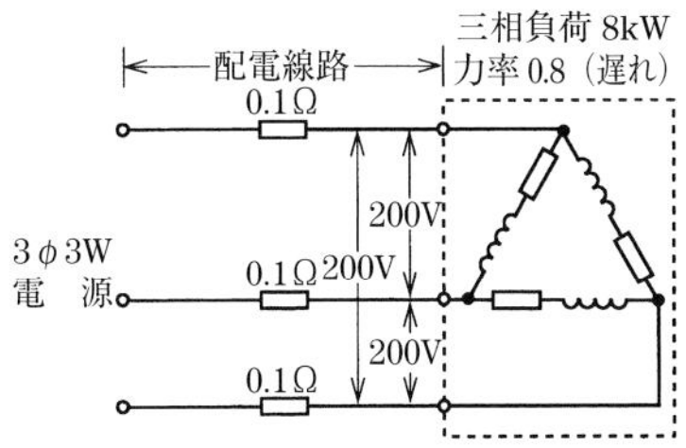 （図：配電線路　0.1Ω　0.1Ω　0.1Ω　3φ3W 電源　200V　200V　200V　三相負荷8kW 力率0.8（遅れ））	イ．100	ロ．150	ハ．250	ニ．400

解答

1. イ

力率を改善しても有効電力は変化しないから，負荷の電圧を V〔V〕，力率改善前の電流を I_1〔A〕，改善後の電流を I_2〔A〕とすると，

$\sqrt{3}\,VI_2\times1=\sqrt{3}\,VI_1\times0.8$〔W〕

$I_2=0.8I_1$〔A〕

力率改善前の電力損失は，$P_1=3I_1{}^2r$〔W〕

力率改善後の電力損失は，$P_2=3I_2{}^2r$〔W〕

したがって，

$$\frac{P_2}{P_1}=\frac{3I_2{}^2r}{3I_1{}^2r}=\frac{I_2{}^2}{I_1{}^2}=\frac{(0.8I_1)^2}{I_1{}^2}=0.64$$

2. ハ

負荷が平衡しているので，中性線には電流が流れず，電力損失も生じない．

上下2本の配電線路に流れる電流 I〔A〕は，

$$I=\frac{P}{V\cos\theta}=\frac{800}{100\times0.8}=10\text{〔A〕}$$

配電線路の電力損失 P_l〔W〕は，

$P_l=2I^2r=2\times10^2\times0.4=80$〔W〕

3. ハ

配電線路に流れる電流 I〔A〕は，

$$I=\frac{8\,000}{\sqrt{3}\times200\times0.8}=\frac{50}{\sqrt{3}}\text{〔A〕}$$

配電線路の電力損失 P_l〔W〕は，

$$P_l=3I^2r=3\times\left(\frac{50}{\sqrt{3}}\right)^2\times0.1$$

$$=3\times\frac{2\,500}{3}\times0.1=250\text{〔W〕}$$

テーマ 19 電圧降下（1）

ポイント

❶ 1条分の電圧降下

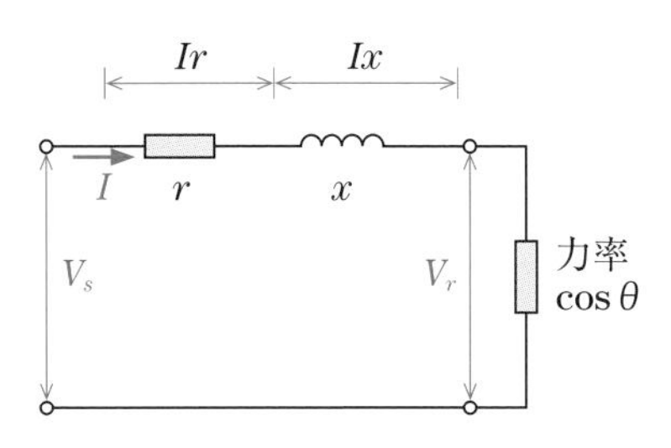

1条分の等価回路

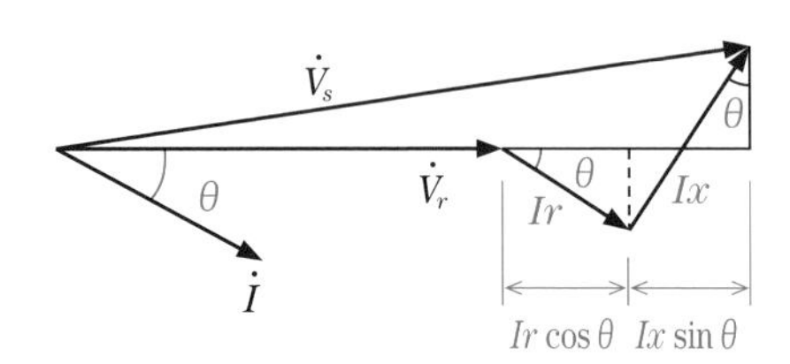

V_s：送電端相電圧　V_r：受電端相電圧

1条分のベクトル図

ベクトル図から，

$V_s \fallingdotseq V_r + I(r\cos\theta + x\sin\theta)$〔V〕

電線の電圧降下 v〔V〕は，

$v = V_s - V_r$

$= I(r\cos\theta + x\sin\theta)$〔V〕

❷ 単相2線式

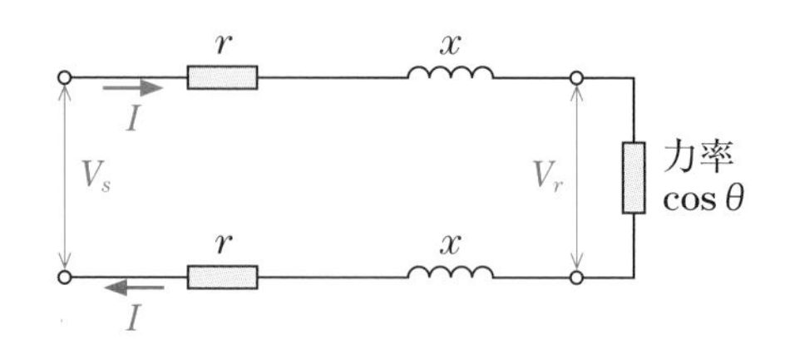

右上図において，送電端電圧 V_s〔V〕は，

$V_s = V_r + 2I(r\cos\theta + x\sin\theta)$〔V〕

電圧降下 v〔V〕は，

$v = V_s - V_r$

$= 2I(r\cos\theta + x\sin\theta)$〔V〕

❸ 三相3線式

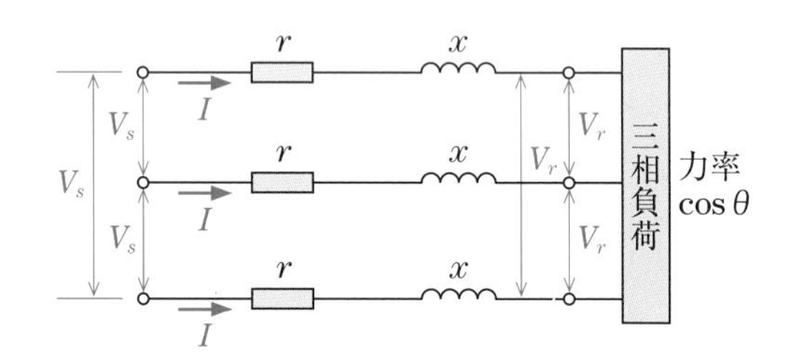

送電端電圧 V_s〔V〕は，

$V_s = V_r + \sqrt{3}I(r\cos\theta + x\sin\theta)$〔V〕

電圧降下 v〔V〕は，

$v = V_s - V_r$

$= \sqrt{3}I(r\cos\theta + x\sin\theta)$〔V〕

メ　モ

$\sin\theta = \sqrt{1-\cos^2\theta}$

$\cos\theta = 0.8 \rightarrow \sin\theta = 0.6$

$\cos\theta = 0.6 \rightarrow \sin\theta = 0.8$

練習問題

	問題	イ	ロ	ハ	ニ
1	図の配電線路における受電端の電圧 V_r の値〔V〕は． 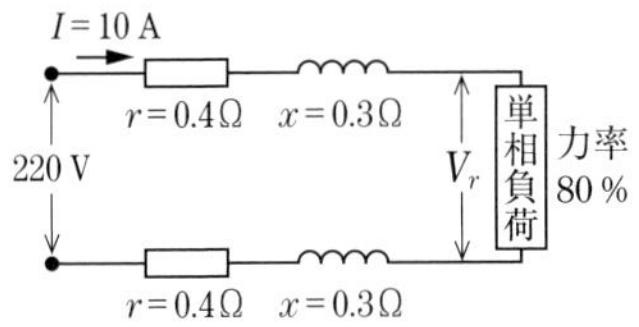	イ．200	ロ．205	ハ．210	ニ．215
2	図のような三相 3 線式配電線路の電圧降下（V_s-V_r）〔V〕の近似値を表す式は． ただし，負荷力率 $\cos\theta>0.8$ で，遅れ力率とする． 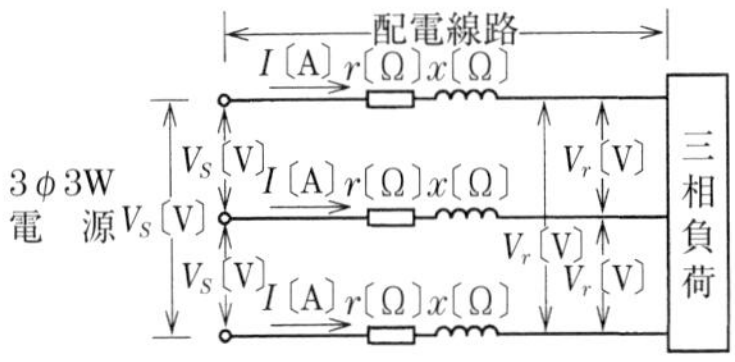	イ．$\sqrt{3}I(r\cos\theta-x\sin\theta)$	ロ．$\sqrt{3}I(r\sin\theta-x\sin\theta)$	ハ．$\sqrt{3}I(r\sin\theta+x\cos\theta)$	ニ．$\sqrt{3}I(r\cos\theta+x\sin\theta)$
3	図のような三相 3 線式の高圧配電線路の末端に遅れ力率 80〔%〕の三相負荷がある． 配電線路の電圧降下（V_s-V_r）〔V〕が 600〔V〕であるとき，配電線路の線電流 I〔A〕は． 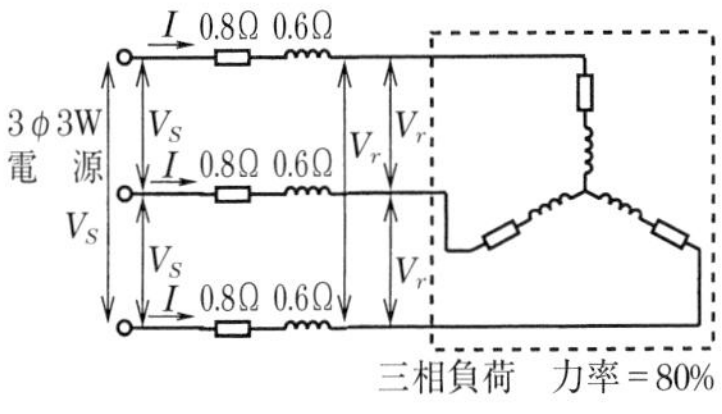	イ．200	ロ．$200\sqrt{3}$	ハ．$208\sqrt{3}$	ニ．600

解答

1. ハ

単相 2 線式配電線路の電圧降下 v〔V〕は，

$v=2I(r\cos\theta+x\sin\theta)$

$=2\times10\times(0.4\times0.8+0.3\times0.6)$

$=2\times10\times0.5=10$〔V〕

受電端の電圧 V_r は，

$V_r=V_s-v=220-10=210$〔V〕

2. ニ

三相 3 線式配電線路の電圧降下の公式通りである．

$v=V_s-V_r=\sqrt{3}I(r\cos\theta+x\sin\theta)$〔V〕

3. ロ

三相 3 線式配電線路の電圧降下の式は，

$v=\sqrt{3}I(r\cos\theta+x\sin\theta)$〔V〕

配電線路の線電流 I〔A〕は，

$$I=\frac{v}{\sqrt{3}(r\cos\theta+x\sin\theta)}$$

$$=\frac{600}{\sqrt{3}\times(0.8\times0.8+0.6\times0.6)}$$

$$=\frac{600}{\sqrt{3}\times(0.64+0.36)}=\frac{600}{\sqrt{3}}$$

$$=\frac{600\sqrt{3}}{\sqrt{3}\times\sqrt{3}}=\frac{600\sqrt{3}}{3}=200\sqrt{3}\text{〔A〕}$$

テーマ20 電圧降下（2）

ポイント

❶ 単相3線式（平衡負荷の場合）

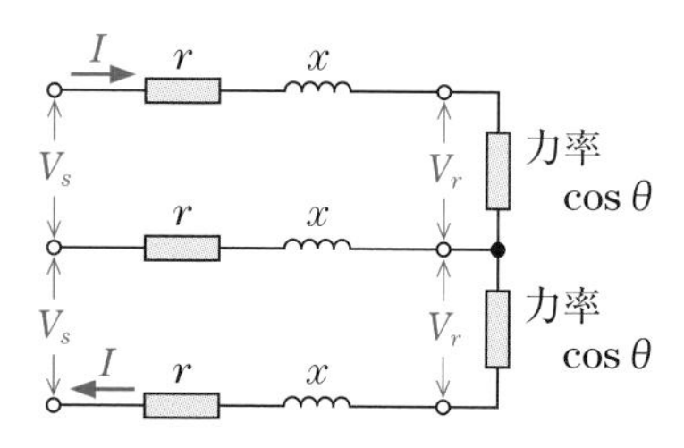

送電端電圧 V_s〔V〕は，

$V_s = V_r + I(r\cos\theta + x\sin\theta)$〔V〕

電圧降下 v〔V〕は，

$v = V_s - V_r = I(r\cos\theta + x\sin\theta)$〔V〕

❷ 分散負荷の電圧降下

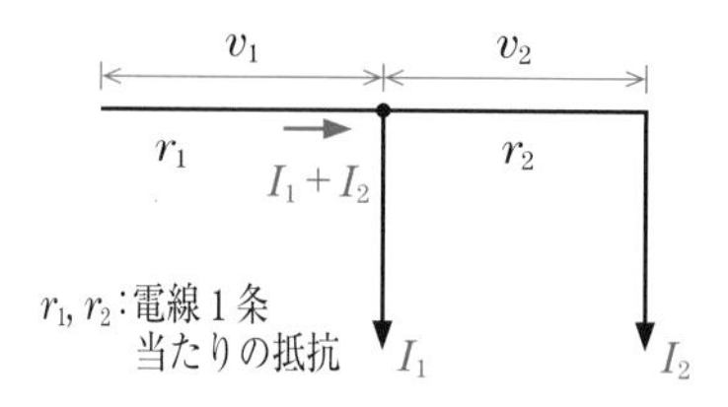

電線のリアクタンスを無視し，負荷の力率を100%とすると電圧降下 v〔V〕は，

《単相2線式》

$v = v_1 + v_2 = 2(I_1 + I_2)r_1 + 2I_2r_2$〔V〕

《三相3線式》

$v = v_1 + v_2 = \sqrt{3}(I_1 + I_2)r_1 + \sqrt{3}I_2r_2$〔V〕

練習問題

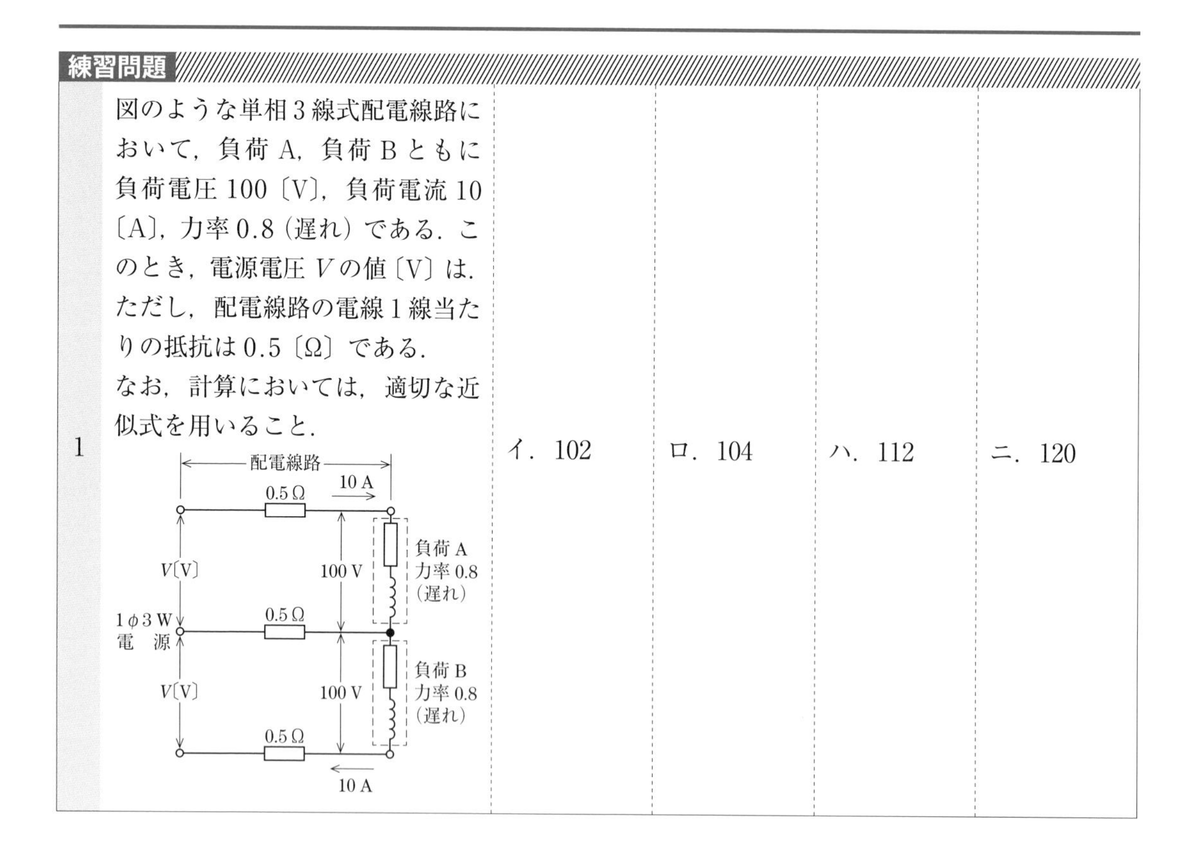

1	図のような単相3線式配電線路において，負荷A，負荷Bともに負荷電圧100〔V〕，負荷電流10〔A〕，力率0.8（遅れ）である．このとき，電源電圧 V の値〔V〕は．ただし，配電線路の電線1線当たりの抵抗は0.5〔Ω〕である．なお，計算においては，適切な近似式を用いること．	イ．102	ロ．104	ハ．112	ニ．120

2	図は単相2線式の配電線路の単線結線図である．電線1線当たりの抵抗は，A-B 間で 0.1〔Ω〕，B-C 間で 0.2〔Ω〕である．A 点の線間電圧が 210〔V〕で，B 点，C 点にそれぞれ負荷電流 10〔A〕の抵抗負荷があるとき，C 点の線間電圧〔V〕は．ただし，線路リアクタンスは無視する． 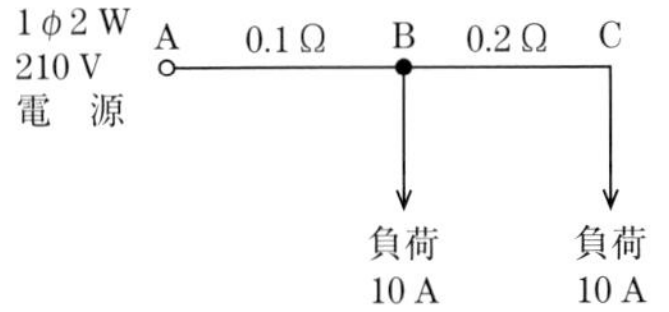	イ．200	ロ．202	ハ．204	ニ．208
3	図のような単相2線式配電線路で，抵抗負荷 A（負荷電流 20〔A〕）と抵抗負荷 B（負荷電流 10〔A〕）に電気を供給している．電源電圧が 210〔V〕であるとき，負荷 B の両端の電圧 V_B と，この配電線路の全電力損失 P_L の組み合わせとして，**正しいものは．** ただし，1線当たりの電線の抵抗値は，図に示すようにそれぞれ 0.1〔Ω〕とし，線路リアクタンスは無視する． 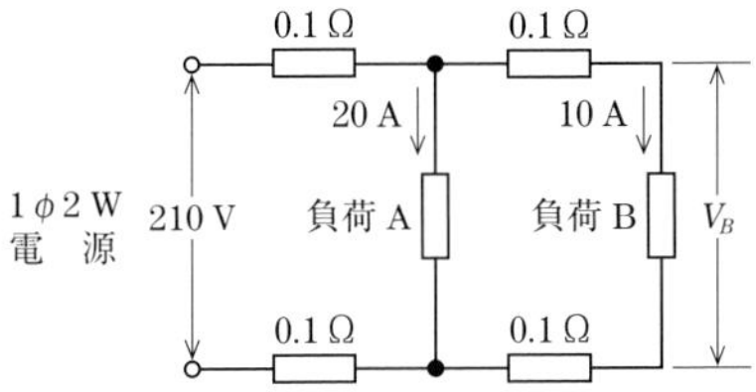	イ．V_B=202 V P_L=100 W	ロ．V_B=202 V P_L=200 W	ハ．V_B=206 V P_L=100 W	ニ．V_B=206 V P_L=200 W

解答

1. ロ

負荷が平衡していて，線路にリアクタンス x がないので，電圧降下 v〔V〕は，

$v=Ir\cos\theta=10\times0.5\times0.8=4$〔V〕

電源電圧 V〔V〕は，

$V=100+v=100+4=104$〔V〕

2. ロ

A-B 間の電圧降下 v_{AB}〔V〕は，

$v_{AB}=2\times(10+10)\times0.1=4$〔V〕

B-C 間の電圧降下 v_{BC}〔V〕は，

$v_{BC}=2\times10\times0.2=4$〔V〕

A-C 間の電圧降下 v_{AC}〔V〕は，

$v_{AC}=v_{AB}+v_{BC}=4+4=8$〔V〕

C 点の線間電圧 V_C〔V〕は，

$V_C=210-v_{AC}=210-8=202$〔V〕

3. ロ

電源から負荷 B までの電圧降下 v_B〔V〕は，

$v_B=2\times(20+10)\times0.1+2\times10\times0.1=8$〔V〕

負荷 B の両端の電圧 V_B〔V〕は，

$V_B=210-v_B=210-8=202$〔V〕

配電線路の全電力損失 P_L〔W〕は，

$P_L=2\times(20+10)^2\times0.1+2\times10^2\times0.1$

$=180+20=200$〔W〕

テーマ21 力率改善

ポイント

❶ 力率の改善の目的

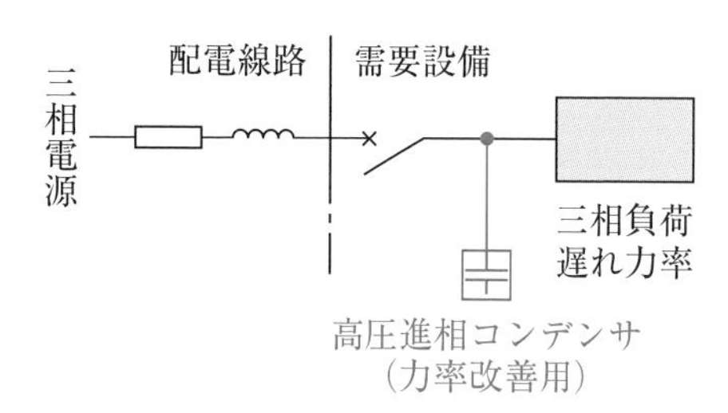

遅れ力率の負荷と並列に高圧進相コンデンサを接続すると，力率が改善される．配電線路に流れる電流が減少し，電力損失や電圧降下を小さくすることができる．

❷ 力率改善後の力率

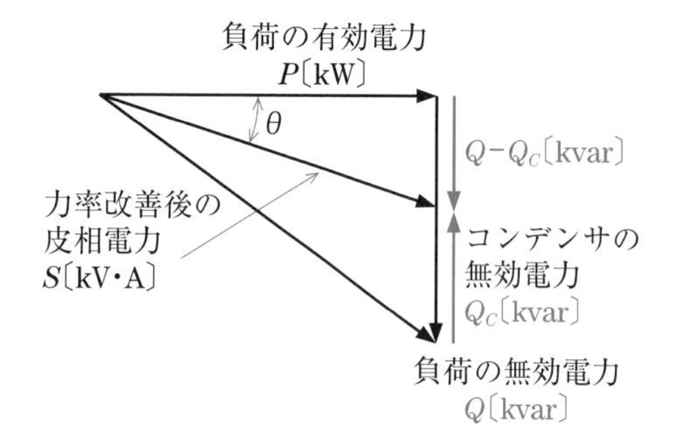

有効電力（消費電力）P〔kW〕，無効電力 Q〔kvar〕の負荷に，容量 Q_C〔kvar〕のコンデンサを設置して力率改善を行った場合の力率 $\cos\theta$ は，

$$\cos\theta=\frac{P}{S}=\frac{P}{\sqrt{P^2+(Q-Q_C)^2}}$$

❸ 力率改善に必要なコンデンサの容量

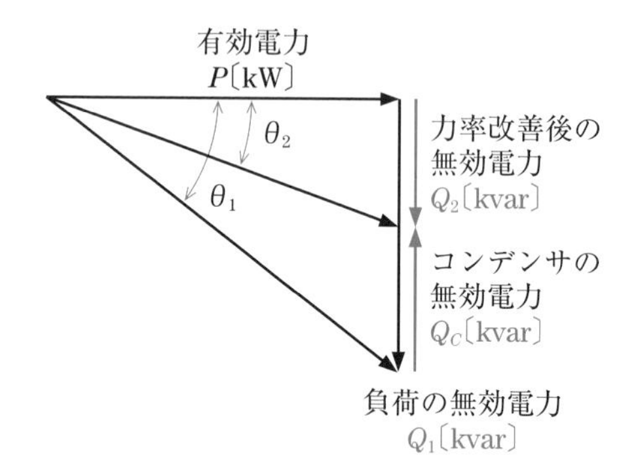

有効電力（消費電力）P〔kW〕，遅れ力率 $\cos\theta_1$ の負荷を，力率 $\cos\theta_2$ に改善するために必要なコンデンサの容量 Q_C は，

$$\begin{aligned}Q_C&=Q_1-Q_2\\&=P\tan\theta_1-P\tan\theta_2\\&=P(\tan\theta_1-\tan\theta_2)\text{〔kvar〕}\end{aligned}$$

メモ

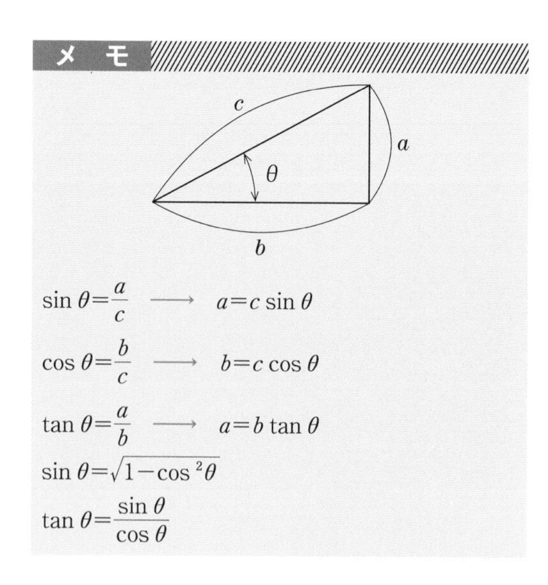

$$\sin\theta=\frac{a}{c}\longrightarrow a=c\sin\theta$$

$$\cos\theta=\frac{b}{c}\longrightarrow b=c\cos\theta$$

$$\tan\theta=\frac{a}{b}\longrightarrow a=b\tan\theta$$

$$\sin\theta=\sqrt{1-\cos^2\theta}$$

$$\tan\theta=\frac{\sin\theta}{\cos\theta}$$

練習問題

	問題	イ	ロ	ハ	ニ
1	定格容量 100〔kV・A〕，消費電力 80〔kW〕，力率 80〔%〕(遅れ) の負荷に電力を供給する高圧受電設備に，定格容量 30〔kvar〕の高圧進相コンデンサを設置し，力率を改善した．力率改善後におけるこの設備の無効電力〔kvar〕の値は．	イ．20	ロ．30	ハ．50	ニ．75
2	定格容量 200〔kV・A〕，消費電力 120〔kW〕，遅れ力率 $\cos\theta_1=0.6$ の負荷に電力を供給する高圧受電設備に高圧進相コンデンサを施設して，力率を $\cos\theta_2=0.8$ に改善したい．必要なコンデンサの容量〔kvar〕は． ただし，$\tan\theta_1=1.33$，$\tan\theta_2=0.75$ とする． (図：120 kW，θ_1，θ_2)	イ．35	ロ．70	ハ．90	ニ．100

解答

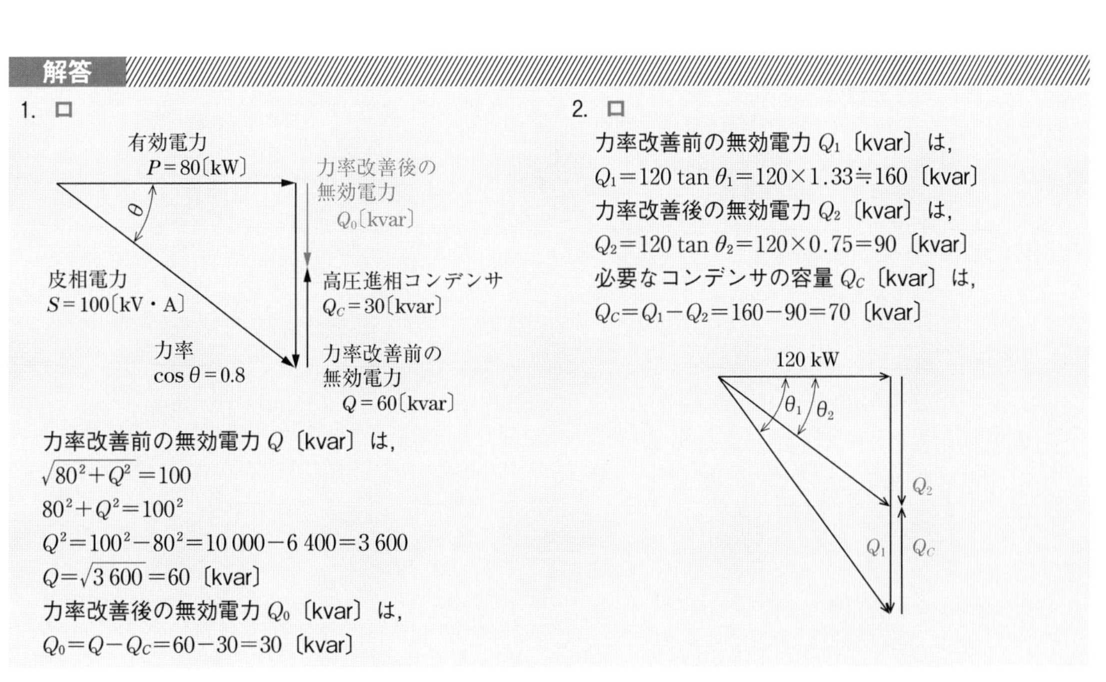

1. ロ

力率改善前の無効電力 Q〔kvar〕は，

$\sqrt{80^2+Q^2}=100$

$80^2+Q^2=100^2$

$Q^2=100^2-80^2=10\,000-6\,400=3\,600$

$Q=\sqrt{3\,600}=60$〔kvar〕

力率改善後の無効電力 Q_0〔kvar〕は，

$Q_0=Q-Q_C=60-30=30$〔kvar〕

2. ロ

力率改善前の無効電力 Q_1〔kvar〕は，

$Q_1=120\tan\theta_1=120\times1.33\fallingdotseq160$〔kvar〕

力率改善後の無効電力 Q_2〔kvar〕は，

$Q_2=120\tan\theta_2=120\times0.75=90$〔kvar〕

必要なコンデンサの容量 Q_C〔kvar〕は，

$Q_C=Q_1-Q_2=160-90=70$〔kvar〕

テーマ22 需要率・負荷率等

ポイント

❶ 需要率

需要家に設置した負荷設備は，一般的に全部が同時に使用されることはない．最大に使用される電力が，設備容量の何〔%〕になるかを示すものを需要率という．

・**需要率**$=\dfrac{\text{最大需要電力〔kW〕}}{\text{設備容量〔kW〕}}\times 100$〔%〕

・**最大需要電力**$=$設備容量〔kW〕$\times\dfrac{\text{需要率}}{100}$

❷ 不等率

不等率は，各需要家の最大電力の合計が合成最大需要電力の何倍になるかを表す．

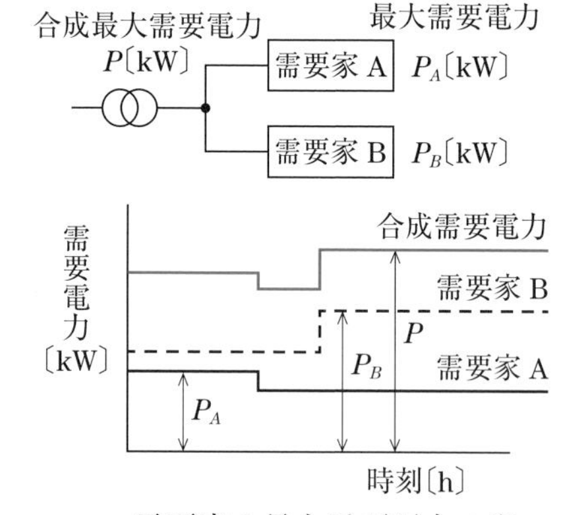

$$\text{不等率}=\frac{\text{需要家の最大需要電力の和}}{\text{合成最大需要電力}}\geqq 1$$

$$=\frac{P_A+P_B}{P}$$

❸ 負荷率

負荷率とは，ある期間中の平均需要電力が，その期間中の最大需要電力の何〔%〕になるかを示すものである．期間の取り方によって，**日負荷率**，**月負荷率**，**年負荷率**がある．負荷率が大きいほど，配電設備等を有効に使用したことになる．

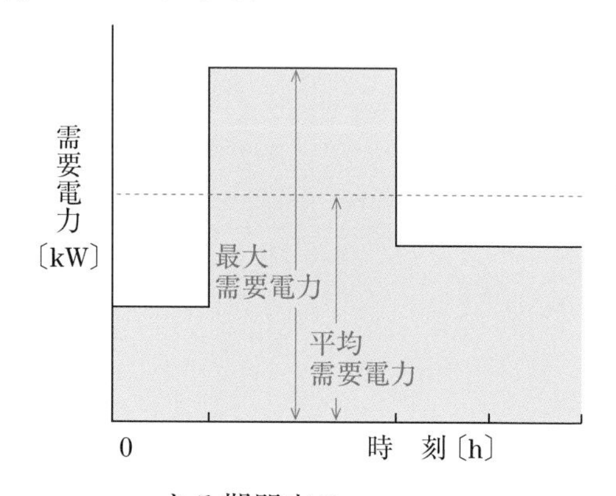

・**負荷率**$=\dfrac{\text{ある期間中の平均需要電力〔kW〕}}{\text{ある期間中の最大需要電力〔kW〕}}\times 100$〔%〕

・**平均需要電力**

$$=\frac{\text{ある期間中の使用電力量〔kW·h〕}}{\text{ある期間中の時間〔h〕}}\text{〔kW〕}$$

練習問題

	問題	イ	ロ	ハ	ニ
1	ある負荷設備の合計が500〔kW〕の工場がある．ある月の最大需要電力が250〔kW〕で，その月の需要電力量が72 000〔kW·h〕であった．その月の需要率a〔%〕と負荷率b〔%〕の組合わせとして，正しいものは．ただし，1カ月は30日とする．	イ．a 20 b 40	ロ．a 40 b 50	ハ．a 50 b 20	ニ．a 50 b 40

2	図のような日負荷曲線をもつ A, B の需要家がある．この系統の不等率は． 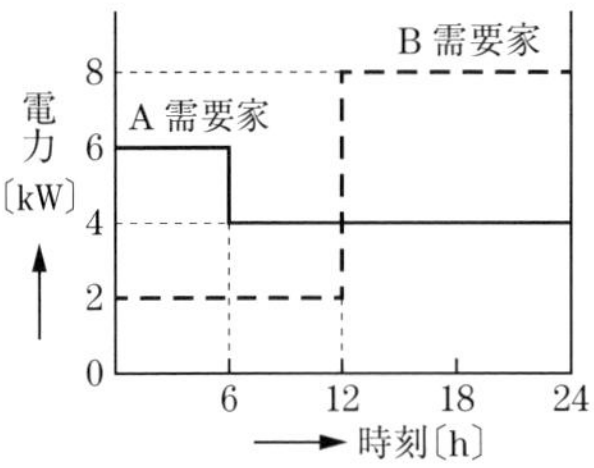	イ．1.17	ロ．1.33	ハ．1.40	ニ．2.33
3	図のような日負荷曲線をもつ A, B の需要家がある．需要家 A, B 合計の日負荷率〔%〕は． 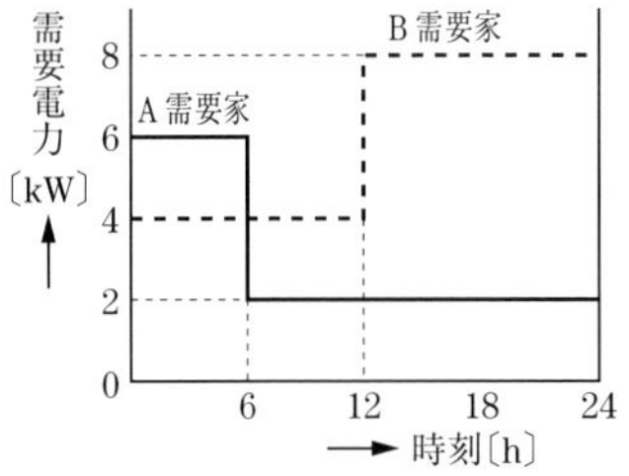 日負荷曲線	イ．25	ロ．50	ハ．75	ニ．90

解答

1. ニ

平均需要電力〔kW〕は，

$$平均需要電力=\frac{使用電力量〔kW\cdot h〕}{期間中の時間〔h〕}$$

$$=\frac{72\,000}{24\times 30}=100〔kW〕$$

需要率〔%〕は，

$$需要率=\frac{最大需要電力〔kW〕}{設備容量〔kW〕}\times 100$$

$$=\frac{250}{500}\times 100=50〔\%〕$$

負荷率〔%〕は，

$$負荷率=\frac{平均需要電力〔kW〕}{最大需要電力〔kW〕}\times 100$$

$$=\frac{100}{250}\times 100=40〔\%〕$$

2. イ

需要家 A の最大需要電力は 6 kW，需要家 B の最大需要電力は 8 kW である．

需要家 A 及び需要家 B を合成した最大需要電力は，$4+8=12$〔kW〕である．

不等率は，

$$不等率=\frac{需要家の最大需要電力〔kW〕の和}{合成最大需要電力〔kW〕}$$

$$=\frac{6+8}{12}=\frac{14}{12}=\frac{7}{6}\fallingdotseq 1.17$$

3. ニ

日負荷率〔%〕は，次の式で計算する．

$$日負荷率=\frac{1日の平均需要電力〔kW〕}{1日の最大需要電力〔kW〕}\times 100〔\%〕$$

1 日の最大需要電力は，0〜6 時の期間で $6+4=10$〔kW〕又は，12 時以降の期間で $2+8=10$〔kW〕となり，10 kW である．

1 日の平均需要電力〔kW〕は，

$$平均需要電力=\frac{6\times 6+2\times 18+4\times 12+8\times 12}{24}$$

$$=\frac{216}{24}=9〔kW〕$$

したがって，日負荷率〔%〕は，

$$日負荷率=\frac{9}{10}\times 100=90〔\%〕$$

テーマ23 架空配電線路の強度計算

ポイント

❶ 電線のたるみと張力

電線の支持点の高さが同一の場合に，電線が全長にわたって材質が均一で，伸びが生じないとすると，電線の張力とたるみの関係は次のようになる．

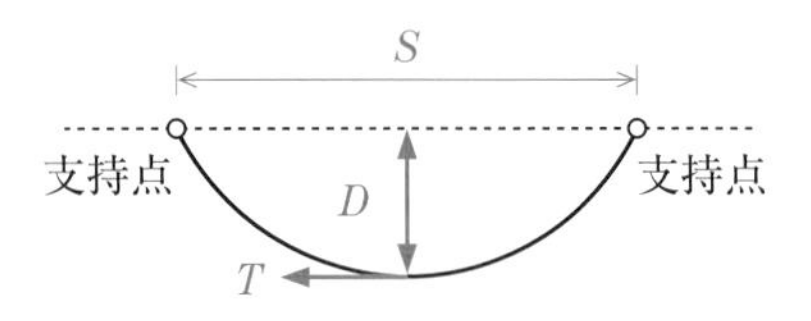

$$D=\frac{WS^2}{8T}\ \text{〔m〕}$$

W：電線の1m当たりの重量〔N/m〕
S：電線の支持点間(径間)の距離〔m〕
T：電線の水平張力〔N〕
D：電線のたるみ(弛度)〔m〕

❷ 電線に加わる力

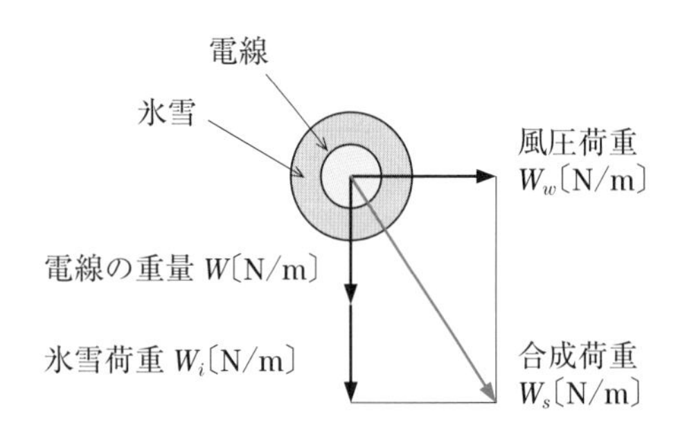

$$W_s=\sqrt{(W+W_i)^2+W_w{}^2}\ \text{〔N/m〕}$$

❸ 支線の張力

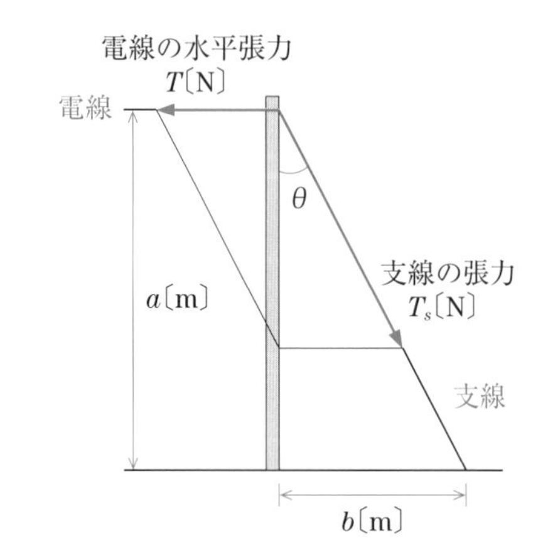

T：電線の水平張力〔N〕
T_s：支線の張力〔N〕
θ：電柱と支線のなす角度

・**支線の張力**

$$T=T_s\sin\theta\ \text{〔N〕}$$

$$T_s=\frac{T}{\sin\theta}\ \text{〔N〕}$$

$$\sin\theta=\frac{b}{\sqrt{a^2+b^2}}$$

・**支線の安全率**

$$\text{安全率}=\frac{\text{許容張力〔N〕}}{\text{支線に加わる張力〔N〕}}$$

練習問題

	問題	イ	ロ	ハ	ニ
1	架空電線路の支持物の強度計算を行う場合，一般的に考慮しなくてよいものは.	イ. 風　圧	ロ. 径　間	ハ. 年間降雨量	ニ. 支持物及び電線への氷雪の付着
2	水平径間 100〔m〕の架空電線がある．電線 1〔m〕当たりの重量が 20〔N/m〕，水平引張強さが 20〔kN〕のとき，電線のたるみ D〔m〕は.	イ．1.25	ロ．2.5	ハ．4.25	ニ．5.5
3	図のように取り付け角度が 30〔°〕となるように支線を施設する場合，支線の許容張力を T_s=24〔kN〕とし，支線の安全率を 2 とすると，電線の水平張力 T の最大値〔kN〕は.	イ．6	ロ．10	ハ．12	ニ．24

解答

1. ハ

架空電線路の支持物の強度計算を行う場合，径間(電線の支持点間)の距離等から電線の張力を計算したり，電線や支持物に氷雪が付着した場合の重量や風圧による風圧荷重等を考慮する.

2. イ

電線のたるみ D〔m〕は，次式で求められる.

$$D=\frac{WS^2}{8T}\ 〔\mathrm{m}〕$$

W：電線 1 m 当たりの重量〔N/m〕

S：水平径間〔m〕

T：水平張力〔N〕

したがって,

$$D=\frac{20\times100^2}{8\times20\times10^3}=\frac{10}{8}=1.25\ 〔\mathrm{m}〕$$

3. イ

支線の許容張力を T_s=24〔kN〕，支線の安全率を 2 とすると，支線に加わる張力は 24/2=12〔kN〕以下としなければならない．電線の水平張力の最大値 T〔kN〕は，次のようになる.

$$T=T_s\sin 30°=12\times0.5=6\ 〔\mathrm{kN}〕$$

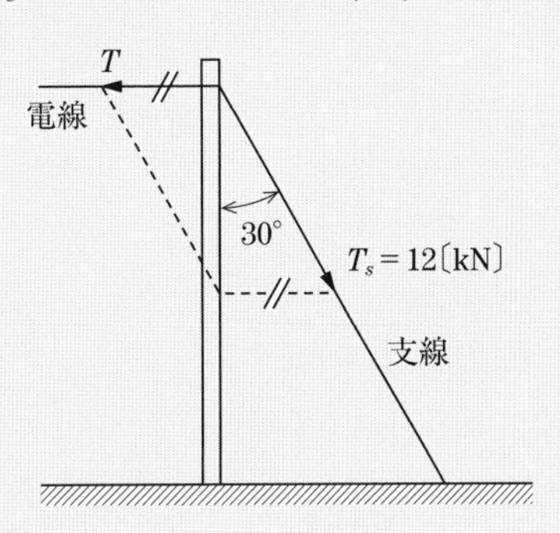

sin 30° は，下図から求められる.

sin 30°=1/2=0.5

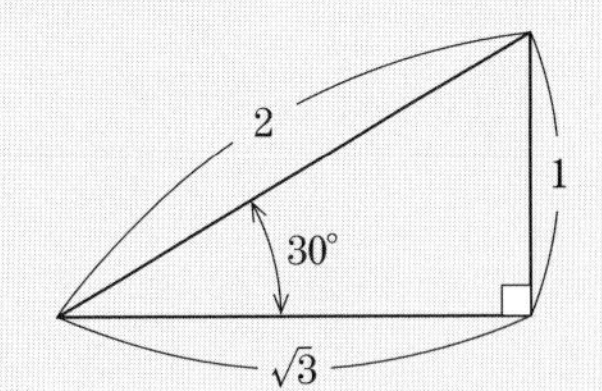

テーマ24 低圧幹線の施設

ポイント

❶ 太い幹線から細い幹線の分岐

《原　則》

太い幹線から細い幹線を分岐する場合，接続箇所に細い幹線を保護する過電流遮断器を施設しなければならない．

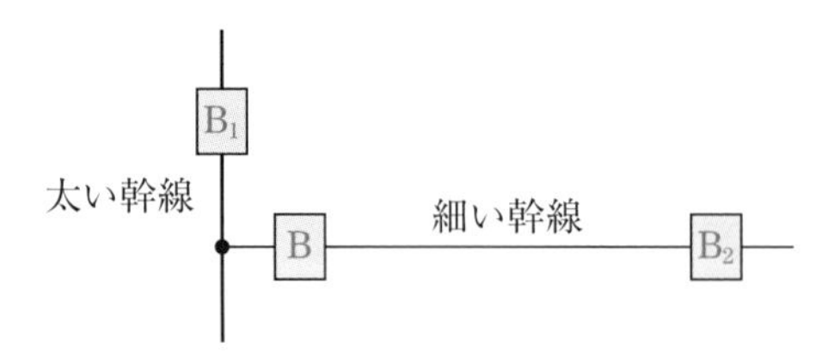

《過電流遮断器を省略できる場合》

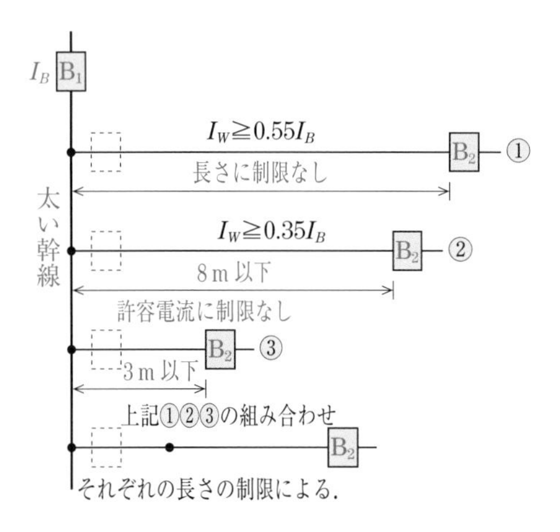

B_1：太い幹線を保護する過電流遮断器

B_2：細い幹線又は分岐回路を保護する過電流遮断器

I_B：太い幹線を保護する過電流遮断器の定格電流

I_W：細い幹線の許容電流

❷ 幹線の許容電流と過電流遮断器の定格電流

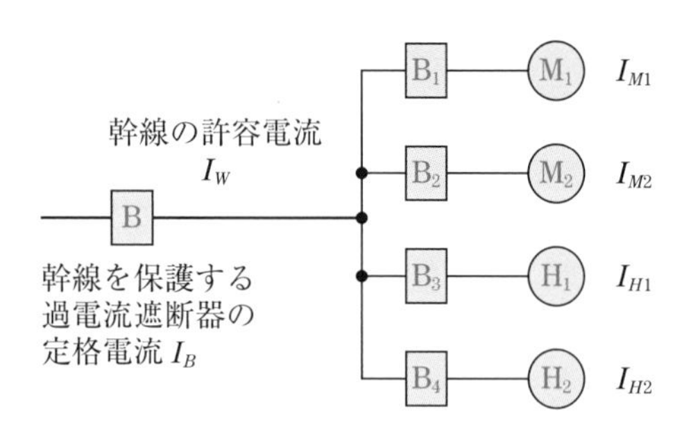

・電動機の定格電流の合計

$I_M = I_{M1} + I_{M2}$〔A〕

・他の負荷の定格電流の合計

$I_H = I_{H1} + I_{H2}$〔A〕

（1）　幹線の許容電流

負荷の種類	電線の許容電流〔A〕
$I_M \leqq I_H$	$I_W \geqq I_M + I_H$
$I_M > I_H$ $I_M \leqq 50$ A	$I_W \geqq 1.25 I_M + I_H$
$I_M > I_H$ $I_M > 50$ A	$I_W \geqq 1.1 I_M + I_H$

（2）　過電流遮断器の定格電流

《電動機がない場合》

$I_B \leqq I_W$〔A〕

《電動機がある場合》

$I_B \leqq 3I_M + I_H$〔A〕　又は，$I_B \leqq 2.5 I_W$〔A〕のいずれか小さい値（低圧幹線の許容電流が 100 A を超える場合で，過電流遮断器の標準定格に該当しないときは，直近上位の標準定格でよい）．

練習問題

	問題	イ	ロ	ハ	ニ
1	図のような低圧屋内幹線の分岐A〜Dのうち，配線用遮断器Bの取付位置が**誤っているものは**. ただし，配線用遮断器B_1の定格電流は100〔A〕であるとし，図中に示した電流値は，電線の許容電流値を示す. 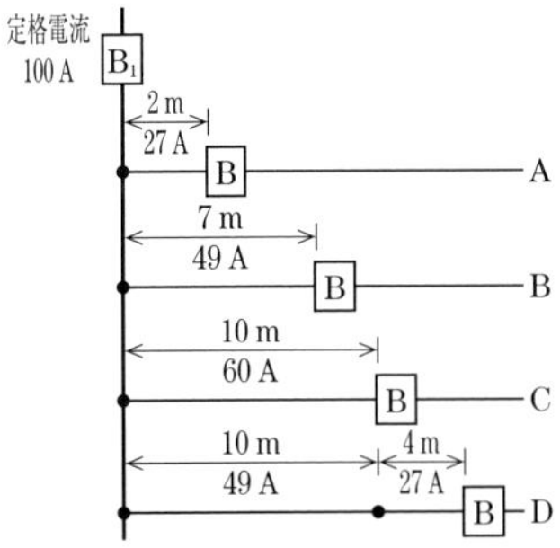 定格電流 100 A B_1 2 m 27 A B A 7 m 49 A B B 10 m 60 A B C 10 m 49 A 4 m 27 A B D	イ．A	ロ．B	ハ．C	ニ．D
2	定格電流が 10〔A〕，30〔A〕及び 40〔A〕の電動機各 1 台と 10〔A〕の電熱器 1 台を接続した低圧屋内幹線を保護する過電流遮断器の定格電流〔A〕の最大値は. ただし，幹線の許容電流は 113〔A〕で需要率は 100〔%〕とする.	イ．100	ロ．150	ハ．200	ニ．250

解答

1. ニ

A：3 m 以下であり，許容電流は問わないので正しい.

B：許容電流が 0.35 倍以上であり，8 m 以下に設置してあるので正しい.

C：許容電流が 0.55 倍以上の場合は，距離に制限がないので正しい.

D：最初に分岐した幹線は，8 m 以下にしなければならないので，誤っている．また，次に接続した幹線も 3 m 以下でなければならないので，誤りである.

2. ニ

全部の機器を同時に運転する場合の過電流遮断器の定格電流 I_B〔A〕は，

$I_B \leqq 3I_M + I_H = 3\times(10+30+40)+10$

$\leqq 250$〔A〕

$I_B \leqq 2.5I_W = 2.5\times 113 \fallingdotseq 283$〔A〕

両者を比較して，小さい方の 250 A とする.

ヒント

2. $I_B \leqq 3I_M + I_H$ と $I_B \leqq 2.5I_W$ を比較して，小さい方の定格電流にする.

テーマ25 低圧分岐回路の施設

ポイント

❶ 分岐回路の遮断器の施設

低圧幹線から分岐する分岐回路には，次によって過電流遮断器及び開閉器を施設しなければならない．

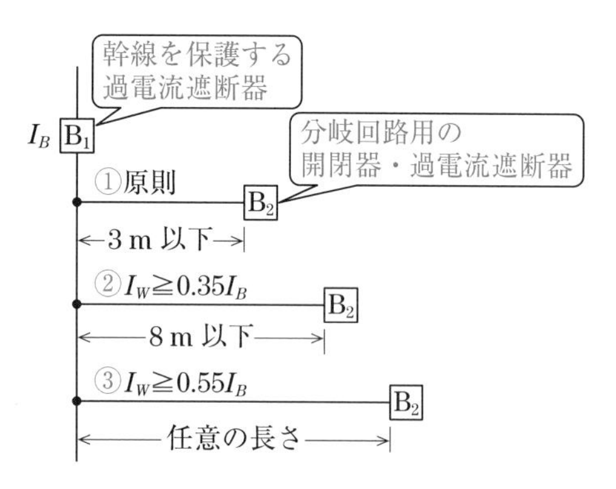

I_B：幹線を保護する過電流遮断器の定格電流
I_W：分岐回路の電線の許容電流

❷ 分岐回路の種類

分岐回路の過電流遮断器の定格電流，軟銅線の太さ及び接続できるコンセントの定格電流は，次のように定められている．

過電流遮断器	軟銅線の太さ	コンセント
15 A 以下	1.6 mm 以上	15 A 以下
20 A 配線用遮断器	1.6 mm 以上	20 A 以下
20 A ヒューズ	2.0 mm 以上	20 A
30 A	2.6 mm(5.5 mm^2) 以上	20 A 以上 30 A 以下
40 A	8 mm^2 以上	30 A 以上 40 A 以下
50 A	14 mm^2 以上	40 A 以上 50 A 以下

(注) 20 A ヒューズ，30 A 過電流遮断器では，定格電流が 20 A 未満の差込みプラグが接続できるコンセントを除く．

❸ 電動機の分岐回路

電動機のみに至る分岐回路は次による．

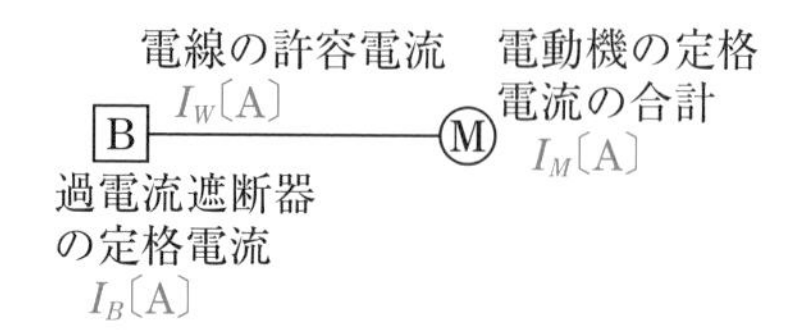

(1) 過電流遮断器の定格電流

$I_B \leqq 2.5 I_W$

(2) 分岐回路の電線の許容電流

$I_M \leqq 50$ A

$I_W \geqq 1.25 I_M$

$I_M > 50$ A

$I_W \geqq 1.1 I_M$

❹ 600 V ビニル絶縁電線（IV）の許容電流

電線の発熱により，絶縁物が著しい劣化をきたさない限界の電流値を許容電流という．

(1) 600 V ビニル絶縁電線の許容電流

（周囲温度 30℃以下）

直　径	許容電流	直　径	許容電流
1.6 mm	27 A	2 mm^2	27 A
2.0 mm	35 A	3.5 mm^2	37 A
2.6 mm	48 A	5.5 mm^2	49 A

(2) 電線管に収めた場合の許容電流

電線管に絶縁電線を収めると，収める電線の本数によって，流せる電流が減少する．

電線管に収めた許容電流は，600 V ビニル絶縁電線の許容電流に，次の電流減少係数を乗じたものにする．

同一管内の電線数	電流減少係数
3 以下	0.70
4	0.63
5 又は 6	0.56

許容電流＝600 V ビニル絶縁電線の許容電流×電流減少係数
（小数点以下 1 位を 7 捨 8 入する）

（例） 1.6 mm の 600 V ビニル絶縁電線 3 本を電線管に収めた場合の許容電流は，

27×0.7＝18.9→19〔A〕

❺ 絶縁体がビニル以外の場合の許容電流

絶縁体の材料の種類に応じて，ビニルの場合の許容電流に，次の許容電流補正係数を乗じて許容電流を求める．

絶縁体の材料の種類	許容電流補正係数	最高許容温度
ビニル混合物 天然ゴム混合物	1.00	60℃
耐熱性ビニル混合物 ポリエチレン混合物	1.22	75℃
エチレンプロピレンゴム混合物	1.29	80℃
架橋ポリエチレン混合物	1.41	90℃

練習問題

	問題	イ	ロ	ハ	ニ
1	定格電流 40〔A〕の配線用遮断器で保護される分岐回路の電線（軟銅線）の太さと，接続できるコンセント，定格電流の組み合わせとして**適切なものは**．	イ． 直径 2.6 mm 40 A	ロ． 断面積 5.5 mm^2 15 A	ハ． 断面積 8 mm^2 30 A	ニ． 断面積 14 mm^2 20 A
2	600 V ビニル絶縁電線の許容電流（連続使用時）に関する記述のうち**適切なもの**はどれか．	イ． 電線の温度が 80〔℃〕となる時の電流値をいう．	ロ． 電流による発熱により絶縁物が著しい劣化をきたさない限界の電流値をいう．	ハ． 電線が電流による発熱により溶断する時の電流値をいう．	ニ． 電圧降下を許容範囲に収めるための最大電流値をいう．
3	低圧屋内配線において，電線を周囲温度 30〔℃〕以下で使用する場合，許容電流が最も大きい電線は．ただし，電線の導体（銅）の太さはすべて同一であるとする．	イ． 600 V ビニル絶縁電線	ロ． 600 V 二種ビニル絶縁電線	ハ． 600 V エチレンプロピレンゴム絶縁電線	ニ． 600 V 架橋ポリエチレン絶縁電線
4	14〔mm^2〕の 600 V ビニル絶縁電線 3 本が，金属管に収められている．この場合の電線の許容電流〔A〕は．ただし，この電線のがいし引き工事における許容電流は 88〔A〕とする．	イ．53	ロ．61	ハ．70	ニ．79

5

図のような，低圧屋内幹線からの分岐回路において，分岐点から配線用遮断器までの分岐回路を600 Vビニル絶縁ビニルシースケーブル丸形（VVR）で配線する．この電線の長さaと太さbの組合せとして，**誤っているものは**.
ただし，幹線を保護する配線用遮断器の定格電流は100 Aとし，VVRの太さと許容電流は表のとおりとする．

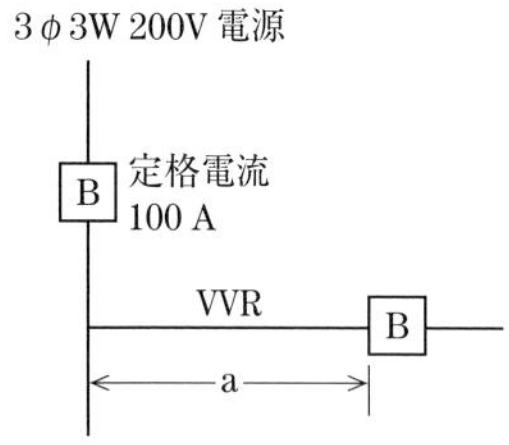

3 φ 3W 200V 電源
B 定格電流 100 A
VVR
B
a

電線の太さ　b	許容電流
直径 2.0 mm	24 A
断面積 5.5 mm^2	34 A
断面積　8 mm^2	42 A
断面積　14 mm^2	61 A

イ.	ロ.	ハ.	ニ.
a：2 m b：2.0 mm	a：5 m b：5.5 mm^2	a：7 m b：8 mm^2	a：10 m b：14 mm^2

6

低圧分岐回路の施設において，分岐回路を保護する過電流遮断器の種類，軟銅線の太さ及びコンセントの組合せで，**誤っているものは**.

	分岐回路を保護する過電流遮断器の種類	軟銅線の太さ	コンセント
イ	定格電流 15 A	直径 1.6 mm	定格 15 A
ロ	定格電流 20 A の配線用遮断器	直径 2.0 mm	定格 15 A
ハ	定格電流 30 A	直径 2.0 mm	定格 20 A
ニ	定格電流 30 A	直径 2.6 mm	定格 20 A（定格電流が 20 A 未満の差込みプラグが接続できるものを除く.）

解答

1. ハ

定格電流40Aの配線用遮断器には，8 mm^{2}以上の軟銅線で，30A以上40A以下のコンセントを接続できる．

2. ロ

許容電流は，電線による発熱により，絶縁体が著しい劣化をきたさない限界の電流値をいう．

3. ニ

絶縁電線の許容電流は，次式によって計算する．

許容電流＝(600Vビニル絶縁電線の許容電流)
×(電流減少係数)
×(許容電流補正係数)〔A〕

許容電流補正係数が最も大きい絶縁体は，架橋ポリエチレン混合物である．

4. ロ

電線管に電線3本を収めた場合の電流減少係数は0.7である．

許容電流＝88×0.7＝61.6→61〔A〕
(小数点以下1位を7捨8入)

5. ロ

ロは，aの長さが②の3mを超えて8m以下に該当する．電線の許容電流I_W〔A〕は，幹線を保護する過電流遮断器の定格電流の0.35倍以上でなければならない．

$I_W \geqq 0.35 I_B = 0.35 \times 100 = 35$〔A〕

許容電流が35A以上の電線は，問題の表から断面積8 mm^{2}以上のものである．したがって，ロは誤りである．

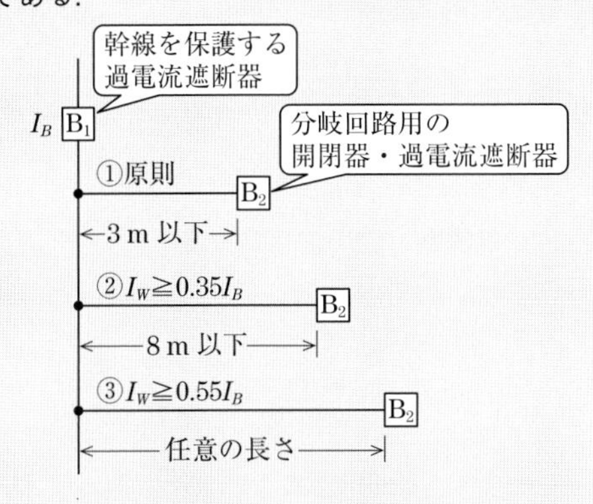

I_B：幹線を保護する過電流遮断器の定格電流
I_W：分岐回路の電線の許容電流

6. ハ

分岐回路を保護する過電流遮断器が定格電流30Aの場合は，接続できる軟銅線の太さは2.6 mm（5.5 mm^2）以上のものでなければならない．

低圧分岐回路を施設する場合は，分岐回路を保護する過電流遮断器，軟銅線の太さ，コンセントの定格電流の組み合わせは，次のようにしなければならない．

過電流遮断器	軟銅線の太さ	コンセント
15A以下	1.6 mm以上	15A以下
20A配線用遮断器	1.6 mm以上	20A以下
20Aヒューズ	2.0 mm以上	20A
30A	2.6 mm以上 (5.5 mm^{2}以上)	20A以上 30A以下
40A	8 mm^{2}以上	30A以上 40A以下
50A	14 mm^{2}以上	40A以上 50A以下

(注)　20Aヒューズ，30A過電流遮断器では，定格電流が20A未満の差込みプラグが接続できるコンセントを除く．

まとめ 配電理論・配線設計

1 配電方式

❶ 高圧配電線路の非接地方式の利点

・1線地絡電流が小さい．・1線地絡時の弱電流電線への電磁誘導障害が小さい・高低圧混触時の低圧電路の電位上昇が小さい．．

❷ 低圧配電方式の種類

・単相2線式　・三相3線式

・単相3線式　・三相4線式

2 単相3線式配電線路

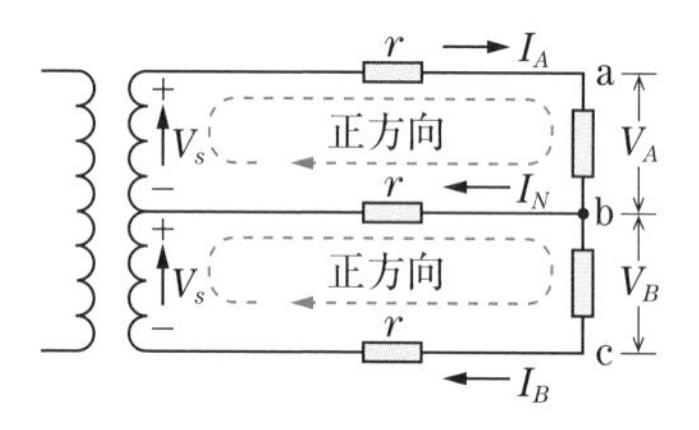

中性線に流れる電流　$I_N=I_A-I_B$

不平衡負荷の電圧

$rI_A+V_A+rI_N=V_s$

$-rI_N+V_B+rI_B=V_s$

3 電力損失

単相2線式　$P_l=2I^2r$〔W〕

三相3線式　$P_l=3I^2r$〔W〕

4 電圧降下

❶ 1条分

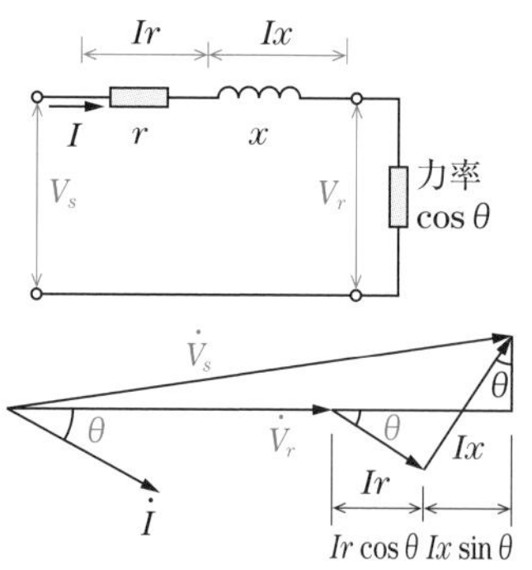

V_s：送電端相電圧　V_r：受電端相電圧

$v=I(r\cos\theta+x\sin\theta)$〔V〕

❷ 単相2線式

$v=2I(r\cos\theta+x\sin\theta)$〔V〕

❸ 単相3線式（平衡負荷）

$v=I(r\cos\theta+x\sin\theta)$〔V〕

❹ 三相3線式

$v=\sqrt{3}I(r\cos\theta+x\sin\theta)$〔V〕

5 力率改善

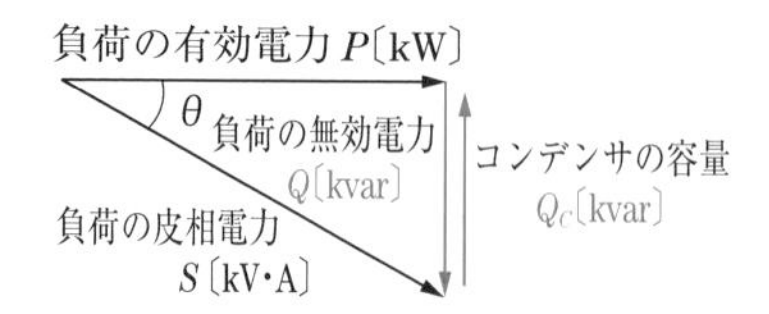

力率を100%に改善するためのコンデンサ容量

$Q_C=S\sin\theta=P\tan\theta$〔kvar〕

6 需要率・負荷率

$$需要率=\frac{最大需要電力〔kW〕}{設備容量〔kW〕}\times 100〔\%〕$$

$$負荷率=\frac{ある期間中の平均需要電力〔kW〕}{ある期間中の最大需要電力〔kW〕}\times 100〔\%〕$$

7 架空配電線路の強度計算

電線のたるみ　$D=\dfrac{WS^2}{8T}$〔m〕

支線の張力　$T_s=\dfrac{T}{\sin\theta}$〔N〕

8 太い幹線から細い幹線の分岐

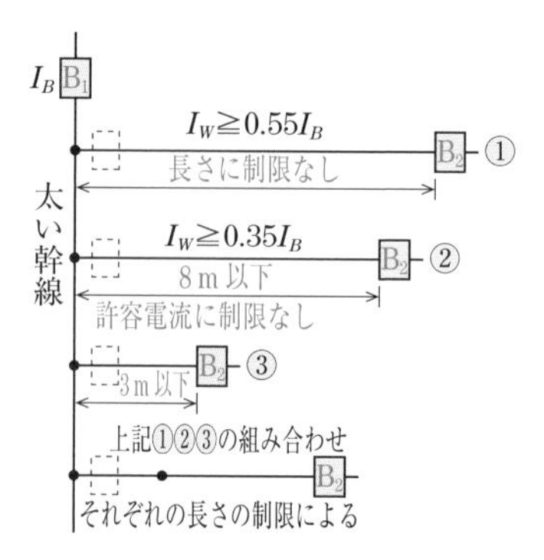

3 電気応用

テーマ 26 光源

ポイント

❶ 光源の種類

光　源	原理・特徴
白熱電球	不活性ガスを封入したガラス管内のタングステンフィラメントを高温にして発光させる． ・小形・軽量 ・電圧が上昇すると寿命が極端に減少する
ハロゲン電球	白熱電球の一種で，管内にハロゲン元素を封入して，光束の低下，色温度の変化を抑制する． ・小形 ・高効率，長寿命
蛍光ランプ	放電によって紫外線を発生させ，ガラス管の内壁に塗布した蛍光物質に照射して，可視光線を生じさせる．管内には，放電しやすくするために，アルゴンガスや微量の水銀が封入されている． Hf 蛍光ランプは，高周波点灯専用形蛍光ランプのことである． 3 波長形蛍光ランプは，光の 3 原色である青・緑・赤の 3 波長を発光し，高効率で，演色性に優れている． ・白熱電球より，高効率，長寿命 ・演色性に優れている

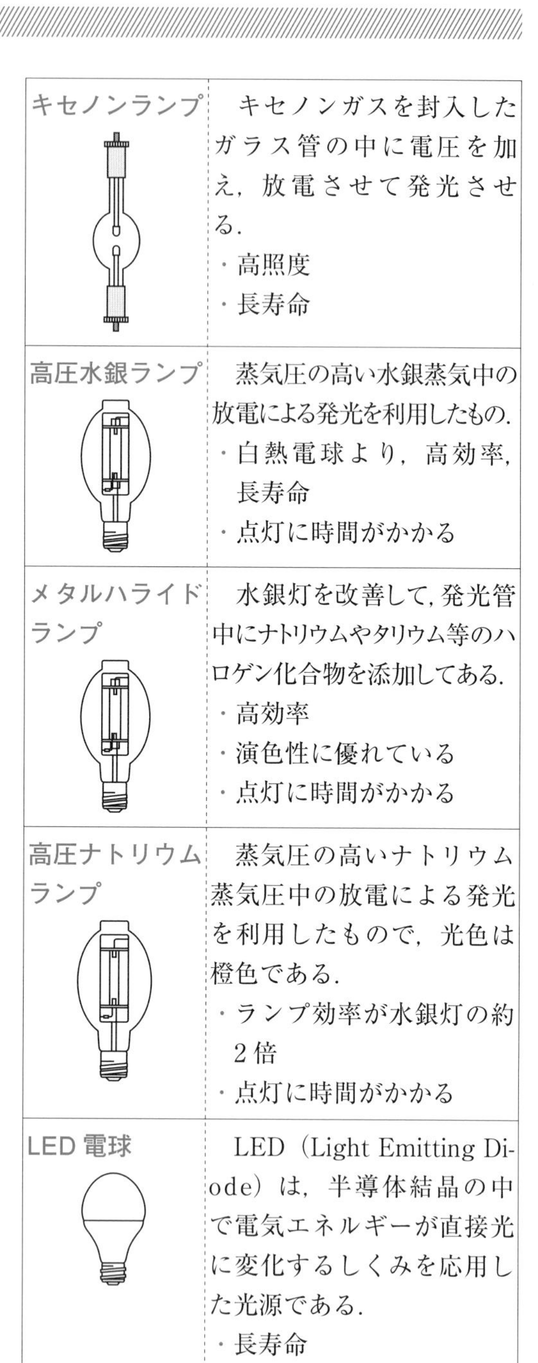

光　源	原理・特徴
キセノンランプ	キセノンガスを封入したガラス管の中に電圧を加え，放電させて発光させる． ・高照度 ・長寿命
高圧水銀ランプ	蒸気圧の高い水銀蒸気中の放電による発光を利用したもの． ・白熱電球より，高効率，長寿命 ・点灯に時間がかかる
メタルハライドランプ	水銀灯を改善して，発光管中にナトリウムやタリウム等のハロゲン化合物を添加してある． ・高効率 ・演色性に優れている ・点灯に時間がかかる
高圧ナトリウムランプ	蒸気圧の高いナトリウム蒸気圧中の放電による発光を利用したもので，光色は橙色である． ・ランプ効率が水銀灯の約 2 倍 ・点灯に時間がかかる
LED 電球	LED（Light Emitting Diode）は，半導体結晶の中で電気エネルギーが直接光に変化するしくみを応用した光源である． ・長寿命 ・高効率 ・調色・調光が容易 ・衝撃，振動に強い

❷ 光源の特性

光源の種類	ランプ効率〔lm/W〕	寿　命〔h〕
白熱電球	10～15	1 000～2 000
ハロゲン電球	15～20	2 000～4 000
LED 電球	60～110	40 000
蛍光ランプ	50～90	6 000～12 000

光源の種類	ランプ効率〔lm/W〕	寿　命〔h〕
高圧水銀ランプ	30～60	9 000～12 000
メタルハライドランプ	80～95	6 000～9 000
高圧ナトリウムランプ	60～130	9 000～12 000

練習問題

	問題	イ.	ロ.	ハ.	ニ.
1	光源に関する記述として，**正しいものは**.	白熱電球の消費電力は，電源の周波数が50〔Hz〕から60〔Hz〕に変わっても同じである.	蛍光灯の発光効率〔lm/W〕は，白熱電球より低い.	白熱電球の寿命は，電源電圧に影響されない.	ハロゲンランプは，放電灯の一種である.
2	照明用光源の説明として，**誤っているものは**.	ハロゲン電球は，白熱電球の一種で，小形，長寿命である.	Hf 蛍光ランプは，高周波点灯専用形蛍光ランプのことである.	3 波長形蛍光ランプは，高効率で演色性に優れたランプである.	メタルハライドランプは，高圧水銀ランプに比べ演色性に劣っている.
3	照明用光源のうち，光源の効率〔lm/W〕が最も高いものは.	ハロゲン電球	高圧ナトリウムランプ	一般照明用電球	高圧水銀ランプ

解答

1. **イ**

白熱電球の消費電力は，フィラメントが抵抗分だけであるので，周波数には影響されない．蛍光灯の発光効率〔lm/W〕は，白熱電球より高い．白熱電球の寿命は，電源電圧に大きく影響を受け，電圧が高くなると極端に短くなる．ハロゲン電球は，白熱電球の一種で，管内にハロゲン元素を封入してあり，効率を高めると同時に点灯時間に伴う光束の低下を抑えている．

2. **ニ**

メタルハライドランプは，発光管中にハロゲン化合物を添加してあり，高圧水銀ランプに比べて効率が高く，演色性に優れている．

Hf 蛍光ランプは，高周波点灯形安定器（インバータ）と組み合わせて使用する．

3 波長形蛍光ランプは，光の 3 原色である赤，緑，青の 3 波長域でエネルギーが大きいランプで，演色性に優れている．

3. **ロ**

高圧ナトリウムランプはランプ効率が 60～130〔lm/W〕で最も高い．

テーマ27 蛍光ランプの点灯回路

ポイント

❶ スタータ形

点灯する場合，点灯管によって電極を2〜3秒間予熱した後，始動電圧を印加して放電を開始する．

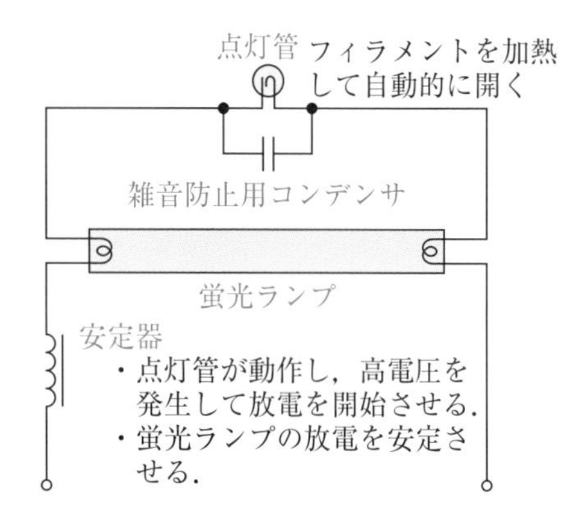

《動作順序》

（1） 電源電圧が加わると，点灯管（グロースタータ）が放電し，内部のバイメタルが変形する．

（2） バイメタルの接点が閉じ，安定器を経由して蛍光ランプのフィラメントに大きな電流が流れ，フィラメントが加熱される．

（3） フィラメントを加熱する間は，点灯管の放電は停止するので，バイメタルは冷えて元に戻って接点が開く．

（4） 安定器に流れている電流が遮断されると，安定器が高電圧を発生し，蛍光ランプの放電が開始される．

（5） 蛍光ランプは放電を開始すると電流が増えようとする性質があるが，安定器の働きによってランプに流れる電流は一定に保たれる．

❷ ラピッドスタート形

電源スイッチを入れると，フィラメントを加熱するとともに高電圧が加わり，約1秒で点灯する．

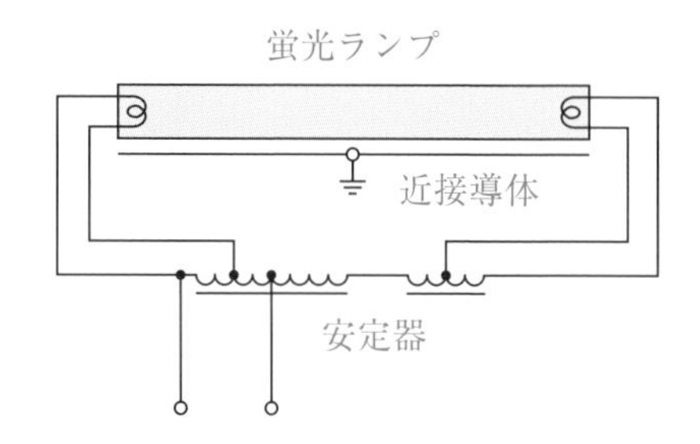

❸ 高周波点灯形（インバータ式）

電子式安定器のインバータ回路で，商用周波数を20〜50 kHz程度の高周波に変換して蛍光灯を点灯させる．スイッチを入れると約1秒で点灯する．

高周波点灯により，高効率，低騒音，ランプのちらつきを感じないなどの特徴がある．

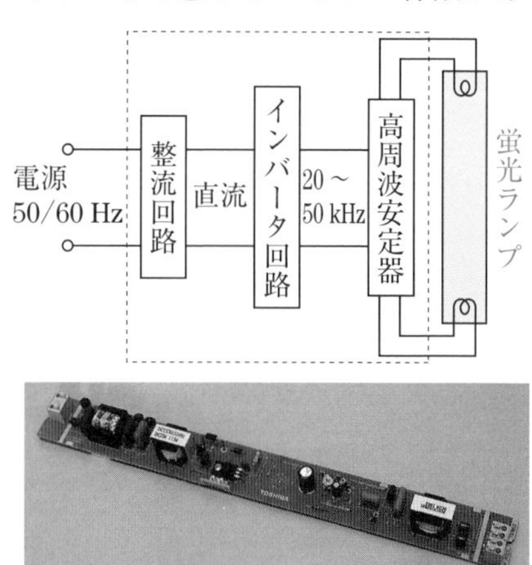

電子式安定器

練習問題

		イ.	ロ.	ハ.	ニ.
1	照明に関する記述として，**誤っているものは**.	蛍光ランプには水銀が入っている.	白熱電球の内部には不活性ガスが封入してある.	蛍光灯用の点灯管（グロースタータ）はバイメタルの機能を利用している.	キセノンランプは白熱電球の一種である.
2	ラピッドスタート形蛍光灯に関する記述として，**正しいものは**.	安定器が不要である.	グロー放電管（グロースタータ）は必要である.	即時（約 1 秒）点灯が可能である.	Hf(高周波点灯専用形)蛍光灯より高効率である.
3	高周波点灯装置(インバータ式)を用いた蛍光灯に関する記述として，**誤っているものは**.	点灯周波数が高いため，ちらつきを感じない.	約 1 秒と比較的点灯時間が早い.	安定器の小形・軽量化がはかれる.	点灯周波数が高いため，騒音が大きい.
4	電源を投入してから，点灯までの時間が最も短いものは.	ハロゲン電球（ヨウ素電球）	メタルハライドランプ	高圧水銀ランプ	ナトリウムランプ

解答

1. ニ

キセノンランプは，キセノンガスを封入したガラス管の中に電圧をかけ，放電させることによって発光させるものである.

蛍光ランプは，ガラス管内に水銀が入れてある．加熱された電極から熱電子が放出され，熱電子が反対側の電極に向かって飛び出して行き，ガラス管内で蒸発し，気体となっている水銀原子に衝突して紫外線を発生する．紫外線がガラス管に塗布してある蛍光物質を刺激して発光する.

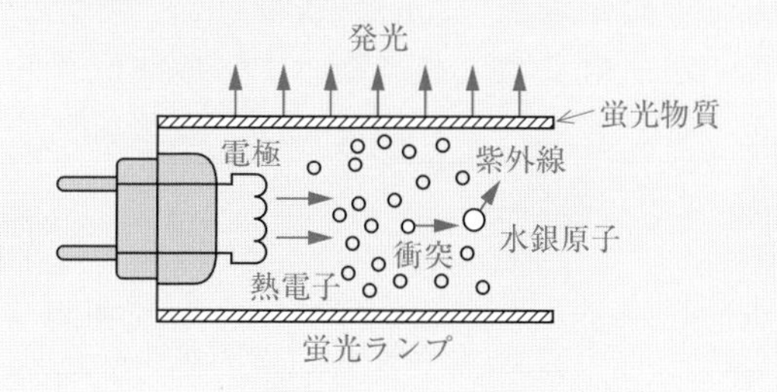

2. ハ

ラピッドスタート形蛍光灯は，スイッチを入れると約 1 秒で点灯する．安定器を必要とするが，グロー放電管(グロースタータ)は必要としない.

Hf(高周波点灯専用形)蛍光灯の方が，高周波点灯により省電力化され，ランプ効率は高い.

3. ニ

インバータ式蛍光灯照明器具は，次のような特徴がある.

- ちらつきを感じない.
- 約 1 秒で点灯する.
- 安定器が小形・軽量で，電力損失が少ない.
- 騒音が小さい.

4. イ

ハロゲン電球(ヨウ素電球)は，電源を投入するとただちに点灯する．しかし，メタルハライドランプ，高圧水銀ランプ，ナトリウムランプは，電源を投入してから点灯するまでに数分かかる.

テーマ28 照度計算

ポイント

❶ 用　語

用語	単　位	意　味
光束	〔lm〕 ルーメン	光源が出す光の量を表す.
光度	〔cd〕 カンデラ	光源からある方向の光の強さを表す.
照度	〔lx〕 ルクス	照らされる場所の明るさを表す.

❷ 照　度

照度とは，光を受ける面の明るさを表し，単位面積当たりに入射する光束の量である．照射面の色には左右されない．

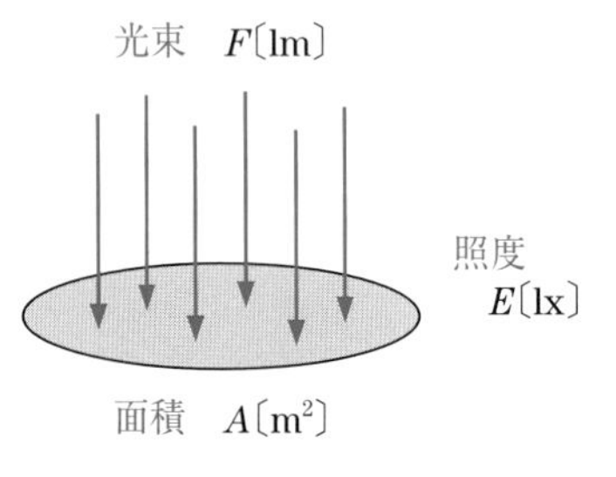

光束を F〔lm〕，照射面を A〔m²〕とすると，照度 E〔lx〕は，

$$E=\frac{F}{A}\ \text{〔lx〕}$$

❸ 点光源の真下の照度

光度 I〔cd〕の点光源から h〔m〕離れた点の照度 E〔lx〕は，次式で表される．

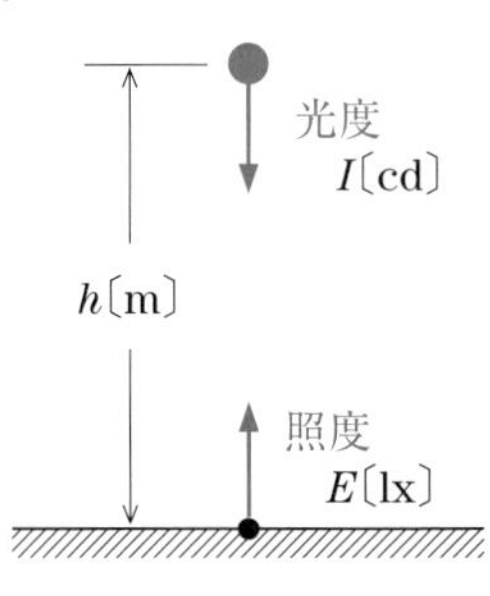

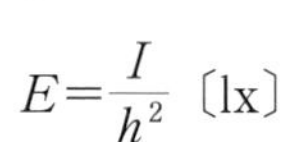

$$E=\frac{I}{h^2}\ \text{〔lx〕}$$

❹ 点光源の真下から離れた点の照度

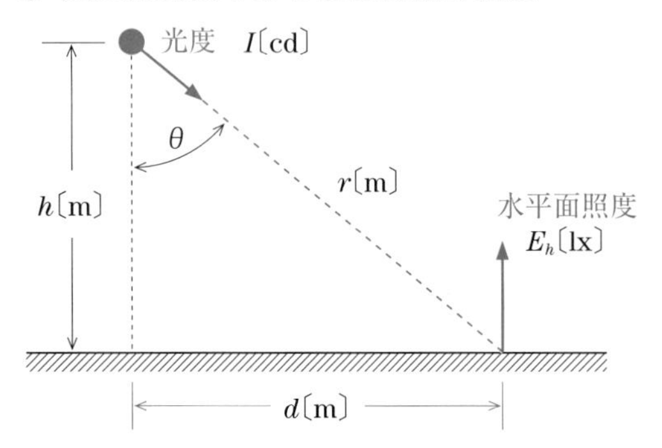

《水平面照度》

$$E_h=\frac{I}{r^2}\cos\theta\ \text{〔lx〕}$$

$$\cos\theta=\frac{h}{r}=\frac{h}{\sqrt{h^2+d^2}}$$

練習問題

		イ.	ロ.	ハ.	ニ.
1	照度に関する記述として，**正しいものは.**	被照射面に当たる光束を一定としたとき，被照射面が黒色の場合の照度は，白色の場合の照度より小さい.	屋内照明では，光源から出る光束が2倍になると，照度は4倍になる.	1〔m²〕の被照射面に1〔lm〕の光束が当たっているときの照度は1〔lx〕である.	光源から出る光度を一定としたとき，光源から被照射面までの距離が2倍になると，照度は1/2倍になる.

2	図 A のように光源から 1〔m〕離れた a 点の照度が 100〔lx〕であった．図 B のように光源の光度を 4 倍にし，光源から 2〔m〕離れた b 点の照度〔lx〕は． 	イ．50	ロ．100	ハ．200	ニ．400
3	図の Q 点における水平面照度が 8〔lx〕あった．点光源 A の光度 I〔cd〕は． 	イ．50	ロ．160	ハ．250	ニ．320

解答

1. ハ

被照射面に当たる光束が一定であれば，被照射面の色に関係なく照度は同じである．屋内照明では，光源から出る光束が 2 倍になると，照度は 2 倍になる．光源から出る光度を一定とすると，光源から被照射面までの距離が 2 倍になると，照度は 1/4 倍になる．

2. ロ

光度が 4 倍になれば照度は 4 倍，距離が 2 倍になれば照度は $(1/2)^2=1/4$ になるので，b 点の照度 E_b〔lx〕は，

$$E_b=100\times4\times\frac{1}{4}=100\text{〔lx〕}$$

3. ハ

点光源 A から Q 点までの距離 r〔m〕は，

$$r=\sqrt{3^2+4^2}=\sqrt{25}=5\text{〔m〕}$$

$\cos\theta$ は，

$$\cos\theta=\frac{4}{r}=\frac{4}{5}=0.8$$

水平面照度の公式 $E_h=\dfrac{I}{r^2}\cos\theta$ から，

$$I=\frac{E_h r^2}{\cos\theta}=\frac{8\times5^2}{0.8}=10\times25=250\text{〔cd〕}$$

テーマ29 電　熱

ポイント

❶ 電気加熱方式

(1)　抵抗加熱

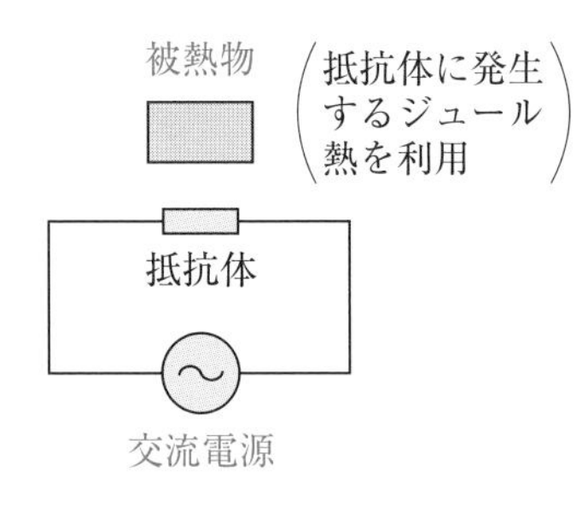

・**直接式**：金属の加熱，ガラスの溶融

・**間接式**：工業用材料，食料品の製造

(2)　アーク加熱

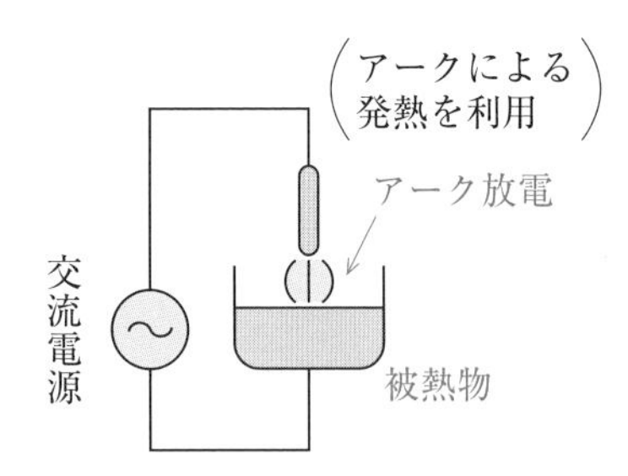

・**直接式**：アーク炉，アーク溶融

・**間接式**：アーク炉

(3)　誘導加熱

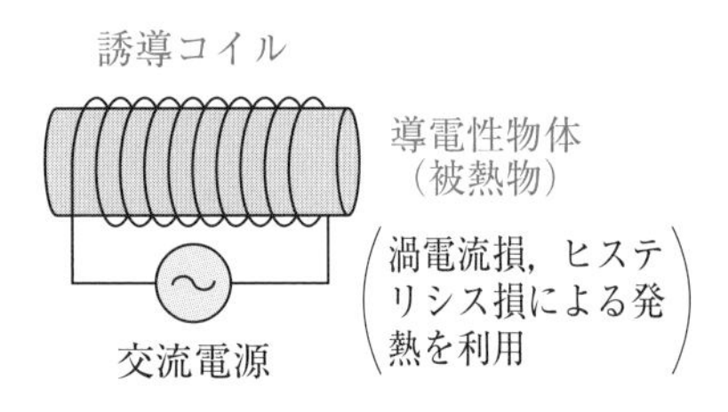

金属の溶融，焼き入れ，焼き戻し，電磁調理器などに利用されている．

(4)　誘電加熱

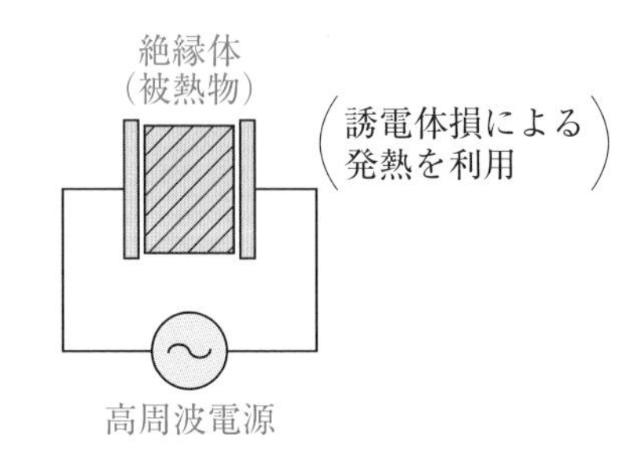

絶縁体に高周波電圧を加えて，誘電体損による発熱を利用したものである．誘電加熱は，物質の内部から均一に短時間で加熱でき，食品の調理（電子レンジ）や木材の乾燥等に使われている．

❷ 電熱器

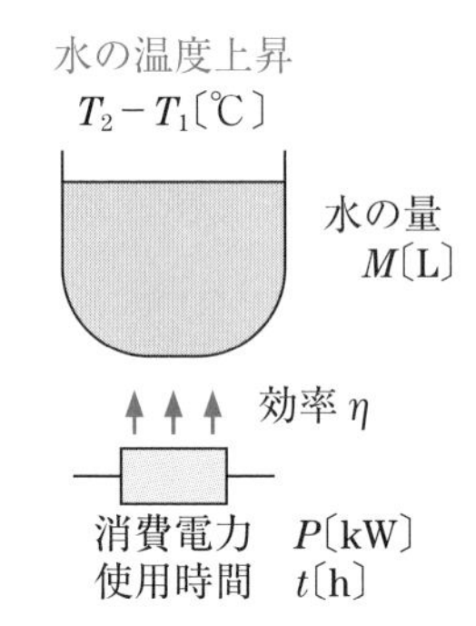

$3\,600Pt\eta=4.2M(T_2-T_1)$〔kJ〕

・**熱量の単位の換算**

1〔W·s〕＝1〔J〕

1〔kW·h〕＝3 600〔kJ〕

水1Lを1℃温度上昇するのに必要な熱量は，4.2 kJ.

練習問題

1	全電化マンション等で一般に使用されている電磁調理器の加熱方式は.	イ．誘導加熱	ロ．抵抗加熱	ハ．赤外線加熱	ニ．誘電加熱
2	電子レンジの加熱方式は.	イ．誘導加熱	ロ．抵抗加熱	ハ．赤外線加熱	ニ．誘電加熱
3	水4〔L〕を20〔℃〕から45〔℃〕に加熱したとき，この水に吸収された熱エネルギー〔kJ〕は.	イ．24	ロ．100	ハ．240	ニ．420
4	1〔kW〕，熱効率60〔%〕の電熱器を用いて，15〔℃〕の水2〔L〕を10分間加熱すると，水の温度〔℃〕は何度になるか.	イ．45	ロ．58	ハ．72	ニ．87
5	消費電力1〔kW〕の電熱器を1時間使用したとき，10〔L〕の水の温度が43〔℃〕上昇した．この電熱器の熱効率〔%〕は.	イ．40	ロ．50	ハ．60	ニ．70

解答

1. イ

電磁調理器は，商用電力をインバータにより数十kHzに変換した交流を電源とし，誘導加熱を利用したものである．コイルに交流電流を流して，磁束の変化による電磁誘導で，なべ等の金属に生ずる渦(うず)電流によってジュール熱を発生させたり，磁性体に生ずるヒステリシス損を利用したものである．

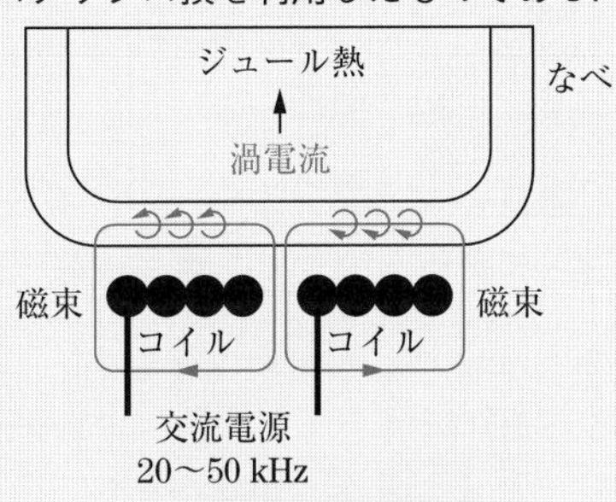

電磁調理器（IH調理器）

2. ニ

電子レンジ

電子レンジは，誘電加熱を利用して食品の調理をするものである．

3. ニ

水1Lを1℃上昇するのに必要な熱量は4.2kJである．

水4Lを20℃から45℃に加熱したときに吸収された熱量Q〔kJ〕は，

$Q=4.2\times4\times(45-20)=4.2\times4\times25=420$〔kJ〕

4. ロ

水の温度をT〔℃〕とすると，

$$3\,600\times1\times\frac{10}{60}\times0.6=4.2\times2\times(T-15)$$

$$8.4\times(T-15)=360$$

$$(T-15)=\frac{360}{8.4}\fallingdotseq43$$

$T=43+15=58$〔℃〕

5. ロ

1kW·hの発熱量は3 600kJ，1Lの水を1℃上昇するのに必要な熱量は4.2kJであることから，次の式が成立する．

$$3\,600Pt\eta=4.2M(T_2-T_1)$$

$$\eta=\frac{4.2M(T_2-T_1)}{3\,600Pt}=\frac{4.2\times10\times43}{3\,600\times1\times1}$$

$$=\frac{1\,806}{3\,600}\fallingdotseq0.5\ (50\%)$$

テーマ30 電動力応用

ポイント

❶ 揚水ポンプ用電動機の所要出力

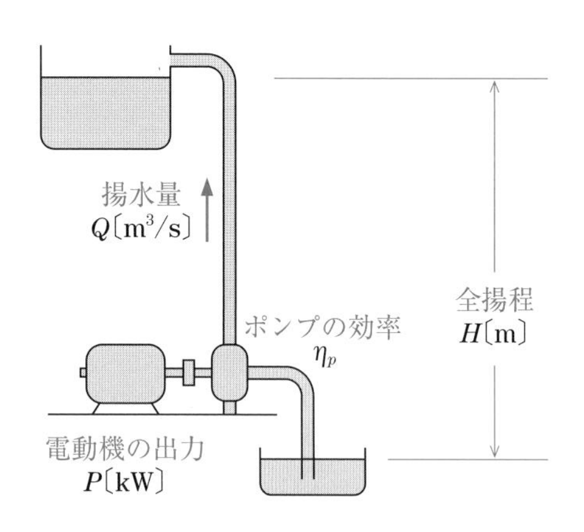

$$P=\frac{9.8QH}{\eta_p}\ 〔\mathrm{kW}〕$$

揚水量　　　：Q〔$\mathrm{m^3/s}$〕

全揚程　　　：H〔m〕

ポンプの効率：η_p（小数）

電動機の効率を η_m とすると，電動機の入力 P_i〔kW〕は，

$$P_i=\frac{P}{\eta_m}=\frac{9.8QH}{\eta_p\eta_m}\ 〔\mathrm{kW}〕$$

❷ 巻上用電動機の所要出力

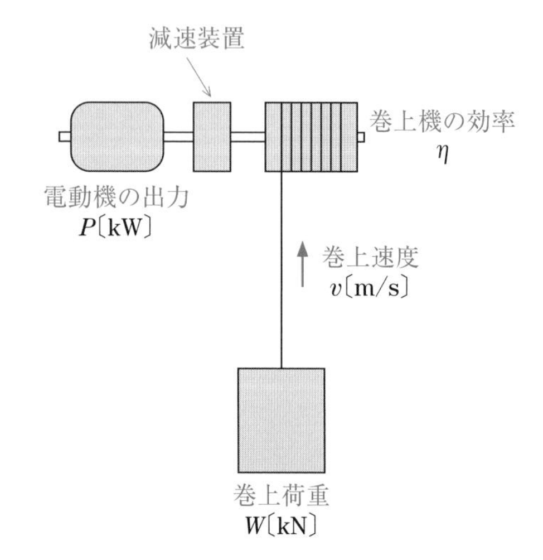

$$P=\frac{Wv}{\eta}\ 〔\mathrm{kW}〕$$

巻上速度　　：v〔m/s〕

巻上荷重　　：W〔kN〕

巻上機の効率：η（小数）

メモ

質量と重量

質量：物体のもっている量で，単位は〔kg〕を用いる．

重量：物体に働く重力の大きさで，単位は〔N〕を用いる．

地球上では，質量が 1 kg の物体には，9.8 N の重力（重量・荷重）がかかる．

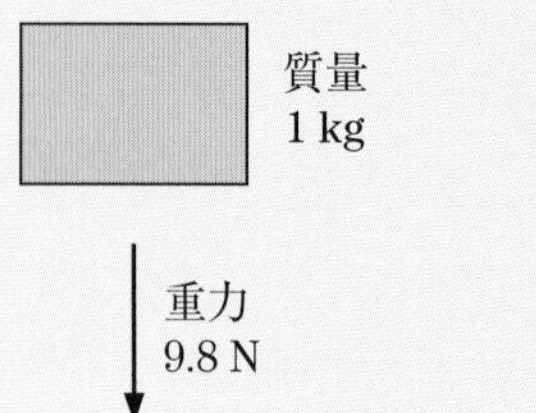

練習問題

	問題	イ	ロ	ハ	ニ
1	全揚程が H〔m〕，揚水量が Q〔m^3/s〕である揚水ポンプの電動機の入力〔kW〕を示す式は．ただし，電動機の効率を η_m，ポンプの効率を η_p とする．	イ．$\dfrac{9.8QH}{\eta_p\eta_m}$	ロ．$\dfrac{QH}{9.8\eta_p\eta_m}$	ハ．$\dfrac{9.8H\eta_p\eta_m}{Q}$	ニ．$\dfrac{QH\eta_p\eta_m}{9.8}$
2	全揚程 200〔m〕，揚水流量が 150〔m^3/s〕である揚水式発電所の揚水ポンプの電動機の入力〔MW〕は．ただし，電動機の効率を 0.9，ポンプの効率を 0.85 とする．	イ．23	ロ．39	ハ．225	ニ．384
3	巻上荷重 W〔kN〕の物体を毎秒 v〔m〕の速度で巻き上げているとき，この巻上用電動機の出力〔kW〕を示す式は．ただし，巻上機の効率は η〔%〕であるとする	イ．$\dfrac{100Wv}{\eta}$	ロ．$\dfrac{100Wv^2}{\eta}$	ハ．$100\eta Wv$	ニ．$100\eta W^2v^2$
4	巻上荷重 1.96〔kN〕の物体を毎分 60〔m〕の速さで巻き上げているときの巻上用電動機の出力〔kW〕は．ただし，巻上機の効率を 70〔%〕とする．	イ．0.7	ロ．1.0	ハ．1.4	ニ．2.8

解答

1. イ

揚水ポンプの電動機の所要出力を P〔kW〕とすると，

$$P=\frac{9.8QH}{\eta_p}\text{〔kW〕}$$

電動機の入力を P_i〔kW〕とすると，

$$P_i\eta_m=P$$

$$P_i=\frac{P}{\eta_m}=\frac{9.8QH}{\eta_p\eta_m}\text{〔kW〕}$$

2. ニ

揚水ポンプの電動機の入力 P_i〔MW〕は，全揚程を H〔m〕，揚水流量を Q〔m^3/s〕，電動機の効率を η_m，ポンプの効率を η_p とすると，次式で表される．

$$P_i=\frac{9.8QH}{\eta_p\eta_m}\times10^{-3}\text{〔MW〕}$$

したがって，揚水ポンプの電動機の入力 P_i〔MW〕は，

$$P_i=\frac{9.8\times150\times200}{0.85\times0.9}\times10^{-3}\fallingdotseq384\text{〔MW〕}$$

3. イ

巻上荷重 W〔kN〕の物体を v〔m/s〕の速度で巻き上げているとき，巻上機の効率を η（小数）とすると，巻上用電動機の出力 P〔kW〕は次式で示される．

$$P=\frac{Wv}{\eta}\text{〔kW〕}$$

効率 η〔%〕を少数で表すと，次式になる．

$$P=\frac{Wv}{\frac{\eta}{100}}=\frac{100Wv}{\eta}\text{〔kW〕}$$

4. ニ

毎分 60 m の巻上速度を毎秒の巻上速度〔m/s〕に変換すると，

$$v=\frac{60}{60}=1\text{〔m/s〕}$$

$$P=\frac{Wv}{\eta}=\frac{1.96\times1}{0.7}=2.8\text{〔kW〕}$$

まとめ 電気応用

1 光 源

光源の種類	発光効率〔lm/W〕	寿 命〔h〕
白熱電球	10～15	1 000～2 000
ハロゲン電球	15～20	2 000～4 000
LED 電球	60～110	40 000
蛍光ランプ	50～90	6 000～12 000
高圧水銀ランプ	30～60	9 000～12 000
メタルハライドランプ	80～95	6 000～9 000
高圧ナトリウムランプ	60～130	9 000～12 000

2 蛍光ランプの点灯回路

❶ 点灯方式

- **スタータ形**：点灯管によって電極を 2～3 秒間予熱した後，始動電圧を印加する．
- **ラピッドスタート形**：スイッチを入れると，フィラメントを加熱するとともに高電圧が加わり，1 秒以内に点灯する．
- **高周波点灯形**：高周波で蛍光灯を点灯し，スイッチを入れると約 1 秒で点灯する．

❷ 高周波点灯形の特徴

- ちらつきを感じない．
- 約 1 秒で点灯する．
- 高効率である．
- 騒音が小さい．

3 照度計算（点光源による水平面照度）

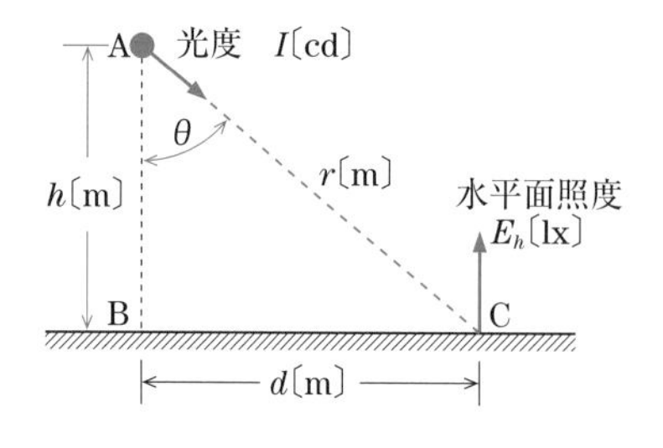

《B 点における照度》

$$E=\frac{I}{h^2}\ 〔\mathrm{lx}〕$$

《C 点における水平面照度》

$$E_h=\frac{I}{r^2}\cos\theta\ 〔\mathrm{lx}〕$$

$$r=\sqrt{h^2+d^2}\ 〔\mathrm{m}〕\qquad \cos\theta=\frac{h}{r}$$

4 電 熱

❶ 誘導加熱

渦(うず)電流損，ヒステリシス損による発熱を利用

❷ 誘電加熱

絶縁物に高周波を加えて，誘電体損による発熱を利用

❸ 電熱器

$3\,600Pt\eta=4.2M(T_2-T_1)$〔kJ〕

P：電熱器の消費電力〔kW〕

t：使用時間〔h〕

M：水の量〔L〕

T_2-T_1：温度上昇〔℃〕

1〔kW·h〕＝3 600〔kJ〕

5 電動力応用

❶ 揚水ポンプ用電動機の所要出力

$$P=\frac{9.8QH}{\eta_p}\ 〔\mathrm{kW}〕$$

Q：揚水量〔$\mathrm{m^3/s}$〕

H：全揚程〔m〕

η_p：ポンプの効率（小数）

❷ 巻上用電動機の所要出力

$$P=\frac{Wv}{\eta}\ 〔\mathrm{kW}〕$$

W：巻上荷重〔kN〕

v：巻上速度〔m/s〕

η：巻上機の効率（小数）

4
電気機器・高圧受電設備等

テーマ**31**　変圧器のタップ電圧等
テーマ**32**　変圧器の結線
テーマ**33**　変圧器の損失
テーマ**34**　変圧器の負荷電流等の計算
テーマ**35**　変圧器の並行運転・騒音の低減等
テーマ**36**　変圧器の試験・検査
テーマ**37**　三相誘導電動機の特性
テーマ**38**　三相誘導電動機の始動法
テーマ**39**　同期機・絶縁材料
テーマ**40**　蓄電池・充電方式
テーマ**41**　整流回路・無停電電源装置
テーマ**42**　高圧受電設備の構成
テーマ**43**　高圧受電設備機器（1）
テーマ**44**　高圧受電設備機器（2）
テーマ**45**　高圧受電設備機器（3）
テーマ**46**　高圧受電設備機器（4）
テーマ**47**　高圧受電設備機器（5）・高調波対策
テーマ**48**　主遮断装置・保護協調
テーマ**49**　三相短絡電流・遮断容量
テーマ**50**　高圧用配線材料
テーマ**51**　低圧配線器具等
テーマ**52**　工事用工具
［まとめ］電気機器・高圧受電設備等

テーマ 31 変圧器のタップ電圧等

ポイント

❶ 変圧器の原理

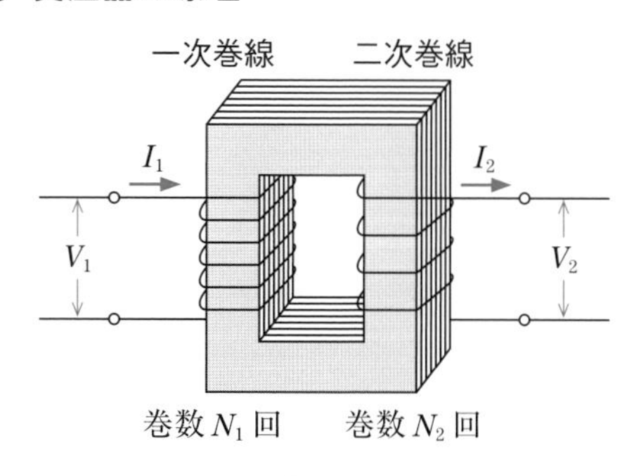

変圧器

・巻数と電圧の関係

$$\frac{V_1}{V_2}=\frac{N_1}{N_2}=\text{巻数比}$$

・巻数と電流の関係

$$\frac{I_1}{I_2}=\frac{N_2}{N_1}$$

変圧器の損失を無視すると，入力と出力が等しくなるので，

$$V_1I_1=V_2I_2\ 〔\mathrm{V \cdot A}〕$$

❷ タップ電圧

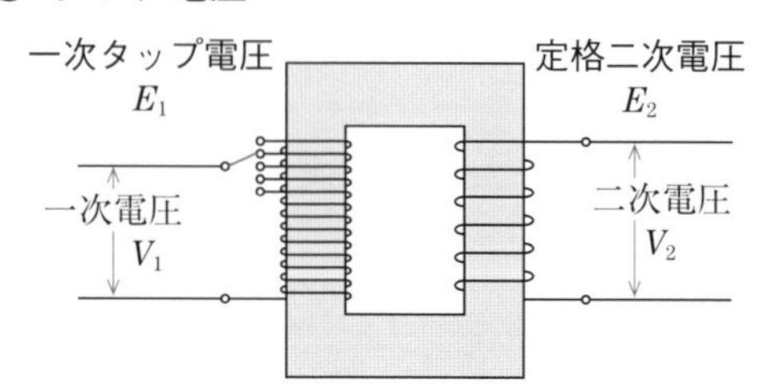

変圧器の二次電圧を 105 V あるいは 210 V に保つために，一次側（高圧側）に切換用のタップがある．一次側の電源電圧に近いタップを選定して接続すると，二次側（低圧側）に定格電圧に近い電圧を得ることができる．

一次タップ電圧 E_1 と定格二次電圧 E_2 の比は，一次電圧 V_1 と二次電圧 V_2 との比に等しい．

$$\frac{V_1}{V_2}=\frac{E_1}{E_2}$$

練習問題

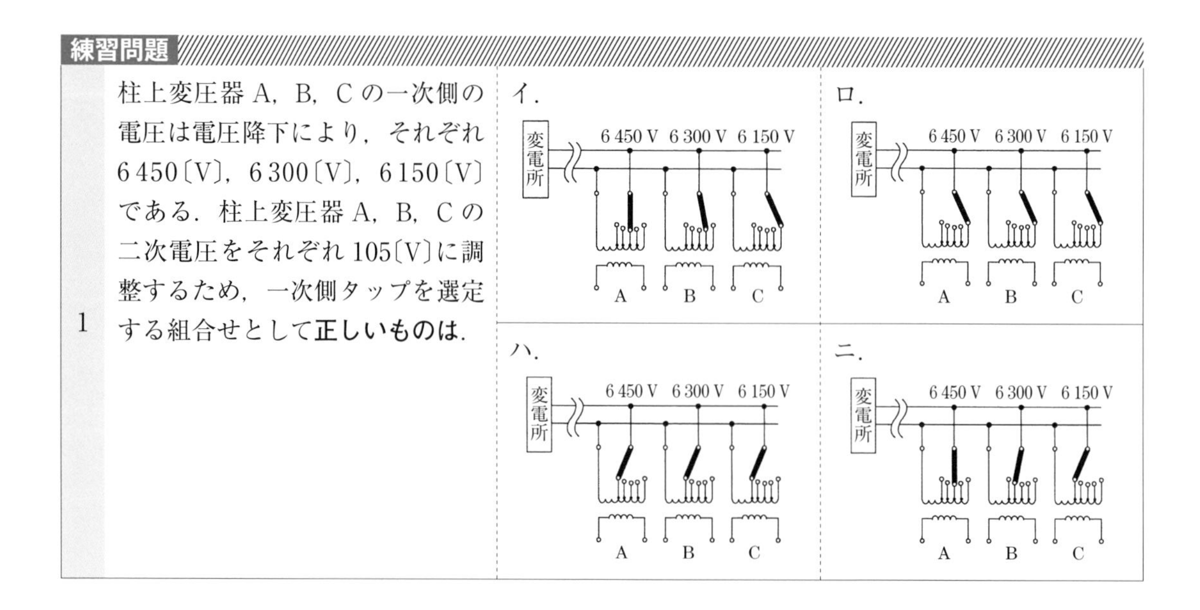

1　柱上変圧器 A，B，C の一次側の電圧は電圧降下により，それぞれ 6 450〔V〕，6 300〔V〕，6 150〔V〕である．柱上変圧器 A，B，C の二次電圧をそれぞれ 105〔V〕に調整するため，一次側タップを選定する組合せとして**正しいものは**．

2	配電用6kVモールド変圧器(定格容量75〔kV·A〕，定格一次電圧6600〔V〕，定格二次電圧210〔V〕)において，一次側タップを6600〔V〕に設定してあるとき，二次電圧が200〔V〕であった．二次電圧を210〔V〕に最も近い値とするための一次タップ電圧の値〔V〕は． 6 750 V / 6 600 V / 6 450 V / 6 300 V / 6 150 V / 210 V / 一次側 / 二次側 / (タップ電圧) (変圧器の内部結線図)	イ．6 150	ロ．6 300	ハ．6 450	ニ．6 750

解答

1．ニ

高圧用の変圧器は，配電線路の電圧降下にかかわらず，二次側に定格電圧の105V又は210Vが取り出せるように，一次側のタップ電圧を切り換えられるようになっている．タップ電圧は，6150V，6300V，6450V，6600V，6750Vがあり，一次側の電圧に近いタップ電圧にすると．二次側の電圧が定格に近い電圧になる．

タップ電圧が低いほど一次側の巻数が少なくなっている．

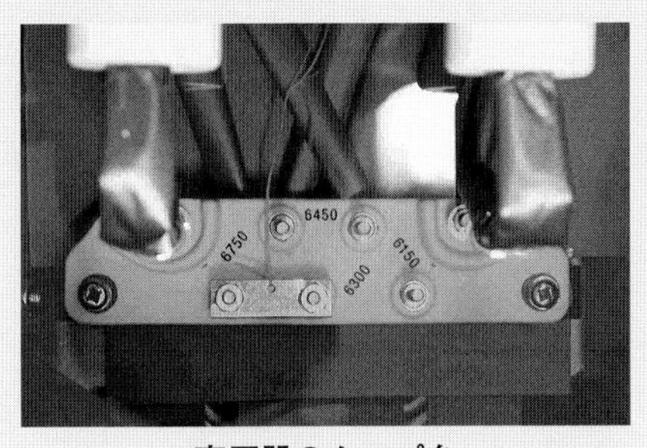

変圧器のタップ台

2．ロ

定格二次電圧が210Vにおいて，一次側タップを6600Vに設定してあるときの二次電圧が200Vであることから，一次電圧 V_1〔V〕を求めると，

$$\frac{V_1}{200}=\frac{6\,600}{210}$$

$$V_1=\frac{6\,600}{210}\times 200 \fallingdotseq 6\,290 \text{〔V〕}$$

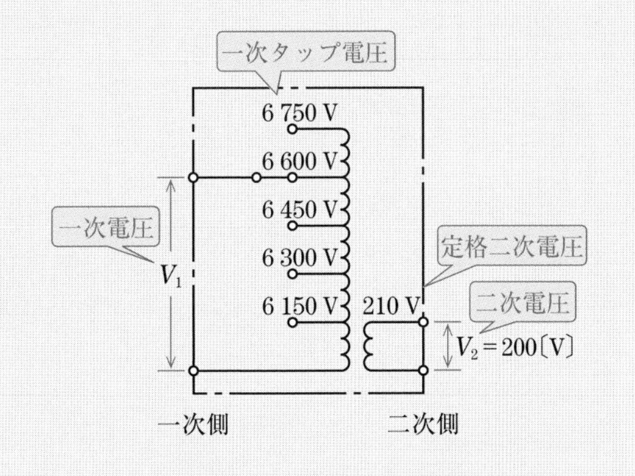

定格二次電圧210Vに最も近い値にするためには，一次タップ電圧を6300Vにすればよい．

テーマ 32 変圧器の結線

ポイント

❶ 単相変圧器の△結線（三角結線）

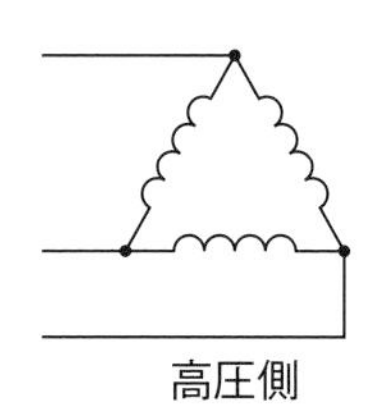

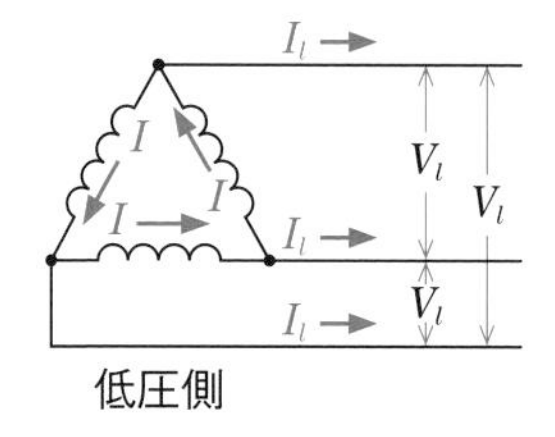

単相変圧器の定格電圧を V〔V〕，定格電流を I〔A〕とすると，三相出力 S〔V·A〕は，

$V_l=V \quad I_l=\sqrt{3}I$ から，

$S=\sqrt{3}V_lI_l=\sqrt{3}V\times\sqrt{3}I=3VI$〔V·A〕

となる．

単相変圧器 3 台の容量の合計を，三相出力として得られる．

$$利用率=\frac{三相出力}{単相変圧器3台の容量}=\frac{3VI}{3\times VI}=1$$

❷ 単相変圧器のV結線

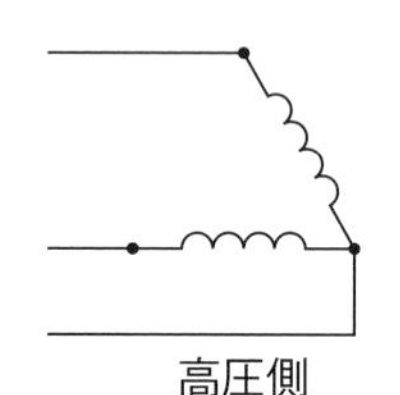

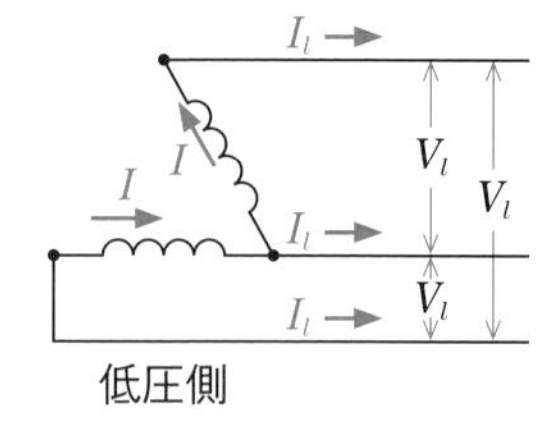

単相変圧器の定格電圧を V〔V〕，定格電流を I〔A〕とすると，三相出力 S〔V·A〕は，

$V_l=V \quad I_l=I$ から，

$S=\sqrt{3}V_lI_l=\sqrt{3}VI$〔V·A〕

となる．

単相変圧器 1 台の容量の $\sqrt{3}$ 倍を，三相出力として得られる．

$$利用率=\frac{三相出力}{単相変圧器2台の容量}=\frac{\sqrt{3}VI}{2\times VI}=\frac{\sqrt{3}}{2}\fallingdotseq 0.866$$

練習問題

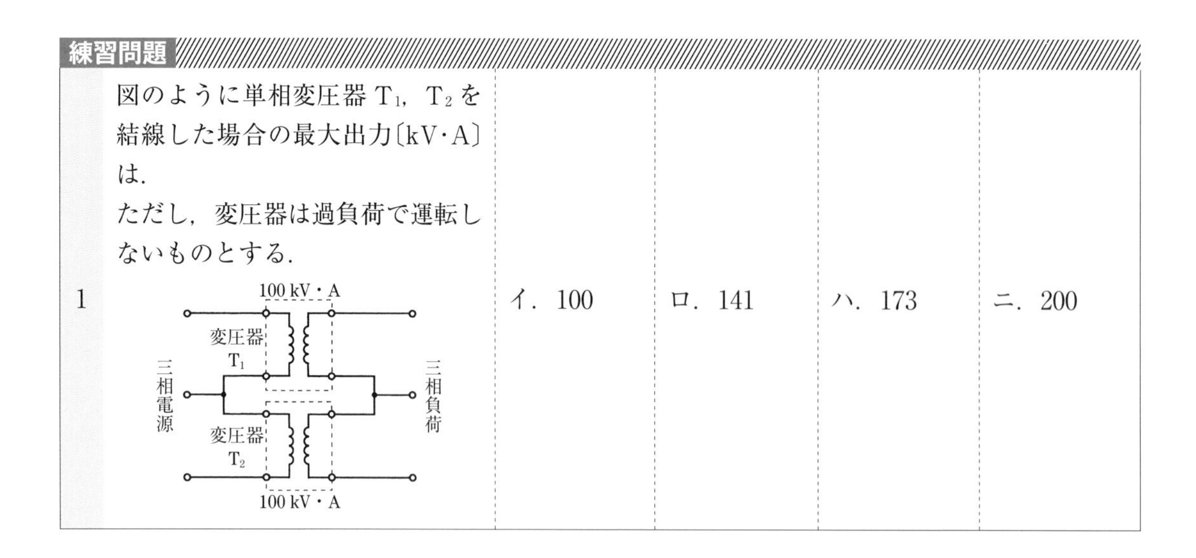

1	図のように単相変圧器 T_1，T_2 を結線した場合の最大出力〔kV·A〕は． ただし，変圧器は過負荷で運転しないものとする．	イ．100	ロ．141	ハ．173	ニ．200

2	定格容量 100〔kV・A〕の単相変圧器と 200〔kV・A〕の単相変圧器をV結線した場合に，接続できる三相負荷の最大容量〔kV・A〕は．	イ．141	ロ．150	ハ．173	ニ．300
3	同容量の単相変圧器 2 台をV結線し，三相負荷に電力を供給する場合の変圧器 1 台当たりの最大の利用率は．	イ．$\frac{1}{2}$	ロ．$\frac{\sqrt{2}}{2}$	ハ．$\frac{\sqrt{3}}{2}$	ニ．$\frac{2}{\sqrt{3}}$
4	変圧器の結線方法のうち△—△結線は．	イ．	ロ．	ハ．	ニ．

解答

1. ハ

100 kV・A の単相変圧器がV—V結線されている．過負荷運転しないので，最大出力 S〔kV・A〕は，

$S=\sqrt{3}\,VI\times10^{-3}\fallingdotseq1.73\times100=173$〔kV・A〕

（$VI\times10^{-3}$＝単相変圧器 1 台の定格容量）

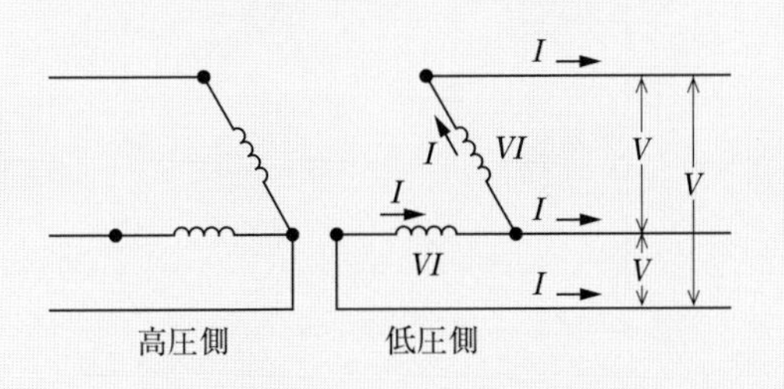

2. ハ

三相負荷が平衡しているものとすると，定格容量の小さい 100 kV・A の変圧器に合わせて，負荷を接続することになる．

同じ容量の変圧器 2 台を，V結線で使用した場合の出力は，変圧器 1 台の容量の $\sqrt{3}$ 倍である．したがって，接続できる三相負荷の最大容量〔kV・A〕は，

$S=\sqrt{3}\times100\fallingdotseq173$〔kV・A〕

3. ハ

同じ容量の単相変圧器をV結線にした場合の利用率は，次式で表される．

$$利用率=\frac{\text{V結線の三相出力}}{\text{単相変圧器 2 台の容量}}=\frac{\sqrt{3}\,VI}{2VI}=\frac{\sqrt{3}}{2}$$

4. イ

一次側及び二次側が△結線されているのは，イである．

ロはV-V結線，ハはY-Y結線，ニはY-△結線になっている．

テーマ33 変圧器の損失

ポイント

❶ 無負荷損

無負荷損は，負荷を接続しなくても生ずる損失で，**鉄損**がほとんどである．

鉄損には渦(うず)電流損とヒステリシス損があり，**負荷電流が変化しても損失は一定**である．また，鉄損は巻線に加わる電圧が大きくなると電圧の2乗に比例して増加し，電源の周波数が大きくなると減少する．

鉄損＝渦電流損＋ヒステリシス損

・**渦(うず)電流損**

鉄心の中の磁束が変化することにより，鉄心に渦電流が流れ，ジュール熱を発生して損失となる

・**ヒステリシス損**

交番磁界によって，鉄心を磁化するときに生ずる損失である．

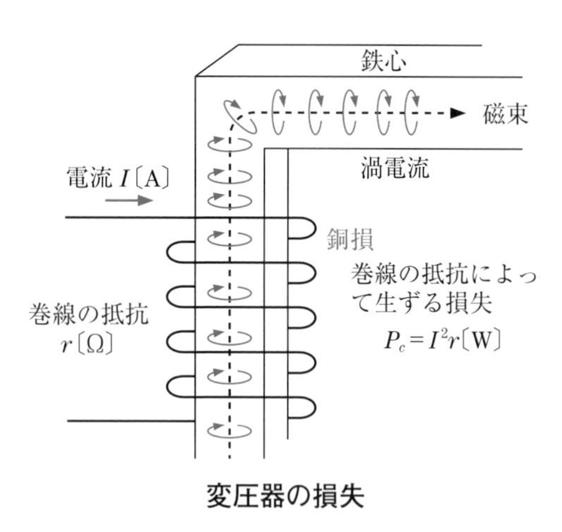

変圧器の損失

❷ 負荷損

負荷損は，負荷電流によって生ずる損失で，一次巻線と二次巻線による**銅損**がほとんどである．銅損は，巻線の抵抗によって生ずるジュール熱で，**負荷電流の2乗に比例する**．

❸ 最大効率

変圧器の効率 η は，次式で表される．

$$\eta=\frac{出力}{入力}\times100=\frac{出力}{出力+損失}\times100〔\%〕$$

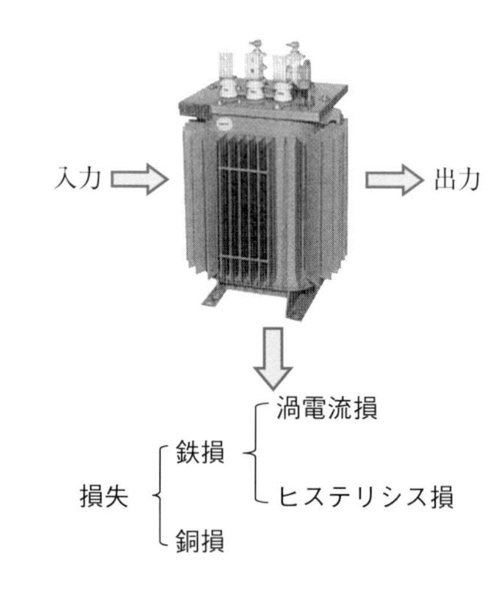

変圧器の効率が最大になるのは，鉄損と銅損が等しいときである．

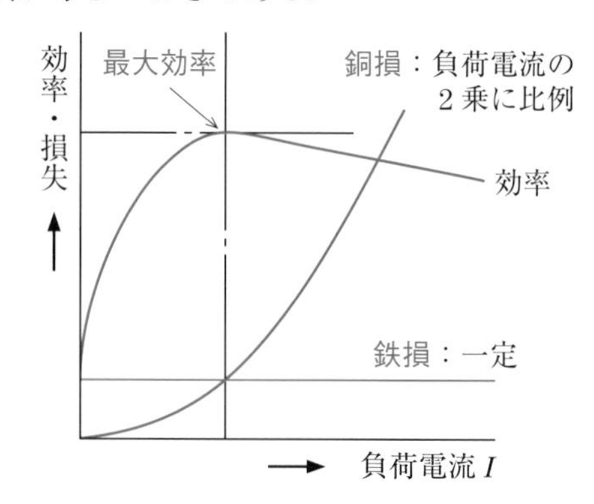

・**最大効率になる条件**

鉄損＝銅損

練習問題

	問題	イ	ロ	ハ	ニ
1	変圧器の損失に関する記述として**誤っているものは.**	イ. 無負荷損の大部分は鉄損である.	ロ. 負荷電流が2倍になれば銅損は2倍になる.	ハ. 鉄損にはヒステリシス損と渦電流損がある.	ニ. 銅損と鉄損が等しいときに効率が最大となる.
2	変圧器の鉄損に関する記述として，**正しいものは.**	イ. 電源の周波数が変化しても鉄損は一定である.	ロ. 一次電圧が高くなると鉄損は増加する.	ハ. 鉄損は渦電流損より小さい.	ニ. 鉄損はヒステリシス損より小さい.
3	変圧器の銅損は，二次電流が変化するとどのようになるのか.	イ. 二次電流に正比例して変化する.	ロ. 二次電流の2乗に比例して変化する.	ハ. 二次電流の3乗に比例して変化する.	ニ. 二次電流の変化に関係なく一定である.
4	変圧器の出力に関する損失の特性曲線において，a が鉄損，b が銅損を表す特性曲線として，**適切なものは.**	イ.	ロ.	ハ.	ニ.
5	図はある変圧器の鉄損と銅損の損失曲線である．この変圧器の効率が最大となるのは負荷が何パーセントのときか.	イ．25	ロ．50	ハ．75	ニ．100

解答

1. **ロ**

銅損は，負荷電流の2乗に比例するので，負荷電流が2倍になれば4倍になる.

2. **ロ**

電源の周波数が増加すると鉄損は減少する．鉄損は，渦電流損とヒステリシス損を合計したものである.

3. **ロ**

銅損は，一次側と二次側の巻線の抵抗に発生するジュール熱である.

ジュール熱は，負荷電流(二次電流)の2乗に比例する.

4. **ニ**

負荷電流は，出力に比例して流れる．鉄損 a は，負荷電流に関係なく一定である．銅損 b は，一次側の巻線と二次側の巻線の抵抗に生ずる損失で，負荷電流の2乗に比例して大きくなる.

5. **ロ**

変圧器は，鉄損と銅損が等しいときに効率が最大になる．問題の図から，負荷が50% のときに鉄損と銅損が等しくなる.

テーマ34 変圧器の負荷電流等の計算

ポイント

❶ 変圧器の負荷電流（抵抗負荷）

変圧器の励磁電流と損失を無視すると，抵抗負荷の場合，入力 P_i〔W〕と出力 P_o〔W〕は等しくなる．

（1） 単相2線式用変圧器

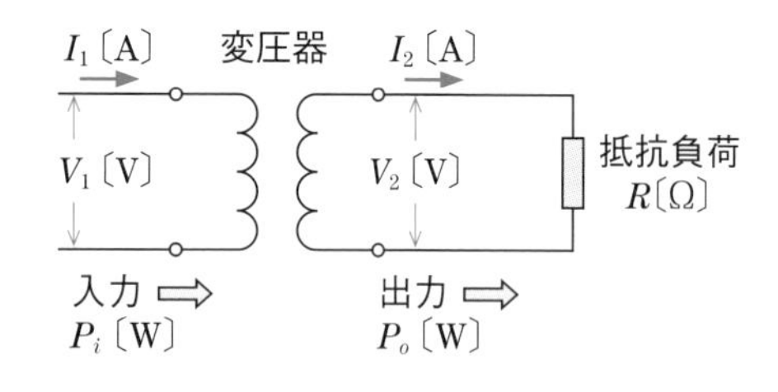

入　力　$P_i = V_1 I_1$〔W〕

出　力　$P_o = V_2 I_2 = I_2{}^2 R = \dfrac{V_2{}^2}{R}$〔W〕

一次側電流　$I_1 = \dfrac{P_o}{V_1} = \dfrac{V_2 I_2}{V_1}$〔A〕

（2） 単相3線式用変圧器

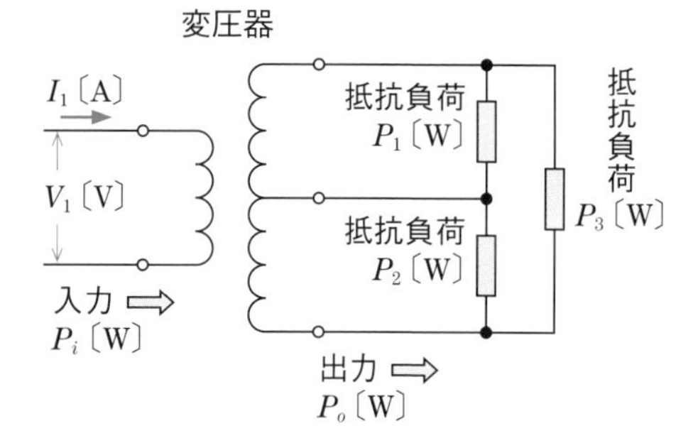

入　力　$P_i = V_1 I_1$〔W〕

出　力　$P_o = P_1 + P_2 + P_3$〔W〕

一次側電流　$I_1 = \dfrac{P_o}{V_1} = \dfrac{P_1 + P_2 + P_3}{V_1}$〔A〕

❷ 変圧器の短絡インピーダンス

変圧器の二次側を短絡して，定格一次電流を流すのに必要な一次電圧をインピーダンス電圧という．

インピーダンス電圧を定格一次電圧の百分率で表したものが，短絡インピーダンス %Z〔%〕である．

$$\%Z = \frac{V_s}{V_{1n}} \times 100 \text{〔\%〕}$$

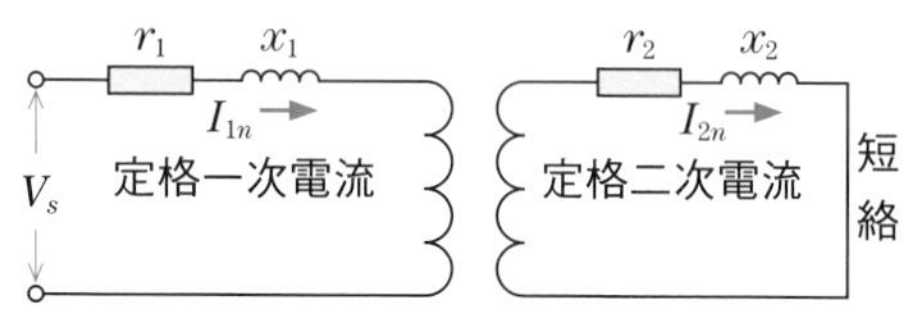

V_s：インピーダンス電圧〔V〕

V_{1n}：定格一次電圧〔V〕

❸ 短絡電流

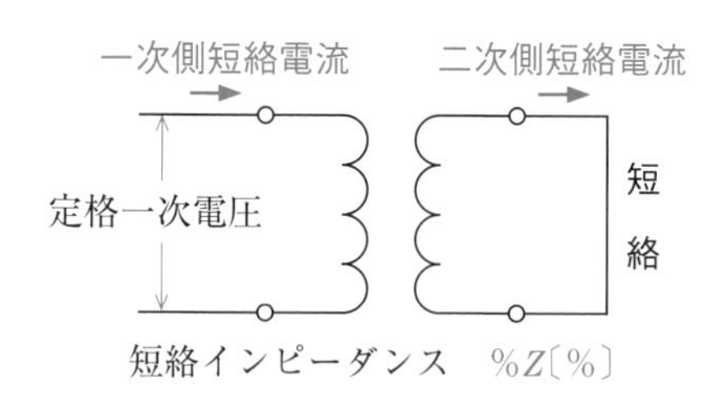

$$\text{一次側短絡電流} = \frac{\text{定格一次電流}}{\%Z} \times 100 \text{〔A〕}$$

$$\text{二次側短絡電流} = \frac{\text{定格二次電流}}{\%Z} \times 100 \text{〔A〕}$$

練習問題

	問題	イ	ロ	ハ	ニ
1	図のように単相変圧器の二次側に20〔Ω〕の抵抗を接続して，一次側に2000〔V〕の電圧を加えたら，一次側に1〔A〕の電流が流れた．このときの単相変圧器の二次電圧 V_2〔V〕は．ただし，巻線の抵抗や損失を無視するものとする． （図：1 A，2 000 V，V_2，20Ω）	イ．50	ロ．100	ハ．150	ニ．200
2	図のような配電線路において，変圧器の一次電流 I〔A〕は．ただし，負荷はすべて抵抗負荷とし，変圧器と配電線路の損失及び変圧器の励磁電流は無視するものとする． （図：I，6 600 V，100 V，200 V，100 V，1.0 kW，1.0 kW，1.3 kW）	イ．0.2	ロ．0.5	ハ．1.0	ニ．2.0
3	定格容量50〔kV·A〕，定格一次電圧6600〔V〕，定格二次電圧210〔V〕，短絡インピーダンス4〔%〕の単相変圧器があり，一次側に定格電圧が加わっている．二次側端子間で短絡した場合，二次側の短絡電流〔kA〕は．ただし，変圧器より電源側のインピーダンスは無視するものとする．	イ．0.19	ロ．0.60	ハ．1.89	ニ．5.95

解答

1. ニ

$$2\,000\times1=\frac{V_2^2}{20}$$

$$V_2=\sqrt{2\,000\times20}=200\ \text{〔V〕}$$

2. ロ

$$6\,600\times I=1\,000+1\,000+1\,300$$

$$I=\frac{3\,300}{6\,600}=0.5\ \text{〔A〕}$$

3. ニ

定格二次電流 I_{2n}〔A〕は，単相変圧器であるから，

$$I_{2n}=\frac{\text{定格容量}}{\text{定格二次電圧}}=\frac{50\times10^3}{210}\fallingdotseq238\ \text{〔A〕}$$

二次側の短絡電流 I_{2s}〔kA〕は，

$$I_{2s}=\frac{\text{定格二次電流}}{\%Z}\times100$$

$$=\frac{238}{4}\times100=5\,950\ \text{〔A〕}=5.95\ \text{〔kA〕}$$

テーマ35 変圧器の並行運転・騒音の低減等

ポイント

❶ 接続できる負荷の容量

変圧器に接続する負荷の容量は，負荷の皮相電力〔kV･A〕の合計が変圧器の容量〔kV･A〕以下になるようにする．

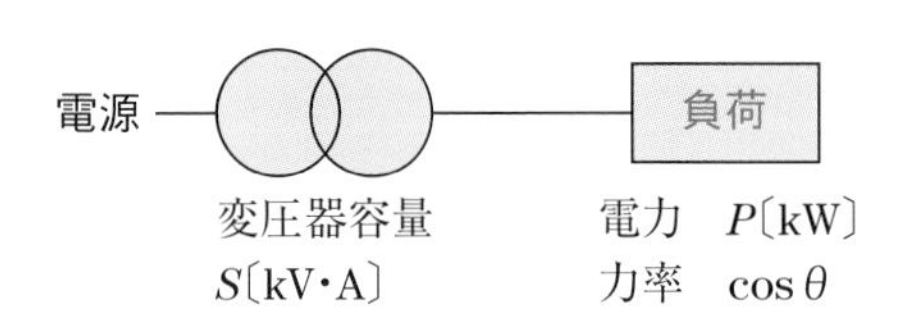

$$\frac{P}{\cos\theta} \leqq S$$

❷ 並行運転の条件

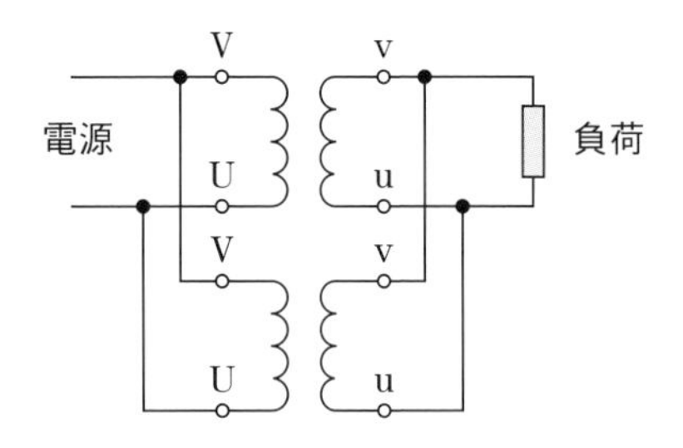

1. 各変圧器の極性が一致している．
2. 各変圧器の変圧比が等しく，一次電圧及び二次電圧が等しい．
3. 各変圧器のインピーダンス電圧が等しい．

❸ 騒音の軽減

1. 鉄心の磁束密度を低くする．
2. 鉄心に磁気ひずみの小さいけい素鋼板を用いる．
3. 鉄心の締め付け圧力を十分にする．
4. 変圧器と床との間に防振ゴムを敷く．

❹ 大形変圧器の内部故障の検出

（1） 比率差動継電器

変圧器の内部で事故が発生すると，流入する電流と流出する電流の関係比のバランスが成立しなくなって，比率差動継電器の動作コイルに電流が流れて動作する．

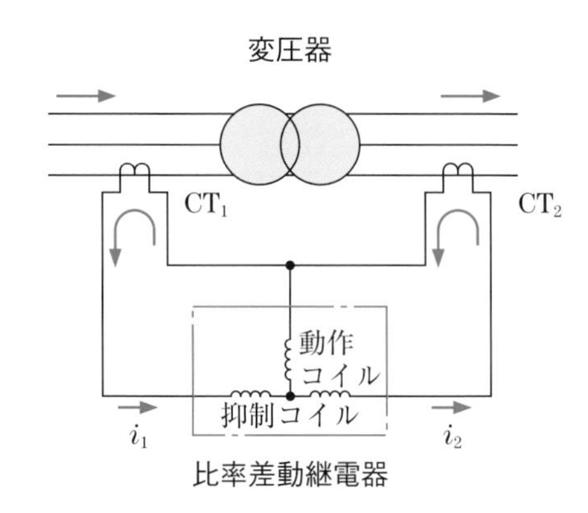

（2） ブッフホルツ継電器

変圧器の内部に事故が発生した場合に，急激な圧力変化や油流によってブッフホルツ継電器を機械的に動作させる．

練習問題

	問題	イ	ロ	ハ	ニ
1	1台当たりの消費電力12〔kW〕，遅れ力率80〔%〕の三相負荷がある．定格容量150〔kV・A〕の三相変圧器から電力を供給する場合，供給できる負荷の最大台数は．ただし，負荷の需要率は100%で，変圧器は過負荷で運転しないものとする．	イ．8	ロ．10	ハ．12	ニ．15
2	同一容量の単相変圧器を並行運転するための条件として，**必要でないものは**．	イ．各変圧器の極性を一致させて結線すること．	ロ．各変圧器の変圧比が等しいこと．	ハ．各変圧器のインピーダンス電圧が等しいこと．	ニ．各変圧器の効率が等しいこと．
3	変圧器からの騒音を低減する方法として，**誤っているものは**．	イ．変圧器の鉄心の磁束密度を高くする．	ロ．変圧器の鉄心の磁気ひずみの小さいけい素鋼板を用いる．	ハ．変圧器の鉄心の締付け圧力を十分にする．	ニ．変圧器と床との間に防振ゴムを敷く．
4	変電所等の大形変圧器の内部故障を電気的に検出する一般的な保護装置は．	イ．距離継電器	ロ．比率差動継電器	ハ．不足電圧継電器	ニ．過電圧継電器

解答

1. **ロ**

三相負荷1台当たりの皮相電力S〔kV・A〕は，

$$S=\frac{P}{\cos\theta}=\frac{12}{0.8}=15\ 〔\mathrm{kV\cdot A}〕$$

変圧器が供給できる負荷の最大台数は，

$$負荷の台数=\frac{150}{15}=10$$

2. **ニ**

単相変圧器2台以上を並行運転するためには，次の条件が必要である．

（1） 極性が合っていること．

（2） 変圧比が等しく，一次電圧及び二次電圧が等しいこと．

（3） インピーダンス電圧が等しいこと．

これらの条件を満足しないと，巻線を焼損したり，変圧器の容量に比例した負荷を分担して運転できなくなる．

インピーダンス電圧とは，二次側を短絡して，一次側に電圧を加え，定格電流が流れるときの電圧の大きさである．

3. **イ**

変圧器の騒音の主なものは，鉄心を磁化するときに形状がわずかに変化する磁気ひずみによる振動と，冷却ファンなどの機械音である．磁気ひずみの対策としては，磁気ひずみの小さい方向性けい素鋼板を鉄心に使用したり，磁束密度を低くしたりすると効果的である．このほかに，鉄心や巻線を十分に締め付けたり，防振ゴムを用いて振動の伝達を防止すると，騒音を低減できる．

4. **ロ**

大形変圧器の内部故障の検出には，比率差動継電器が用いられる．変圧器に流入する電流と流出する電流の比率によって動作する．

テーマ36 変圧器の試験・検査

ポイント

❶ 極性試験

（1） 減極性

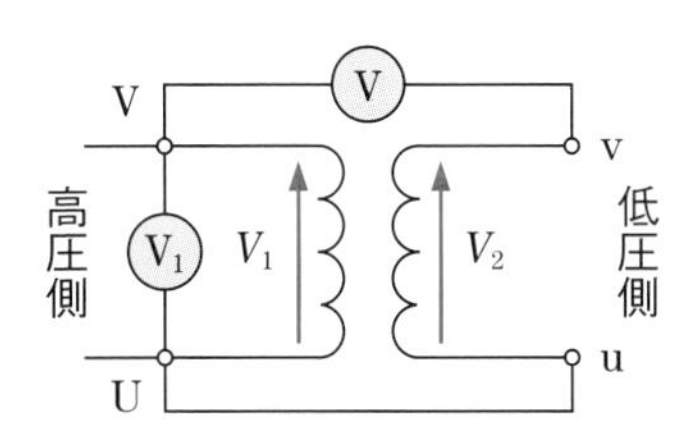

$V = V_1 - V_2$

電圧計Ⓥの指示は，高圧側に加えた電圧 V_1 より小さくなる．

（2） 加極性

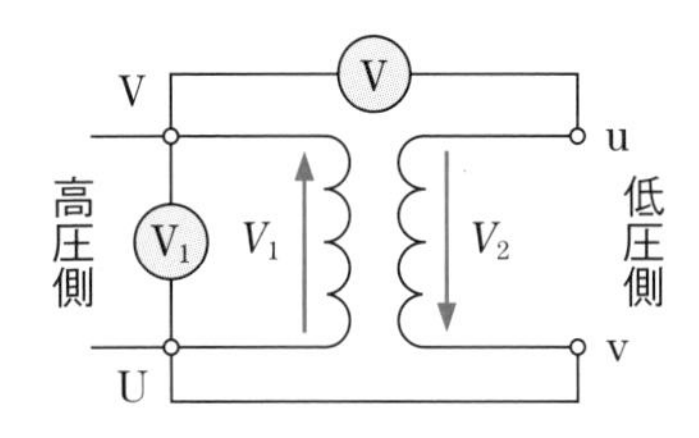

$V = V_1 + V_2$

電圧計Ⓥの指示は，高圧側に加えた電圧 V_1 より大きくなる．

❷ 無負荷試験

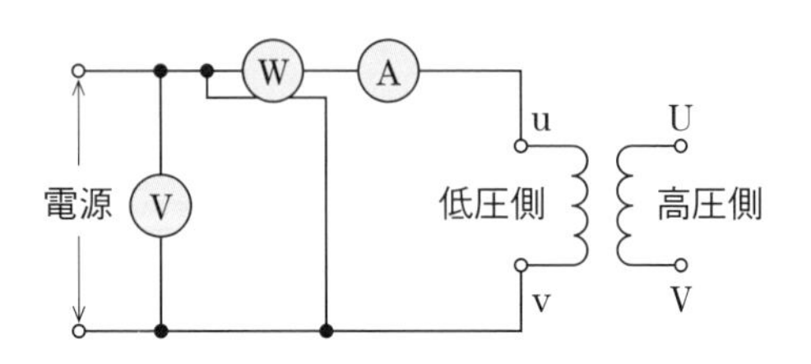

高圧側を開放して，低圧側に定格電圧を加えると，電力計Ⓦは無負荷損（鉄損）を指示する．このとき電流計Ⓐは，励磁電流を示す．

❸ 短絡試験

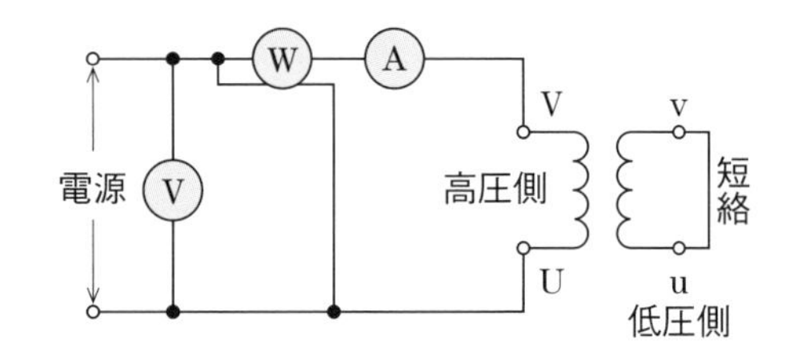

低圧側を短絡して，高圧側に定格電流を流すと，電力計Ⓦは負荷損を示す．このときの電圧計Ⓥの読みが，インピーダンス電圧である．

❹ 温度試験

配電用６kV 油入変圧器の温度上昇限度（JIS C 4304）

単位 K

変圧器の部分	温度測定方法	温度上昇限度	
		普通紙	耐熱紙
巻　線	抵抗法	55	65
油	温度計法	55	60

練習問題

	問題	イ	ロ	ハ	ニ
1	図のような回路で行う変圧器の試験は. 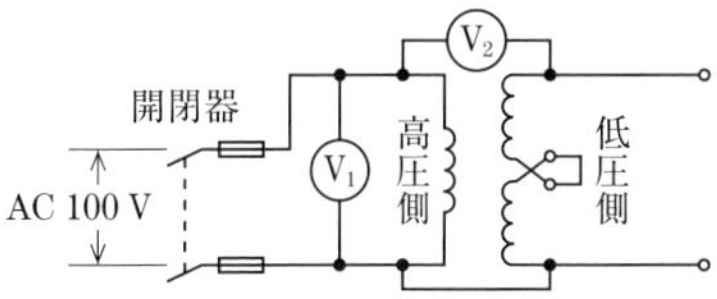 開閉器 AC 100 V V_1 V_2 高圧側 低圧側	イ. 負荷損及びインピーダンス電圧試験	ロ. 変圧比試験	ハ. 極性試験	ニ. 無負荷損試験
2	一次タップ電圧 6 300〔V〕, 二次定格電圧 210〔V〕の単相変圧器に図のような結線で一次側に交流電圧 210〔V〕を加えた場合, 電圧計ⓥの指示値は. ただし, 変圧器は減極性とする. 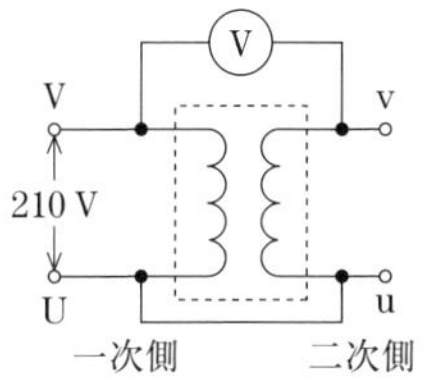 V v U u 210 V 一次側 二次側	イ. 7	ロ. 180	ハ. 203	ニ. 217
3	変圧器のインピーダンス電圧を求める試験方法は.	イ. 無負荷試験	ロ. 短絡試験	ハ. 変圧比試験	ニ. 負荷試験
4	変圧器の鉄損を求めるために行う試験は, 次のどれか.	イ. 短絡試験	ロ. 耐電圧試験	ハ. 無負荷試験	ニ. 温度試験
5	周囲温度 30〔℃〕の場合, 配電用 6 kV 油入変圧器の油の温度〔℃〕は最高何度以下であればよいか. ただし, 絶縁紙は普通紙を用いているものとする.	イ. 35	ロ. 40	ハ. 85	ニ. 130

解答

1. ハ

高圧側に電圧を加えて,

$V_2 < V_1 \quad (V_2 = V_1 - V_3)$

であれば減極性である.

$V_2 > V_1 \quad (V_2 = V_1 + V_3)$

であれば加極性である.

2. ハ

変圧器の二次側の電圧〔V〕は,

$210 \times (210/6\,300) = 7$〔V〕

減極性であるから, 電圧計の指示は, 一次側の電圧から二次側の電圧を減じた値になる.

$V = 210 - 7 = 203$〔V〕

3. ロ

二次側を短絡して, 一次側に電圧を加え, 一次電流が定格値になる電圧をインピーダンス電圧という.

4. ハ

高圧側を開放して, 低圧側に定格電圧を加える. このときの消費電力が無負荷損で, 鉄損を示す.

5. ハ

絶縁紙に普通紙を用いた場合の, 油の温度上昇限度は 55℃である.

油温度＝周囲温度＋温度上昇限度

＝30＋55＝85〔℃〕

テーマ37 三相誘導電動機の特性

ポイント

❶ 三相かご形誘導電動機の構造

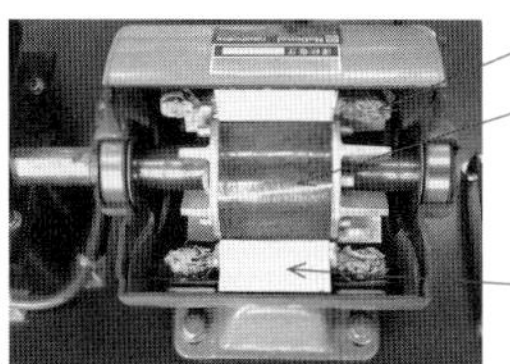

❷ 入力と出力の関係

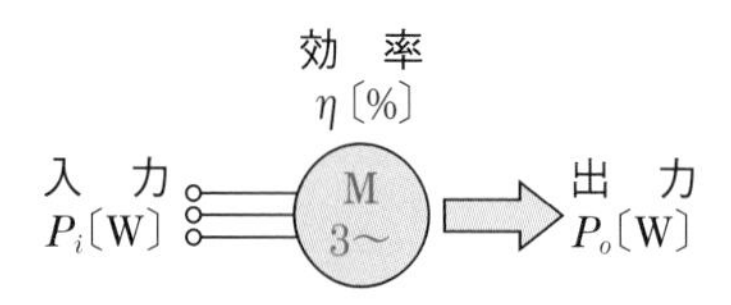

・効　率

$$\eta=\frac{出力}{入力}=\frac{P_o}{P_i}$$

・出　力

$$P_o=P_i\eta$$

$$=\sqrt{3}\,VI\cos\theta\cdot\eta \text{〔W〕}$$

$\cos\theta$：電動機の力率

❸ 回転速度と滑り

・同期速度

$$N_s=\frac{120f}{p}\text{〔min}^{-1}\text{〕}$$

f：電源周波数〔Hz〕

p：極　数

・滑り

$$s=\frac{N_s-N}{N_s}\times 100\text{〔\%〕}$$

・回転速度

$$N=N_s\left(1-\frac{s}{100}\right)\text{〔min}^{-1}\text{〕}$$

❹ 速度特性

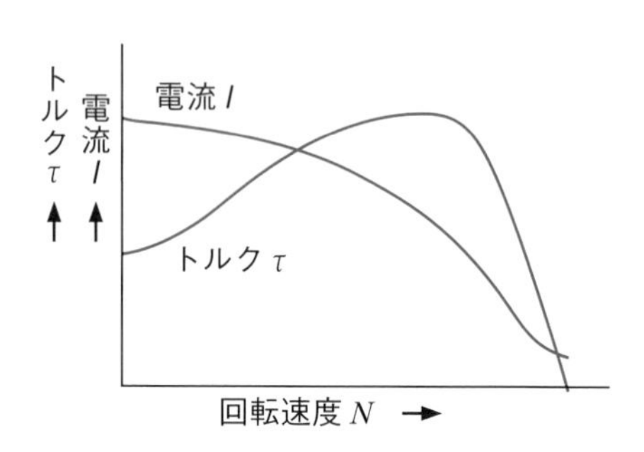

❺ 始動トルク

始動トルク τ_s は，電源電圧 V の2乗に比例する．

$$\tau_s=kV^2\text{〔N·m〕}$$

❻ 欠相運転

運転中に，1線が断線して欠相となると，回転速度が低下し，負荷電流が増加する．

❼ 回転方向の変更

三相誘導電動機の回転方向を変更するには，電源の3線のうち2線を入れ換える．

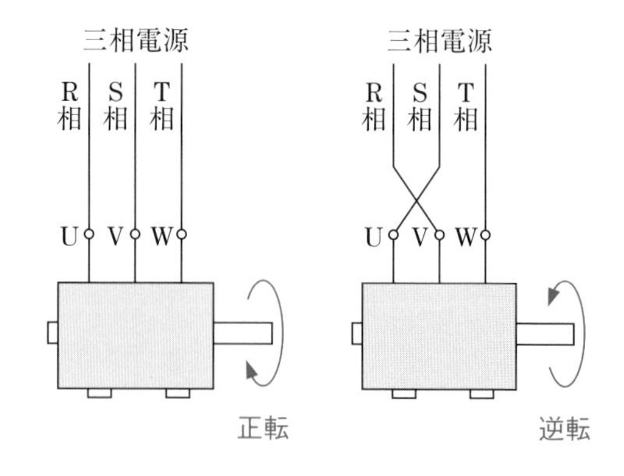

練習問題

1	定格電圧 200〔V〕，定格出力 11〔kW〕の三相誘導電動機の全負荷時における電流〔A〕は．ただし，全負荷時における力率は 80〔%〕，効率は 90〔%〕とする．	イ．23	ロ．36	ハ．44	ニ．81
2	定格出力 22〔kW〕，極数 4 の三相誘導電動機が電源周波数 60〔Hz〕，滑り 5〔%〕で運転されている．このときの 1 分間当たりの回転数は．	イ．1 620	ロ．1 710	ハ．1 800	ニ．1 890
3	6 極の三相かご形誘導電動機があり，その一次周波数がインバータで調整できるようになっている．この電動機が滑り 5〔%〕，回転速度 1 140〔min^{-1}〕で運転されている場合の一次周波数〔Hz〕は．	イ．30	ロ．40	ハ．50	ニ．60
4	図において，一般用低圧三相かご形誘導電動機の回転速度に対するトルク曲線は． 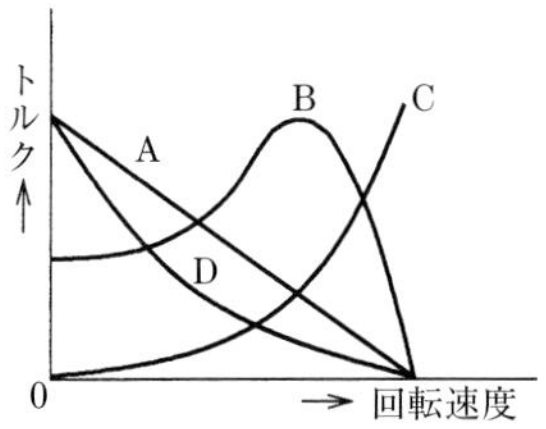	イ．A	ロ．B	ハ．C	ニ．D

解答

1. ハ

$$I=\frac{P_o}{\sqrt{3}\,V\cos\theta\cdot\eta}\ \text{〔A〕}$$

$$=\frac{11\,000}{\sqrt{3}\times200\times0.8\times0.9}\fallingdotseq 44\ \text{〔A〕}$$

2. ロ

極数 4 の三相誘導電動機が，電源周波数 60 Hz で運転したときの同期速度 N_s〔min^{-1}〕は，

$$N_s=\frac{120f}{p}=\frac{120\times60}{4}=1\,800\ \text{〔}\mathrm{min}^{-1}\text{〕}$$

滑り 5 % で運転したときの回転速度 N〔min^{-1}〕は，

$$N=N_s\left(1-\frac{s}{100}\right)=1\,800\times\left(1-\frac{5}{100}\right)$$

$$=1\,800\times(1-0.05)=1\,800-90=1\,710\ \text{〔}\mathrm{min}^{-1}\text{〕}$$

1 分間当たりの回転数は，1 710 である．

3. ニ

同期速度 N_s〔min^{-1}〕は，

$N=N_s\{1-(s/100)\}$ から，

$1\,140=N_s\{1-(5/100)\}=N_s(1-0.05)$

$$N_s=\frac{1\,140}{0.95}=1\,200\ \text{〔}\mathrm{min}^{-1}\text{〕}$$

一次周波数 f〔Hz〕は，

$$N_s=\frac{120f}{p}\ \text{から，}$$

$$f=\frac{pN_s}{120}=\frac{6\times1\,200}{120}=60\ \text{〔Hz〕}$$

4. ロ

トルク曲線は B で，回転速度が 0 のときのトルクが始動トルクである．

テーマ38 三相誘導電動機の始動法

ポイント

❶ 三相かご形誘導電動機の始動法

（1） 全電圧始動法

じか入れ始動法ともいい，始動電流が定格電流の4～8倍程度になる．

（2） スター・デルタ（Y−△）始動法

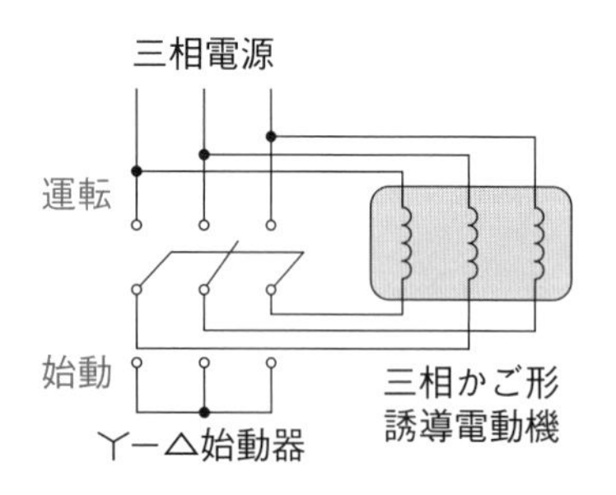

電動機の巻線をY結線にして始動し，回転速度が上昇したら，始動器で△結線に切り換える．

△結線全電圧始動との比較

始動方式	始動電流	始動トルク
△結線全電圧始動	I	τ
Y−△始動	$I/3$	$\tau/3$

（3） 始動補償器法

三相単巻変圧器を用いて，始動時に最も低い電圧端子に接続する．回転速度が上昇するのに伴い，順次電圧の高い端子に切り換え，最後に全電圧を加える．

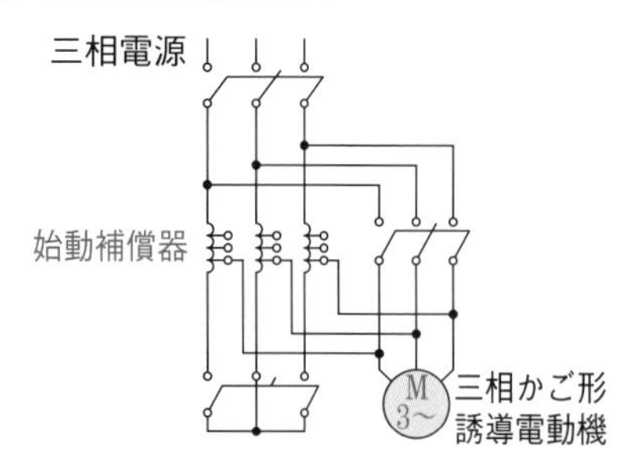

（4） リアクトル始動法

始動時に，電動機と直列にリアクトルを挿入して，始動電流を抑制する．

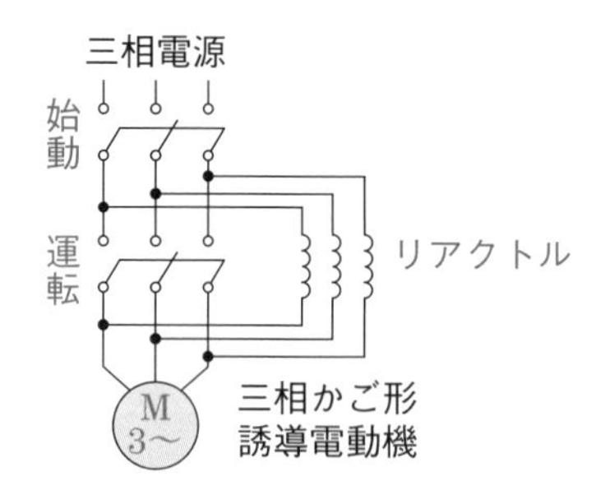

［参考］三相巻線形誘導電動機の始動法

三相巻線形誘導電動機の二次巻線に，始動抵抗器を接続する．

始動時は，抵抗を最大にしておき，回転速度が上昇するに従って，抵抗を順次小さくする．回転速度が十分になったら，スリップリングを短絡にして運転状態にする．

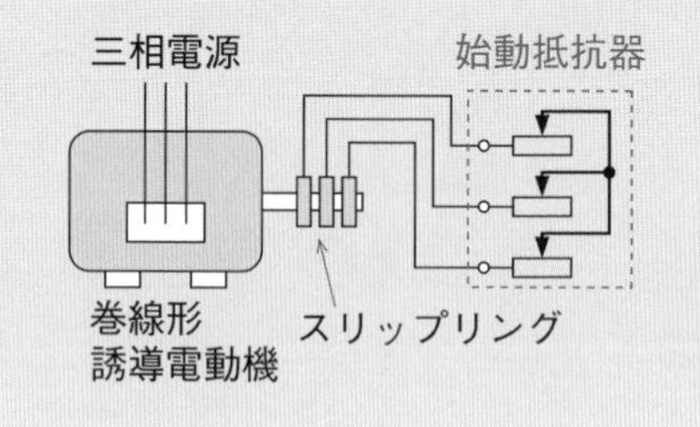

❷ インバータによる速度制御

三相誘導電動機の回転速度は，電源の周波数に比例する．インバータによって電動機の入力の周波数を変えることで，回転速度を制御する．

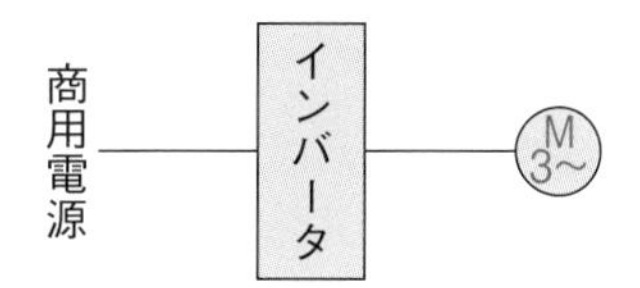

練習問題

	問題	イ.	ロ.	ハ.	ニ.
1	かご形誘導電動機のY—△始動に関する記述として**誤っているものは**.	固定子巻線をY結線にして始動したのち，△結線に切り換える方法である.	始動時には固定子巻線の各相に定格電圧の $1/\sqrt{3}$ 倍の電圧が加わる.	△結線で全電圧始動した場合に比べ，始動時の線電流は1/3に低下する.	始動トルクは△結線で全電圧始動した場合と同じである.
2	三相かご形誘導電動機の始動方法として，**用いられないものは**.	二次抵抗始動	全電圧始動	スター・デルタ始動	リアクトル始動
3	かご形誘導電動機のインバータによる速度制御に関する記述として**正しいものは**.	電動機の入力の周波数を変えることによって速度を制御する.	電動機の入力の周波数を変えずに電圧を変えることによって速度を制御する.	電動機の滑りを変えることによって速度を制御する.	電動機の極数を変えることによって速度を制御する.

解答

1. ニ

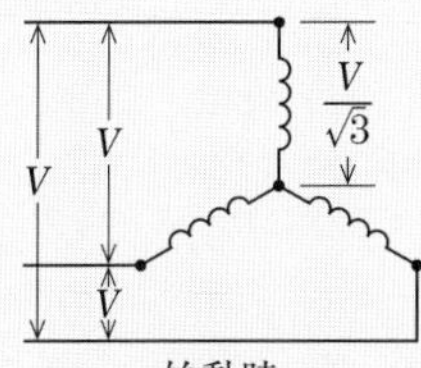

始動時

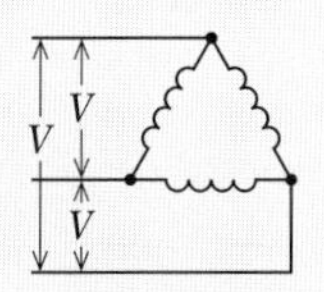

運転時

Y－△始動は，始動時に電動機の巻線をY結線にして電圧を加え，始動電流を抑制する．

回転速度が上昇して電流が減少したら，△結線に切り換えて正常な運転状態にする．

始動時に各相に加わる電圧は，線間電圧の $1/\sqrt{3}$ になる．始動時の線電流は，△結線で始動した場合の1/3に抑制できる．始動トルクは，△結線で始動した場合の1/3に減少する．

2. イ

二次抵抗始動は，三相巻線形誘導電動機の始動方式である．

三相巻線形誘導電動機は，電動機の二次巻線に抵抗を直列に接続して始動する．この始動方式は，始動電流を抑制するとともに，大きな始動トルクを発生させる．

3. イ

インバータは，交流電源の周波数を変えることができる装置である．三相誘導電動機の回転速度は電源の周波数に比例するので，電動機の電源側にインバータを施設して速度制御を行う．

テーマ39 同期機・絶縁材料

ポイント

❶ 三相同期発電機

（1） 構　造

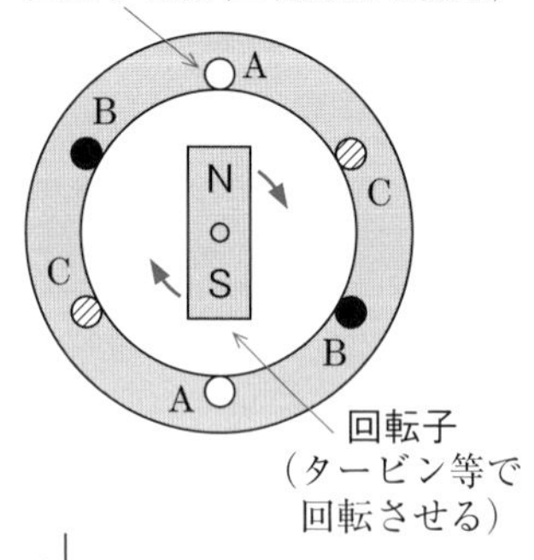

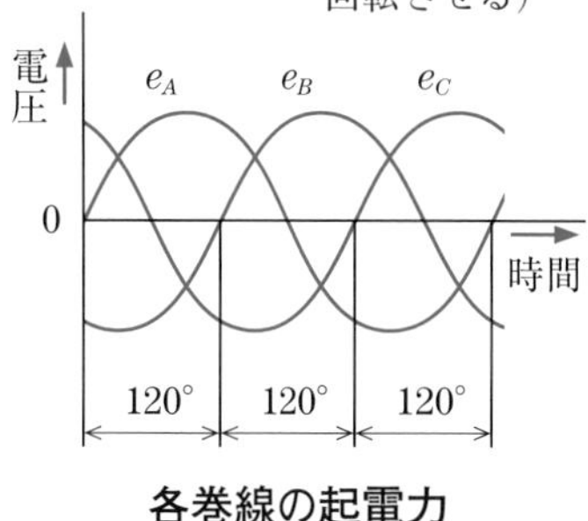

各巻線の起電力

（2） 並行運転の条件

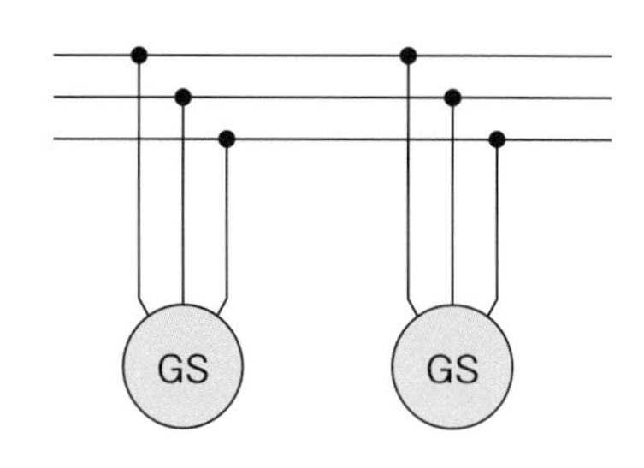

1. 周波数が等しいこと.
2. 起電力の大きさが等しいこと.
3. 起電力の位相が等しいこと.
4. 電圧波形が等しいこと.

❷ 三相同期電動機

（1） 構　造

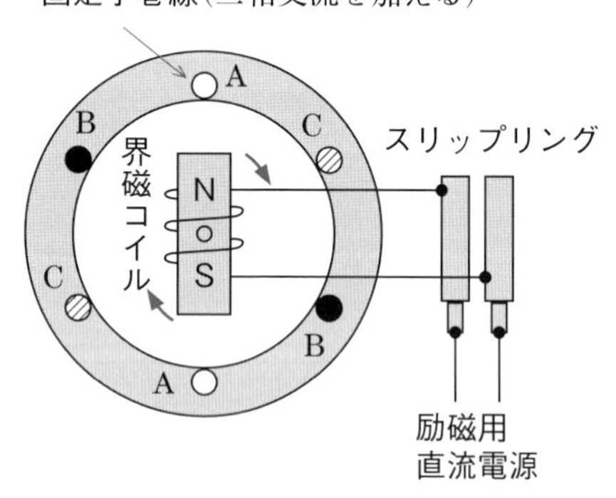

（2） 特　徴

1. 負荷の軽重に関係なく，速度が一定で同期速度で回転する.
2. 界磁電流を調整して，力率100%で運転できる.
3. 界磁電流を大きくすると，進み電流を得ることができる.

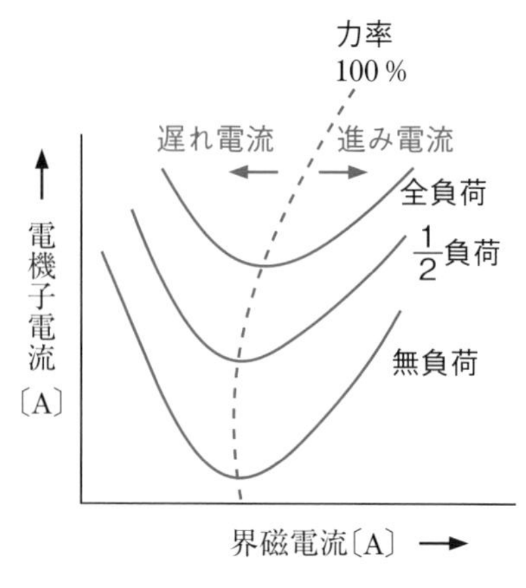

位相特性（V曲線）

❸ 絶縁材料の耐熱クラスと最高連続使用温度

耐熱クラスは，絶縁材料の推奨される最高連続使用温度〔℃〕に等しい.

耐熱クラス〔℃〕	指定文字	表示方法
90	Y	(注) （1） 必要がある場合，指定文字は，例えば，クラス180（H）のように括弧を付けて表示することができる．スペースが狭い銘板のような場合，個別製品規格には，指定文字だけを用いてもよい. （2） 250℃を超える耐熱クラスは，25℃ずつの区切りで増加し，それに応じて指定する.
105	A	
120	E	
130	B	
155	F	
180	H	
200	N	
220	R	
250	—	

練習問題

		イ.	ロ.	ハ.	ニ.
1	三相同期電動機の特性として，**誤っているものは.**	全負荷時の回転速度と無負荷時の回転速度は等しい.	遅れ力率で運転中に界磁電流を増加していけば，力率を100〔%〕にできる.	運転中に界磁コイルが断線すると，三相交流電源の電流が急増する.	遅れ力率で運転中に界磁電流を減少すると電機子電流も減少する.
2	同期発電機を並列運転する条件として，**必要でないものは.**	周波数が等しいこと.	電圧の大きさが等しいこと.	発電容量が等しいこと.	電圧波形が等しいこと.
3	電気機器の絶縁材料として耐熱クラスごとに最高連続使用温度〔℃〕の低いものから高いものの順に左から右に並べたものは.	H，E，Y	Y，E，H	E，Y，H	E，H，Y

解答

1. **ニ**

遅れ力率で運転中に，界磁電流を減少すると，電機子にはさらに大きな遅れ電流が流れる.

無負荷でも全負荷でも同期速度が $N_s=120f/p$ で回転するのが，同期電動機の大きな特徴である．運転中に，界磁コイルが断線すると励磁電流が零になって，電機子に大きな遅れ電流が流れる.

2. **ハ**

発電所にある同期発電機は，数台を共通の母線に電力供給しながら運転されている．並行運転するためには，次の条件が必要である.

（1） 周波数が等しいこと.
（2） 起電力の大きさが等しいこと.
（3） 起電力の位相が等しいこと.
（4） 電圧波形が等しいこと.

3. **ロ**

Y：90℃，E：120℃，H：180℃の順で，最高連続使用温度〔℃〕が高い.

テーマ40 蓄電池・充電方式

ポイント

❶ 鉛蓄電池

(1) 原　理

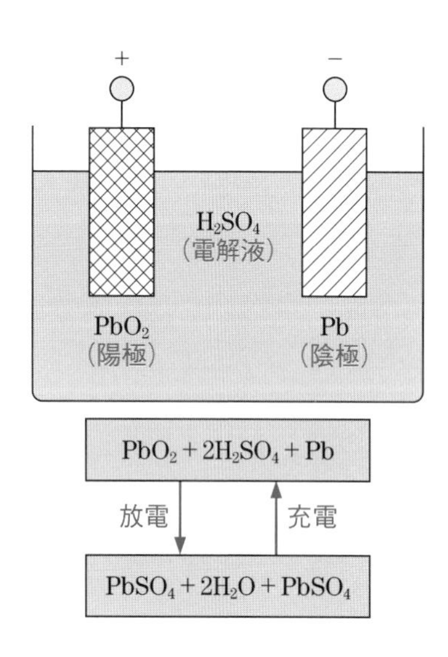

放電を行うと，電解液の希硫酸(H_2SO_4)が水(H_2O)となって，電解液の比重が低下する．

(2) 特　徴

1. 起電力は約2Vである．
2. 電圧変動率が小さい．
3. 開放形は，定期的に蒸留水を補水する必要がある．
4. 制御弁式(シール形)は，補水を必要としない．
5. 過充電・過放電に対して弱い．
6. アルカリ蓄電池より寿命が短い．

❷ アルカリ蓄電池

(1) 原理（ニッケル-カドミウム電池）

陽　極：NiOOH
　（オキシ水酸化ニッケル）
陰　極：Cd（カドミウム）
電解液：KOH（か性カリ水溶液）

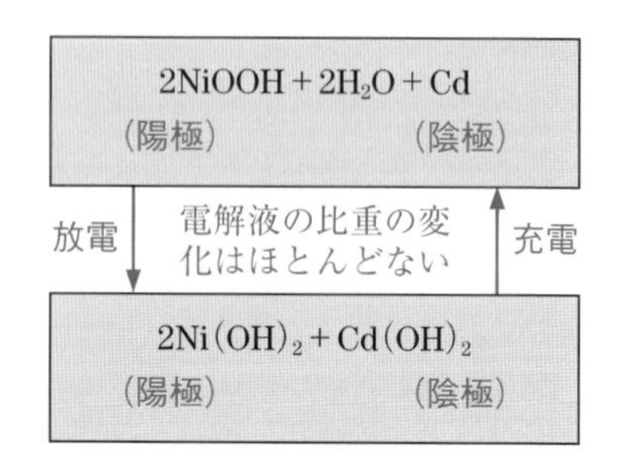

(2) 特　徴

1. 起電力は，約1.2Vである．
2. 小形で密閉化が容易である．
3. 保守が容易で寿命が長い．
4. 過充電・過放電に耐えられる．
5. 自己放電が少ない．
6. 電圧変動率が大きい．

❸ 容　量

完全充電した蓄電池を，一定電流で所定の放電終了電圧まで放電したときの放電量を容量という．一般には，アンペア時容量〔A･h〕が用いられる．

〔A･h〕= 放電電流〔A〕× 放電時間〔h〕

容量は，放電電流によって左右され，放電電流が大きいと小さくなる．

❹ 浮動充電方式

浮動充電方式は，蓄電池が整流器と負荷に対して並列に接続されている．比較的小さい負荷および蓄電池の自己放電を補うのに要する電流を，整流器で常時補給して，蓄電池を完全充電状態にしている．一時的に大負荷がかかると，増加する電流の大部分が蓄電池より補給される．

この方式は，蓄電池および整流器の容量が少なくてすみ経済的である，蓄電池の寿命が長い，操作が簡単であるなどの利点がある．

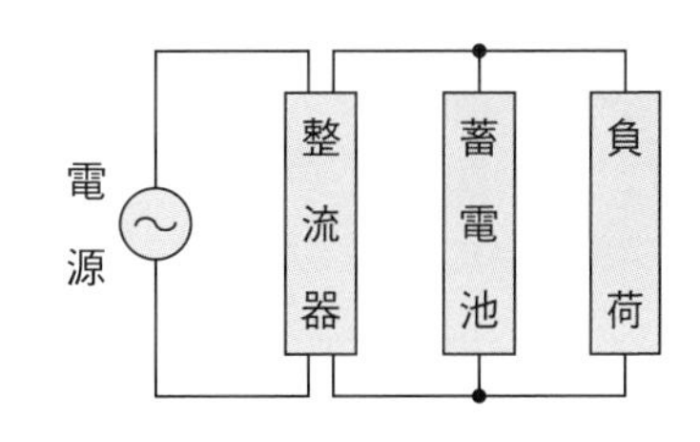

練習問題

1	アルカリ蓄電池に関する記述として，**正しいものは．**	イ．過充電すると電解液はアルカリ性から中性に変化する．	ロ．充放電によって電解液の比重は著しく変化する．	ハ．1セル当たりの公称電圧は鉛蓄電池より低い，	ニ．過放電すると充電が不可能になる．
2	蓄電池に関する記述として，**正しいものは．**	イ．アルカリ蓄電池の放電の程度を知るためには，電解液の比重を測定する．	ロ．鉛蓄電池の電解液は，希硫酸である．	ハ．アルカリ蓄電池は，過放電すると充電が不可能になる．	ニ．単一セルの起電力は，鉛蓄電池よりアルカリ蓄電池の方が高い．
3	浮動充電方式の直流電源装置の構成図として，**正しいものは．**	イ． 電源 整流器 蓄電池 負　荷	ロ． 電源 負　荷 整流器 蓄電池	ハ． 電源 蓄電池 整流器 負　荷	ニ． 電源 整流器 蓄電池 負　荷

解答

1. ハ

アルカリ蓄電池の電解液は，充放電しても比重の変化はごくわずかなので，端子電圧を測定して放電の程度を調べる．また，アルカリ蓄電池は，堅牢で過充電・過放電に耐えられる．

アルカリ蓄電池の起電力は約 1.2 V，鉛蓄電池の起電力は約 2 V で，アルカリ蓄電池の方が低い．

2. ロ

アルカリ蓄電池の放電の状態は，端子電圧を測定してその程度を調べる．アルカリ蓄電池は過放電・過充電に耐えられる．アルカリ蓄電池の起電力は約 1.2 V，鉛蓄電池の起電力は約 2 V でアルカリ蓄電池の方が低い．

鉛蓄電池

アルカリ蓄電池

3. ニ

浮動充電方式は，整流器を蓄電池と負荷に並列に接続して常に電圧を加えている．

テーマ41 整流回路・無停電電源装置

ポイント

❶ 整流回路

(1) 単相半波整流回路

ダイオードはアノードからカソード方向にしか電流を流さない．

アノード　カソード

電流

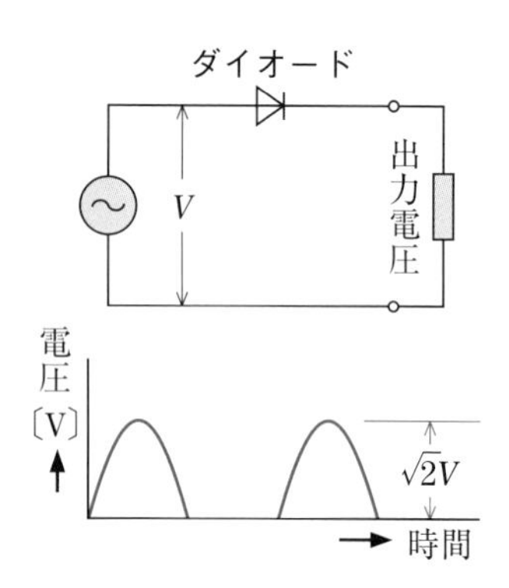

(2) 単相半波整流回路（平滑回路付き）

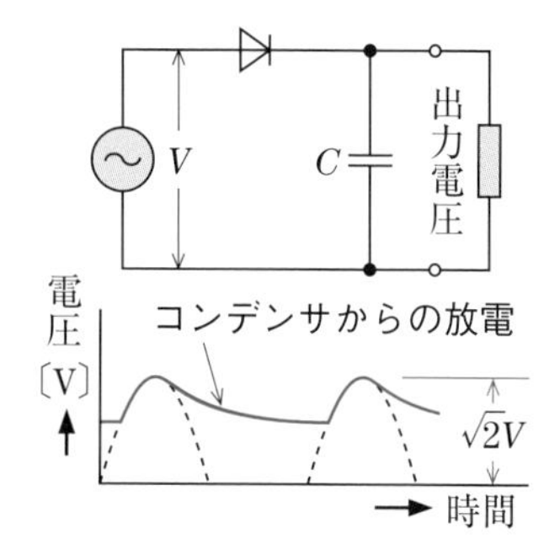

(3) 単相全波整流回路

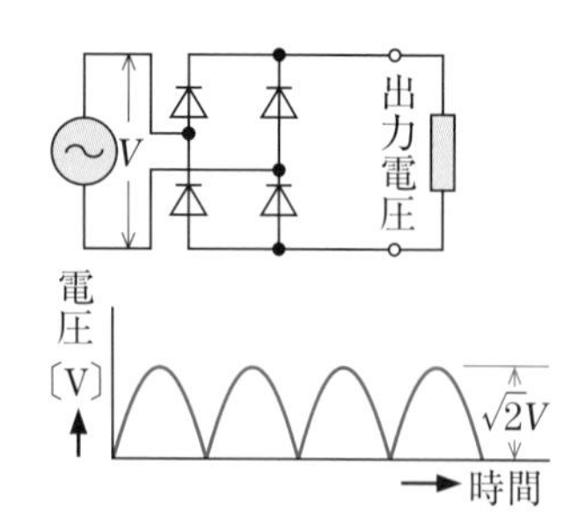

(4) 単相全波整流回路（平滑回路付き）

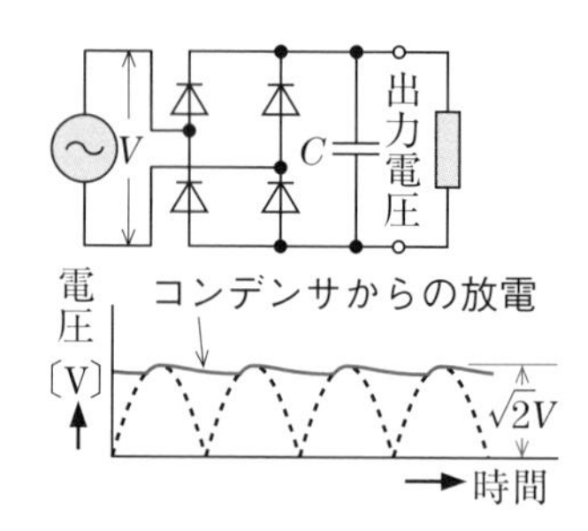

(5) 三相全波整流回路

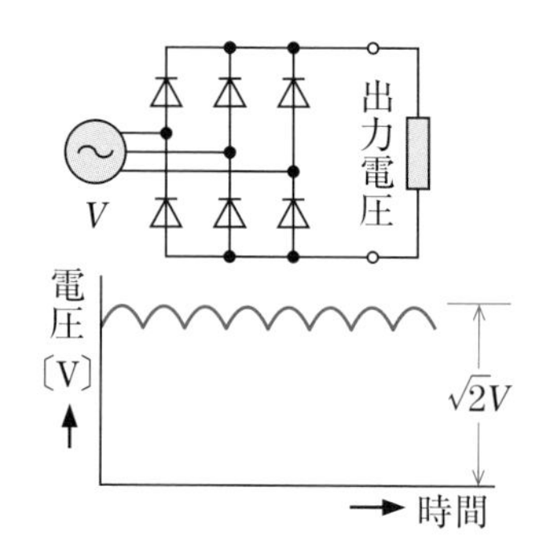

(6) サイリスタ回路

ゲートからカソードに電流を流すことによって，アノードとカソード間を導通させる．

ゲート

アノード　カソード

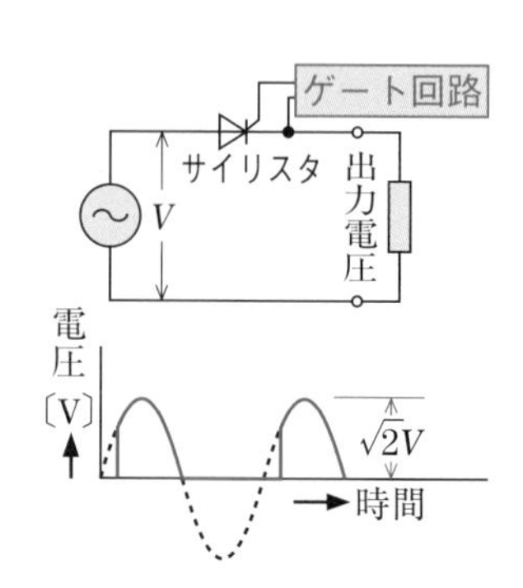

❷ 無停電電源装置

停電等による，コンピュータや制御回路のシステムダウン対策として，無停電電源装置が使用される．

商用交流電源に接続して，交流入力・交流出力のものを UPS 装置（Uninterruptible Power Supply）と呼ぶ．正常時には，整流器・インバータを通して負荷に電源を供給する．停電時には，蓄電池よりインバータを通して負荷に電源を供給する．

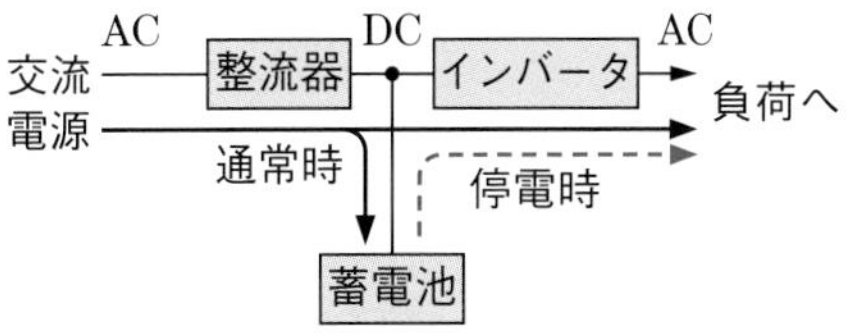

UPS 装置の構成

練習問題

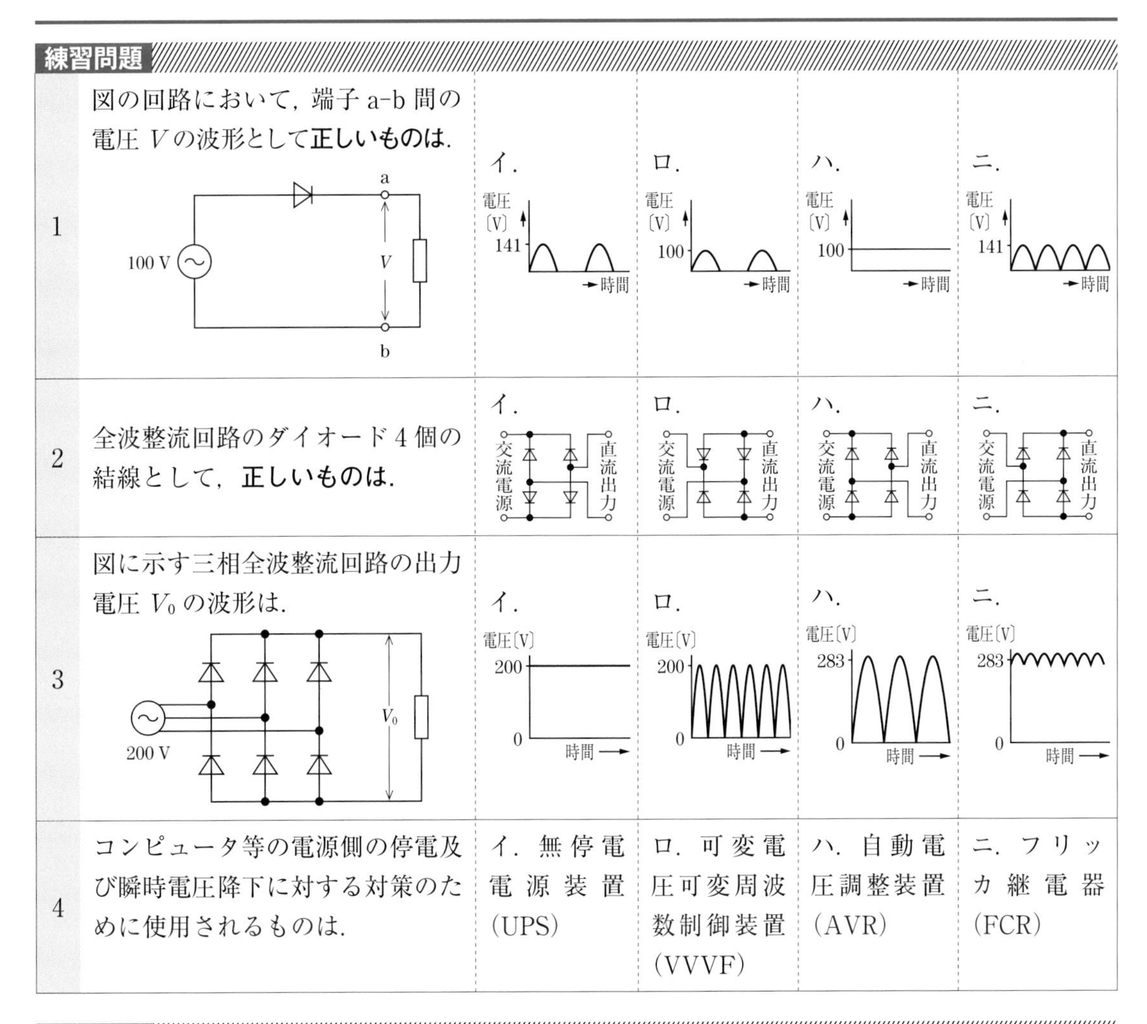

1	図の回路において，端子 a-b 間の電圧 V の波形として**正しいものは**. 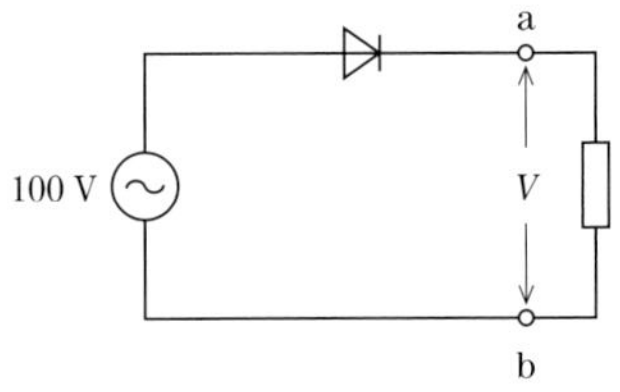 	イ． 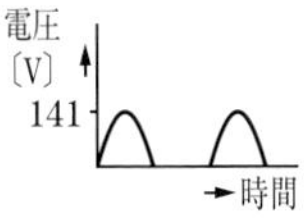 	ロ． 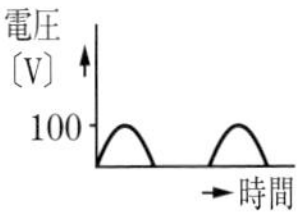 	ハ． 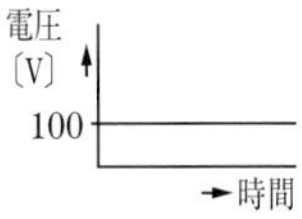 	ニ． 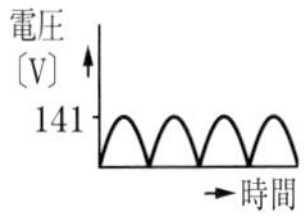
2	全波整流回路のダイオード 4 個の結線として，**正しいものは**.	イ． 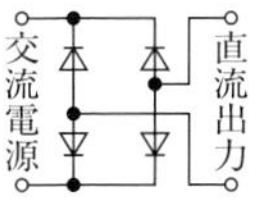 	ロ． 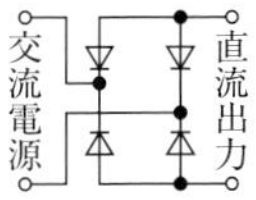 	ハ． 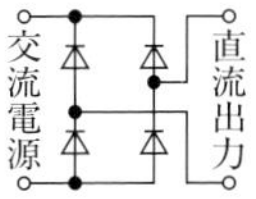 	ニ． 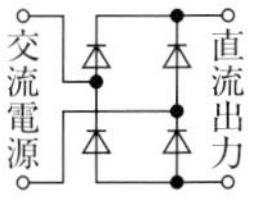
3	図に示す三相全波整流回路の出力電圧 V_0 の波形は. 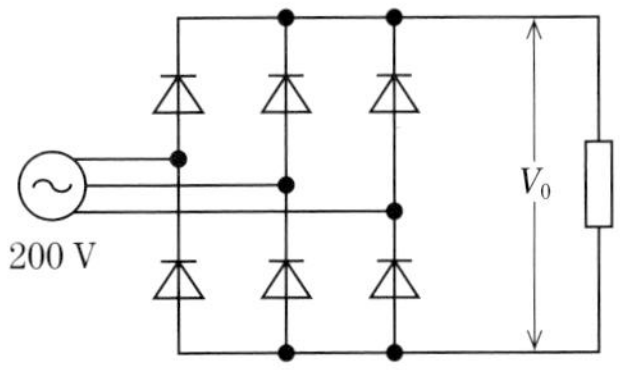 	イ． 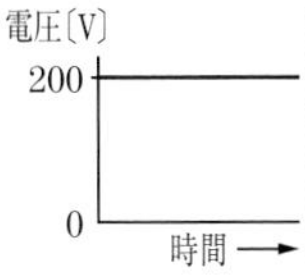 	ロ． 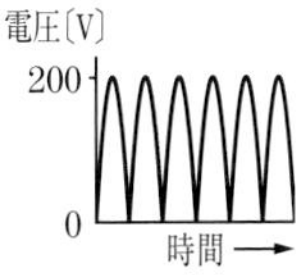 	ハ． 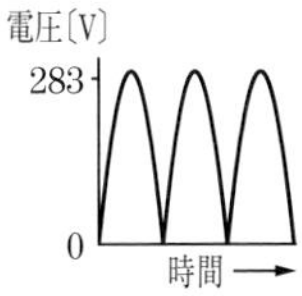 	ニ． 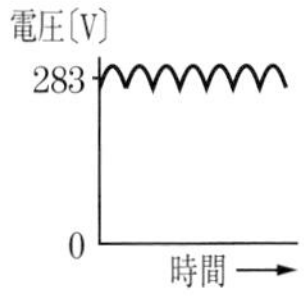
4	コンピュータ等の電源側の停電及び瞬時電圧降下に対する対策のために使用されるものは.	イ．無停電電源装置（UPS）	ロ．可変電圧可変周波数制御装置（VVVF）	ハ．自動電圧調整装置（AVR）	ニ．フリッカ継電器（FCR）

解答

1. **イ**
   半波整流回路で，電圧の最大値〔V〕は，
   $100\times\sqrt{2}\fallingdotseq 141$〔V〕
2. **ニ**
   ダイオードの方向はすべて同じである．
3. **ニ**
   三相全波整流回路の出力波形はニのようになり，最大値は，$\sqrt{2}\times 200\fallingdotseq 283$〔V〕である．
4. **イ**
   可変電圧可変周波数制御装置（VVVF）は，電圧と周波数を変えて，かご形誘導電動機の回転速度を制御するものである．

テーマ42 高圧受電設備の構成

ポイント

❶ 高圧受電設備の構成

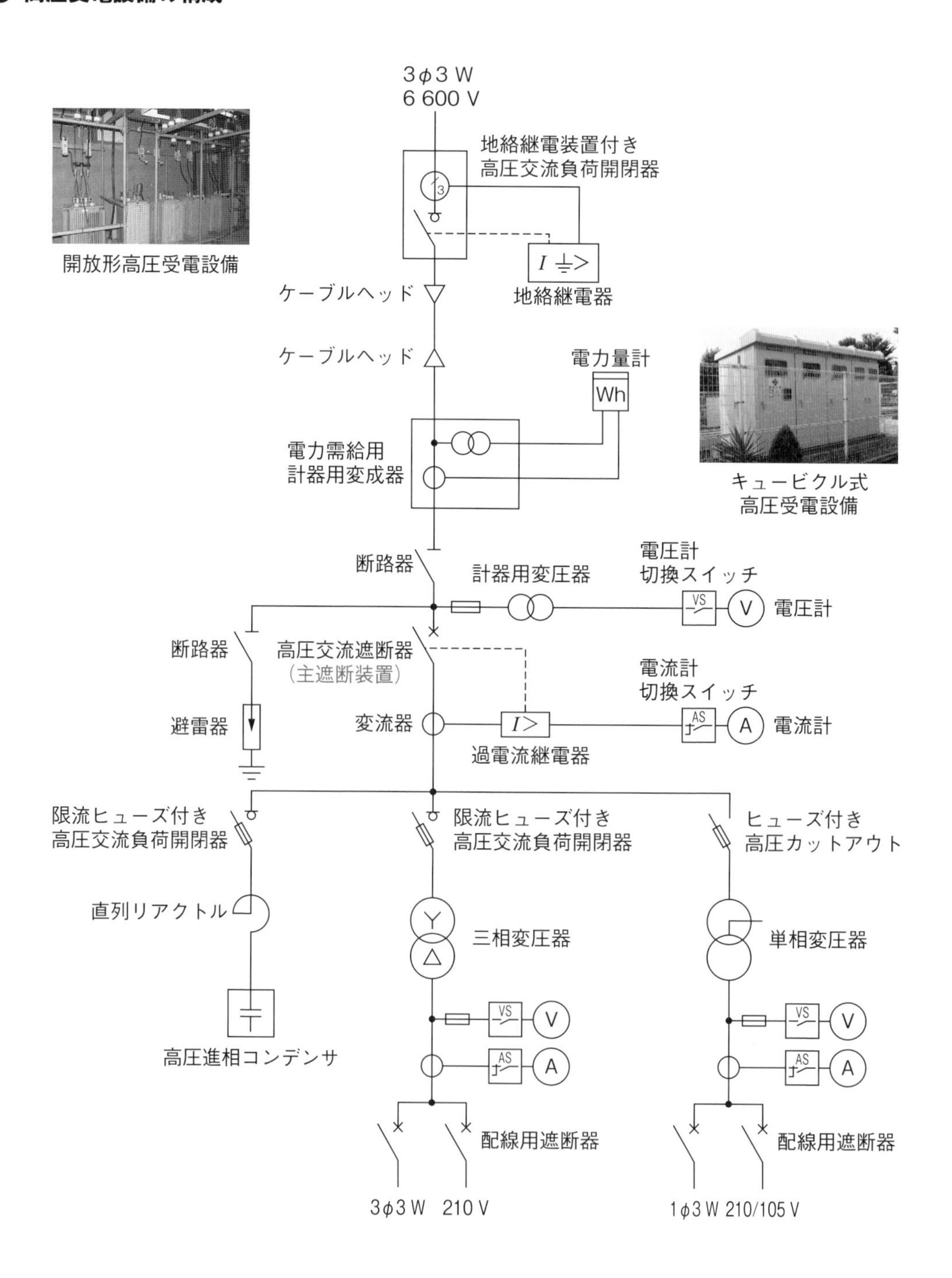

❷ 主要機器の働き

機器	働き
地絡継電装置付き高圧交流負荷開閉器（GR 付 PAS） 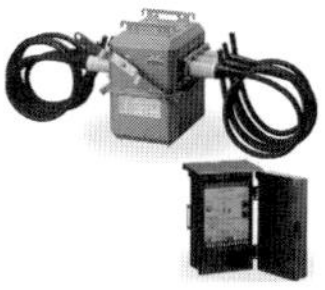	保守点検時に電路を開閉する．地絡事故時には，電路を自動的に開放する．
電力需給用計器用変成器（VCT） 	高圧を低圧に変圧し，大電流を小電流に変流する．電力量計と組み合わせて使用する．
電力量計（Wh） 	電力需給用計器用変成器と組み合わせて，電力の使用量を計量する．
断路器（DS） 	無負荷の状態にして，回路の開閉を行う．
高圧交流遮断器（CB） 	高圧回路の開閉や，過負荷・短絡電流を遮断する．
計器用変圧器（VT） 	6 600 V を 110 V に変圧して，電圧計を振れさせたり表示灯を点灯させたりする．
変流器（CT） 	大きな電流を小さな電流に変流する．過電流継電器を動作させたり電流計を振れさせたりする．
過電流継電器（OCR） 	過電流・短絡時に高圧交流遮断器を動作させて，回路を遮断する．
避雷器（LA） 	落雷時の異常な高電圧が高圧受電設備に侵入した場合に，大地に放電して高圧機器を保護する．
限流ヒューズ付き高圧交流負荷開閉器(LBS) 	負荷電流を流した状態で回路を開閉できる．変圧器や高圧進相コンデンサの開閉器として用いる．
高圧カットアウト(PC) 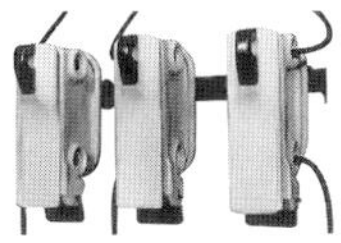	変圧器や高圧進相コンデンサの開閉器として用いる．
変圧器（T） 	6 600 V の高圧を，210 V・105 V の低圧に変圧して，電灯や電動機などの電源にする．
直列リアクトル（SR） 	高調波が高圧進相コンデンサに流れるのを防止する．
高圧進相コンデンサ（SC） 	高圧電路の力率を改善する．

❸ 高圧受電設備の種類

(1)　開放形高圧受電設備

変圧器，遮断器などの高圧機器や配線を，パイプ，形鋼などによって組み立てたフレームに取り付けた形式である．

従来は多く用いられていたが，新設の建物ではほとんど施設されていない．

使用した状態で高圧受電設備内に入って点検することができるが，床面積を多く必要とし，充電部が露出していて危険である．

(2)　キュービクル式高圧受電設備

高圧機器や配線を金属製の箱に収めた形式で，屋外の地上や建物の屋上に施設するのが一般的である．最近では，ほとんどの高圧受電設備はこの形式である．

開放形高圧受電設備に比べて，次のような特徴がある．

1 充電部が接地された金属製の箱に収めてあるので，安全性が高い．

2 据付面積が少ない．

3 工場生産のため製品の信頼性が高い．

4 現地工事が簡単で工期を短縮できる．

❹ 高圧受電設備への引込方式の例

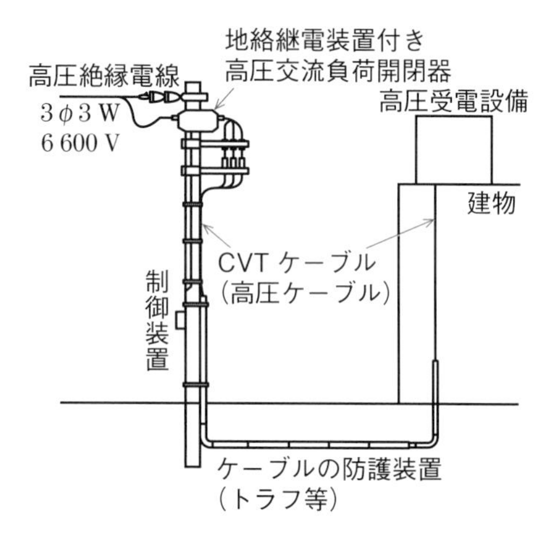

❺ 主な機器の働き

(1)　地絡保護

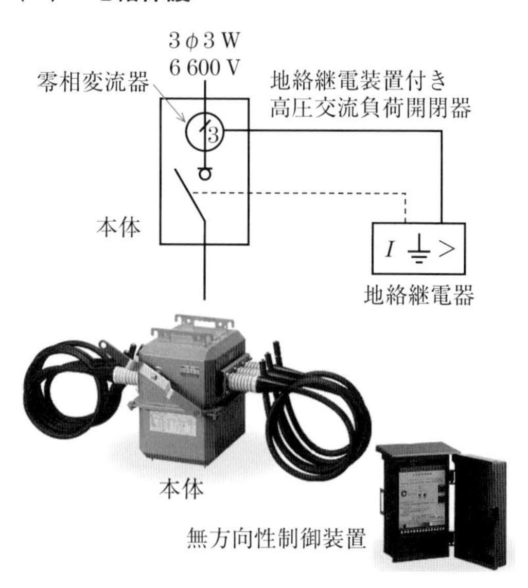

地絡継電装置付き高圧交流負荷開閉器

地絡継電装置付き高圧交流負荷開閉器より負荷側の高圧配線や機器に地絡電流が流れる

と，本体の内部にある零相変流器が地絡電流を検出し，地絡継電器が設定した値以上の電流になると高圧交流負荷開閉器を動作させる．

（2） 過電流・短絡保護

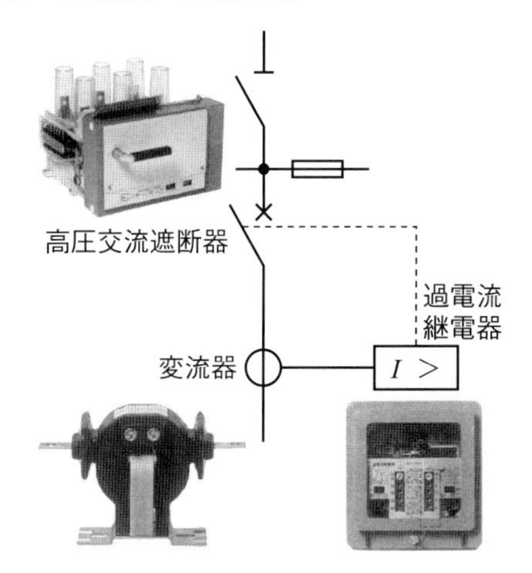

高圧の主回路に過電流や短絡電流が流れると，それに比例した電流が変流器に流れる．変流器から過電流継電器に送られた電流が，過電流継電器で設定した値以上の電流になると高圧交流遮断器を動作させて，高圧回路を遮断する．

（3） 異常電圧からの保護

落雷時の異常な高電圧が高圧受電設備に侵入した場合に，高圧機器が絶縁破壊を起こさないように施設するのが避雷器である．

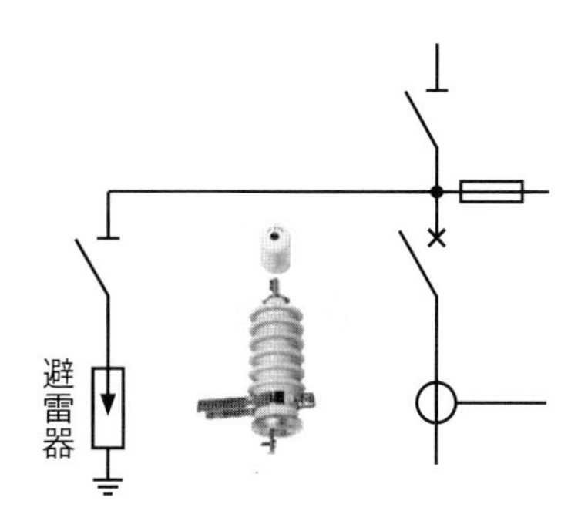

（4） 力率改善・高調波対策

高圧受電設備の高圧側の遅れ無効電力を補償するため，高圧進相コンデンサを施設して力率改善を一括して行う．

高調波（正弦波交流の波形を歪(ひず)ませる）が高圧進相コンデンサに流れると，さらに波形が歪むため，コンデンサの電源側に直列リアクトルを施設して，高調波が侵入するのを防止する．

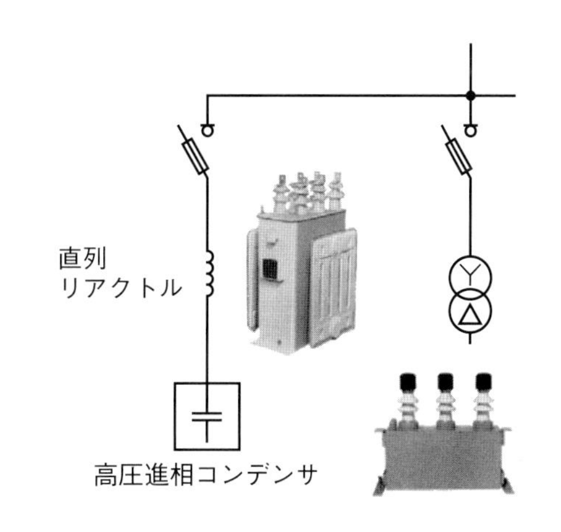

練習問題

1	キュービクル式高圧受電設備の特徴として，**誤っているものは．**	イ．接地された金属製箱内に機器一式が収容されるので，安全性が高い．	ロ．開放形受電設備に比べ，より小さな面積に設置できる．	ハ．開放形受電設備に比べ現地工事が簡単となり工事期間も短縮できる．	ニ．屋外に設置する場合でも，雨等の吹き込みを考慮する必要がない．

解答

1. ニ

キュービクル式高圧受電設備を屋外に施設する場合は，風雨・氷雪による被害を受けるおそれがないように十分注意しなければならない．

テーマ43 高圧受電設備機器（1）

ポイント

❶ 地絡継電装置付き高圧交流負荷開閉器

保安上の責任分界点に区分開閉器として設置し，引込ケーブル等に地絡事故が生じた場合に，自動的に回路を遮断する．

❷ 断路器

断路器は，無負荷の状態で電路を開閉するもので，負荷電流を流した状態で開閉するとアークが発生して危険である．高圧受電設備を点検するときや，修理をするときに確実に回路を切り離す．

❸ 高圧交流遮断器

高圧交流遮断器は，事故時の短絡電流を遮断できる能力があり，過電流継電器と組み合わせて過負荷・短絡保護用に使用される．

最も多く使用されているのは，高真空中で接点の開閉を行う真空遮断器であり，次のような特徴がある．

1. 遮断時間が短い．
2. 小形で軽量である．
3. 火災の心配がない．
4. 寿命が長く，保守が容易である．
5. 遅れ小電流を開閉すると異常電圧を発生する．

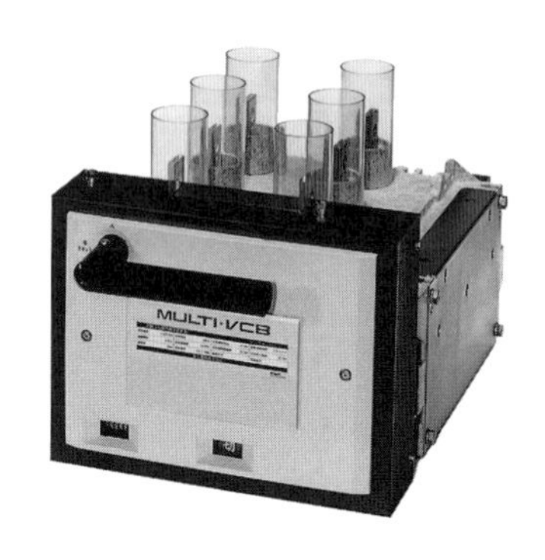

❹ 限流ヒューズ付き高圧交流負荷開閉器

高圧交流負荷開閉器は，負荷電流を開閉する目的で使用されるもので，短絡電流を遮断する能力はない．高圧限流ヒューズと組み合わせて，高圧受電設備の主遮断装置として使用したり，高圧進相コンデンサや変圧器の電源側の開閉器・保護装置として使用する．

❺ 高圧カットアウト

容量の小さい変圧器（300 kV·A 以下）や高圧進相コンデンサ（50 kvar 以下）の開閉器として使用される．内部にヒューズを装着できるようになっている．

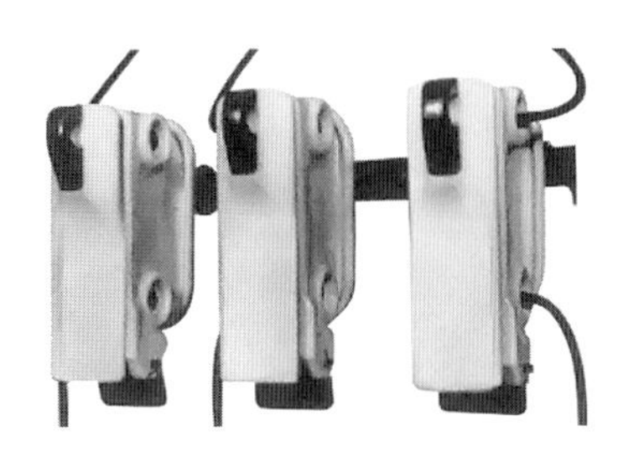

❻ 高圧交流電磁接触器

負荷の開閉に主眼がおかれており，電動機や高圧進相コンデンサ等のように開閉頻度の高い負荷に使用される．

練習問題

	問	イ．	ロ．	ハ．	ニ．
1	架空引込みの自家用高圧受電設備に地絡継電装置付き高圧交流負荷開閉器（GR 付 PAS）を設置する場合の記述として**誤っているものは．**	電気事業用の配電線への波及事故の防止に効果がある．	この開閉器を設置する主な目的は，短絡事故の自動遮断である．	自家用の引込みケーブル等の電路に地絡を生じたとき自動遮断する．	電気事業者と保安上の責任分界点又はこれに近い箇所に施設する．
2	定格設備容量が 50〔kvar〕を超過する高圧進相コンデンサの開閉装置として，**使用できないものは．**	高圧真空遮断器（VCB）	高圧交流負荷開閉器（LBS）	高圧カットアウト（PC）	高圧真空電磁接触器（VMC）
3	高圧開閉器において，高頻度開閉を目的に**使用されるものは．**	高圧負荷開閉器	高圧遮断器	断路器	高圧交流電磁接触器

解答

1. **ロ**

地絡継電装置付き高圧交流負荷開閉器は，短絡電流を遮断することはできない．引込ケーブル等の電路に地絡を生じたとき自動遮断して，配電線への波及事故を防止できる．

2. **ハ**

高圧カットアウト（PC）は，50 kvar を超過する高圧進相コンデンサの開閉装置として，使用することができない．

3. **ニ**

高頻度開閉を目的に使用されるものは，高圧交流電磁接触器である．他は，高圧機器の点検や異常時に開閉するものである．

テーマ44 高圧受電設備機器（2）

ポイント

❶ 電力ヒューズの種類

限流形	アーク電圧を高め，短絡電流を限流抑制して遮断を行う．
非限流形	アークに消弧ガスを吹き付けて遮断を行う．

❷ 高圧限流ヒューズ

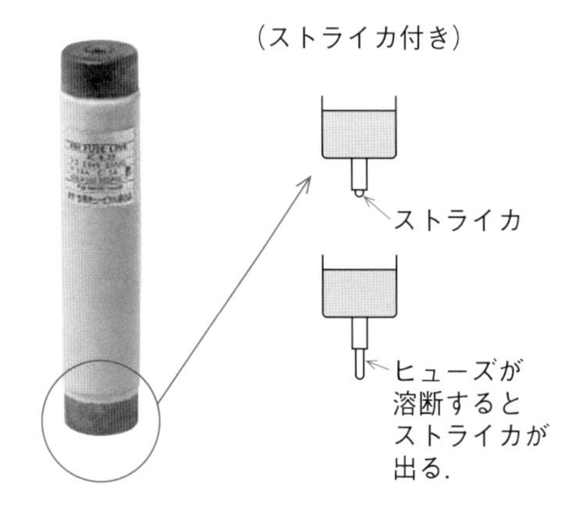

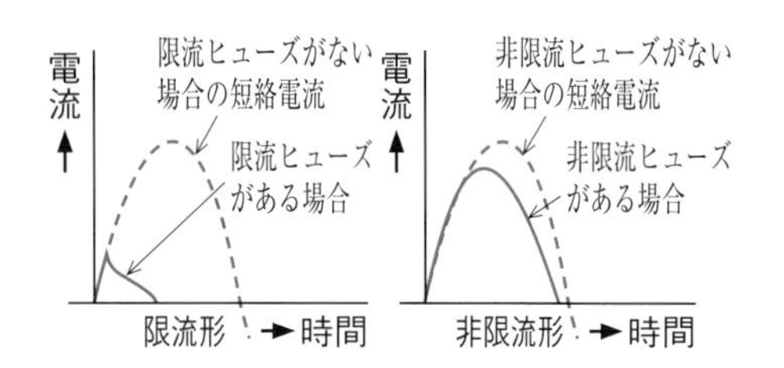

（1） 特　徴

・短絡電流を小さく抑制する．
・小形・軽量で遮断容量が大きい．
（定格遮断電流は，20 kA，40 kA 等がある）
・密閉されていて，アークガスの放出がない．

（2） 種　類

ヒューズの種類	用　　途
T 種	変圧器用
M 種	電動機用
C 種	コンデンサ用
G 種	一般用

（3） 許容特性（許容時間-電流特性）

定電流を所定回数繰り返しても溶断しない，限界時間を表す．

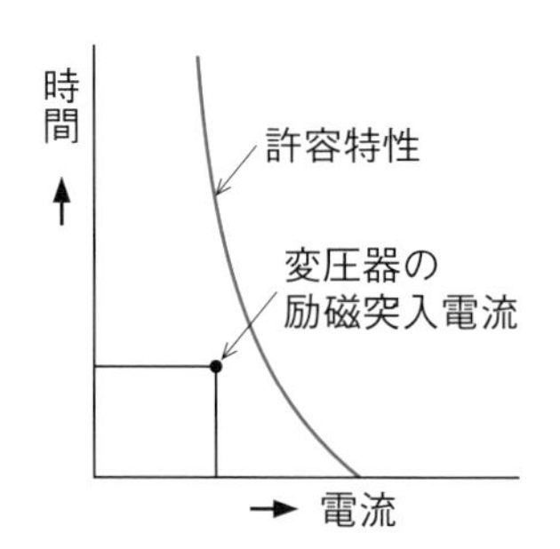

定格電流を選定する場合，変圧器の励磁突入電流やコンデンサの突入電流が許容特性（許容時間-電流特性）より下になるようにする．

❸ 高圧電路に単体で用いる包装ヒューズの特性

定格電流の 1.3 倍の電流に耐え，かつ，2 倍の電流で 120 分以内に溶断すること．

練習問題

1	高圧限流ヒューズの溶断特性による種類で，特に用途を定めていないものに表示される記号は.	イ．T	ロ．M	ハ．T/M	ニ．G
2	限流ヒューズとその負荷側の保護機器の保護協調について，限流ヒューズが通常時に不要動作しないように検討するために用いる限流ヒューズの特性曲線は.	イ． 溶断特性（溶断時間-電流特性）	ロ． 遮断（動作）特性（動作時間-電流特性）	ハ． 許容特性（許容時間-電流特性）	ニ． 限流特性
3	図のA点は，変圧器の励磁突入電流とその継続時間について示したものである．変圧器の励磁突入電流を考慮した一次側保護用電力ヒューズの選定として**適切なものは**. ただし，図中の——は電力ヒューズの遮断特性，-----は電力ヒューズの許容特性（許容時間-電流特性）とする.	イ．	ロ．	ハ．	ニ．
4	電気設備技術基準の解釈において，高圧電路に過電流遮断器として単体で施設する包装ヒューズの特性は.	イ． 定格電流の1.1倍の電流に耐え，2倍の電流で60分以内に溶断すること.	ロ． 定格電流の1.25倍の電流に耐え，2倍の電流で2分以内に溶断すること.	ハ． 定格電流の1.3倍の電流に耐え，2倍の電流で120分以内に溶断すること.	ニ． 定格電流の1.6倍の電流に耐え，2倍の電流で240分以内に溶断すること.

解答

1. ニ

JIS C 4606で，一般用はGと定められている.

2. ハ

限流ヒューズは，負荷の入り切りによる過渡突入電流の流入を繰り返すことにより，ヒューズエレメントが疲労劣化し，溶断することがある.

許容特性（許容時間-電流特性）は，定電流を所定回数繰り返して通電しても溶断しない限界の時間を示すものである．保護する機器が不要動作を起こさないようにするためには，変圧器の励磁突入電流やコンデンサの突入電流を，許容特性（許容時間-電流特性）より小さい値になるように選定する.

3. イ

変圧器の場合は，開閉器を投入すると，大きな励磁突入電流が流れる．電力ヒューズに繰り返して励磁突入電流を入り切りすると，ヒューズエレメントが伸縮して疲労劣化し溶断することがある．これを防ぐには，A点が電力ヒューズの許容特性（許容時間-電流特性）より下になるようにしなければならない.

4. ハ

高圧電路に単独で使用される包装ヒューズの規格は，定格電流の1.3倍の電流に耐え，かつ，2倍の電流で120分以内に溶断するものであることと定められている.

テーマ45 高圧受電設備機器（3）

ポイント

❶ 避雷器

雷その他の異常で過大な電圧が加わった場合に，大地に電流を流して過大電圧が機器等に加わるのを制限する働きがある．過大電圧が過ぎ去ったら，電路を元の状態に回復する．

高圧架空電線路から供給を受ける受電電力の容量が500 kW以上の需要場所の引込口には避雷器を施設しなければならない．

❷ 零相変流器

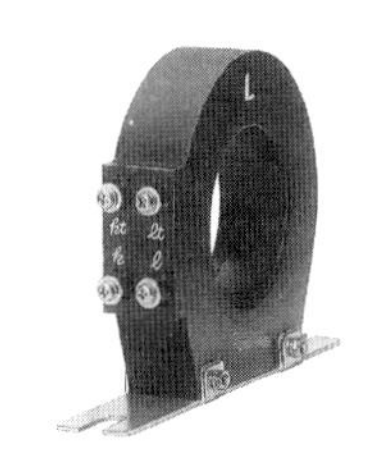

地絡電流を検出するものである．

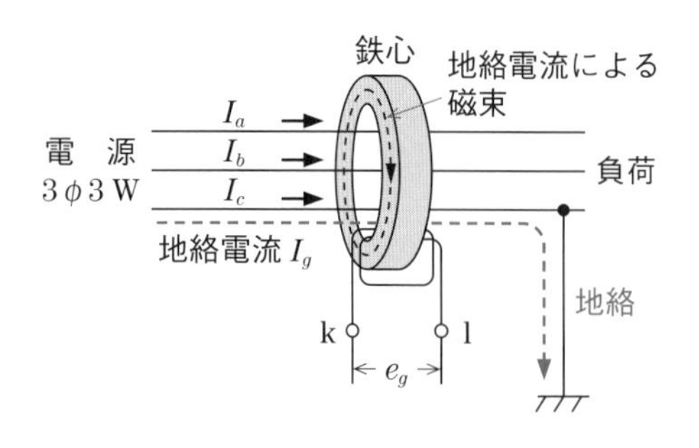

正常時は $\dot{I}_a+\dot{I}_b+\dot{I}_c=0$ で，零相変流器の端子k･l間には電圧は出ない．負荷側に地絡電流が流れると，地絡電流 I_g によって電圧 e_g を発生して，地絡電流を検出できる．

❸ 地絡継電装置

地絡継電装置付き高圧交流負荷開閉器は，高圧交流負荷開閉器本体に零相変流器を内蔵し，無方向性制御装置に地絡継電器が内蔵されている．高圧引込ケーブル等に地絡事故が生じると，地絡継電器が働いて，高圧交流負荷開閉器のトリップコイル(引き外しコイル)に電流を流して地絡電流を遮断する．

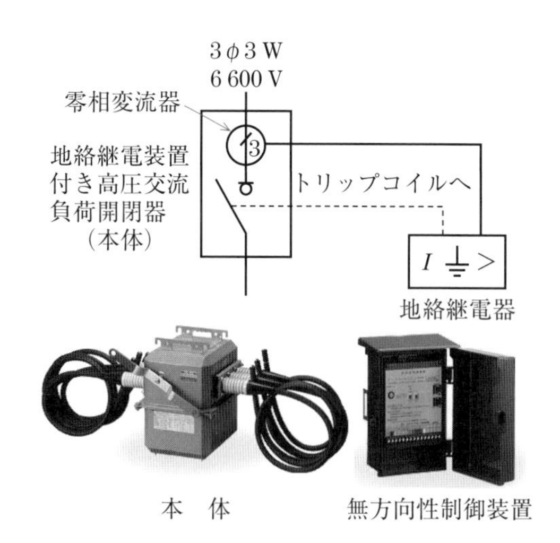

需要家構内の高圧ケーブルが長いと対地静電容量が大きくなり，構外の事故によっても零相変流器が充電電流を検出して地絡継電器(非方向性地絡継電器)が不必要動作する．

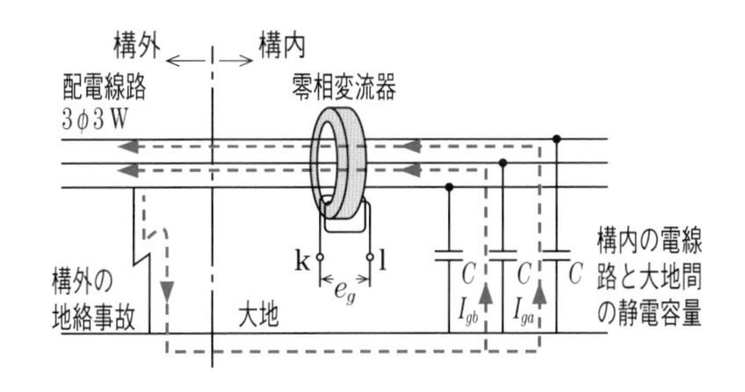

このような場合には，構内の地絡事故の時だけ動作する地絡方向継電装置付き高圧交流負荷開閉器を使用する．零相電圧と零相電流を検出し，その位相差によって，構内の事故か構外の事故かを判別して動作する．

練習問題

1	高圧電路に施設する避雷器に関する記述として，**誤っているものは**．	イ．高圧架空電線路から電気の供給を受ける受電電力500 kW 以上の需要場所の引込口に施設した．	ロ．雷電流により，避雷器内部の限流ヒューズが溶断し，電気設備を保護した．	ハ．避雷器にはA種接地工事を施した．	ニ．近年では酸化亜鉛（ZnO）素子を利用したものが主流となっている．
2	零相変流器と組み合わせて使用する継電器の種類は．	イ．過電圧継電器	ロ．地絡継電器	ハ．過電流継電器	ニ．差動継電器
3	高圧受電設備の非方向性地絡継電装置が，電源側の地絡事故によって不必要な動作をするおそれがあるものは． ただし，答の欄の需要家設備とは受電点に取り付けたZCTの負荷側をいう．	イ．事故点の地絡抵抗が高い場合	ロ．需要家構内のB種接地工事の接地抵抗が低い場合	ハ．需要家構内の電路の対地静電容量が小さい場合	ニ．需要家構内の電路の対地静電容量が大きい場合

解答

1. ロ

避雷器の内部には，限流ヒューズは内蔵されていない．避雷器の内部には，酸化亜鉛（ZnO）素子を内蔵したものが一般的になっている．酸化亜鉛素子は，印加電圧が小さい場合は絶縁体として働き，雷のような大きい電圧が加わると導体として働く性質がある．

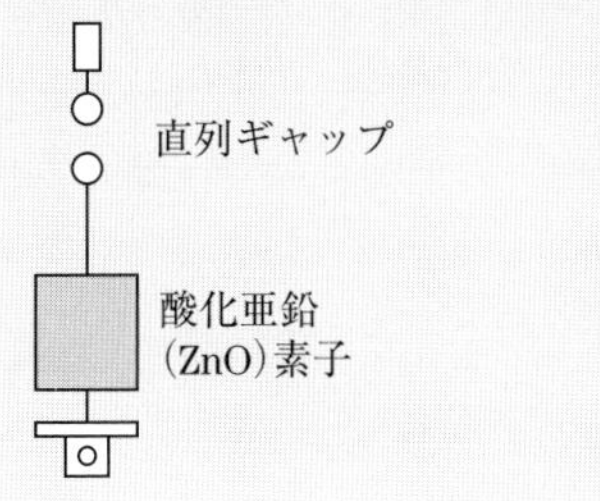

2. ロ

零相変流器と地絡継電器を組み合わせて，地絡保護を行う，

3. ニ

需要家構内の電路の対地静電容量が大きいと，構外の地絡事故でも零相変流器に充電電流が流れて，非方向性地絡継電装置が不必要動作を起こす．構内のケーブル配線が長いと，対地静電容量が大きくなり，地絡方向継電装置を設置して，不必要動作を防止する．ZCTは，零相変流器のことである．

テーマ46 高圧受電設備機器（4）

ポイント

❶ 変流器

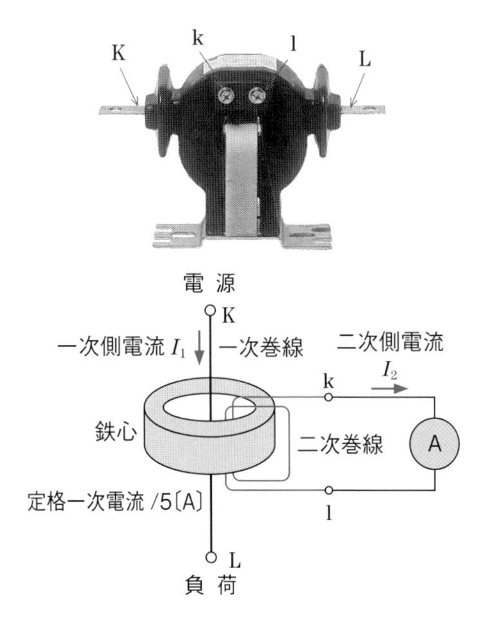

変流器は，大きな電流を小さな電流に変流するものである．

一次側に電流を流した状態で，二次側を開放してはならない．開放すると鉄心が磁気飽和して過熱したり，二次側に高電圧を誘起して絶縁破壊を起こしたりする．

定格電流は，次のように表す．

定格一次電流/定格二次電流〔A〕

二次側の定格電流は5Aであり，一次側の電流を I_1〔A〕，二次側の電流を I_2〔A〕とすると，次のようになる．

$$\frac{I_1}{I_2}=\frac{\text{定格一次電流}}{5}$$

❷ 過電流継電器

変流器と組み合わせて，高圧電路に過電流・短絡電流が流れた場合に，遮断器を動作させて遮断する．電流タップとタイムレバーがあり，動作電流と動作時間を調整できるようになっている．

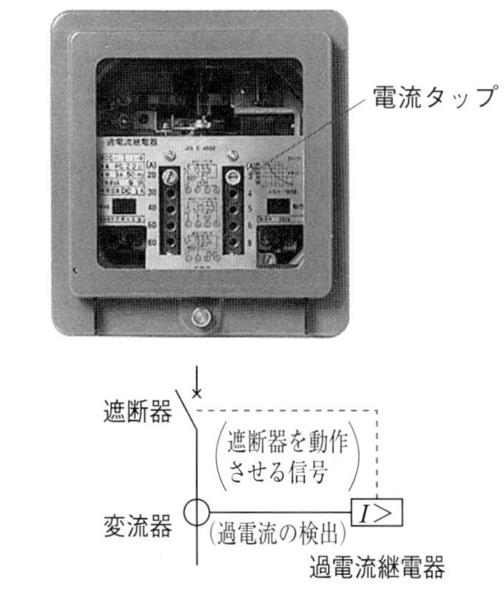

・**動作電流の設定**

電流タップの整定値〔A〕を変えることにより，動作する電流の値を設定できる．

・**動作時間の設定**

動作時間は，タイムレバー0～10の目盛に比例する．

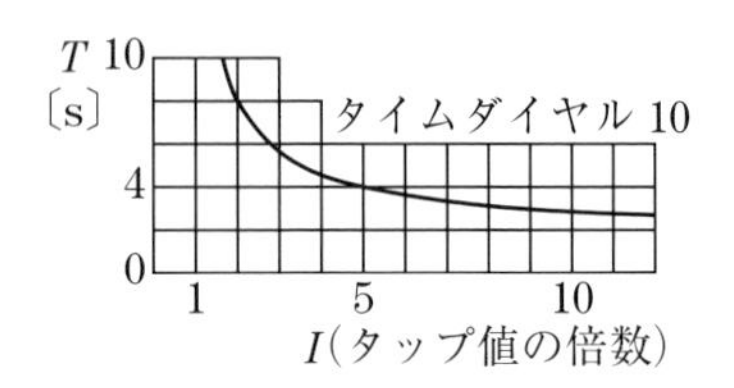

限時特性の例

練習問題

1	図のように，変圧比が 6 300/210〔V〕の単相変圧器の二次側に抵抗負荷が接続され，その負荷電流は 300〔A〕であった．このとき，変圧器の一次側に設置された変流器の二次側に流れる電流 I〔A〕は．ただし変流器の変流比は 20/5〔A〕とし，負荷抵抗以外のインピーダンスは無視する． 1φ2W 6 300V 電源 20/5A 6 300/210V 300A 抵抗負荷 I〔A〕 A	イ．2.5	ロ．2.8	ハ．3.0	ニ．3.2
2	高圧受電設備の短絡保護装置として，**適切な組合せは．**	イ．過電流継電器 高圧気中負荷開閉器	ロ．地絡継電器 高圧真空遮断器	ハ．過電流継電器 高圧真空遮断器	ニ．不足電圧継電器 高圧気中負荷開閉器
3	高圧母線に取り付けられた，通電中の変流器の二次側回路に接続された電流計を取り外す場合，手順として**適切なものは．**	イ．電流計を取り外した後，変流器の二次側を短絡する．	ロ．変流器の二次側端子の一方を接地した後，電流計を取り外す．	ハ．電流計を取り外した後，変流器の二次側端子の一方を接地する．	ニ．変流器の二次側を短絡した後，電流計を取り外す．

解答

1．**イ**

変圧器の一次側に流れる電流 I_1〔A〕は，

$6\,300 \times I_1 = 210 \times 300$

$I_1 = \frac{210}{6\,300} \times 300 = 10$〔A〕

変流器の二次側に流れる電流 I〔A〕は，変流比が 20/5〔A〕であることから，

$\frac{I_1}{I} = \frac{20}{5} = 4$

$I = \frac{I_1}{4} = \frac{10}{4} = 2.5$〔A〕

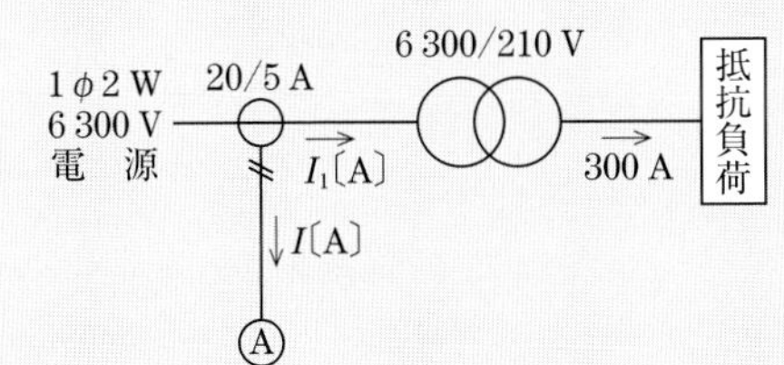

2．**ハ**

変流器と過電流継電器によって短絡事故を検出し，高圧真空遮断器のトリップコイルに電流を流して遮断器を動作させる．

短絡電流を遮断できるのは遮断器である．負荷開閉器は，通常の負荷電流は開閉できるが，短絡電流は遮断できない．

3．**ニ**

通電中の変流器の二次側は，開放状態にしてならない．

テーマ47 高圧受電設備機器(5)・高調波対策

ポイント

❶ 高圧進相コンデンサ

高圧受電設備内において，高圧電路と並列に接続して力率を改善する．

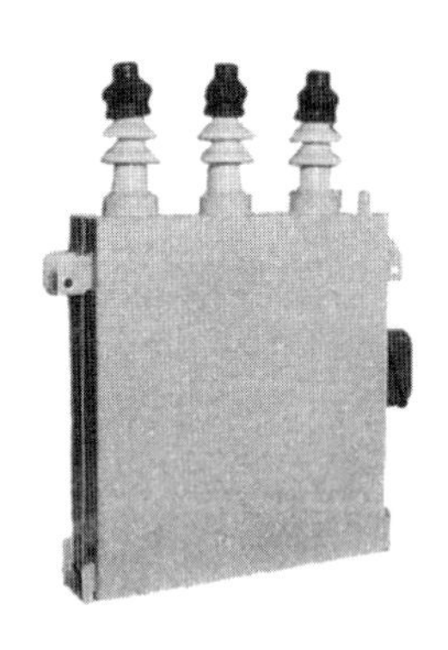

❷ 直列リアクトル

高圧進相コンデンサと直列に接続して，コンデンサの高調波電流及び投入時の突入電流を抑制する．容量はコンデンサ容量の6％又は13％が標準である．

❸ 高調波対策

(1) 高調波

基本波の整数倍の周波数の交流を高調波といい，基本波の5倍の周波数のものを第5高調波，7倍の周波数のものを第7高調波という．

インバータや整流装置などは，第5高調波や第7高調波等の入力電流が流れ，基本波の電流と重ね合わさって，歪(ひず)んだ波形の電流となる．

大きな高調波電流が流れると，電線等に生ずる電圧降下によって，電圧も歪んだ波形となり，次のような高調波障害が発生する．

- 高圧進相コンデンサは，過熱により，絶縁劣化や寿命が短縮される．
- 電動機は，過熱，振動などが生じ，絶縁劣化や寿命が短縮される．

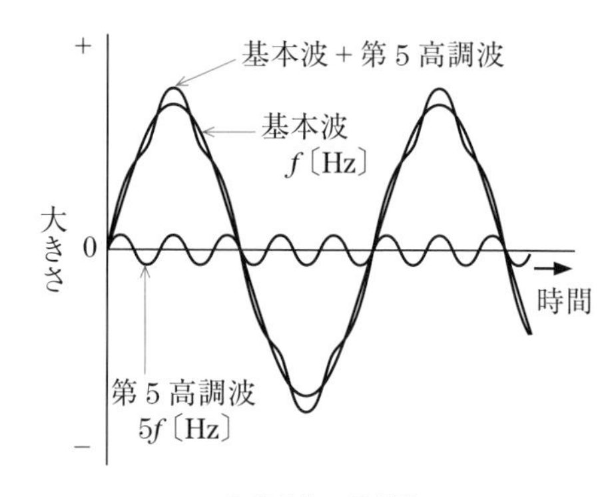

高調波の影響

(2) 高調波発生源

大容量のインバータや整流装置などを使用した機器等が多量の高調波を発生する．

- インバータ，整流器
- 無停電電源装置（UPS）
- アーク炉，高周波誘導炉

(3) 高調波対策設備

高調波を低減する装置には，交流フィルタ，アクティブフィルタなどがある．

交流フィルタ(*LC*フィルタ)は，コンデンサとリアクトルで高調波電流を吸収するフィルタ装置である.

アクティブフィルタは，発生源と逆位相の高調波を発生させて高調波を打ち消す装置である.

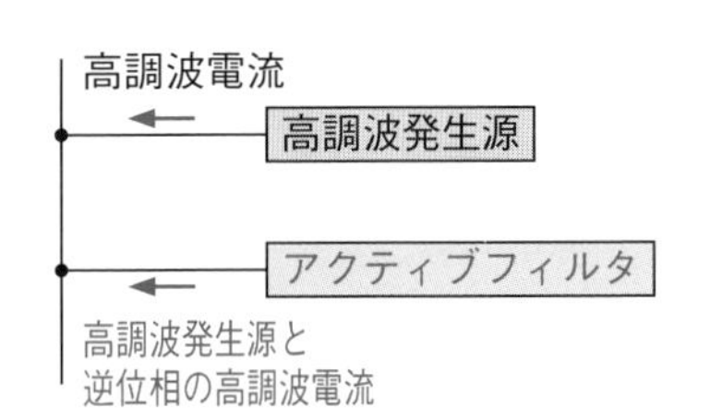

練習問題

		イ.	ロ.	ハ.	ニ.
1	高調波の発生源とならないものは.	交流アーク炉	半波整流器	動力制御用インバータ	進相コンデンサ
2	高圧進相コンデンサに直列リアクトルを接続する目的として，**正しいものは**.	軽負荷時に高圧電路の負荷電流が進み位相とならないようにする.	コンデンサの残留電荷を急激に放電する.	商用周波数の変化に対して，コンデンサ容量を一定にする.	コンデンサの高調波電流及び投入時の突入電流を抑制する.
3	高調波抑制対策に使用する機器は.	アーク炉	調光器	交流フィルタ	整流器
4	高調波に関する記述として，**誤っているものは**.	整流器やアーク炉は高調波の発生源にならないので，高調波抑制対策は不要である.	高調波は，進相コンデンサや発電機に過熱などの影響を与えることがある.	進相コンデンサには高調波対策として，直列リアクトルを設置することが望ましい.	電力系統の電圧，電流に含まれる高調波は，第5次，第7次などの比較的周波数の低い成分が大半である.

解答

1. ニ

高調波を発生するものは，インバータや整流器等のように半導体を用いた機器や電気炉，圧延機，溶接機等の大きく負荷が変動する機器である．進相コンデンサは，高調波の発生源にならない.

2. ニ

直列リアクトルは，コンデンサに流れる第5高調波等を抑制したり，コンデンサ投入時の突入電流を抑制する働きがある.

3. ハ

アーク炉，調光器，整流器は，高調波の発生源となる機器である．交流フィルタは，コンデンサとリアクトルで，負荷から発生した高調波電流を吸収する装置である.

4. イ

整流器やアーク炉は高調波の発生源であり，*LC*フィルタ(交流フィルタ)やアクティブフィルタを設置するなどの高調波抑制対策が必要である.

テーマ48 主遮断装置・保護協調

ポイント

❶ 主遮断装置の形式

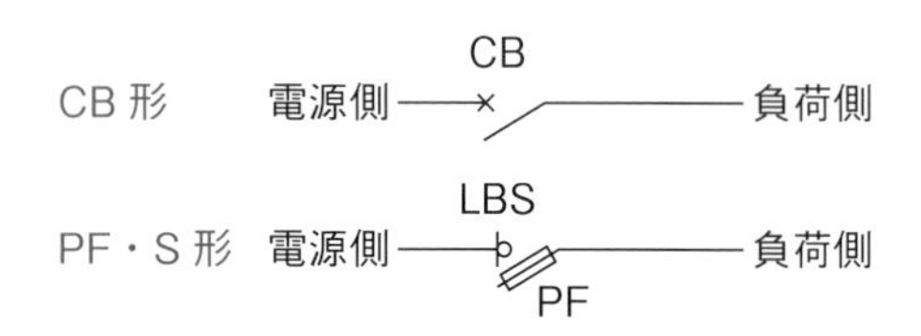

（1） CB形

主遮断装置として，高圧交流遮断器(CB)を用い，過電流継電器，地絡継電器と組み合わせて，過負荷，短絡，地絡事故の保護を行う．

（2） PF・S形

限流ヒューズ(PF)と高圧交流負荷開閉器(LBS)を組み合わせたものである．引外し装置付きの負荷開閉器を使用して，地絡継電装置と組み合わせて地絡保護ができ，短絡保護は限流ヒューズで行う．

PF･S形は，次の条件に適合するものでなければならない．

1 相間および側面には，絶縁バリアが取り付けてあるものであること．

2 ストライカによる引外し方式のものであること．

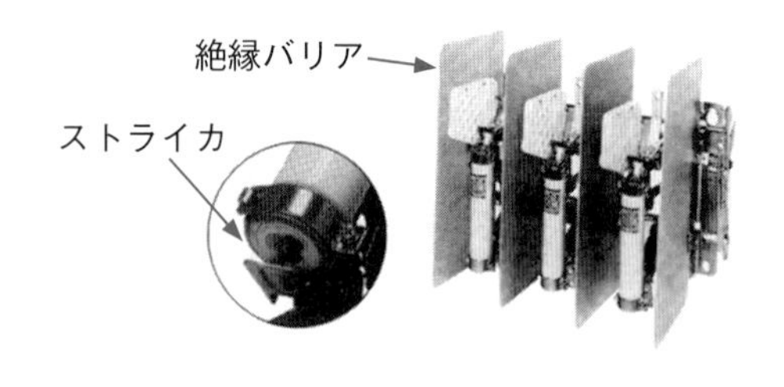

❷ 受電設備容量の制限

受電設備方式 ＼ 主遮断装置の形式			CB形	PF･S形
箱に収めない	屋外式	屋上式	使用しない	150 kV･A
		柱上式		100 kV･A
		地上式		150 kV･A
	屋内式			300 kV･A
箱に収める	キュービクル（JIS C 4620に適合するもの）		4 000 kV･A	300 kV･A
	上記以外のもの（JIS C 4620に準ずるもの又はJEM 1425に準ずるもの）			300 kV･A

空欄は，容量の制限がないことを示す．

❸ 保護協調

需要家の主遮断装置は，短絡・地絡事故時に波及事故を起こさないように，配電用変電所と保護協調を取る必要がある．

・**過電流保護協調**

保護装置の動作時間を，負荷に近いものほど短く設定する．

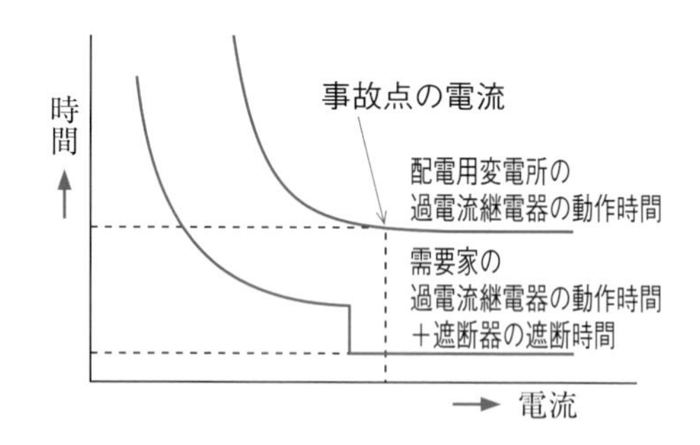

・**地絡保護協調**

受電点の地絡継電器の電流整定値を配電用変電所より小さく，動作時間を速くする．

練習問題

1	PF·S 形キュービクル式高圧受電設備に関する記述として，**不適切なものは**.	イ. 最大電力 500 kW の需要設備に施設することができる.	ロ. 主遮断装置として使用する限流ヒューズは，ストライカ付のものを使用する.	ハ. 主遮断装置の電源側は，短絡接地器具などで確実に接地できる構造とする.	ニ. 主遮断装置は，限流ヒューズと高圧交流負荷開閉器を組み合わせたものである.
2	CB 形高圧受電設備と配電用変電所の過電流継電器との保護協調がとれているものは. ただし，図中の①の曲線は，配電用変電所の過電流継電器動作特性を示し，②の曲線は，高圧受電設備の過電流継電器動作特性 ＋CB の遮断特性を示す.	イ. 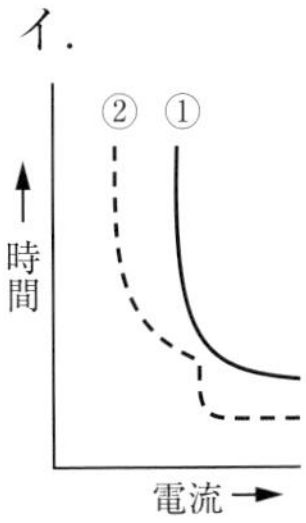	ロ. 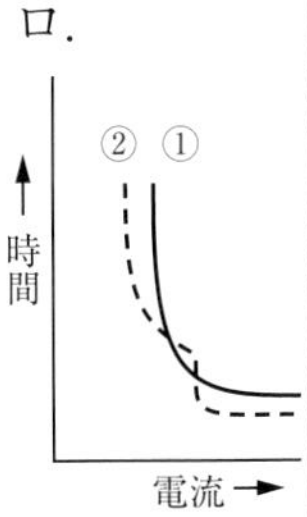	ハ. 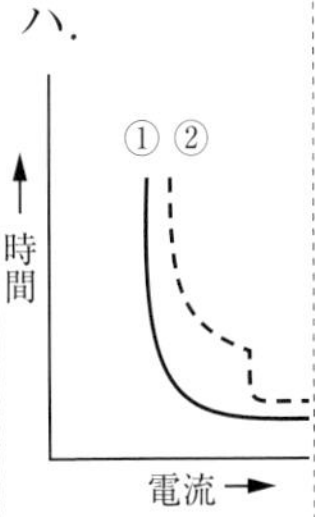	ニ. 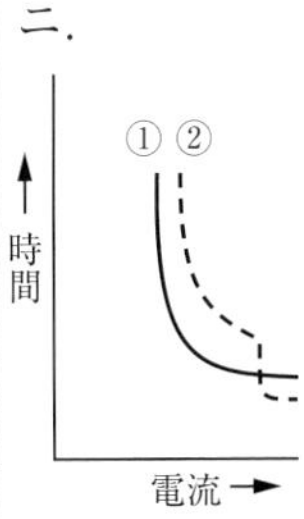
3	図のような，配電用変電所から引き出された高圧配電線に接続する高圧受電設備内の×印の事故点で事故が発生した場合，保護協調上最も望ましいものは. 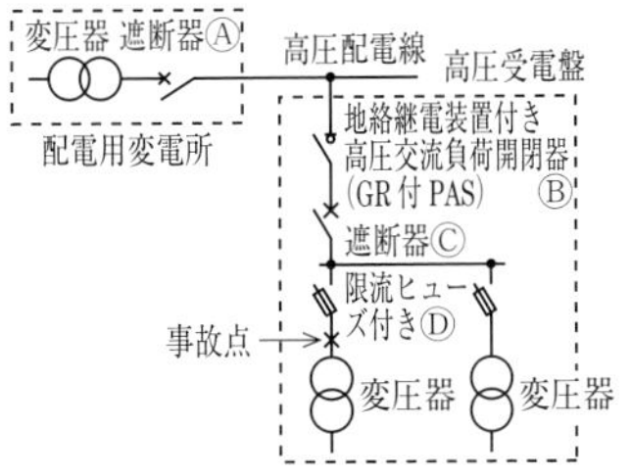	イ. ×印の事故点で地絡事故が発生したとき，遮断器Ⓐが動作した.	ロ. ×印の事故点で地絡事故が発生したとき，遮断器Ⓐと GR 付 PAS Ⓑが同時に動作した.	ハ. ×印の事故点で短絡事故が発生したとき，遮断器Ⓒが動作した.	ニ. ×印の事故点で短絡事故が発生したとき，限流ヒューズⒹが動作した.

解答

1. **イ**

PF·S 形キュービクル式高圧受電設備では，受電設備容量が 300 kV·A 以下に制限されている.

2. **イ**

事故時に停電が他に波及しないように，いかなる場合にも負荷側に近い高圧受電設備の遮断器が先に動作するようにしなければならない. ロとニでは，事故時の電流の大きさによっては配電用変電所の過電流継電器が先に動作してしまう.

ハでは，常に配電用変電所の過電流継電器が先に動作して，保護協調はとれていない.

3. **ニ**

保護協調の基本は，事故時の停電の範囲ができるだけ少なくなるように，事故点に最も近い電源側の保護装置を先に動作させることである.

変圧器の電源側で短絡事故が発生したら，その部分に最も近い限流ヒューズⒹだけ動作することが最も望ましい.

テーマ49 三相短絡電流・遮断容量

ポイント

❶ 三相短絡電流・遮断容量の計算

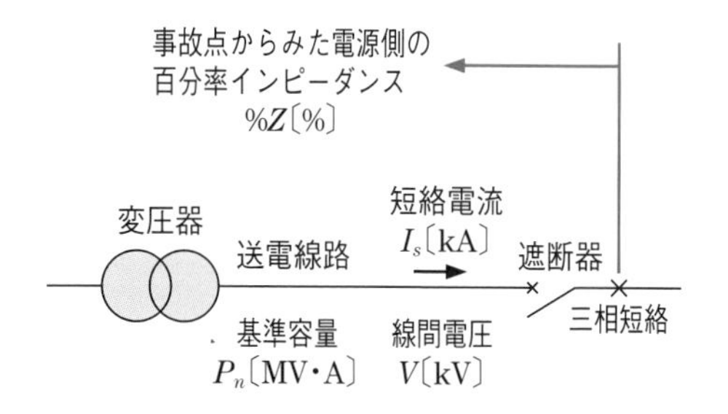

・三相短絡容量

$P_s = \sqrt{3}\,VI_s$〔MV・A〕

$P_s = \dfrac{P_n}{\%Z} \times 100$〔MV・A〕

・三相短絡電流

$I_s = \dfrac{P_s}{\sqrt{3}\,V}$〔kA〕

P_n：基準容量〔MV・A〕

$\%Z$：百分率インピーダンス〔%〕

V：線間電圧〔kV〕

❷ %Zの合成

（1） 基準容量が等しい場合

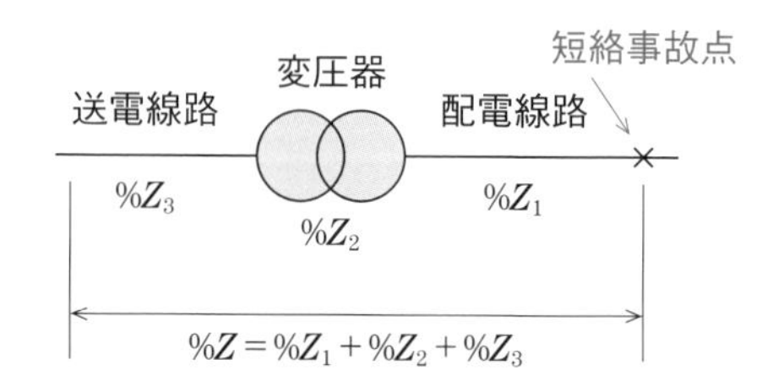

（2） 基準容量が異なる場合

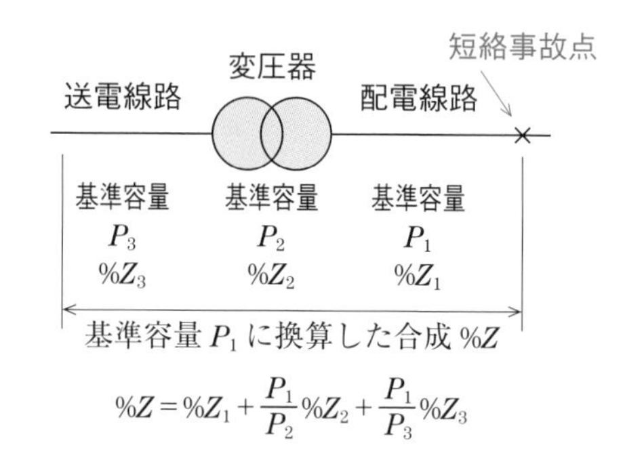

$$\%Z = \%Z_1 + \frac{P_1}{P_2}\%Z_2 + \frac{P_1}{P_3}\%Z_3$$

❸ 高圧交流遮断器の定格遮断容量

$P_{CB} = \sqrt{3} \times$ 定格電圧〔kV〕

× 定格遮断電流〔kA〕〔MV・A〕

（定格遮断電流≧三相短絡電流）

練習問題

	問題	イ	ロ	ハ	ニ
1	線間電圧 V〔kV〕の配電系統において，受電点からみた電源側の合成百分率インピーダンスが Z〔%〕（10〔MV・A〕基準）であった．受電点における三相短絡電流〔kA〕を示す式は．	イ．$\dfrac{100}{\sqrt{3}\,VZ}$	ロ．$\dfrac{100\sqrt{3}}{VZ}$	ハ．$\dfrac{100}{VZ}$	ニ．$\dfrac{1\,000}{\sqrt{3}\,VZ}$

2	受電電圧 6 600〔V〕の高圧受電設備の受電点における三相短絡容量が 66〔MV·A〕であるとき，同地点での三相短絡電流〔kA〕は．	イ．5.8	ロ．10.0	ハ．14.1	ニ．20.0
3	出力 10〔MV・A〕，百分率インピーダンス 7〔%〕の変圧器から合成百分率インピーダンス 3〔%〕（10〔MV・A〕基準）の線路で供給される需要家の受電用遮断器の遮断容量の最小値〔MV・A〕は． （図：10 MV・A $\%Z_t=7\%$　$\%Z_l=3\%$　受電用遮断器）	イ．70	ロ．100	ハ．210	ニ．300
4	高圧受電設備の受電用遮断器の遮断容量を決定する場合に，**必要なものは**．	イ．電気事業者との契約電力	ロ．受電用変圧器の容量	ハ．受電点の三相短絡電流	ニ．最大負荷電流
5	公称電圧 6.6〔kV〕，周波数 50〔Hz〕の高圧受電設備に使用する高圧交流遮断器（定格電圧 7.2〔kV〕，定格遮断電流 12.5〔kA〕，定格電流 600〔A〕）の遮断容量〔MV・A〕は．	イ．80	ロ．100	ハ．130	ニ．160

解答

1. ニ

三相短絡容量 P_s〔MV·A〕は

$$P_s=\frac{P_n}{\%Z}\times100=\frac{10\times100}{Z}=\frac{1\,000}{Z}\text{〔MV·A〕}$$

三相短絡電流 I_s〔kA〕は，

$$I_s=\frac{P_s}{\sqrt{3}\,V}=\frac{\frac{1\,000}{Z}}{\sqrt{3}\,V}=\frac{1\,000}{\sqrt{3}\,VZ}\text{〔kA〕}$$

2. イ

三相短絡容量 P_s〔MV·A〕は，受電電圧を V〔kV〕，三相短絡電流を I_s〔kA〕とすると，

$P_s=\sqrt{3}\,VI_s$〔MV·A〕

となる．

三相短絡電流 I_s〔kA〕は，

$$I_s=\frac{P_s}{\sqrt{3}\,V}=\frac{66}{\sqrt{3}\times6.6}$$

$$=\frac{10}{\sqrt{3}}=\frac{10\sqrt{3}}{3}\fallingdotseq\frac{17.3}{3}\fallingdotseq5.8\text{〔kA〕}$$

3. ロ

全体の $\%Z$〔%〕は，

$\%Z=\%Z_t+\%Z_l=7+3=10$〔%〕

三相短絡容量 P_s〔MV·A〕は，

$$P_s=\frac{P_n}{\%Z}\times100=\frac{10}{10}\times100=100\text{〔MV·A〕}$$

遮断器の遮断容量は，短絡容量以上にする．

4. ハ

最大に流れる電流は三相短絡電流で，これをもとにして受電用遮断器の遮断容量を決定する．

5. ニ

高圧交流遮断器の遮断容量 P_{CB}〔MV·A〕は，

$P_{CB}=\sqrt{3}\times$定格電圧〔kV〕

$\times$定格遮断電流〔kA〕

$=\sqrt{3}\times7.2\times12.5\fallingdotseq156$〔MV·A〕

直近上位の 160 MV·A となる．

テーマ 50 高圧用配線材料

ポイント

❶ 高圧絶縁電線

(1) 屋外用架橋ポリエチレン絶縁電線

- **記号** OC
- **用途** 高圧架空電線路

(2) 屋外用ポリエチレン絶縁電線

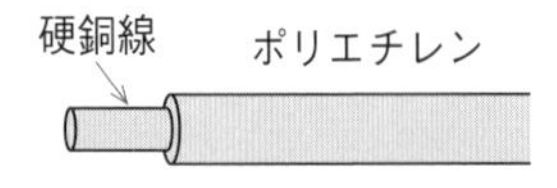

- **記号** OE
- **用途** 高圧架空電線路

(3) 高圧機器内配線用電線

軟銅線
架橋ポリエチレン(KIC)
エチレンプロピレンゴム(KIP)

- **記号** KIC
  KIP
- **用途** キュービクル式受電設備内の配線

(4) 高圧引下用絶縁電線

軟銅線
架橋ポリエチレン(PDC)
エチレンプロピレンゴム(PDP)

- **記号** PDC
  PDP
- **用途** 高圧架空電線路から，柱上変圧器の一次側配線

❷ 高圧架橋ポリエチレンケーブル

(1) 高圧 CV ケーブル（高圧架橋ポリエチレン絶縁ビニルシースケーブル）

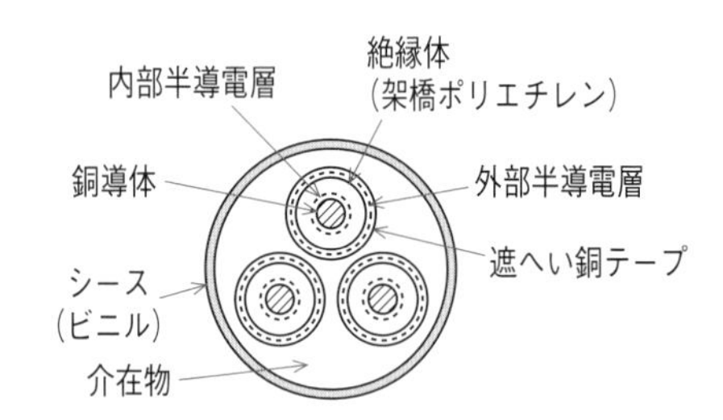

- **半導電層**

　導体と絶縁体の間，遮へい銅テープと絶縁体の間にある．導体の凸凹をなくして，電界の集中を緩和(電位傾度を均一)して部分放電を防止する働きがある．

- **遮へい銅テープ（銅シールド）**

　ケーブルの絶縁耐力を向上させたり，感電防止をする．

(2) 高圧 CVT ケーブル（トリプレックス形高圧架橋ポリエチレン絶縁ビニルシースケーブル）

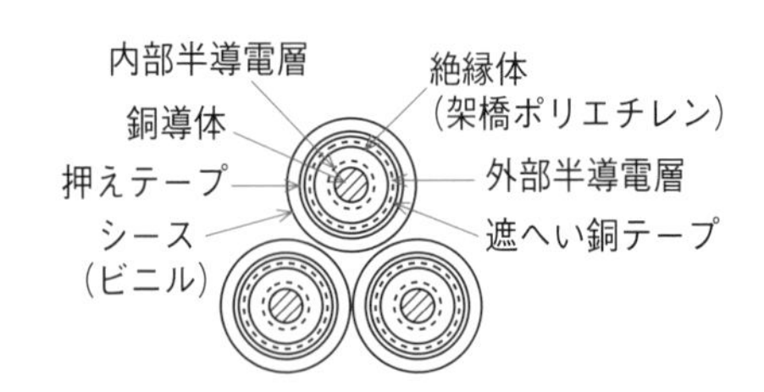

❸ ストレスコーン

　ケーブルを切断して，次図の状態で電圧を加えると，遮へい銅テープの端に電気力線が集中して，そこから絶縁破壊を起こしやすくなる．

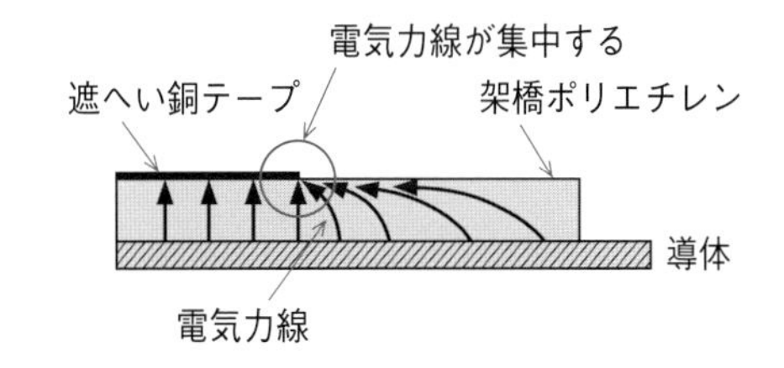

遮へい銅テープの端に，ストレスコーンを設けて処理すると，電気力線の集中を緩和することができる．

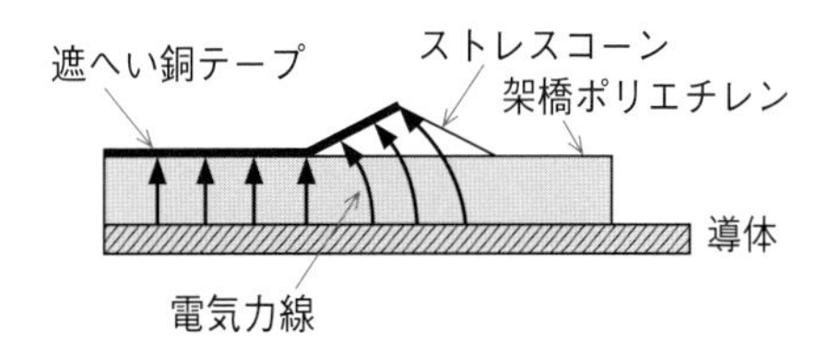

❹ 水トリー現象

CV ケーブル・CVT ケーブルの絶縁物である架橋ポリエチレン内に浸入した微量の水分等と電界によって，小さな亀裂が発生し，樹枝状に広がって劣化する現象を水トリー現象という．ケーブルが絶縁破壊を起こす原因となる．

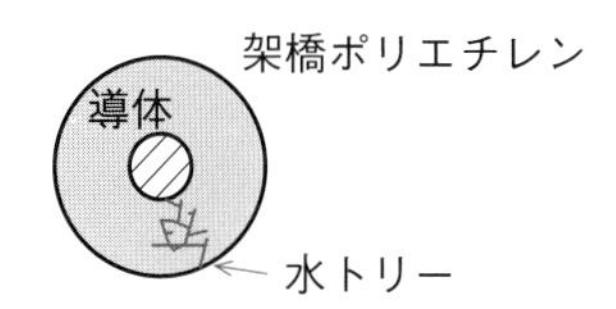

練習問題

	問題	イ.	ロ.	ハ.	ニ.
1	高圧 CV ケーブルの絶縁体 a とシース b の材料の組合せは.	a 架橋ポリエチレン b 塩化ビニル樹脂	a 架橋ポリエチレン b ポリエチレン	a エチレンプロピレンゴム b 塩化ビニル樹脂	a エチレンプロピレンゴム b ポリクロロプレン
2	高圧 CVT ケーブルの半導電層の機能は.	絶縁体表面の電位の傾きを均一にする.	紫外線から絶縁体を保護する.	許容電流を増加させる.	高調波を防止する.
3	高圧架橋ポリエチレン絶縁ビニルシースケーブルにおいて，水トリーと呼ばれる樹枝状の劣化が生ずる場所は.	銅導体内部	遮へい銅テープの表面	架橋ポリエチレン絶縁体内部	ビニルシース内部

解答

1. **イ**

CV ケーブルで，C は絶縁体が架橋ポリエチレン，V はシースがビニルであることを表す.

2. **イ**

半導電層は，導体と絶縁体の空隙の発生を防止するとともに，導体の凸凹をなくして絶縁体表面の電位の傾きを均一にする働きがある.

3. **ハ**

水トリーは，絶縁体である架橋ポリエチレンが樹枝状に劣化して，絶縁破壊を起こす原因となる.

テーマ 51 低圧配線器具等

ポイント

❶ 配線用遮断器

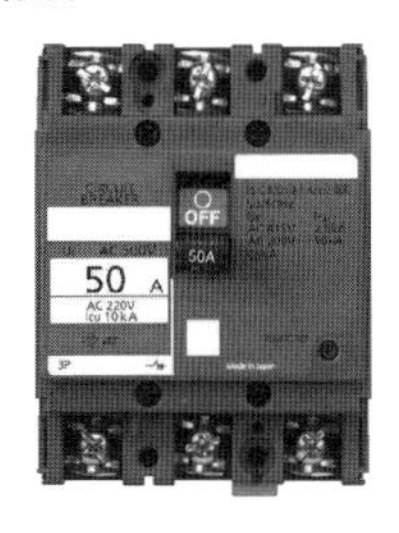

（1） 機　能

配電盤や分電盤に取り付けて，配線の過電流・短絡保護や電気機器の過負荷保護に使用される．

（2） 規　格

・定格電流の 1 倍の電流で自動的に動作しないこと．

・定格電流の 1.25 倍及び 2 倍の電流で下表の時間以内に自動的に動作すること．

定格電流の区分	時間（以内）	
	1.25 倍	2 倍
30 A 以下	60 分	2 分
30 A を超え 50 A 以下	60 分	4 分

❷ 漏電遮断器

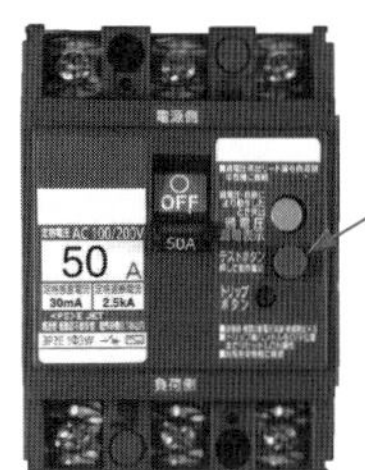

テストボタン

（1） 機　能

電路に漏れ電流が流れた場合に，電路を遮断して，感電・火災事故を防止する．

水気のある場所に低圧用の機器を設置する場合は，原則として漏電遮断器を施設しなければならない．

テストボタンは，漏電引外し機構の動作を確認するために使用される．

（2） 漏電遮断器の選定

・幹　線　　：中感度形

・分岐回路　：高感度形

・感電防止用：高感度高速形

❸ 点滅器

遅延スイッチ	熱線式自動スイッチ
操作部を「切」にした後，遅れて「切」の動作をする．浴室やトイレ等に使用される．	人体の体温を検知して自動的に開閉する．玄関等に使用される．

❹ コンセント

抜止形コンセント	引掛形コンセント
プラグを回転させることによって容易に抜けない構造としたもので，一般用のプラグを使用する．	刃受けが円弧で湾曲しており，専用のプラグを使用して抜けない構造としたものである．

❺ コンセントの極配置

極　数	極配置	定　格	極　数	極配置	定　格
単相 2 極		125 V 15A	単相 2 極 接地極付		125 V 15 A
		125 V 20 A (15 A 兼用)			125 V 20 A (15 A 兼用)
		250 V 15 A			250 V 15 A
		250 V 20 A (15 A 兼用)			250 V 20 A (15 A 兼用)
三相 3 極		250 V 15 A 250 V 20 A	三相 3 極 接地極付		250 V 15 A 250 V 20 A

練習問題

	問題	イ	ロ	ハ	ニ
1	低圧電路に使用する配線用遮断器は，定格電流の何倍で自動的に動作しないことになっているか．	イ．1.0	ロ．1.3	ハ．1.5	ニ．2.0
2	トイレの換気扇などのスイッチに用いられ，操作部を「切り操作」した後，一定時間後に動作するスイッチは．	イ．遅延スイッチ	ロ．熱線式自動スイッチ	ハ．リモコンセレクタスイッチ	ニ．3 路スイッチ
3	配線器具に関する記述として，**誤っているものは．**	イ．抜止形コンセントは，プラグを回転させることによって容易に抜けない構造としたもので，専用のプラグを使用する．	ロ．遅延スイッチは，操作部を「切り操作」した後，遅れて動作するスイッチで，トイレの換気扇などに使用される．	ハ．熱線式自動スイッチは，人体の体温等を検知し自動的に開閉するスイッチで，玄関灯などに使用される．	ニ．引掛形コンセントは，刃受が円弧状で，専用のプラグを回転させることによって抜けない構造としたものである．
4	単相 200〔V〕の回路に使用できないコンセントは．	イ． 	ロ． 	ハ． 	ニ． 

解答

1\. **イ**

配線用遮断器は，定格電流の 1 倍の電流で動作してはならない．

2\. **イ**

操作部を「切り操作」した後，一定時間後に動作するスイッチは，遅延スイッチである．

3\. **イ**

抜止形コンセントは，一般のプラグが差し込める構造になっている．

4\. **ハ**

ハは単相 100 V 用の 15 A 125 V 接地極付コンセントである．

テーマ 52 工事用工具

ポイント

❶ 電線接続工具

(1) 手動式圧着工具

《リングスリーブ用》

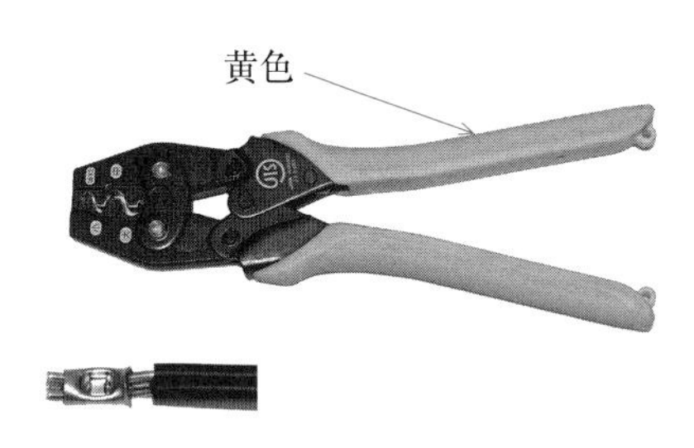

・握り柄の部分が黄色である.
・リングスリーブ(E 形)専用で細い電線を接続する.
・完全に圧着しないとダイス部は開かない.
・使用したダイスのマークがスリーブに刻印される.

《裸圧着端子・スリーブ用》

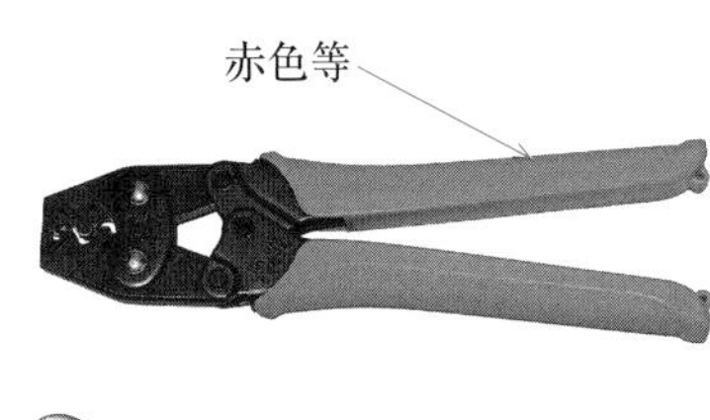

・R 形圧着端子と電線を接続する.
・P 形圧着スリーブ等を用いて，電線相互を接続する.
・完全に圧着しないとダイス部は開かない.

(2) 手動油圧式圧着器

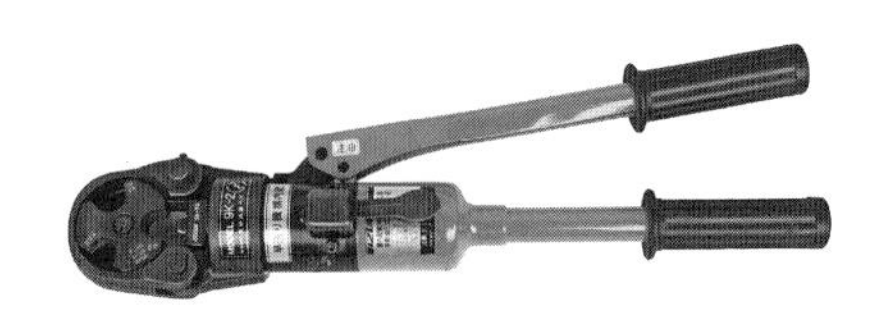

14～150 mm^2 の太い電線と R 形圧着端子を接続したり，P 形圧着スリーブを用いて電線相互を接続する.

❷ 穴あけ工具

(1) ホルソ

電気ドリルを用いて，金属製のボックス等に穴をあける.

(2) ノックアウトパンチャ

油圧を利用して，金属製のボックス等に穴をあける.

❸ 切断工具

高速切断機

・金属管，鉄筋，形鋼を切断する.
・側面を使用して研削してはならない.

❹ 締め付け調整工具

トルクレンチ

ボルト，ナットの締め付けを調整する.

❺ 金属管用工具

油圧式パイプベンダ

太い金属管を曲げる.

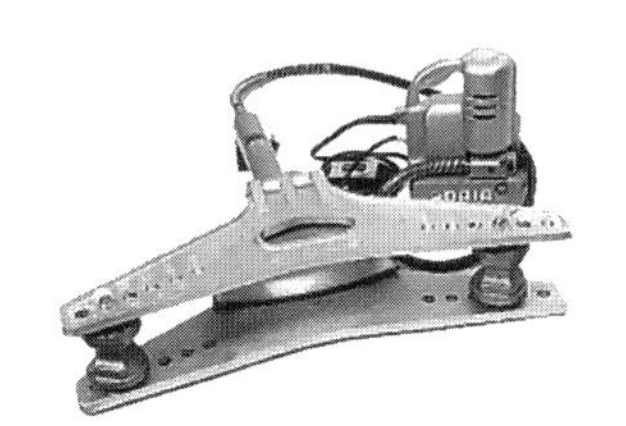

❻ 水平・垂直調整用測定器

(1) 水準器

機器，配管等の水平・垂直を調整する.

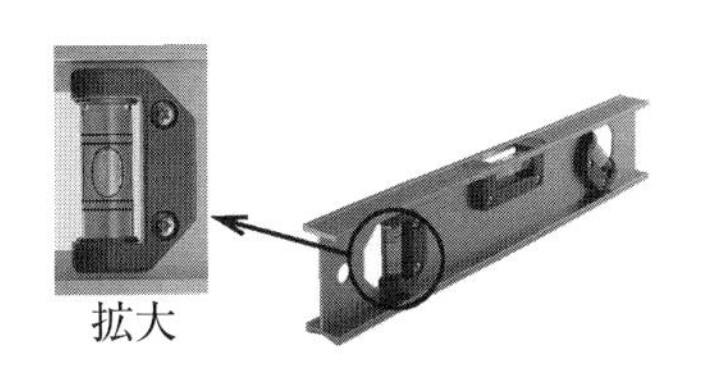

(2) レーザー墨出し器

器具等を取り付けるための基準線を投影する.

練習問題

1	工具類に関する記述として，**誤っているものは.**	イ．油圧式圧着工具は，油圧力を利用し，主として太い電線などの圧着接続を行う工具で，成形確認機構がなければならない.	ロ．水準器は，配電盤や分電盤などの据え付け時の水平調整などに使用される.	ハ．ノックアウトパンチャは，分電盤などの鉄板に穴をあける工具である.	ニ．高速切断機は，といしを高速で回転させ，鋼材等の切断及び研削をする工具であり，研削にはといしの側面を使用する.
2	低圧配電盤に，CV ケーブル又は CVT ケーブルを接続する作業において，一般に使用しない工具はどれか.	イ．油圧式パイプベンダ	ロ．電工ナイフ	ハ．トルクレンチ	ニ．油圧式圧着工具

解答

1. **ニ**

高速切断機（高速カッタ）は，鋼材の研削に使用することはない．また，といしの側面を使用することは禁じられている.

2. **イ**

油圧式パイプベンダは，太い金属管を曲げる工具で，ケーブルを接続する作業には使用しない.

電工ナイフは，ケーブルのシースや絶縁被覆をはぎ取る．油圧式圧着工具は，導体を圧着端子に圧着接続するときに使用する．トルクレンチは，圧着端子をねじ止めする際に，所定のトルクで締め付けるときに用いる.

まとめ 電気機器・高圧受電設備等

1 変圧器の原理・タップ電圧

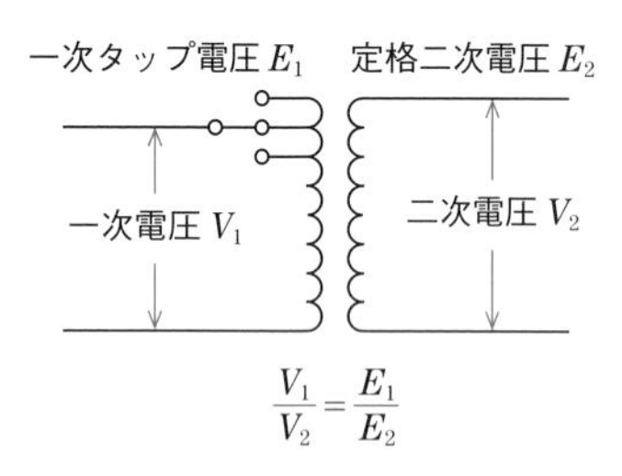

$$\frac{V_1}{V_2}=\frac{E_1}{E_2}$$

2 単相変圧器のV結線

出力$=\sqrt{3}\times$単相変圧器1台の容量

3 変圧器の損失

❶ 無負荷損

・無負荷損＝鉄損(ヒステリシス損＋渦(うず)電流損)

・負荷電流には無関係で一定

❷ 負荷損

負荷損＝銅損

負荷電流の2乗に比例

❸ 効率が最大になる条件

鉄損＝銅損

4 変圧器に流れる電流の計算

❶ 負荷電流

変圧器の損失を無視した場合，一次側の入力と二次側の出力は等しい．

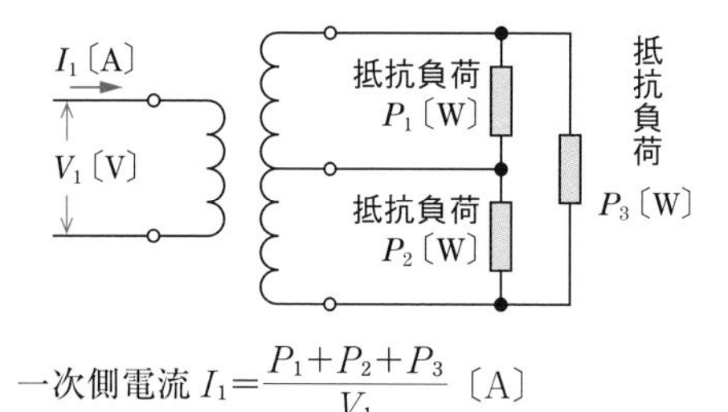

一次側電流 $I_1=\dfrac{P_1+P_2+P_3}{V_1}$〔A〕

❷ 短絡電流

一次側短絡電流$=\dfrac{定格一次電流}{\%Z}\times100$〔A〕

二次側短絡電流$=\dfrac{定格二次電流}{\%Z}\times100$〔A〕

$\%Z$：短絡インピーダンス〔%〕

5 変圧器の並行運転条件

・極性が合っていること．

・変圧比が等しく，一次電圧及び二次電圧が等しいこと．

・インピーダンス電圧が等しいこと．

6 三相誘導電動機

❶ 入力と出力の関係

$P_o=P_i\eta=\sqrt{3}\,VI\cos\theta\cdot\eta$〔W〕

❷ 回転速度

・同期速度　$N_s=\dfrac{120f}{p}$〔min^{-1}〕

・滑り　$s=\dfrac{N_s-N}{N_s}\times100$〔%〕

・回転速度　$N=N_s\left(1-\dfrac{s}{100}\right)$〔min^{-1}〕

❸ 始動法

・スター・デルタ始動法

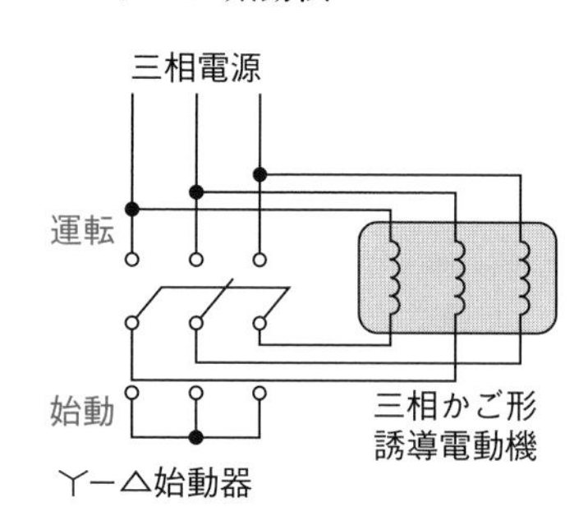

始動時：Y結線→運転時：△結線

・リアクトル始動：始動時に，電動機と直列にリアクトルを挿入して，始動電流を抑制する．

7 耐熱クラスと指定文字

耐熱クラス〔℃〕	90	105	120	130	155	180	200	220	250
指定文字	Y	A	E	B	F	H	N	R	—

8 蓄電池

❶ 鉛蓄電池

・起電力は約2Vである．

・電圧変動率が小さい．
・定期的に蒸留水を補水する必要がある．
・過充電，過放電に対して弱い．
・アルカリ蓄電池より寿命が短い．

❷ アルカリ蓄電池
・起電力は約 1.2 V である．
・軽量・小形で堅牢である．
・密閉化が容易で，保守が容易である．
・過充電，過放電に耐え，寿命が長い．
・自己放電が少ない．
・電圧変動率が大きい．

9 整流回路

❶ 単相半波整流回路

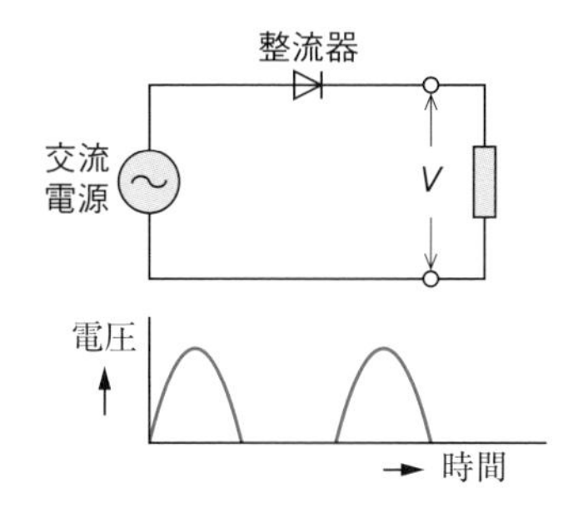

❷ 単相全波整流回路

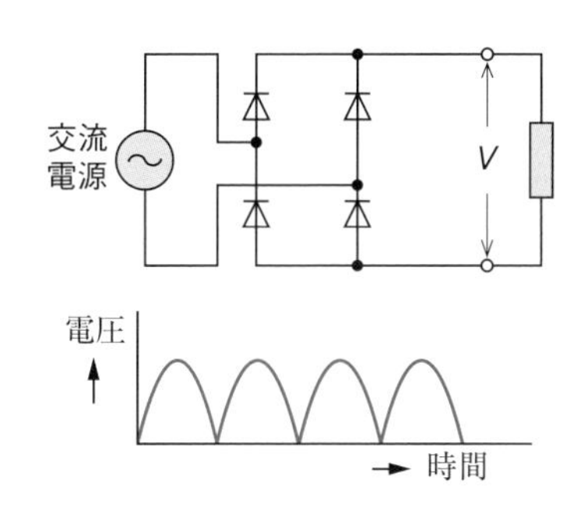

❸ 三相全波整流回路

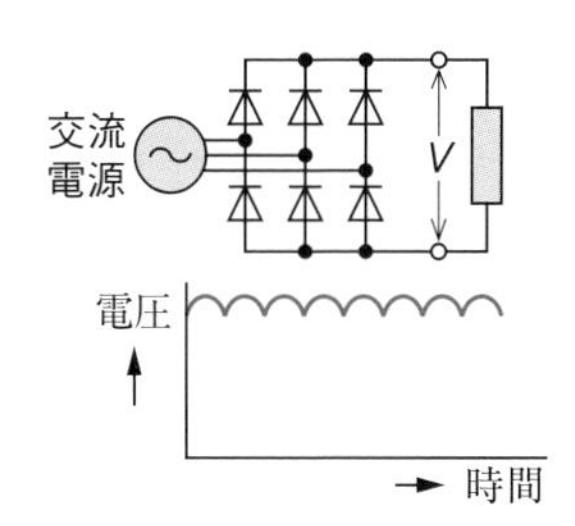

10 高圧受電設備の主要機器

❶ 高圧交流遮断器
変流器及び過電流継電器と組み合わせて使用し，過電流や短絡電流を遮断する能力がある．

❷ 高圧交流負荷開閉器
負荷電流を開閉する目的で使用し，短絡電流は遮断できない．

❸ 断路器
受電設備を点検する際等に，無負荷の状態にして開閉する．負荷電流や短絡電流は遮断できない．

❹ 高圧限流ヒューズ
(特徴)
・短絡電流を小さく抑制する．
・小形・軽量で遮断容量が大きい．
・密閉されていて，アークガスの放出がない．

❺ 避雷器
過大な電圧が加わった場合に，大地に電流を流して過大な電圧が機器等に加わるのを制限する．

❻ 地絡継電器
零相変流器で地絡電流を検出し，地絡継電器によって高圧交流負荷開閉器を動作させる．

❼ 変流器
・大電流を小電流に変換する．
・一次側電流を流した状態で，二次側を開放してはならない．

❽ 過電流継電器
変流器と組み合わせて，過電流・短絡電流が流れた場合に，遮断器を動作させて遮断する．動作時間は，タイムレバーの数値に比例する．

❾ 直列リアクトル
高圧進相コンデンサと直列に接続し，高圧進相コンデンサの高調波電流や突入電流を抑制する．

❿ 高圧進相コンデンサ
高圧回路の力率を改善する．

11 高調波対策

❶ 高調波の発生源
・インバータ，整流器
・無停電電源装置（UPS）
・アーク炉，高周波誘導炉

❷ 高調波対策設備

- ・交流フィルタ（LC フィルタ）
- ・アクティブフィルタ

12 高圧受電設備の主遮断装置

受電設備容量の制限

受電設備方式＼形式	CB 形	PF・S 形
箱に収めない屋内式	制限なし	300 kV・A
キュービクル式受電設備（JIS C 4620）	4 000 kV・A	300 kV・A

13 三相短絡電流

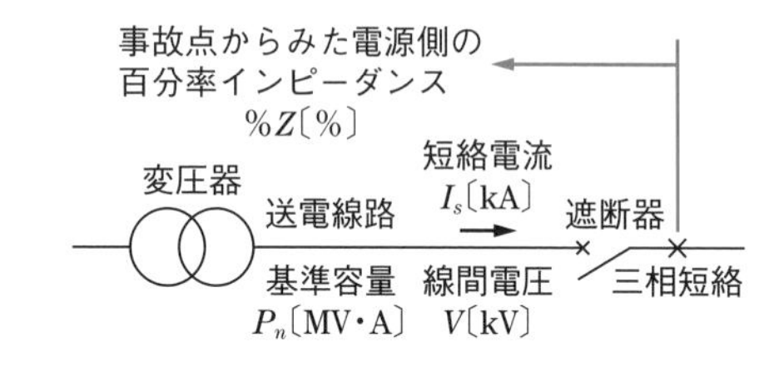

三相短絡容量　$P_s=\dfrac{P_n}{\%Z}\times100$〔MV・A〕

三相短絡電流　$I_s=\dfrac{P_s}{\sqrt{3}\,V}$〔kA〕

P_n：基準容量〔MV・A〕

V：線間電圧〔kV〕

$\%Z$：百分率インピーダンス〔%〕

14 高圧用電線

電線の種類	記号
屋外用架橋ポリエチレン絶縁電線	OC
屋外用ポリエチレン絶縁電線	OE
高圧機器内配線用電線	KIP
高圧架橋ポリエチレン絶縁ビニルシースケーブル	CV
トリプレックス形高圧架橋ポリエチレン絶縁ビニルシースケーブル	CVT

- ・半導電層：導体の凹凸をなくして，電界の集中を緩和する．
- ・ストレスコーン：遮へい銅テープの端に設けて，電気力線の集中を緩和する．
- ・水トリー現象：CV ケーブル，CVT ケーブルの絶縁物の架橋ポリエチレンが，樹枝状に劣化する現象をいう．

15 低圧配線器具

❶ 配線用遮断器

定格電流の区分	時間（以内）	
	1.25 倍	2 倍
30 A 以下	60 分	2 分
30 A を超え 50 A 以下	60 分	4 分

定格電流の 1 倍の電流で動作しない．

❷ 漏電遮断器

- ・幹　　線：中感度高速形
- ・分岐回路：高感度高速形

❸ コンセントの極配置

定格電圧	定格電流	一般	接地極付
単相 125 V	15 A		
	20 A		
単相 250 V	15 A		
	20 A		
三相 250 V	15 A 20 A		

5 電気工事の施工方法

テーマ**53**　低圧屋内配線の施設場所における工事の種類
テーマ**54**　接地工事
テーマ**55**　低圧屋内配線と弱電流電線との接近又は交差・電線の接続法等
テーマ**56**　漏電遮断器の施設等
テーマ**57**　金属管・ケーブル工事
テーマ**58**　アクセスフロア内のケーブル配線・合成樹脂管工事等
テーマ**59**　金属線ぴ・金属ダクト工事
テーマ**60**　バスダクト・フロアダクト・セルラダクト工事
テーマ**61**　ライティングダクト・平形保護層工事
テーマ**62**　特殊場所の工事
テーマ**63**　高圧屋内配線・屋側電線路・屋上電線路
テーマ**64**　地中電線路
テーマ**65**　高圧機器の施設
テーマ**66**　高圧架空引込線
テーマ**67**　高圧地中引込線等
テーマ**68**　高圧受電設備に関する接地工事
テーマ**69**　高圧引込線等の図に関する問題（1）
テーマ**70**　高圧引込線等の図に関する問題（2）
テーマ**71**　高圧引込線等の図に関する問題（3）
テーマ**72**　高圧引込線等の図に関する問題（4）
［まとめ］電気工事の施工方法
＊接触防護措置と簡易接触防護措置

テーマ53 低圧屋内配線の施設場所における工事の種類

ポイント

低圧屋内配線の施設場所による工事の種類

施設場所の区分 / 工事の種類		展開した場所		点検できる隠ぺい場所		点検できない隠ぺい場所	
		乾燥した場所	湿気の多い場所，水気のある場所	乾燥した場所	湿気の多い場所，水気のある場所	乾燥した場所	湿気の多い場所，水気のある場所
金属管工事		◎	◎	◎	◎	◎	◎
ケーブル工事		◎	◎	◎	◎	◎	◎
合成樹脂管工事	硬質塩化ビニル電線管 合成樹脂製可とう電線管（PF管）	◎	◎	◎	◎	◎	◎
	CD管	□	□	□	□	□	□
金属可とう電線管工事	1種金属製	△		△			
	2種金属製	◎	◎	◎	◎	◎	◎
がいし引き工事		◎	◎	◎	◎		
金属線ぴ工事		○		○			
金属ダクト工事		◎		◎			
バスダクト工事		◎	○（屋外用）	◎			
フロアダクト工事						○	
セルラダクト工事				○		○	
ライティングダクト工事		○		○			
平形保護層工事				○			

（注） ◎：使用電圧に制限なし（600 V以下）
○：使用電圧300 V以下に限る．
□：直接コンクリートに埋め込んで施設する場合を除き，専用の不燃性又は自消性のある難燃性の管などに収めて施設する．
△：300 Vを超える場合は，電動機に接続する短小な部分で，可とう性を必要とする部分の配線に限る．

練習問題

	問題	イ.	ロ.	ハ.	ニ.
1	屋内の乾燥した展開した場所において，施設することができない使用電圧 400〔V〕の配線工事は.	金属管工事	金属ダクト工事	バスダクト工事	金属線ぴ工事
2	電気設備技術基準の解釈において，使用電圧が 300 V 以下の屋内配線で平形保護層工事が施設できる場所は.	乾燥した点検できる隠ぺい場所	湿気の多い点検できない隠ぺい場所	乾燥した露出場所	湿気の多い点検できる隠ぺい場所
3	点検できない隠ぺい場所において，使用電圧 400〔V〕の低圧屋内配線工事を行う場合，不適切な工事方法は.	金属ダクト工事	合成樹脂管工事	金属管工事	ケーブル工事
4	展開した場所で，湿気の多い場所又は水気のある場所に施す使用電圧 300〔V〕以下の低圧屋内配線工事で，施設することができない工事の種類は.	金属管工事	ケーブル工事	平形保護層工事	合成樹脂管工事
5	点検できる隠ぺい場所で，湿気の多い場所又は水気のある場所に施す使用電圧 300 V 以下の低圧屋内配線工事で，施設することができない工事の種類は.	金属管工事	金属線ぴ工事	ケーブル工事	合成樹脂管工事

解答

1. ニ

金属線ぴ工事は，使用電圧が 300 V 以下で，屋内の乾燥した展開した場所，乾燥した点検できる隠ぺい場所に施設できる.

2. イ

平形保護層工事は，薄いケーブルを床面，天井面，壁面に施設する．使用電圧が 300 V 以下で，乾燥した点検できる隠ぺい場所に施設できる.

3. イ

金属ダクト工事は，使用電圧が 600 V 以下で，乾燥した展開した場所，乾燥した点検できる隠ぺい場所に施設できる．合成樹脂管工事，金属管工事，ケーブル工事は，使用電圧が 600 V 以下であれば，施設場所に制限はない.

4. ハ

平形保護層工事は，薄いケーブルを床面のタイルカーペットの下に施設したり，石膏ボード等の天井面や壁面とクロス材の間に施設する工事である．使用電圧が 300 V 以下で，乾燥した点検できる隠ぺい場所に施設できる.

5. ロ

金属線ぴ工事は，湿気の多い場所又は水気のある場所には施設できない．金属管工事，ケーブル工事，合成樹脂管工事（CD 管を除く）は，施設場所に制限がない.

テーマ54 接地工事

ポイント

❶ 接地工事の種類・接地抵抗値・接地線の太さ

接地工事の種類	接地抵抗値		接地線の太さ（軟銅線）
A種接地工事	10 Ω以下		直径2.6 mm以上
B種接地工事	150/I〔Ω〕以下 （混触時に，1秒を超え2秒以内に遮断する装置を設けるときは300/I〔Ω〕以下，1秒以内に遮断する装置を設けるときは600/I〔Ω〕以下） I：高圧側電路の1線地絡電流〔A〕		直径2.6 mm以上 （高圧電路と低圧電路とを変圧器により結合する場合）
C種接地工事	10 Ω以下	地絡を生じた場合に0.5秒以内に自動的に電路を遮断する装置を施設するときは，500 Ω以下	直径1.6 mm以上 （多心コード・多心キャブタイヤケーブルの1心は0.75 mm²以上）
D種接地工事	100 Ω以下		

＊接地線は，故障の際に流れる電流を安全に通じることができること.

❷ 機械機器の金属製外箱等の接地

機械器具の使用電圧の区分	接地工事
300 V以下の低圧	D種接地工事
300 Vを超える低圧	C種接地工事
高圧又は特別高圧	A種接地工事

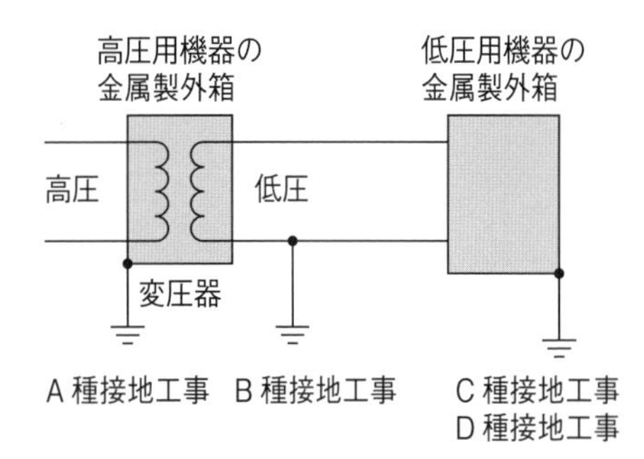

（接地工事を省略できる場合）

・交流対地電圧が150 V以下の機械器具を乾燥した場所に施設する場合.

・低圧用の機械器具を乾燥した木製の床等の絶縁物の上で取り扱うように施設する場合.

・金属製外箱等の周囲に適当な絶縁台を設ける場合.

・電気用品安全法の適用を受ける二重絶縁構造の機械器具を施設する場合.

・二次電圧が300 V以下であって，定格容量が3 kV·A以下の絶縁変圧器を施設し，二次側電路を接地しない場合.

・水気のある場所以外に施設する低圧用の機械器具に電気を供給する電路に，定格感度電流15 mA以下，動作時間0.1秒以内に動作する電流動作型の漏電遮断器を施設する場合.

❸ C種接地工事・D種接地工事の特例

C種接地工事・D種接地工事を施す金属体と大地との間の電気抵抗値が次の場合は，接地工事を施したものとみなす.

C種接地工事　　10 Ω以下

D種接地工事　　100 Ω以下

❹ 接地極の兼用

同じ箇所に2種類以上の接地工事を施す場合は，接地抵抗値の低い方の接地工事で他の接地工事を兼用することができる．

❺ 接地極

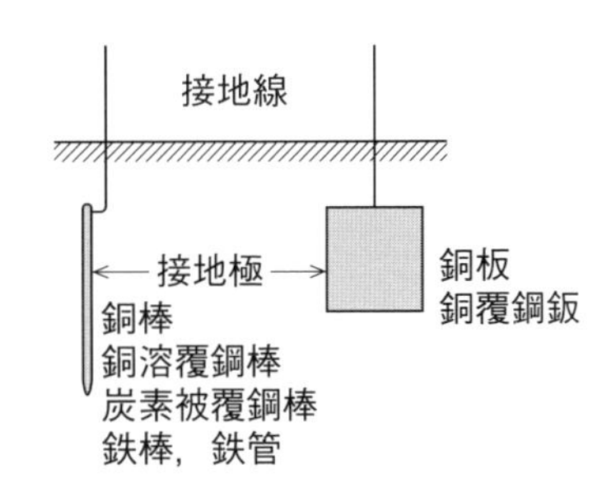

アルミ板は接地極として用いられない．

練習問題

	問題	イ.	ロ.	ハ.	ニ.
1	B種接地工事の接地抵抗値を決めるのに**関係のあるものは**.	変圧器の低圧側電路の長さ〔m〕	変圧器の高圧側電路の1線地絡電流〔A〕	変圧器の容量〔V·A〕	変圧器の高圧側ヒューズの定格電流〔A〕
2	人が触れるおそれがある場所に施設する機械器具の金属製外箱等の接地工事について，**誤っているものは**. ただし，絶縁台は設けないものとする．	使用電圧200〔V〕の電動機の金属製の台及び外箱にD種接地工事を施した.	使用電圧6〔kV〕の変圧器の金属製の台及び外箱にA種接地工事を施した.	使用電圧400〔V〕の電動機の金属製の台及び外箱にD種接地工事を施した.	使用電圧6〔kV〕の外箱のない計器用変圧器の鉄心にA種接地工事を施した.
3	地中に埋設する接地極の材料として**一般に用いられないものは**.	アルミ板	銅　板	銅覆鋼棒	亜鉛メッキ鋼管

解答

1. **ロ**

B種接地工事の接地抵抗値は，変圧器に接続する高圧側電路の1線が大地に接触したときに流れる地絡電流の大きさによって決める．

B種接地工事は，変圧器の絶縁不良によって，高圧側と低圧側が電気的に接触（混触という）した場合に，低圧側の対地電圧が上昇するのを制限するために施すものである．

2. **ハ**

使用電圧400Vの電動機の金属製の台及び外箱には，C種接地工事を施さなければならない．

3. **イ**

アルミニウム板は，地中に埋設すると腐食するので一般的には使用されない．

テーマ55 低圧屋内配線と弱電流電線との接近又は交差・電線の接続法等

ポイント

❶ 低圧屋内配線と弱電流電線等との接近又は交差

（1） 低圧配線と弱電流電線等との離隔距離

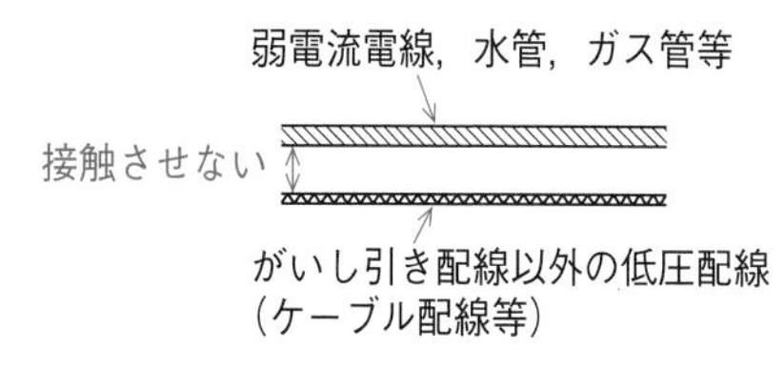

がいし引き配線以外のケーブル配線等は，弱電流電線，金属製水管，ガス管等とは直接接触しないように施設する．

（2） 低圧配線の電線と弱電流電線とを同一の電線管・ダクト・ボックスに施設する場合

・低圧配線の電線と弱電流電線との間に堅ろうな隔壁を設けて，金属製のダクト・ボックスにC種接地工事を施す．

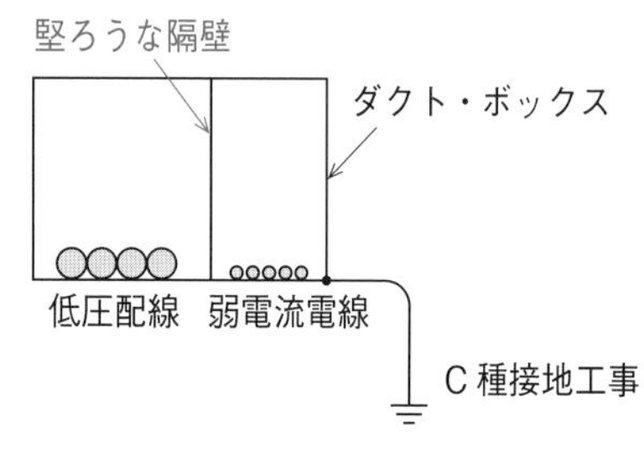

・弱電流電線が制御回路等の弱電流電線であって，かつ，弱電流電線に絶縁電線と同等以上の絶縁効力のあるもの(低圧屋内配線との識別が容易にできるものに限る)を使用する．

・弱電流電線にC種接地工事を施した金属製の電気的遮へい層を有する通信用ケーブルを使用する．

❷ メタルラス張り等との絶縁

金属管，金属製可とう電線管，ケーブル等は，地絡電流による火災を防止するために，メタルラス張り・ワイヤラス張りとは完全に絶縁しなければならない．

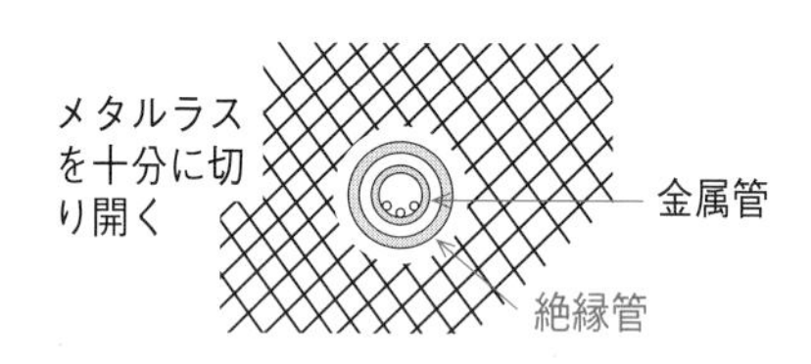

❸ 電線の接続法

・電線の電気抵抗を増加させない．

・電線の引張り強さを20%以上減少させない．

・接続部分には，接続管その他の器具を使用するか，ろう付けをする．

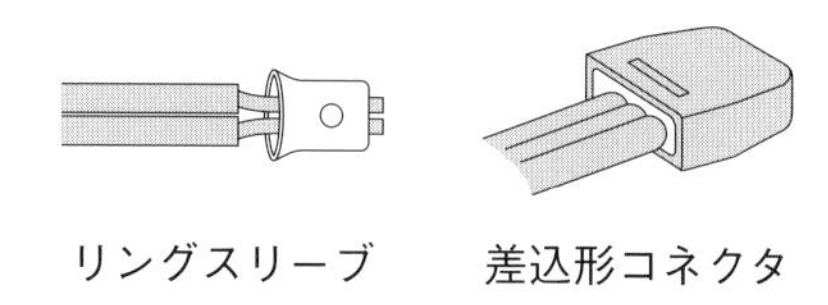

・接続部分の絶縁電線の絶縁物と同等以上の絶縁効力のある接続器を使用する場合を除き，接続部分を絶縁電線の絶縁物と同等以上の絶縁効力のあるもので十分被覆する．

・コード相互，キャブタイヤケーブル相互，ケーブル相互又はこれらのもの相互を接続する場合は，コード接続器，接続箱その他の器具を使用する．ただし，断面積8 mm^2 以上のキャブタイヤケーブル相互を接続する場合を除く．

練習問題

	問題	イ.	ロ.	ハ.	ニ.
1	低圧屋内配線と弱電流電線が接近又は交さする場合の施工方法として**不適切なものは**.	低圧屋内配線を合成樹脂管工事とし，弱電流電線と接触しないように施工した.	低圧屋内配線と弱電流電線(制御回路等の弱電流電線を除く.)を，ともに低圧ケーブルを使用して同一管に収めた.	低圧屋内配線を金属ダクト工事とし，電線と弱電流電線を互いの間に堅ろうな隔壁を設け，かつ，金属製部分にC種接地工事を施した同一のダクト内に収めた.	低圧屋内配線を金属管工事とし，電線と制御回路用弱電流電線を，ともに同等の絶縁効力があり，かつ，互いに容易に識別できる絶縁電線を使用して同一管内に収めた.
2	電線の接続に関する記述として，**不適切なものは**.	電線の電気抵抗を増加させないように接続した.	接続部分に接続管を使用した.	接続において，電線の引張り強さを40〔%〕減少した.	絶縁電線と同等以上の絶縁効力のある接続器を使用した.
3	電線の接続に関する記述として，**不適切なものは**.	絶縁電線相互の接続において，電線の引張り強さを20〔%〕以上減少させないように接続した.	電線を分岐する部分では電線に張力が加わらないように接続した.	絶縁電線相互の接続部分で電線の電気抵抗を20〔%〕以上増加させないように接続した.	絶縁電線相互の接続部分には絶縁電線と同等以上の絶縁効力のある接続器を使用した.

解答

1. **ロ**

低圧屋内配線と弱電流電線を同一の管内に収めると，低圧屋内配線と弱電流電線が接触することになる.

制御回路の弱電流電線に，絶縁電線と同等以上の絶縁効力があり，低圧屋内配線との識別が容易にできるものを使用する場合は同一の電線管に収めて施工できる.

2. **ハ**

電線の引張り強さは 20% 以上減少させてはならない.

3. **ハ**

電線相互を接続する場合に，電線の電気抵抗を増加させてはならない.

テーマ56 漏電遮断器の施設等

ポイント

❶ 屋内電路の対地電圧の制限

白熱電灯に電気を供給する電路の対地電圧は，150 V 以下でなければならない．

ただし，次のように施設する場合は，300 V 以下にすることができる(住宅を除く)．

- 白熱電灯及び附属する電線は，接触防護措置を施す．
- 白熱電灯は，屋内配線と直接接続する．
- 電球受口は，キーその他の点滅機構のないものとする．

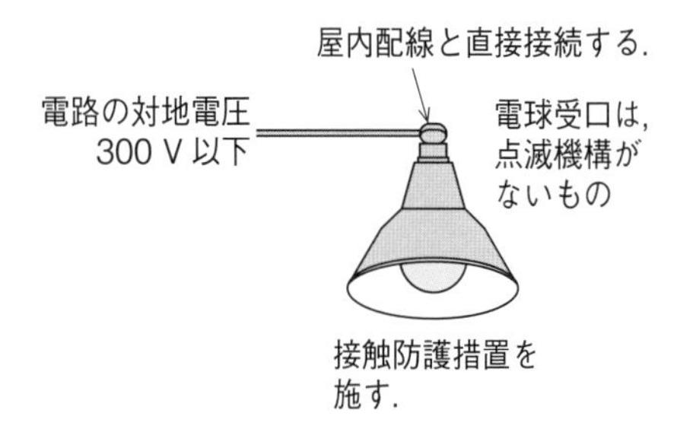

❷ 漏電遮断器の施設

（1） 使用電圧が 60 V を超える低圧の機械器具

金属製外箱を有する使用電圧が 60 V を超える低圧の機械器具に接続する電路には，電路に地絡を生じたときに自動的に電路を遮断する装置を施設しなければならない．

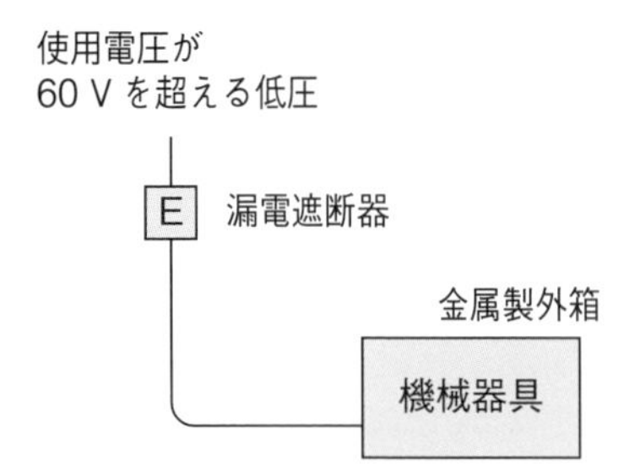

《省略できる場合》

- 機械器具に簡易接触防護措置を施す場合
- 機械器具を変電所等に準ずる場所に施設する場合
- 機械器具を乾燥した場所に施設する場合
- 対地電圧が 150 V 以下の機械器具を水気のある場所以外に施設する場合
- 電気用品安全法の適用を受ける二重絶縁構造の機械器具
- 機械器具を絶縁物で被覆してある場合
- 機械器具に施されたＣ種接地工事又はＤ種接地工事の接地抵抗値が 3 Ω 以下の場合
- 絶縁変圧器（二次電圧が 300 V 以下）を施設し，負荷側の電路を接地しない場合
- 機械器具内に漏電遮断器を取り付け，電源引き出し部が損傷を受けるおそれがないように施設する場合

（2） 300 V を超える低圧電路

特別高圧電路または高圧電路に変圧器によって結合される 300 V を超える低圧電路には，電路に地絡を生じたときに自動的に電路を遮断する装置を設けなければならない．

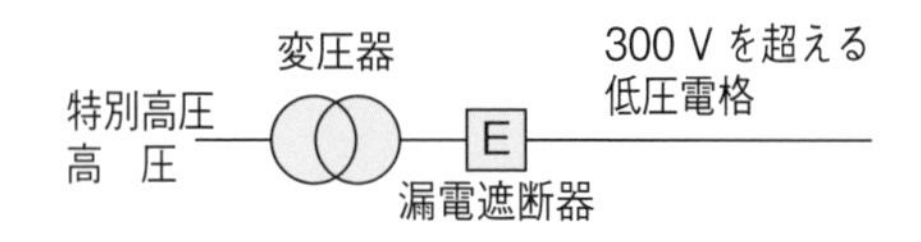

練習問題

	問題	イ	ロ	ハ	ニ
1	対地電圧が150〔V〕を超え300〔V〕以下の屋内電路に白熱電灯を取付ける場合の施工方法に関する記述として**誤っているものは**.	イ．白熱電灯及び配線は接触防護措置を施して施設した．	ロ．電球受口に，キー付ソケットを使用した．	ハ．白熱電灯と屋内配線とは直接接続した．	ニ．白熱電灯にはD種接地工事を施した．
2	金属製外箱を有する使用電圧が300〔V〕以下の機械器具であって，簡易接触防護措置を施していない場所に施設するものに，電気を供給する低圧電路がある．この電路に漏電遮断器の施設を**省略できないものは**.	イ．対地電圧が150〔V〕以下の機械器具を水気のある場所以外の場所に施設する場合	ロ．機械器具に施されたD種接地工事の接地抵抗値が10〔Ω〕の場合	ハ．機械器具を乾燥した場所に施設する場合	ニ．機械器具を変電所に準ずる場所に施設する場合
3	低圧屋内電路に施設する漏電遮断器の施設方法で，**誤っているものは**.	イ．引込口開閉器として過電流素子付漏電遮断器（配線用遮断器を内蔵）を使用した．	ロ．水気のある場所に施設した100〔V〕の単相電動機(接地抵抗値5〔Ω〕)に至る配線で，漏電遮断器を省略した．	ハ．水気のある場所に設置した100〔V〕の電気洗濯機(接地抵抗値5〔Ω〕)に至る配線に，漏電遮断器を施設した．	ニ．木造の乾燥した床の上に設置した三相200〔V〕の電動グラインダーに至る配線で，漏電遮断器を省略した．
4	低圧の機械器具を簡易接触防護措置が施していない場所に施設するとき，漏電遮断器を省略できる組み合わせに関する記述として**誤っているものは**.	イ．機械器具に施設したC種接地工事又はD種接地工事の接地抵抗値が10〔Ω〕以下の場合．	ロ．電気用品安全法の適用を受ける二重絶縁構造の機械器具を施設する場合．	ハ．電路の電源側に二次側電圧が300〔V〕以下の絶縁変圧器を施設し，その負荷側電路を接地しない場合．	ニ．対地電圧150〔V〕以下の機械器具を水気のある場所以外の場所に施設する場合．

解答

1. **ロ**

電球受口にキーその他の点滅機構のないものを施設しなければならない．

2. **ロ**

D種接地工事の接地抵抗値が3Ω以下でなければ，漏電遮断器を省略できない．

3. **ロ**

水気のある場所では，接地抵抗値が3Ω以下でなければ漏電遮断器を省略できない．

4. **イ**

漏電遮断器を省略できるのは，接地抵抗値が3Ω以下の場合である．

テーマ57 金属管・ケーブル工事

ポイント

❶ 金属管工事

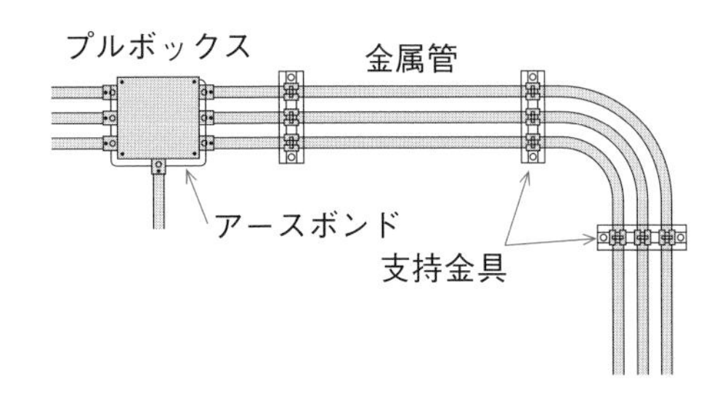

（1） 電　線

・絶縁電線（OW を除く）であること．

・より線又は直径 3.2 mm 以下の単線であること．

・金属管内では，電線に接続点を設けないこと．

（2） 金属管の厚さ

・コンクリートに埋め込むものは，1.2 mm 以上

（3） 接地工事

・使用電圧が 300 V 以下：D 種接地工事

《省略できる場合》

・管の長さが 4 m 以下のものを乾燥した場所に施設する場合

・対地電圧が 150 V 以下の場合で，管の長さが 8 m 以下のものに簡易接触防護措置を施すとき又は乾燥した場所に施設するとき

・使用電圧が 300 V を超える場合：C 種接地工事（接触防護措置を施す場合は，D 種接地工事にできる）

❷ ケーブル工事

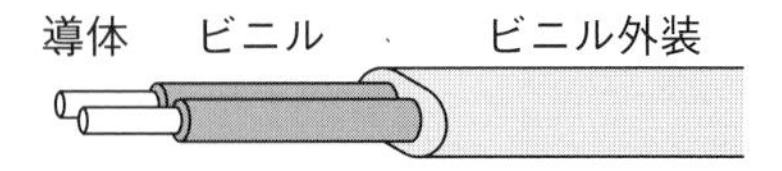

600 V ビニル絶縁ビニルシースケーブル平形

（1） ケーブルの支持点間の距離

・造営材の側面又は下面に沿って取り付ける場合は 2 m 以下（接触防護措置を施した場所において垂直に取り付ける場合は 6 m 以下）

（2） ケーブルの防護

重量物の圧力又は著しい機械的衝撃を受けるおそれがある場所に施設する場合は，ケーブルを金属管等に収めて防護する．

ケーブルをコンクリートに直接埋め込む場合は，打設時に重量物の圧力又は著しい機械的衝撃を受けるおそれがある場所とみなされる．

（3） 防護装置，ケーブルラック等の金属製部分の接地

ケーブルラック

ケーブルを収める防護装置やケーブルラック等の金属製部分は，接地を施さなければならない．

・使用電圧 300 V 以下：D 種接地工事

《省略できる場合》

・金属製部分の長さが 4 m 以下のものを乾燥した場所に施設する場合.

・対地電圧が 150 V 以下の場合において，金属製部分の長さが 8 m 以下のものを乾燥した場所に施設するとき，又は簡易接触防護措置を施した場合.

・金属製部分が，合成樹脂などの絶縁物で被覆したものである場合.

・使用電圧が 300 V を超える場合：C 種接地工事（接触防護措置を施す場合は，D 種接地工事にできる）

練習問題

1	金属管工事の記述として，**誤っているものは.**	イ．金属管に，直径 2.6〔mm〕の絶縁電線（屋外用ビニル絶縁電線を除く）を収めて施設した.	ロ．電線の長さが短くなったので，金属管内において電線に接続点を設けた.	ハ．金属管を湿気の多い場所に施設するため，防湿装置を施した.	ニ．使用電圧が 200〔V〕の電路に使用する金属管に D 種接地工事を施した.
2	使用電圧が 300〔V〕以下の低圧屋内配線のケーブル工事の記述として，**誤っているものは.**	イ．ケーブルに機械的衝撃を受けるおそれがあるので，適当な防護装置を施した.	ロ．ケーブルを接触防護措置を施した場所に垂直に取り付け，その支持点間の距離を 5〔m〕にして施設した.	ハ．ケーブルの防護装置に使用する金属製部分に D 種接地工事を施した.	ニ．ケーブルを造営材の下面に沿って水平に取り付け，その支持点間の距離を 3〔m〕にして施設した.
3	人が触れるおそれのある場所で使用電圧が 400〔V〕の低圧屋内配線において，CV ケーブルを金属管に収めて施設した．金属管に施す接地工事の種類は．ただし，接触防護措置を施していないものとする.	イ．A 種接地工事	ロ．B 種接地工事	ハ．C 種接地工事	ニ．D 種接地工事

解答

1. **ロ**

いかなる場合でも，金属管内で電線の接続点を設けてはならない.

2. **ニ**

ケーブルを造営材の下面に沿って取り付ける場合は，支持点間の距離を 2 m 以下にしなければならない.

3. **ハ**

使用電圧が 300 V を超え，防護装置の金属製部分に接触防護措置を施していない場合は，C 種接地工事を施さなければならない.

テーマ58 アクセスフロア内のケーブル配線・合成樹脂管工事等

ポイント

❶ アクセスフロア内のケーブル配線

（1） 電　線

・**300 V 以下の場合**

ビニル外装ケーブル等のケーブル，ビニルキャブタイヤケーブル，2種以上のキャブタイヤケーブルを使用する．

・**300 V を超える場合**

ビニル外装ケーブル等のケーブル，3種以上のキャブタイヤケーブルを使用する．

（2） ケーブル配線の施設方法

・セパレータなどにより，ケーブル配線と弱電流電線の接触防止措置を施すこと．

・移動電線を引き出すフロアの貫通部は，移動電線を損傷しないように適切な処置を施すこと．

（3） コンセント等の施設

コンセントその他これに類するものはフロア面，又はフロア上に施設することを原則とする．

（4） 分電盤の施設

分電盤は，フロア内に施設しないことを原則とする．

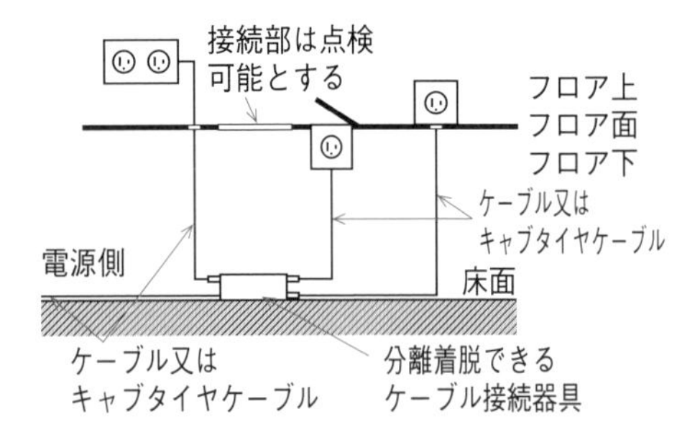

分離着脱できるケーブル接続器具による施設例

❷ 合成樹脂管工事

（1） 種　類

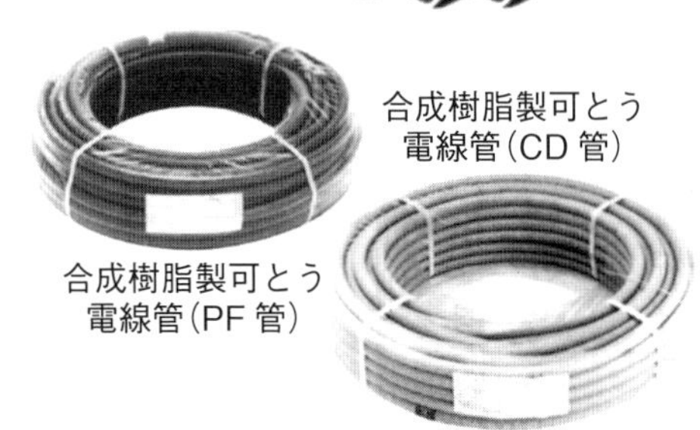

（2） 電　線

・絶縁電線（OW を除く）であること．

・より線又は直径 3.2 mm 以下の単線であること．

・合成樹脂管内では，電線に接続点を設けてはならない．

（3） 管相互の接続

・硬質塩化ビニル電線管の差込深さ

　・接着剤を使用しない場合

　　：外径の 1.2 倍以上

　・接着剤を使用する場合

　　：外径の 0.8 倍以上

・合成樹脂製可とう電線管相互の接続は，カップリングを使用する

PF 管用カップリング

（4） 管の支持点間の距離

1.5 m 以下

❸ 金属可とう電線管工事

(1) 金属可とう電線管の種類

・1種金属製可とう電線管：帯状の鉄板をらせん状に巻いて製作したもので耐湿性がない.

・2種金属製可とう電線管：テープ状の金属片とファイバを組み合わせ，これを緊密に製作して耐湿性をもたせたもの.

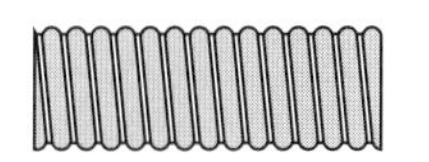

1種金属製可とう電線管

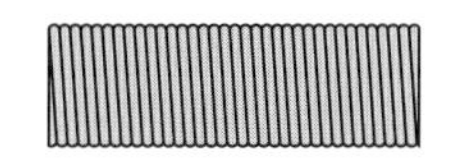

2種金属製可とう電線管

(2) 電 線

・絶縁電線(OWを除く)であること.

・より線又は直径3.2 mm以下の単線であること.

・可とう電線管内では，電線に接続点を設けないこと.

(3) 接地工事

・使用電圧が300 V以下：D種接地工事(管の長さが4 m以下は省略できる)

・使用電圧が300 Vを超える場合：C種接地工事(接触防護措置を施す場合は，D種接地工事にできる)

練習問題

	問題	イ	ロ	ハ	ニ
1	アクセスフロア内の配線等に関する記述として，**不適切なものは**.	イ．フロア内のケーブル配線にはビニル外装ケーブル以外の電線を使用できない.	ロ．移動電線を引き出すフロアの貫通部は，移動電線を損傷しないような適切な処置を施す.	ハ．フロア内では電源ケーブルと弱電流電線が接触しないようセパレータ等による接触防止措置を施す.	ニ．分電盤は原則としてフロア内に施設しない.
2	金属可とう電線管に関する記述として，**誤っているものは**.	イ．1種金属製可とう電線管は，2種金属製可とう電線管より防湿性に優れている.	ロ．金属可とう電線管は，電気用品安全法の適用を受ける.	ハ．2種金属製可とう電線管は，点検できる隠ぺい場所の工事に使用することができる.	ニ．2種金属製可とう電線管は，使用電圧が300〔V〕を超える低圧の工事に使用できる.
3	低圧屋内配線で，合成樹脂管を造営材に取り付ける場合，その支持点間の最大値〔m〕は.	イ．1	ロ．1.5	ハ．2	ニ．2.5

解答

1. **イ**
アクセスフロア内の配線は，ビニル外装ケーブル以外のビニルキャブタイヤケーブル等の電線も使用できる.

2. **イ**
2種金属製可とう電線管の方が防湿性に優れている.

3. **ロ**
合成樹脂管の支持点間の距離は1.5 m以下.

テーマ59 金属線ぴ・金属ダクト工事

ポイント

❶ 金属線ぴ工事

(1) 金属線ぴの種類

・**1種金属製線ぴ**(幅4cm未満)

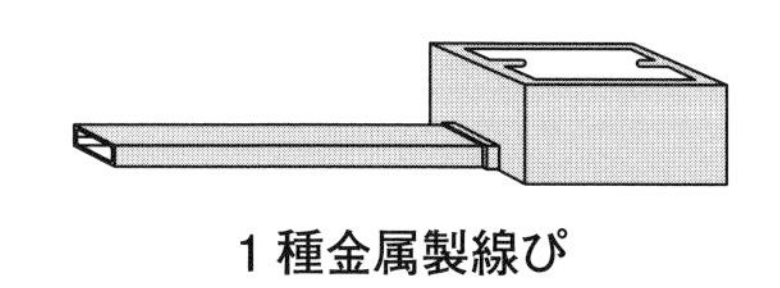

1種金属製線ぴ

・**2種金属製線ぴ**(幅4cm以上5cm以下)

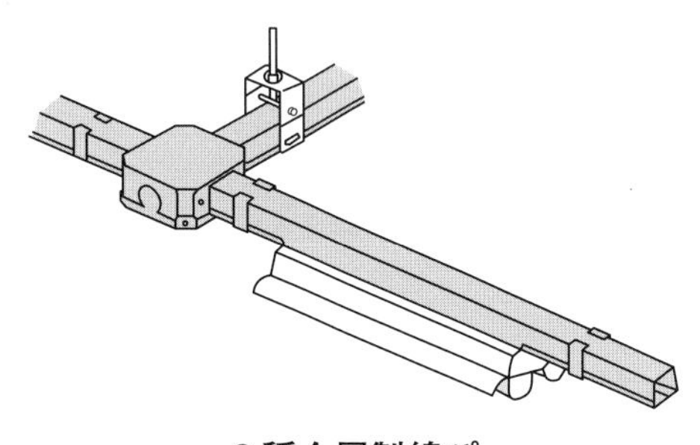

2種金属製線ぴ

(2) 配　線

・絶縁電線(OW線を除く)であること.

・線ぴ内では，電線に接続点を設けない.
(2種金属製線ぴを使用し，電線を分岐する場合で，接続点を容易に点検でき，D種接地工事を施す場合を除く)

(3) 接地工事

D種接地工事

(省略できる場合)

・線ぴの長さが4m以下のもの.

・対地電圧が150V以下の場合で，線ぴの長さが8m以下のものに簡易接触防護措置を施すとき又は乾燥した場所に施設するとき.

❷ 金属ダクト工事

(1) 金属ダクト

・幅が5cmを超える.

・厚さが1.2mm以上の鉄板と同等以上.

(2) 配　線

・絶縁電線(OW線を除く)であること.

・ダクト内では，電線に接続点を設けないこと.
(電線を分岐する場合で，接続点を容易に点検できるときを除く)

・ダクトに収める電線の断面積（絶縁被覆を含む）は，ダクトの内部断面積の20%以下とする（制御回路等の配線のみを収める場合は50%以下).

(3) 支持点間の距離

3m以下（取扱者以外の者が出入りできないように措置した場所において，垂直に取り付ける場合は6m以下)

(4) 接地工事

・使用電圧が300V以下：D種接地工事

・使用電圧が300Vを超える場合：C種接地工事(接触防護措置を施す場合は，D種接地工事にできる)

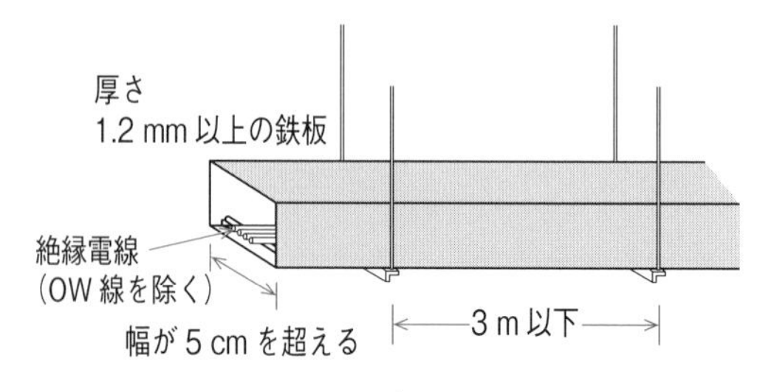

金属ダクト

練習問題

1	一般照明及び動力用低圧屋内配線の金属ダクト工事において，同一ダクト内に収める電線の断面積（絶縁被覆の断面積を含む）の総和は，ダクトの内部断面積の最大何〔%〕か.	イ．10	ロ．20	ハ．30	ニ．40
2	低圧屋内配線の金属ダクト工事に関する記述として，**誤っているものは.**	イ．金属ダクト内の容易に点検できる箇所に電線を分岐する接続点を設けた.	ロ．厚さが2〔mm〕の鉄板で製作した幅が10〔cm〕の金属ダクトを使用した.	ハ．乾燥した点検できる隠ぺい場所に施設した.	ニ．電線に屋外用ビニル絶縁電線を使用した.
3	金属線ぴ工事の記述として，**誤っているものは.**	イ．電線には絶縁電線（屋外用ビニル絶縁電線を除く.）を使用した.	ロ．電気用品安全法の適用を受けている金属製線ぴ及びボックスその他の附属品を使用して施工した.	ハ．湿気のある場所で，電線を収める線ぴの長さが12mなので，D種接地工事を省略した.	ニ．線ぴとボックスを堅ろうに，かつ，電気的に完全に接続した.
4	金属ダクトを水平方向に取り付ける場合の支持点間の距離の最大〔m〕は.	イ．1	ロ．2	ハ．3	ニ．6

解答

1. **ロ**

電灯・動力配線の電線の断面積（絶縁被覆の断面積を含む）の総和は，ダクトの内部断面積の20%以下としなければならない．電光サイン装置や制御回路等の配線のみであれば，50%以下にできる.

2. **ニ**

金属ダクトは，幅が5cmを超え，厚さが1.2mm以上の鉄板又はこれと同等以上の強さを有する金属製のものと定義されている．使用電線は，屋外用ビニル絶縁電線（OW線）を除く絶縁電線でなければならない.

3. **ハ**

金属線ぴのD種接地工事を省略できるのは，次の場合である.

①線ぴの長さが4m以下の場合.

②対地電圧が150V以下の場合で線ぴの長さが8m以下のものに，簡易接触防護措置を施すとき又は乾燥した場所に施設するとき.

以上のことから，湿気のある場所で，長さが12mの線ぴのD種接地工事は省略できない.

4. **ハ**

金属ダクトの支持点間の距離は，3mが原則である．取扱者以外の者が出入りできないように措置した場所において，垂直に取り付ける場合は6m以下にできる.

テーマ60 バスダクト・フロアダクト・セルラダクト工事

ポイント

❶ バスダクト工事

(1) バスダクト

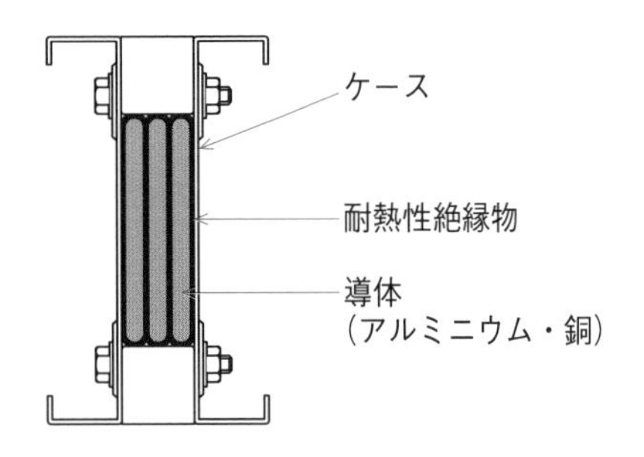

導体に板状のアルミ導体又は銅導体を使用して，大電流を流す幹線に使用される．

(2) 支持点間の距離

3 m 以下（取扱者以外の者が出入りできないように措置した場所において，垂直に取り付ける場合は 6 m 以下）．

(3) 接地工事

・使用電圧が 300 V 以下：D 種接地工事

・使用電圧が 300 V を超える場合：C 種接地工事(接触防護措置を施す場合は，D 種接地工事にできる)

❷ フロアダクト工事

(1) 配　線

・絶縁電線(OW 線を除く)であること．

・より線又は直径 3.2 mm 以下の単線であること．

・フロアダクト内では，電線に接続点を設けない（電線を分岐する場合で，接続点が容易に点検できるときを除く）．

(2) 接地工事

D 種接地工事（強電流回路の電線と弱電流回路の電線を，堅ろうな隔壁を設けて同一のフロアダクト及びジャンクションボックス内に収める場合は，C 種接地工事）．

(3) フロアダクトの構成

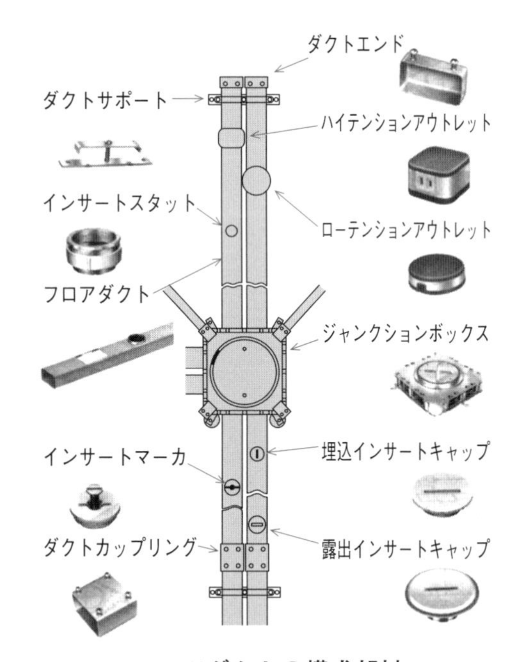

フロアダクトの構成部材

❸ セルラダクト工事

(1) セルラダクト

床コンクリートの床構造材であるデッキプレート(波形鋼板)の溝を利用して配線する．

(2) 電　線

・絶縁電線(OW 線を除く)であること．

・より線又は直径 3.2 mm 以下の単線であること．

・セルラダクト内では，電線に接続点を設けない（電線を分岐する場合で，接続点が容易に点検できるときを除く）

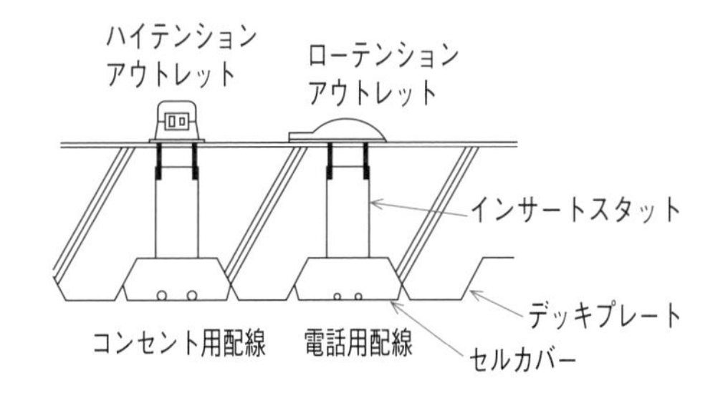

(3) 接地工事

D 種接地工事(強電流回路の電線と弱電流回路の電線を，堅ろうな隔壁を設けて同一のセルラダクトに収める場合は，C 種接地工事)

練習問題

	問題	イ.	ロ.	ハ.	ニ.
1	展開した場所のバスダクト工事に関する記述として，**誤っているものは.**	低圧屋内配線の使用電圧が 400〔V〕で,かつ,人が触れるおそれがないように，接触防護措置を施したので,ダクトの接地工事は D 種接地工事とした.	低圧屋内配線の使用電圧が 200〔V〕で,かつ,湿気の多い場所での施設なので,屋外用バスダクトを使用し,バスダクト内に水が浸入してたまらないようにした.	低圧屋内配線の使用電圧が 200〔V〕で，かつ，人が触れるおそれがないように,接触防護措置を施したので,ダクトの接地工事は省略した.	ダクトを造営材に取り付ける際,ダクトの支持点間の距離を 2〔m〕として施設した.
2	電気設備技術基準の解釈において，フロアダクト工事において同一ダクト内に堅ろうな隔壁を設けて低圧屋内配線と弱電流電線とを施設する場合，工事方法として**誤っているものは.**	使用電圧は 300〔V〕以下であること.	乾燥した点検できない隠ぺい場所であること.	電線は直径 3.2〔mm〕(銅導体)以下には単線を用いてもよい.	ダクトには D 種接地工事を施す.
3	床配線収納方式として,波形デッキプレートの溝を閉鎖して,これを配線ダクトとして利用する工事方法は.	セルラダクト工事	バスダクト工事	ライティングダクト工事	金属ダクト工事

解答

1. **ハ**

バスダクト工事では，接地工事の省略はできない．使用電圧が 300 V 以下の場合は，ダクトに接触防護措置を施しても，D 種接地工事を行わなければならない．

2. **ニ**

低圧屋内配線と弱電流電線とを，同一のフロアダクト及びジャンクションボックスに施設する場合は，C 種接地工事を施さなければならない．

3. **イ**

セルラダクト工事は，建築材料のデッキプレート（波形鋼板）の溝を利用した配線方法である．

テーマ61 ライティングダクト・平形保護層工事

ポイント

❶ ライティングダクト工事

（1） ライティングダクト

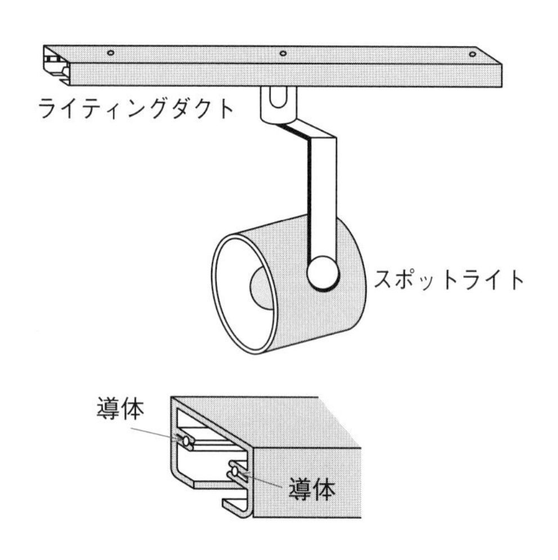

（2） 施設方法

・支持点間の距離は 2 m 以下.

・開口部は下向きが原則.

・終端部は閉そくする.

・造営材を貫通して施設してはならない.

（3） 接地工事

D 種接地工事を施す（合成樹脂等で金属部分を被覆したダクトを使用する場合や，対地電圧が 150 V 以下でダクトの長さが 4 m 以下の場合は省略できる）.

（4） 漏電遮断器の施設

ダクトの導体に電気を供給する電路には，漏電遮断器を施設する.

ただし，ダクトに簡易接触防護措置を施す場合は省略できる.

❷ 住宅以外に施設する平形保護層工事

（1） 平形保護層

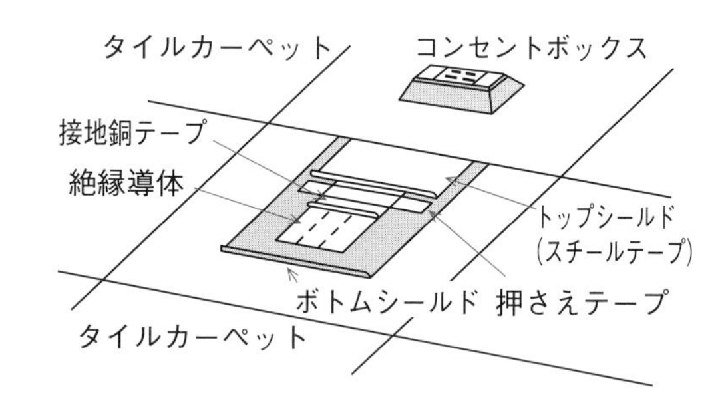

（2） 施設場所

・次に示す場所以外

　・旅館，ホテル等の宿泊室

　・学校等の教室

　・病院，診療所等の病室

　・フロアヒーティング等発熱線を施設した床面

・造営物の床面又は壁面

（3） 電路の対地電圧

150 V 以下

（4） 分岐回路等

・30 A 以下の過電流遮断器で保護する.

・漏電遮断器を施設する.

❸ 住宅に施設する平形保護層工事

住宅においては，所定の施工方法により，コンクリートの直天井面及び石膏ボード等の天井面・壁面に平形保護層工事を施工することができる.

練習問題

	問題	イ	ロ	ハ	ニ
1	簡易接触防護措置を施していない場所に施設するライティングダクト工事に関する記述として**誤っているものは**.	イ. ダクトは 2〔m〕以下の間隔で堅固に固定した.	ロ. 乾燥した場所なので漏電遮断器を省略した.	ハ. ダクトの開口部は下向きに施設した.	ニ. ダクトの長さが 4〔m〕以下であり, 電路の対地電圧が 150〔V〕以下なので, D 種接地工事を省略した.
2	ライティングダクト工事の記述として, **不適切なものは**.	イ. ライティングダクトを 1.5 m の支持間隔で造営材に堅ろうに取り付けた.	ロ. ライティングダクトの終端部を閉そくするために, エンドキャップを取り付けた.	ハ. ライティングダクトに D 種接地工事を施した.	ニ. 接触防護措置を施したので, ライティングダクトの開口部を上向きに取り付けた.
3	平形保護層工事により低圧屋内配線を施設してもよい場所は. ただし, フロアヒーティング等発熱線を施設していないものとする.	イ. 住宅の床面	ロ. マーケットの事務室	ハ. 中学校の教室	ニ. ホテルの客室

解答

1. ロ

ライティングダクトは, 簡易接触防護措置を施していない場合には, 必ず漏電遮断器を施設しなければならない.

2. ニ

ライティングダクトの開口部は, 下向きに施設しなければならない. 開口部を上にして施設すると, 埃などが堆積して漏電の原因となるので禁じられている.

ライティングダクトの終端部は, 充電部が露出しないようにエンドキャップを取り付ける.

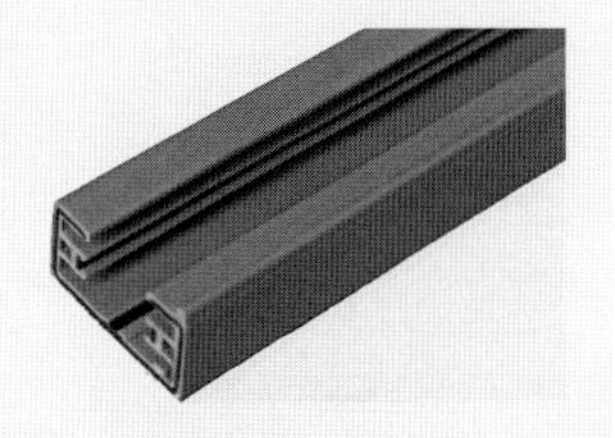

エンドキャップ　　ライティングダクト

3. ロ

平形保護層工事は, 住宅の床面や学校の教室, ホテルの客室等には施設することはできない.

テーマ62 特殊場所の工事

ポイント

❶ 特殊場所の工事の種類

特殊場所	工事の種類
爆燃性粉じんが存在する場所（マグネシウム，アルミニウム）	・金属管工事（薄鋼電線管以上の強度を有するもの） ・ケーブル工事
可燃性ガス等が存在する場所（プロパンガス，シンナー）	
可燃性粉じんが存在する場所（小麦粉，でんぷん，砂糖）	・金属管工事（薄鋼電線管以上の強度を有するもの） ・ケーブル工事 ・合成樹脂管工事（厚さ 2mm 未満の合成樹脂製電線管，CD 管を除く）
危険物が存在する場所（石油，セルロイド，マッチ）	

❷ 爆燃性粉じん・可燃性ガスが存在する場所の工事

（1） 金属管工事

・電動機に接続する部分で，可とう性を必要とする部分には，フレキシブルフィッチング（粉じん防爆型・耐圧防爆型等）を使用する．

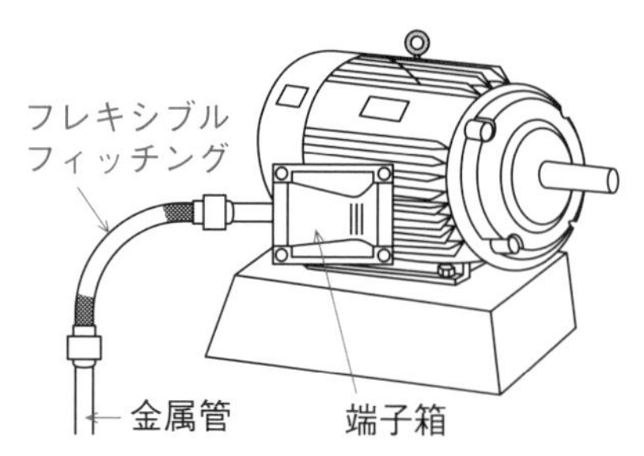

・可燃性ガスが存在する場所では，他の場所にガスが漏れないように，配管の途中にシーリングフィッチング等を使用する．

シーリングフィッチング

（2） ケーブル工事

MI ケーブル等を使用する場合を除き，管などの防護装置に収める．

（3） 移動電線

接続点のない 3 種・4 種キャブタイヤケーブル等を使用する．

（4） 電気機械器具

特殊場所	電気機器
爆燃性粉じんが存在する場所	粉じん防爆特殊防じん構造
可燃性ガスが存在する場所	電気機械器具防爆構造規格に適合するもの

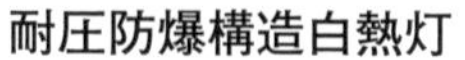
耐圧防爆構造白熱灯

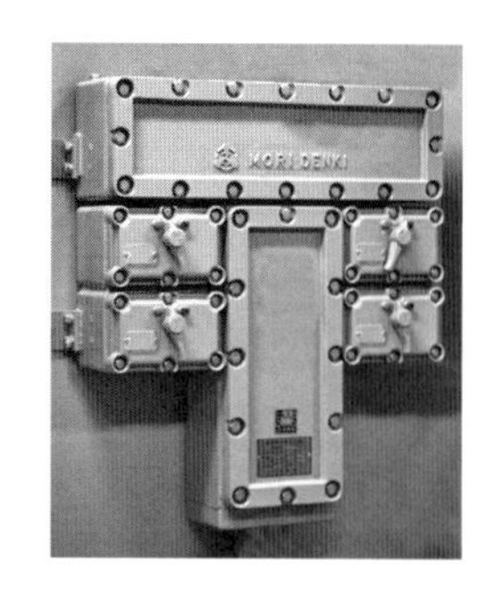
耐圧防爆構造分電盤

❸ 可燃性粉じん・危険物が存在する場所の工事

（1） 金属管工事

可燃性粉じんが存在する場所では，電動機に接続する部分で，可とう性を必要とする部分には，粉じん防爆型フレキシブルフィッチングを使用する．

（2） 合成樹脂管工事

合成樹脂管及びボックス等は，損傷を受けるおそれがないように施設する．

（3） ケーブル工事

MI ケーブル等を使用する場合を除き，管などの防護装置に収める．

（4） 移動電線

接続点のない1種キャブタイヤケーブル以外のキャブタイヤケーブルを使用する．

（5） 電気機械器具

可燃性粉じんが存在する場所では，粉じん防爆普通防じん構造等のものを施設する．

練習問題

	問題	イ.	ロ.	ハ.	ニ.
1	可燃性ガスが存在する場所に低圧屋内電気設備を施設する施工方法として，**不適切なものは.**	金属管工事により施工し，厚鋼電線管を使用した.	可搬形機器の移動電線には，接続点のない3種クロロプレンキャブタイヤケーブルを使用した.	スイッチ，コンセントは，電気機械器具防爆構造規格に適合するものを使用した.	金属管工事により施工し，電動機の端子箱との可とう性を必要とする接続部に金属製可とう電線管を使用した.
2	石油を貯蔵する場所における低圧屋内配線の工事方法で，**誤っているものは.**	損傷を受けるおそれがないように施設した合成樹脂管工事（CD 管を除く）	薄鋼電線管を使用した金属管工事	MI ケーブルを使用したケーブル工事	フロアダクト工事

解答

1. ニ

可燃性ガスが存在する場所において，金属管工事で電動機の端子箱に接続する場合には，耐圧防爆型フレキシブルフィッチングを使用しなければならない.

2. ニ

セルロイド，マッチ，石油などの燃えやすい危険な物質がある場所では，金属管工事・合成樹脂管工事・ケーブル工事だけが認められている.

耐圧防爆型フレキシブルフィッチング

テーマ63 高圧屋内配線・屋側電線路・屋上電線路

ポイント

❶ 高圧屋内配線

（1） 工事の種類

・がいし引き工事（乾燥した場所であって展開した場所に限る）

・ケーブル工事

（2） がいし引き工事

・接触防護措置を施す．

・使用電線
直径2.6 mm 以上の高圧絶縁電線等

・支持点間の距離：6 m 以下
（造営材の面に沿う場合は2 m 以下）

・電線相互間の距離：8 cm 以上

・電線と造営材との距離：5 cm 以上

（3） ケーブル工事

・支持点間の距離：
造営材の側面，下面：2 m 以下
（接触防護措置を施した場所に，垂直に取り付ける場合は6 m 以下）

・防護装置等の金属体の接地：
A 種接地工事（接触防護措置を施す場合は，D 種接地工事にできる）

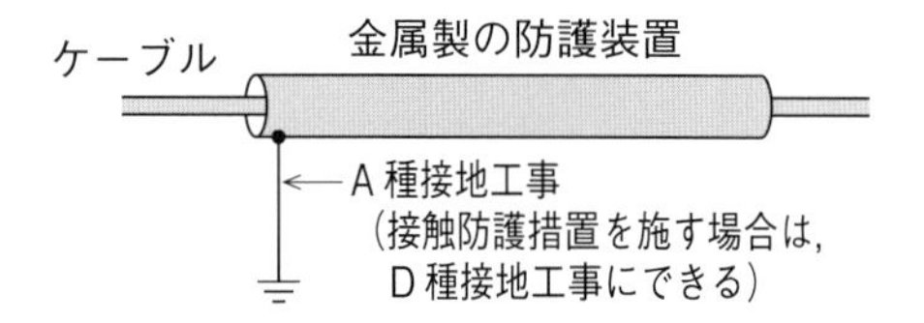

（4） 他の配線等との離隔距離

高圧屋内配線と他の高圧屋内配線，低圧屋内電線，弱電流電線，水管，ガス管等とは15 cm 以上離す（高圧ケーブルとの間に耐火性のある堅ろうな隔壁を設けた場合，高圧ケーブルを耐火性のある堅ろうな管に収めた場合，高圧屋内配線がケーブル相互の場合を除く）．

❷ 高圧屋側電線路

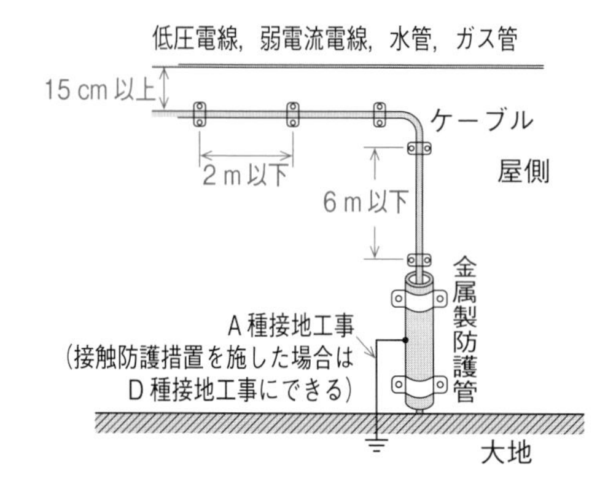

（1） 工事の種類

ケーブル工事

・展開した場所に施設する．

・ケーブルには，接触防護措置を施す．

（2） 支持点間の距離

・造営材の側面，下面：2 m 以下

・垂直に取り付ける場合：6 m 以下

（3） 防護装置等の金属製部分の接地

・A 種接地工事(接触防護措置を施す場合は，D 種接地工事にできる)．

・防食措置を施してあるもの，大地との電気抵抗が10 Ω 以下の場合は省略できる．

（4） 他の配線等との離隔距離

高圧屋内配線と同様に15 cm 以上離す．

❸ 高圧屋上電線路

高圧屋上電線路は，次のようにして施設する．

・電線には，ケーブルを使用する．

・電線を展開した場所において，造営材に

堅ろうに取り付けた支持台等により支持し，造営材との離隔距離を 1.2 m 以上として施設する．

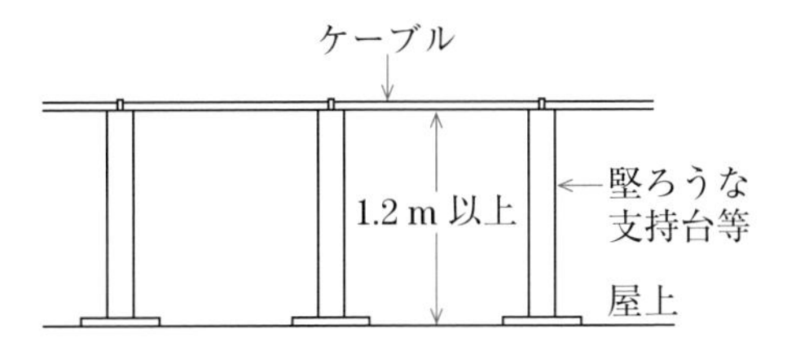

・電線を造営材に堅ろうに取り付けた堅ろうな管又はトラフに収め，トラフには取扱者以外の者が容易に開けることができないように，鉄製又はコンクリート製等の堅ろうなふたを設ける．

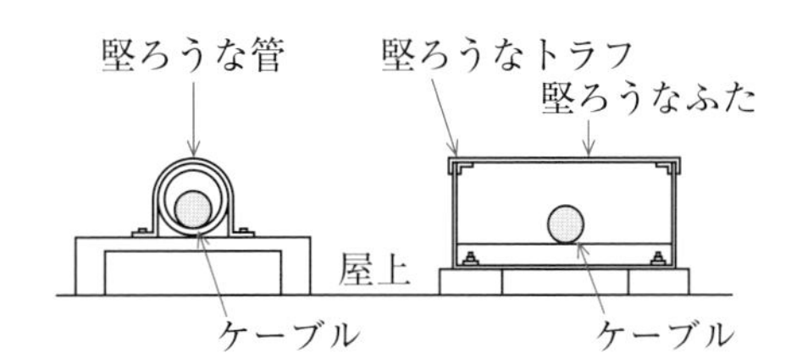

練習問題

1	高圧屋内配線で，施工できる工事方法は．	イ．ケーブル工事	ロ．金属管工事	ハ．合成樹脂管工事	ニ．金属ダクト工事
2	高圧屋内配線を，乾燥した場所であって展開した場所に施設する場合の記述として，**不適切なものは**．	イ．高圧ケーブルを金属管に収めて施設した．	ロ．高圧ケーブルを金属ダクトに収めて施設した．	ハ．接触防護措置を施した高圧絶縁電線をがいし引き工事により施設した．	ニ．高圧絶縁電線を金属管に収めて施設した．
3	高圧屋内配線工事に関する記述として，**不適切なものはどれか**．	イ．展開した場所に施設した金属管内に高圧CVケーブルを収め金属管にA種接地工事を施した．	ロ．高圧CVケーブルとガス管との離隔距離が15〔cm〕未満であるので，その部分のケーブルを耐火性のある堅ろうな管に収めて施設した．	ハ．高圧CVケーブルを接触防護措置を施した場所で造営材に垂直に取り付ける場合，ケーブルの支持点間の距離を6〔m〕とした．	ニ．隔壁がない同一のケーブルラック上に高圧CVケーブルと低圧ケーブルとを12〔cm〕離して施設した．

解答

1. **イ**

高圧屋内配線は，がいし引き工事かケーブル工事によって施設しなければならない．

2. **ニ**

高圧絶縁電線を金属管に収めて施設する工事は認められていない．

3. **ニ**

高圧ケーブルと低圧ケーブルの間に隔壁がない場合は，15 cm 以上離して施設する．

テーマ 64 地中電線路

ポイント

❶ 地中電線路

(1) 使用電線

・ケーブル

(2) 地中電線路の施設方法

・直接埋設式　・管路式　・暗きょ式

❷ 直接埋設式

(1) ケーブルの防護

トラフ等の防護物に収めて施設する．

《例外》

・重量物の圧力を受けるおそれがない場所で，上部を堅ろうな板等で覆う．

・CD ケーブル等を使用する．

(2) 埋設深さ

・重量物の圧力を受けるおそれがある場所　　　：1.2 m 以上

・その他の場所：0.6 m 以上

地表面
土冠
1.2 m 以上
(重量物の圧力を受けるおそれのない場所は0.6 m 以上)
ふた
トラフ
砂
ケーブル
トラフ
ケーブル

(3) 高圧地中電線路の表示

需要場所に施設する長さ 15 m 以下のものを除き，次の表示をする．

・物件の名称，管理者名，電圧（需要場所に施設する場合は電圧のみ）を表示

・おおむね 2 m の間隔で表示

地表面
ケーブル標識シート
物件の名称
管理者名　電圧
トラフ
高圧ケーブル　約 2 m 間隔で表示

❸ 管路式

ケーブルを収める管は，車両その他の重量物の圧力に耐えるものでなければならない．高圧地中電線路の表示は，直接埋設式と同じにする．

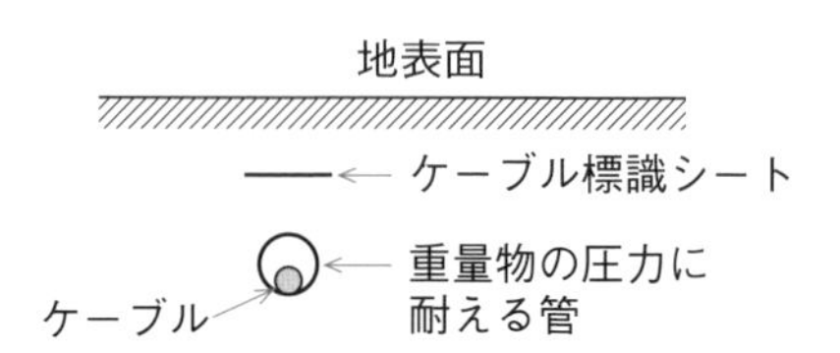

❹ 暗きょ式

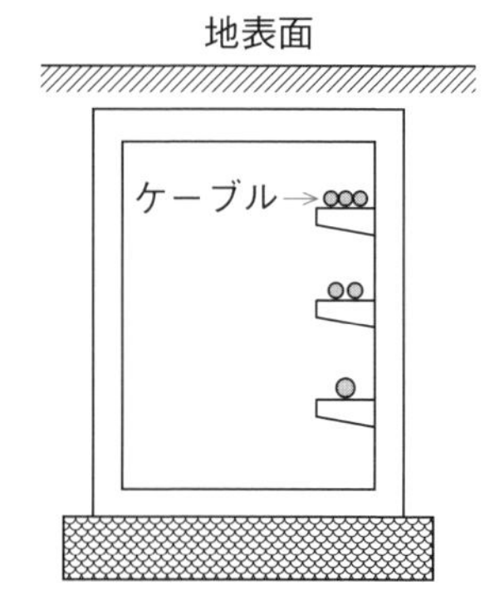

ケーブルに耐燃措置を施すか，暗きょ内に自動消火設備を施設しなければならない．

暗きょ式は大規模のものが多いが，高圧ケーブル，低圧ケーブル，通信ケーブルを収めたキャブ（大形の U 字溝を地中に埋め込んで蓋（ふた）をしたもの）も暗きょ式に含まれる．

❺ 地中電線の被覆金属体等の接地

地中電線を収める防護装置の金属製部分，金属製の電線接続箱，地中電線の被覆に使用

する金属体等には，D 種接地工事を施さなければならない（防食措置を施した部分，管路式の金属製の管路を除く）．

練習問題

1	長さ 30〔m〕の高圧地中電線路のケーブル埋設表示の施工にシートを使用する場合，その施工方法として**正しいものは**.	イ． 埋設表示シートは，定められた事項を 5〔m〕間隔で表示する．	ロ． 埋設表示シートは，地中電線路の下に施設する．	ハ． 需要場所の場合は，埋設表示シートを省略できる．	ニ． 埋設表示シートに表示する事項は，物件の名称，管理者名，電圧とする．
2	電気設備技術基準の解釈において，高圧用地中ケーブルを重量物の圧力を受けない工場構内に直接埋設式により施設する場合，土冠の最小値〔m〕は.	イ．0.3	ロ．0.6	ハ．1.2	ニ．2.0
3	地中電線路の施設に関する記述として，**誤っているものは**.	イ． 長さが 15 m を超える高圧地中電線路を管路式で施設し，物件の名称，管理者名及び電圧を表示した埋設表示シートを，管と地表面のほぼ中間に施設した．	ロ． 地中電線路に絶縁電線を使用した．	ハ． 地中電線に使用する金属製の電線接続箱に D 種接地工事を施した．	ニ． 地中電線路を暗きょ式で施設する場合に，地中電線を不燃性又は自消性のある難燃性の管に収めて施設した．

解答

1. ニ

需要場所の構内であっても 15 m を超えたら，埋設表示シートを施設しなければならない．埋設表示シートには，おおむね 2 m の間隔で，物件の名称，管理者名，電圧を表示する．需要場所では，電圧の表示だけでよい．

2. ロ

直接埋設式で施設する場合，重量物の圧力を受けるおそれのない場所での最小土冠は 0.6 m である．

3. ロ

地中電線路に使用できる電線はケーブルだけで，絶縁電線は使用できない．

テーマ65 高圧機器の施設

ポイント

❶ 高圧用機械器具の施設

高圧用の機械器具を変電所，開閉所等以外に施設する場合は，次のようにして施設しなければならない．

・屋内であって，取扱者以外の者が出入りできないように措置した場所に施設する．

・人が触れるおそれがないように，機械器具の周囲にさく等を設け，さく等の高さとさく等から充電部までの距離の和を5 m以上とし，危険である旨を表示する．

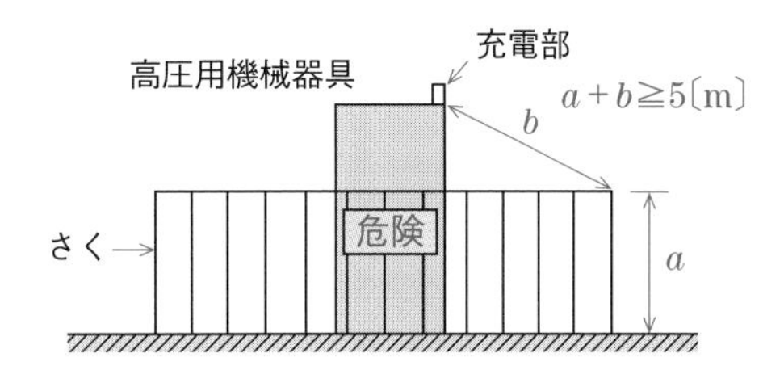

・機械器具を人が触れるおそれがないように地表上4.5 m(市街地外は4 m)以上の高さに施設する．

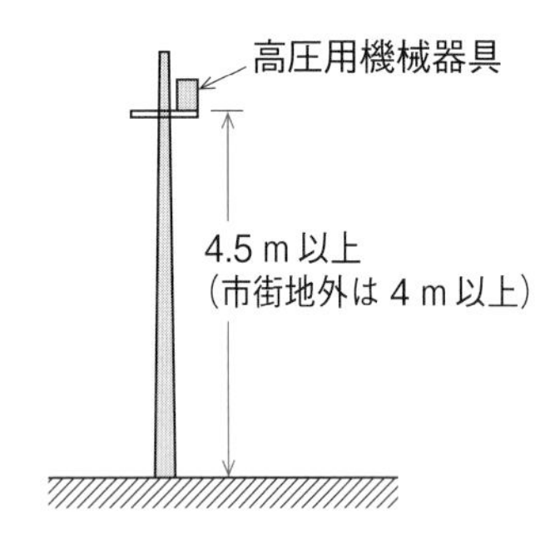

・機械器具をコンクリートの箱又はD種接地工事を施した金属製の箱に収め，充電部が露出しないように施設する．

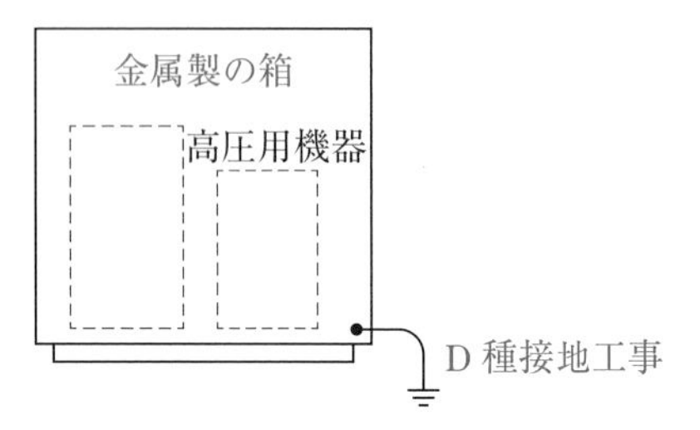

・充電部が露出しない機械器具に，簡易接触防護措置を施す．

❷ アークを生じる器具の施設

高圧用の開閉器，遮断器，避雷器などであって，動作時にアークを生じるものは，可燃性の物から1 m以上離さなければならない（耐火性の物で両者を隔離した場合を除く）．

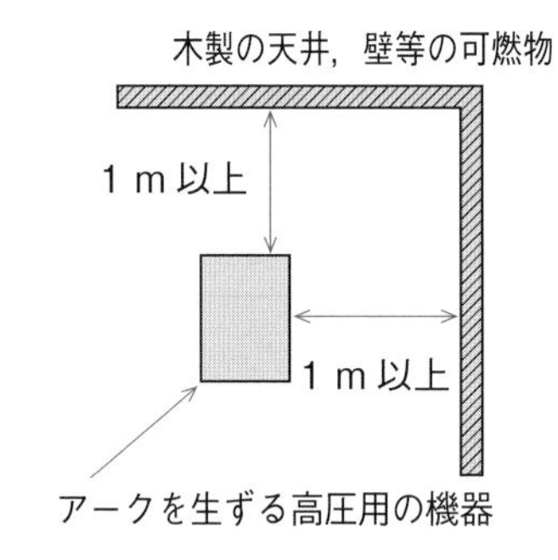

❸ 高圧受電設備の施設

（1） 屋外に施設する場合

・さく，へい等を設ける．

・出入口に，立入りを禁止する旨を表示する．

・出入口に，施錠装置を施設する．

（2） 屋内に施設する場合

次のいずれかにより施設する．

・さく，へい等を施設し，出入口に立入りを禁止する旨を表示するとともに，施錠装置等を施設する．
・堅ろうな壁を施設し，その出入口に立入りを禁止する旨を表示するとともに，施錠装置等を施設する．

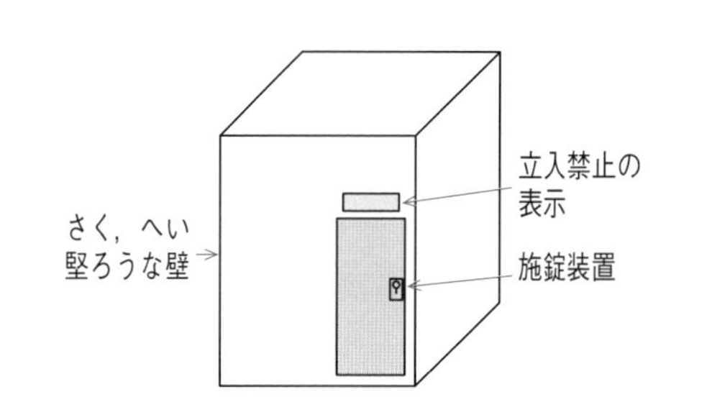

練習問題

	問題	イ	ロ	ハ	ニ
1	高圧用機械器具を工場内に設置する場合，**適当でないものは**．	イ． 高圧用機械器具を周囲にさくを設けずに地表上 3.5〔m〕の高さに施設する．	ロ． 高圧用機械器具を屋内の取扱者以外の者が出入りできないように設備した場所に施設する．	ハ． 高圧用機械器具の周囲に人が触れるおそれのないように適当なさくを設ける．	ニ． 充電部分が露出しない高圧用機械器具を簡易接触防護措置を施して施設する．
2	電気設備技術基準の解釈において，動作時にアークを生じる使用電圧 6.6〔kV〕の気中負荷開閉器と木製の壁との離隔距離の最小値〔cm〕は．	イ．50	ロ．60	ハ．100	ニ．130
3	高圧用の機械器具を地上に施設する場合（工場の構内等に施設する場合を除く）その周囲に設けるさくの高さとさくから充電部分までの距離の和〔m〕の最小は，電気設備技術基準の解釈では．	イ．1.8	ロ．2.4	ハ．3.6	ニ．5.0
4	変電所の出入口に，原則として表示しなければならない事項は，電気設備技術基準の解釈では．	イ． 変電所	ロ． 危険	ハ． 高圧	ニ． 立入禁止

解答

1. **イ**

高圧用の機械器具を人が触れるおそれがないように地表上 4.5 m 以上の高さに施設しなければならない．具体的には，柱上に変圧器や開閉器等を設置することが該当する．市街地外では，高さを 4 m 以上にすることができる．

2. **ハ**

動作時にアークを発生する高圧用の遮断器，開閉器，避雷器等の器具は，木製のような可燃性の壁や天井からは，1 m 以上離さなければならない．

3. **ニ**

さく等の高さとさく等から充電部分までの距離の和は，5 m 以上でなければならない．

4. **ニ**

取扱者以外の者が立ち入らないように立入禁止の表示をする．

テーマ66 高圧架空引込線

ポイント

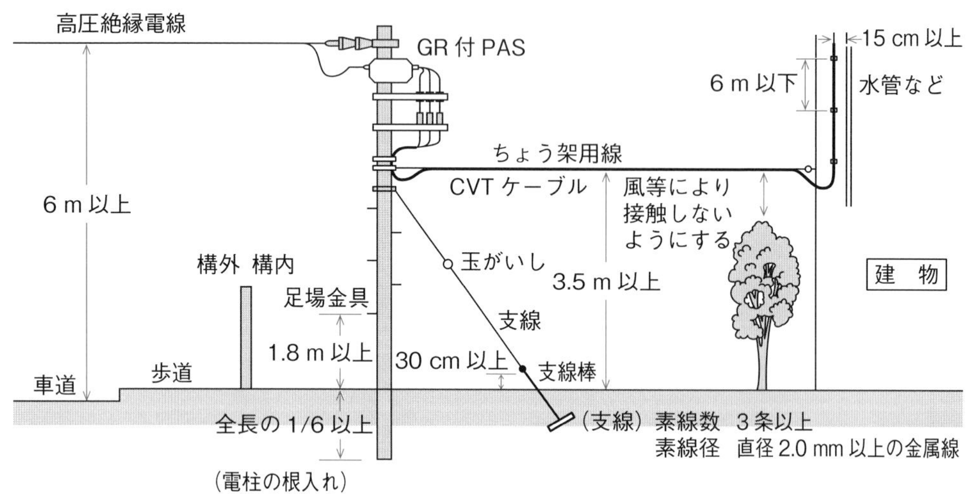

❶ 高圧架空引込線等の電線の高さ

施設場所	高 さ
道路を横断	路面上6 m以上
鉄道，軌道を横断	レール面上5.5 m以上
横断歩道橋の上	路面上3.5 m以上
その他	ケーブルの場合* 地表上3.5 m以上

＊高圧絶縁電線の場合は5 m以上（下方に危険である旨を表示する場合は，3.5 m以上）

❷ ケーブルのちょう架

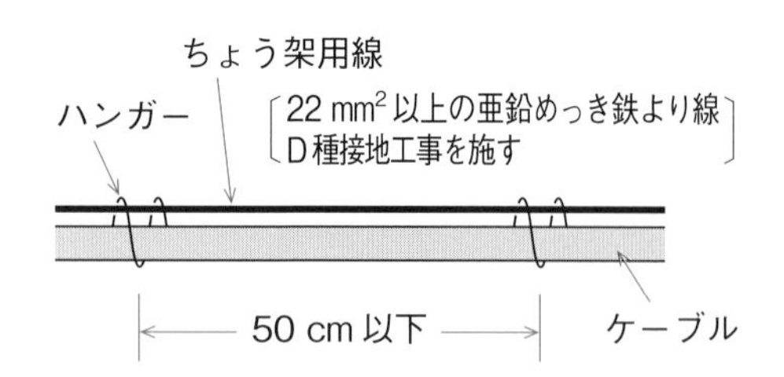

❸ 高圧架空電線と建造物との離隔距離

電線の種類	区 分	離隔距離
ケーブル	上部造営材の上方	1 m以上
	その他	0.4 m以上
高圧絶縁電線	上部造営材の上方	2 m以上
	人が建造物の外へ手を伸ばす又は身を乗り出すことなどができない部分	0.8 m以上
	その他	1.2 m以上

電線の種類	区 分	離隔距離
ケーブル	弱電流電線路 アンテナ	0.4 m以上
	植物	接触しない
高圧絶縁電線	弱電流電線路 アンテナ	0.8 m以上
	植物	接触しない

❹ ケーブルヘッド

高圧ケーブルの端末部を，ケーブルヘッド（CH）という．地絡継電装置付き高圧交流負荷開閉器（GR付PAS）に接続するケーブルヘッドには，ゴムとう管形屋外終端接続部，耐塩害終端接続部等がある．

ゴムとう管形屋外終端接続部は，河岸から離れた屋外の軽汚損・中汚損地区で使用される．耐塩害終端接続部は，海岸の近くの重汚損・超重汚損地区で使用される．

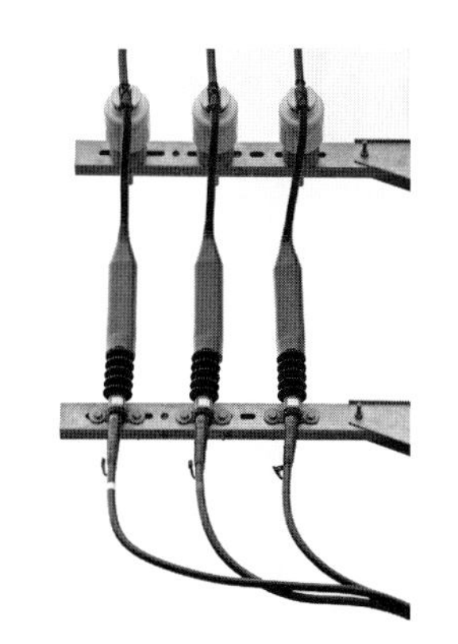
ゴムとう管形
屋外終端接続部

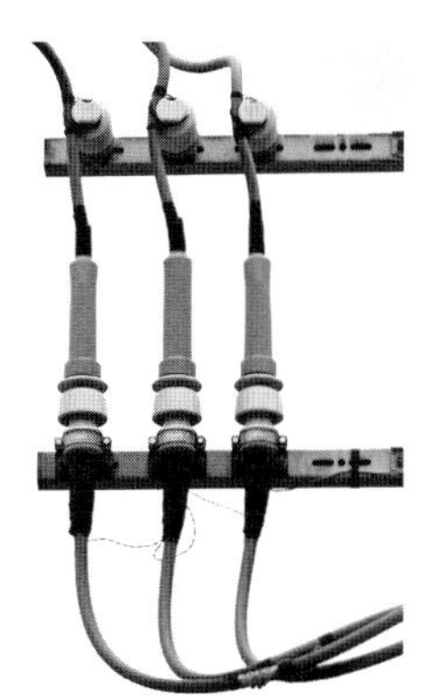
耐塩害
終端接続部

練習問題

1	高圧ケーブルと樹木が接近する場合の離隔距離の最小値〔m〕は.	イ．0.2	ロ．0.4	ハ．0.6	ニ．接触しなければよい
2	高圧絶縁電線を使用した高圧架空電線と建造物の側方との離隔距離の最小値〔m〕は. ただし，人が建造物の外へ手を伸ばす又は身を乗り出すことができない部分とする.	イ．0.4	ロ．0.6	ハ．0.8	ニ．1.2
3	全長12〔m〕の鉄筋コンクリート柱の根入れの最小値〔m〕は.	イ．1.5	ロ．1.8	ハ．2.0	ニ．2.5
4	支線(より線)に用いられる素線の最少条数は.	イ．2	ロ．3	ハ．5	ニ．7
5	高圧ケーブルをちょう架用線にハンガーにより施設する場合のハンガーの間隔〔m〕の最大値は.	イ．0.3	ロ．0.5	ハ．0.7	ニ．1

解答

1. ニ
常時吹いている風等により，植物に接触しないように施設しなければならない．
2. ハ
3. ハ
全長の1/6以上であるから，
12×(1/6)=2.0〔m〕以上となる．
4. ロ
5. ロ
高圧ケーブルをちょう架用線に接触させ，その上に容易に腐食しがたい金属テープ等をらせん状に巻き付けて支持する方法もある．

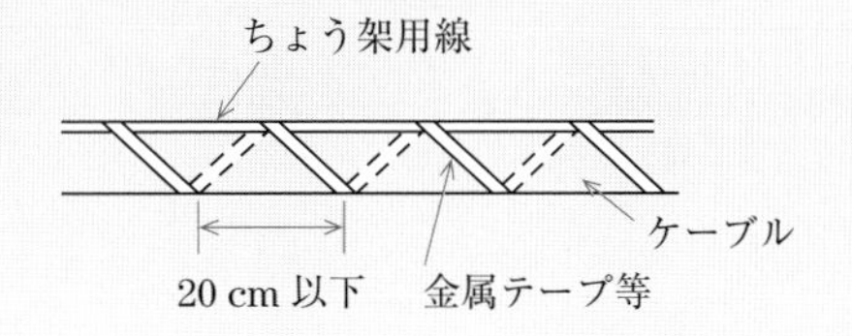

テーマ67 高圧地中引込線等

ポイント

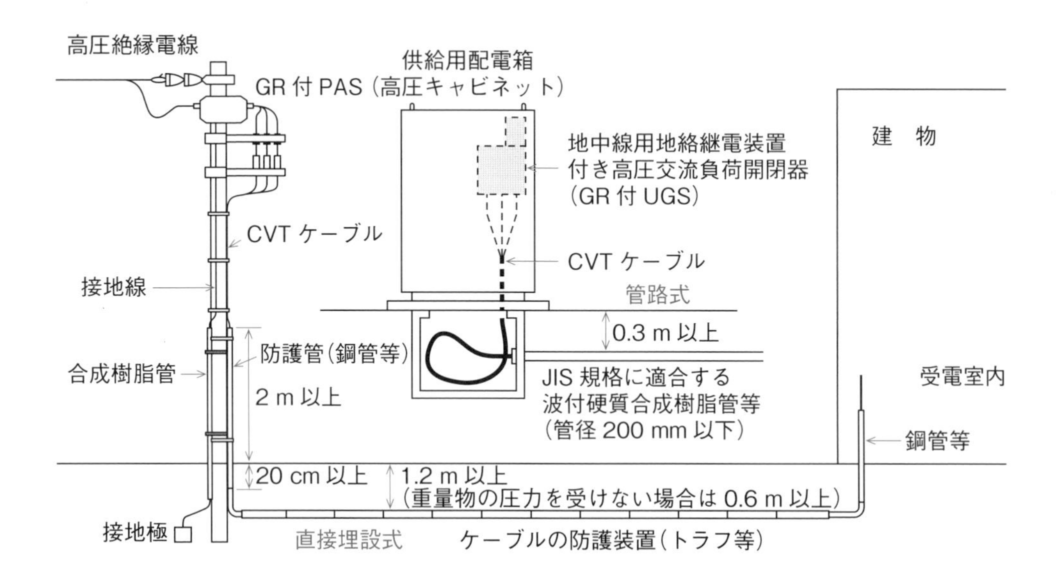

❶ 管路式

管には，車両その他の重量物の圧力に耐えるものを使用する．需要場所に施設する場合は，図のようにできる．

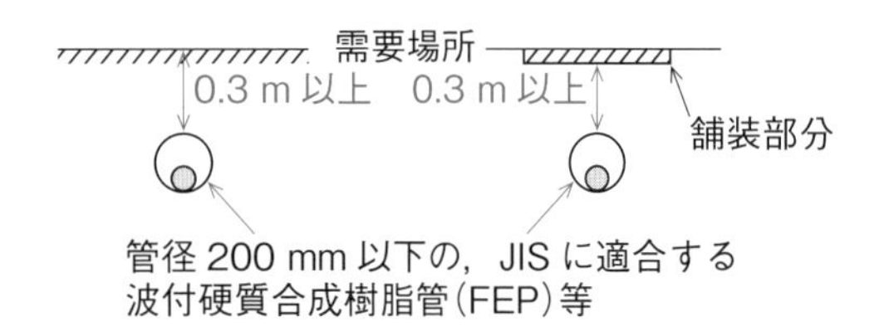

❷ 直接埋設式

（1）　埋設深さ

施設場所	埋設深さ
車両その他の重量物の圧力を受けるおそれがある場所	1.2 m以上
その他の場所	0.6 m以上

（2）　需要場所のケーブル埋設箇所の表示

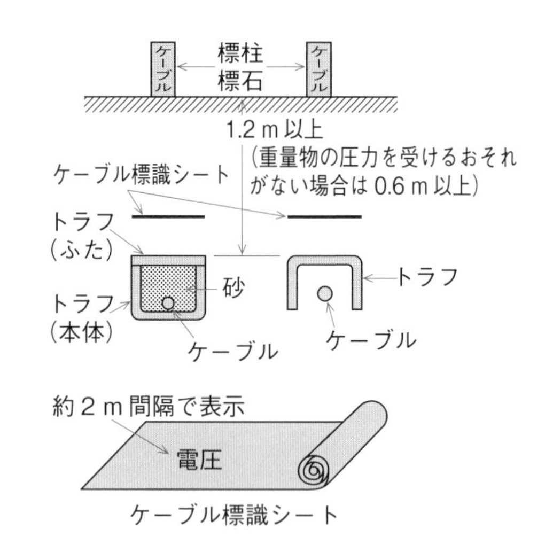

需要場所に施設する場合は，次によりケーブル埋設箇所の表示を行う（地中引込線の長さが15 m以下の場合は表示を省略できる）．

・「電圧」をおおむね2 mの間隔で表示したケーブル標識シートをケーブルの直上

の地中に連続して埋設する．

・ケーブルの埋設位置が容易に判明するように，ケーブルの直上の地表面に耐久性のある標識を必要な地点に設置する．

❸ ケーブルの防護

ケーブルの立下げ，立上りの地上露出部分及び地表付近は，堅ろうな管などで，地表から2 m以上，地表下0.2 m以上を防護する．

❹ 接地工事

（1） 地中線を収める金属製防護装置・金属製接続箱・ケーブルの被覆の金属体

・D種接地工事を施す（防食措置を施した部分を除く）．

・屋内での接地工事は，A種接地工事（接触防護措置を施す場合は，D種接地工事）とする．

（2） A種・B種接地工事に使用する接地線を人が触れるおそれがある場所に施設する場合

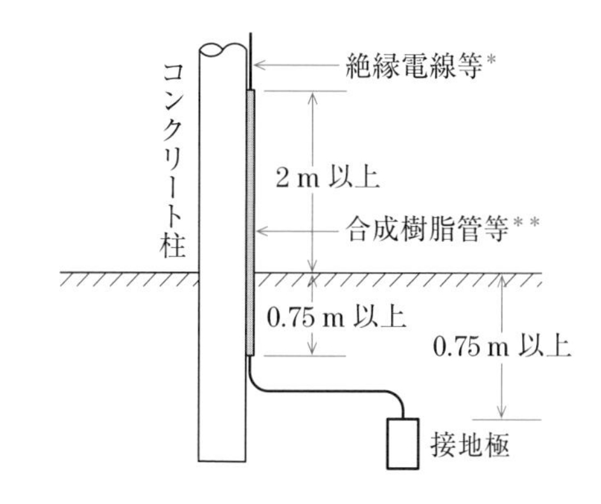

＊ 絶縁電線（OW線を除く）又は通信用ケーブル以外のケーブル（地表上60 cm以上を除く）
＊＊ 厚さ2mm未満の合成樹脂製電線管およびCD管を除く

練習問題

	問題	イ	ロ	ハ	ニ
1	需要場所で，ケーブルの埋設表示を省略できる高圧地中電線路の最大長さ〔m〕は．	イ．5	ロ．10	ハ．15	ニ．20
2	コンクリート柱上に施設したGR付PASの接地工事で**誤っているものは**． ただし，人が触れるおそれがある場合とする．	イ． 接地極は地下75〔cm〕以上の深さに埋設した．	ロ． 接地極を鉄筋コンクリート柱から1〔m〕以上離して埋設した．	ハ． 接地線に裸線を使用した．	ニ． 接地線の地下75〔cm〕から地表上2〔m〕までの部分は硬質ビニル電線管で覆った．

解答

1. ハ

地中引込線の長さが15 m以下の場合は省略できる．

2. ハ

接地線に人が触れるおそれがある場所のA種接地工事では，接地線に絶縁電線（OW線を除く）又は通信用ケーブル以外のケーブルを使用しなければならない（地表上60 cmを超える部分はこの限りでない）．

テーマ68 高圧受電設備に関する接地工事

ポイント

❶ 高圧機器の金属製外箱・鉄心

変圧器，進相コンデンサ，変流器等の高圧機器の金属製外箱や鉄心には**A 種接地工事**を施す．

❷ 変圧器の低圧側の接地

高圧電路と低圧電路とを結合する変圧器の低圧側の中性点には，**B 種接地工事**を施さなければならない．低圧電路の使用電圧が 300 V 以下の場合において，中性点に施し難いときには，低圧側の一端子に施すことができる．

低圧電路が非接地の場合は，高圧巻線と低圧巻線との間に設けた金属製の混触防止板に B 種接地工事を施す．

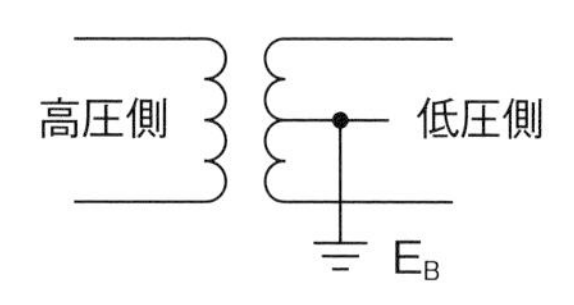

《B 種接地工事の接地抵抗値》

1. 原則　：150/I〔Ω〕以下
2. 混触時に，1 秒を超え 2 秒以内に遮断する装置を設ける場合：300/I〔Ω〕以下
3. 混触時に，1 秒以内に遮断する装置を設ける場合　：600/I〔Ω〕以下

I：高圧側の 1 線地絡電流〔A〕

❸ 計器用変成器の二次側の接地

高圧用の計器用変圧器や変流器の二次側電路には，D 種接地工事を施す．

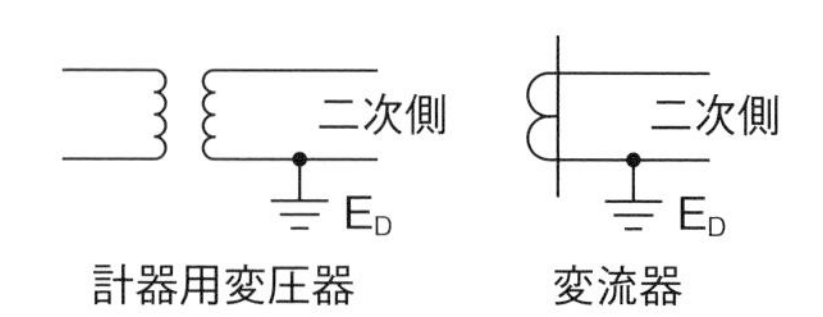

❹ 避雷器の接地

高圧の電路に設置する避雷器には，A 種接地工事を施す．

接地線の太さは，14 mm^2 以上（軟銅線の場合）とする．

❺ 架空ケーブルのちょう架用線の接地

低圧・高圧架空ケーブルのちょう架用線及びケーブルの被覆に使用する金属体には，D 種接地工事を施す．

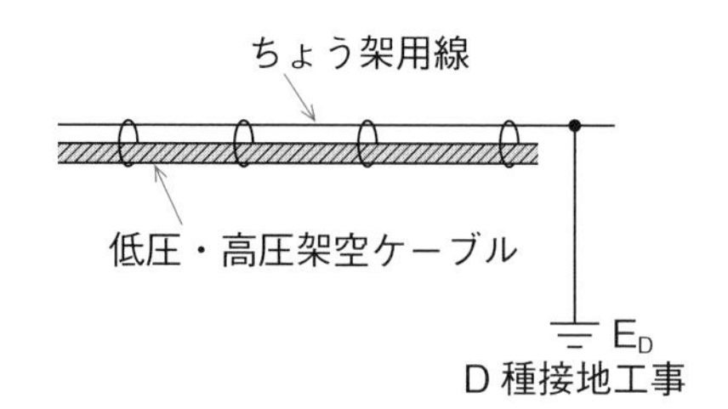

❻ 高圧ケーブルの遮へい層の接地

屋内配線の高圧ケーブルの遮へい銅テープには，**A 種接地工事**を施す（接触防護措置を施す場合は，**D 種接地工事**にできる）．

零相変流器に地絡継電器が接続されていて，ケーブル内に地絡事故が発生した場合に，地絡電流を確実に検出するには，図のように接地工事を行う．

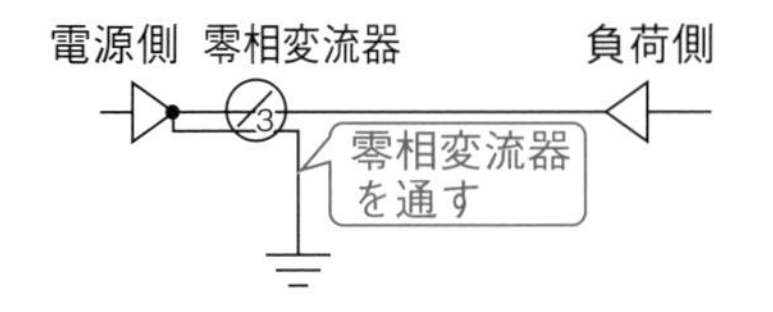

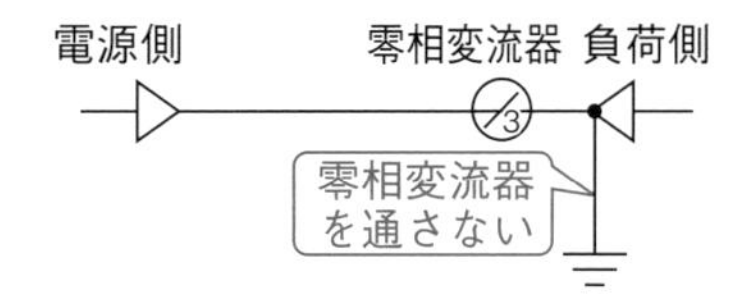

練習問題

1	高圧計器用変成器の二次側電路の接地工事の種類は.	イ. A 種接地工事	ロ. B 種接地工事	ハ. C 種接地工事	ニ. D 種接地工事
2	高圧配電線の 1 線地絡電流が 2〔A〕のとき, 6 kV 変圧器の二次側に施す B 種接地工事の接地抵抗の最大値〔Ω〕は. ただし, 高圧配電線路には, 高低圧電路の混触時に 1 秒以内に自動的に電路を遮断する装置が取り付けられているものとする.	イ. 75	ロ. 100	ハ. 150	ニ. 300
3	自家用電気工作物として施設する電路又は機器について, D 種接地工事を施さなければならないものは.	イ. 高圧電路に施設する外箱のない変圧器の鉄心	ロ. 定格電圧 400 V の電動機の鉄台	ハ. 6.6 kV/210 V の変圧器の低圧側の中性点	ニ. 高圧計器用変成器の二次側電路
4	高圧架空ケーブル工事のちょう架用線に亜鉛めっき鉄より線を使用する場合, ちょう架用線に施す接地工事の種類は.	イ. A 種接地工事	ロ. B 種接地工事	ハ. C 種接地工事	ニ. D 種接地工事
5	高圧ケーブルの遮へい層の接地工事で**正しい方法は**.	イ. 電源側 負荷側	ロ. 電源側 負荷側	ハ. 電源側 負荷側	ニ. 電源側 負荷側

解答

1. ニ

高圧計器用変成器の二次側は, D 種接地工事を施す.

2. ニ

1 秒以内に自動的に電路を遮断する装置が取り付けてあるので, 600/2=300〔Ω〕以下となる.

3. ニ

高圧計器用変成器の二次側電路には, D 種接地工事を施す. 高圧電路に施設する外箱のない変圧器の鉄心は A 種接地工事, 定格電圧 400 V の電動機の鉄台は C 種接地工事, 6.6 kV/210 V の変圧器の低圧側の中性点は B 種接地工事を施す.

4. ニ

低圧・高圧架空ケーブルのちょう架用線の接地工事は, D 種接地工事である.

5. ロ

ロの場合だけが地絡電流を正しく検出できる.

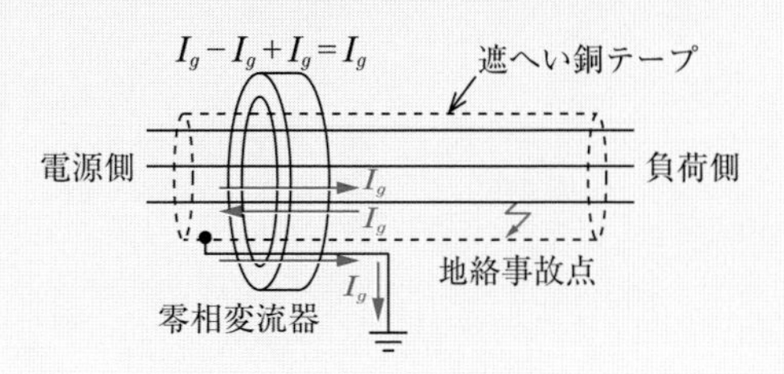

テーマ69 高圧引込線等の図に関する問題(1)

図に関する問いについて答えなさい.

図は，自家用電気工作物（500〔kW〕未満）の引込柱から高圧屋内受電設備に至る施設の見取り図である.

〔注〕 図において，問いに直接関係のない部分等は，省略又は簡略化してある.

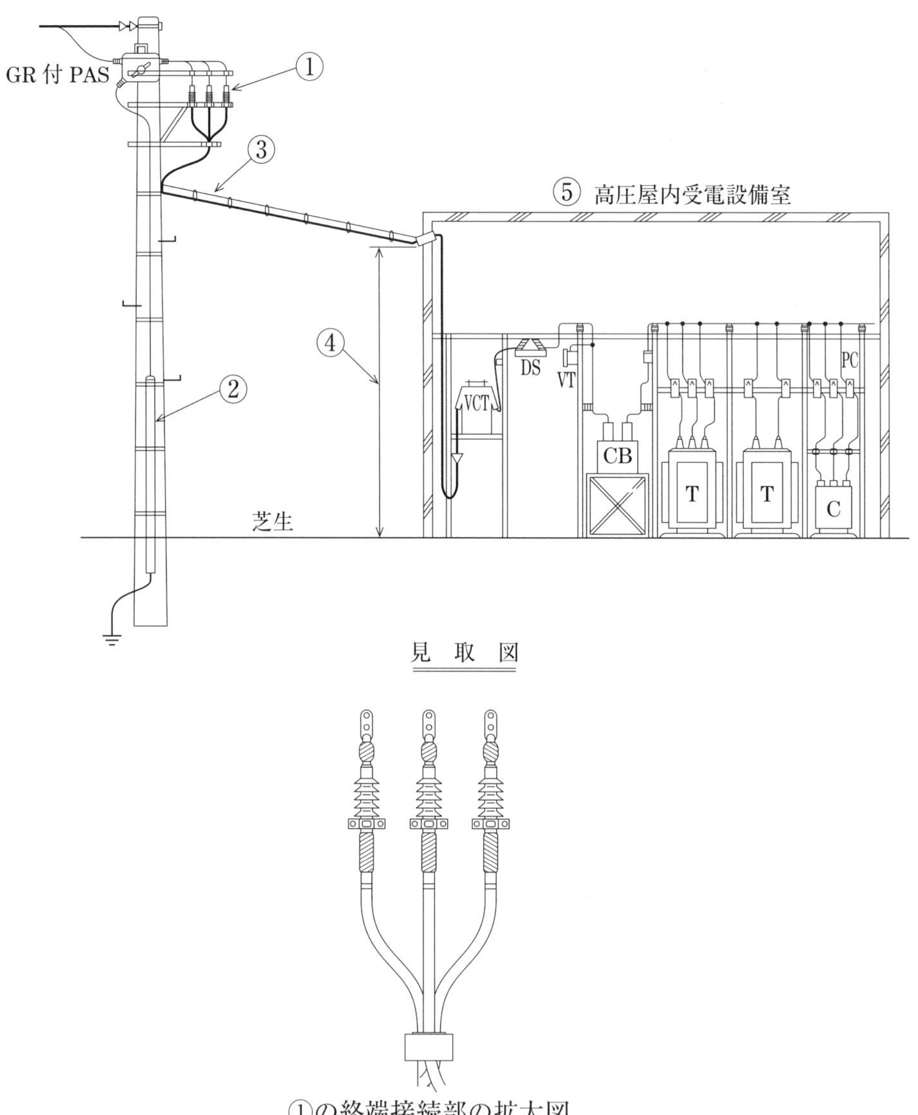

①の終端接続部の拡大図
(注)端子カバーは省略してある.

練習問題

1	①で示すCVTケーブルの終端接続部の名称は.	イ. 耐塩害終端接続部	ロ. ゴムとう管形屋外終端接続部	ハ. ゴムストレスコーン形屋外終端接続部	ニ. テープ巻形屋外終端接続部
2	②で示すGR付PASに内蔵されている避雷器用の接地線を覆っている保護管の長さ〔m〕として，**適切なものは**.	イ. 地表上1.8 地下 1.0	ロ. 地表上1.8 地下 0.75	ハ. 地表上2.0 地下 0.75	ニ. 地表上2.5 地下 0.6
3	③で示すちょう架用線（メッセンジャワイヤ）に用いる亜鉛めっき鉄より線の最小断面積〔mm^2〕は.	イ. 14	ロ. 22	ハ. 38	ニ. 60
4	④で示す部分の地表上の高さの最小値〔m〕は.	イ. 2.5	ロ. 3.5	ハ. 4.5	ニ. 5.0
5	⑤の高圧屋内受電設備の施設又は表示について電気設備の技術基準の解釈で**示されていないものは**.	イ. 堅ろうな壁を施設する.	ロ. 出入口に施錠装置等を施設する.	ハ. 出入口に立ち入りを禁止する旨を表示する.	ニ. 出入口に火気厳禁の表示をする.

解答

1. **ロ**

耐塩害終端接続部は，写真のような形状をしている.

耐塩害終端接続部

2. **ハ**

避雷器の接地工事はA種接地工事である．人が触れるおそれのあるA種接地工事に使用する接地線は，地下75 cmから地表上2 mまでの部分を合成樹脂管で覆わなければならない.

3. **ロ**

高圧ケーブルの支持にちょう架用線を使用する場合には，断面積が22 mm^2以上の亜鉛めっき鉄より線でなければならない.

4. **ロ**

高圧架空引込線の高さは，地表上最小3.5 mにすることができる．高圧架空引込線がケーブル以外のものであるときは，その電線の下方に危険である旨を表示する.

5. **ニ**

高圧の機械器具等を屋内に施設する場合は，次により取扱者以外の者が立ち入らないようにしなければならない.

・さく，へい等を施設して，出入口に立入りを禁止する旨を表示するとともに，施錠装置を施設する.

・堅ろうな壁を施設し，出入口に立入りを禁止する旨を表示するとともに，施錠装置を施設する.

テーマ70 高圧引込線等の図に関する問題(2)

図に関する問いについて答えなさい.

図は，高圧配電線路から自家用需要家構内柱を経由して屋外キュービクル式高圧受電設備（JIS C 4620 適合品）に至る電線路及び見取図である.

〔注〕図において，問いに直接関係のない部分等は，省略又は簡略化してある.

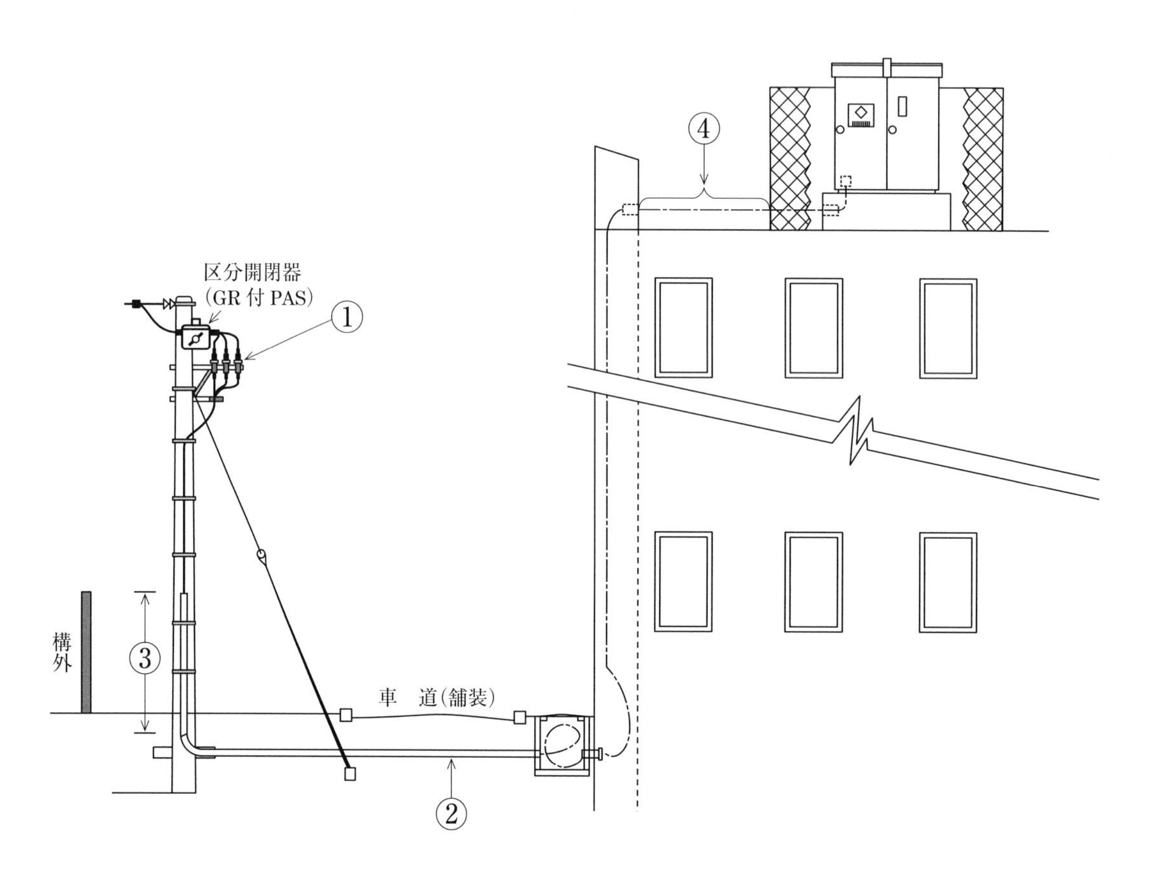

練習問題

1	①に示すケーブル終端接続処理に関する記述として，**不適切なものは**.	イ．耐塩害終端接続処理は海岸に近い場所等，塩害を受けるおそれがある場所に使用される.	ロ．終端接続処理では端子部から雨水等がケーブル内部に浸入しないように処理する必要がある.	ハ．ゴムとう管形屋外終端接続部にはストレスコーン部が内蔵されているので，あらためてストレスコーンを作る必要はない.	ニ．ストレスコーンは雷サージ電圧が侵入したとき，ケーブルのストレスを緩和するものである.
2	②に示す地中電線路を施設する場合，使用する材料と埋設深さ（土冠）として**不適切なものは**.（材料はJIS規格に適合するものとする）	イ．ポリエチレン被覆鋼管 舗装下面から0.2〔m〕	ロ．硬質塩化ビニル管 舗装下面から0.3〔m〕	ハ．波付硬質合成樹脂管 舗装下面から0.5〔m〕	ニ．コンクリートトラフ 地表面から1.2〔m〕
3	③に示す引込ケーブルの保護管の最小防護範囲の組み合わせとして，**正しいものは**.	イ．地表上2.5〔m〕 地表下0.3〔m〕	ロ．地表上2.5〔m〕 地表下0.2〔m〕	ハ．地表上2〔m〕 地表下0.3〔m〕	ニ．地表上2〔m〕 地表下0.2〔m〕
4	④に示すケーブルの屋上部分の施設方法として，**不適切なものは**．ただし金属製の支持物にはA種接地工事が施されているものとする.	イ．造営材に堅ろうに取り付けた金属管内にケーブルを収めた.	ロ．コンクリート製支持台を3〔m〕の間隔で造営材に堅ろうに取り付け，造営材とケーブルの離隔距離を0.3〔m〕として施設した.	ハ．造営材に堅ろうに取り付けた金属製トラフ内にケーブルを収め，取扱者以外の者が容易に開けることができない構造のふたを設けた.	ニ．造営材に堅ろうに取り付けたコンクリートトラフ内にケーブルを収め，取扱者以外の者が容易に開けることができない構造のふたを設けた.

解答

1. ニ

ストレスコーンは，遮へい銅テープの端に電気力線が集中しないようにするためのものである.

2. イ

管路式の場合，需要場所において，管径が200 mm以下であって，JIS規格に適合する管を使用し，埋設深さを地表面（舗装がある場合は舗装下面）から0.3 m以上に施設する場合は，車両その他の重量物の圧力に耐えるとされる.

3. ニ

引込ケーブルの保護管の防護範囲は，地表上2 m以上，地表下0.2 m以上である.

4. ロ

ケーブルを支持台により支持した場合は，ケーブルを造営材から1.2 m以上離して施設しなければならない.

テーマ71 高圧引込線等の図に関する問題(3)

図に関する問いについて答えなさい.

図は，地下1階にある自家用電気工作物構内（500〔kW〕未満）の受電設備及び機械室を表した図である.

〔注〕 図において，問いに直接関係のない部分等は，省略又は簡略化してある.

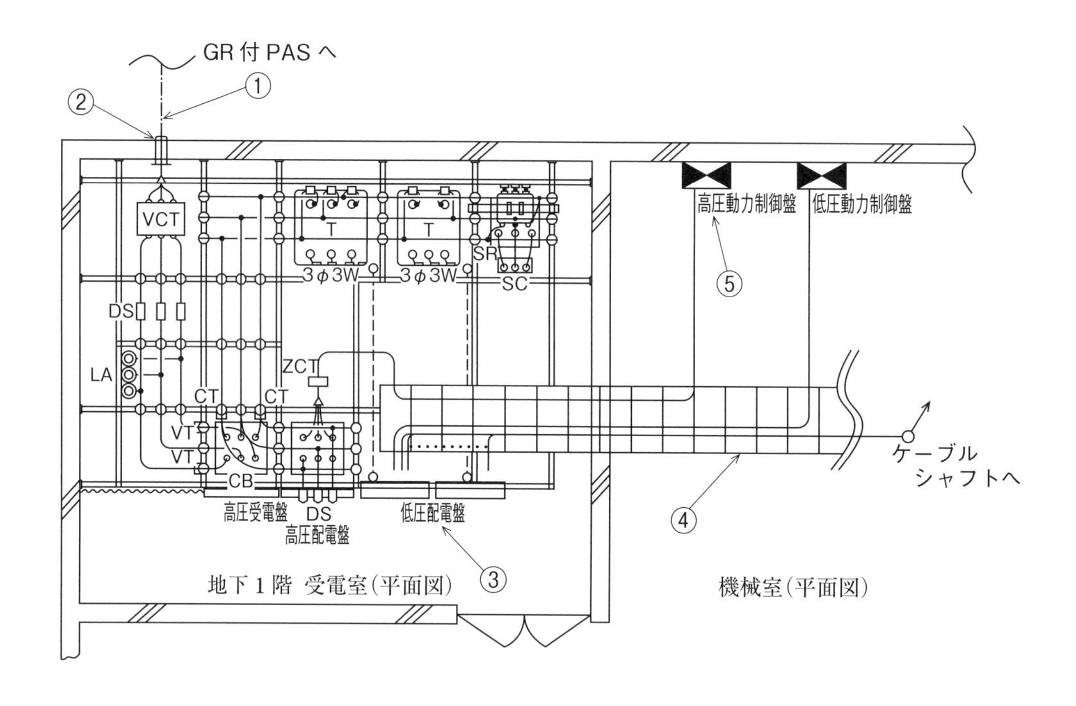

練習問題

1	①で示す高圧ケーブルの太さを検討する場合に**必要ない事項は.**	イ. 電線の許容電流	ロ. 電線の短時間耐電流	ハ. 電路の地絡電流	ニ. 電路の短絡電流
2	②で示す地中の高圧ケーブルが屋内に引き込まれる部分に使用される材料として，**最も適切なものは.**	イ. 防水鋳鉄管	ロ. 高圧つば付きがい管	ハ. 合成樹脂管	ニ. 金属ダクト

3	③で示す低圧配電盤に設ける過電流遮断器として，**不適切なものは**.	イ．電灯用幹線の過電流遮断器は，電線の許容電流以下の定格電流のものを取り付けた.	ロ．電動機用幹線の過電流遮断器は，電線の許容電流の3.5倍のものを取り付けた.	ハ．電動機用幹線の許容電流が100〔A〕を超え，過電流遮断器の標準の定格に該当しないので，定格電流はその値の直近上位のものを使用した.	ニ．単相3線式（210/105 V）電路に設ける配電用遮断器には3極2素子のものを使用した.
4	④に示すケーブルラックに，高・低圧配電盤から配電されるケーブルを，同一のケーブルラック上に配線する場合の施工方法として，**不適切なものは**.	イ．高圧ケーブル，低圧ケーブルとも耐火ケーブルを使用したので，ケーブル相互間は5〔cm〕離隔して施設した.	ロ．高圧ケーブルと低圧ケーブルの相互間は15〔cm〕離隔して施設した.	ハ．高圧ケーブルと低圧ケーブルの間に耐火性のある堅ろうな隔壁を設けて施設した.	ニ．高圧ケーブルを耐火性のある堅ろうな管に収めて施設した.
5	⑤に示す高圧動力制御盤に取り付ける運転制御用の機器として，**最も適切なものは**.	イ．高圧交流負荷開閉器(LBS)	ロ．高圧交流遮断器(CB)	ハ．高圧交流電磁接触器（MC）	ニ．高圧断路器（DS）

解答

1. ハ

高圧のケーブルの太さを検討するには，電線の許容電流，電線の短時間耐電流，電路の短絡電流などを検討して決める．電路の地絡電流は小さいので検討する必要はない.

2. イ

地中ケーブルが建物を貫通する箇所には，漏水のおそれがあるので防水鋳鉄管で防水する.

防水鋳鉄管

3. ロ

低圧屋内幹線に電動機が接続される場合は，電動機の定格電流の合計の3倍に，他の使用機械器具の定格電流の合計を加えた値（その値が当該幹線の許容電流の2.5倍を超える場合は，その許容電流の2.5倍）以下の定格電流の過電流遮断器を使用しなければならない．したがって，ロは誤りとなる.

4. イ

高圧屋内配線は，他の高圧配線，低圧屋内配線（がいし引き工事の場合は絶縁電線を使用），弱電流電線，水管等と接近したり交差する場合は，15 cm以上離隔して施設しなければならない．高圧屋内配線をケーブル工事で行う場合において，ケーブルとこれらのものとの間に耐火性のある堅ろうな隔壁を設けて施設するとき，ケーブルを耐火性のある堅ろうな管に収めて施設するとき又は他の高圧屋内配線がケーブルであるときは，この限りでない.

5. ハ

高圧動力制御盤の運転制御用の機器としては，頻繁に開閉するので高圧交流電磁接触器（MC）が適する.

テーマ72 高圧引込線等の図に関する問題(4)

図に関する問いについて答えなさい.

図は，一般送配電事業者の供給用配電箱（高圧キャビネット）から自家用構内を経由して，屋上に設置した屋外キュービクル式高圧受電設備に至る電線路及び見取り図である.

〔注〕 1. 図において，問いに直接関係のない部分等は，省略又は簡略化してある.

2. UGS：地中線用地絡継電装置付き高圧交流負荷開閉器

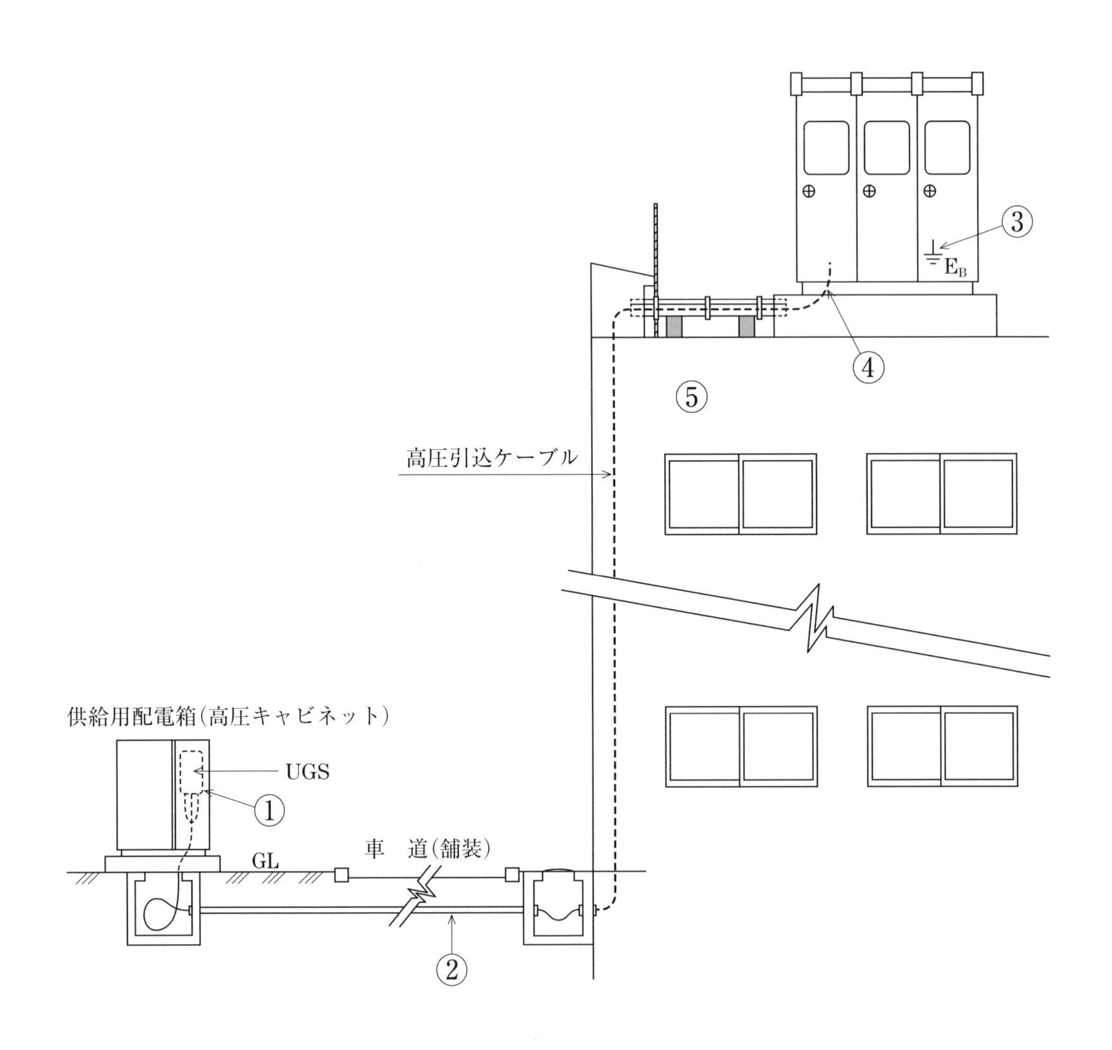

練習問題

	問題	イ	ロ	ハ	ニ
1	①で示す供給用配電箱（高圧キャビネット）に取り付ける地中線用地絡継電装置付き高圧交流負荷開閉器（UGS）に関する記述として，**不適切なものは**.	イ. UGSは，電路に地絡が生じた場合，自動的に電路を遮断する機能を内蔵している.	ロ. UGSには地絡方向継電装置を使用することが望ましい.	ハ. UGSは，電路の短絡電流を遮断する能力を有している.	ニ. UGSの定格短時間耐電流は，系統（受電点）の短絡電流以上のものを選定する.
2	②に示す地中にケーブルを施設する場合，使用する材料と埋設深さ（土冠）として，**不適切なものは**. ただし，材料はJIS規格に適合するものとする.	イ. ポリエチレン被覆鋼管 舗装下面から0.2〔m〕	ロ. 硬質塩化ビニル管 舗装下面から0.3〔m〕	ハ. 波付硬質合成樹脂管 舗装下面から0.5〔m〕	ニ. コンクリートトラフ 地表面から1.2〔m〕
3	③に示すキユービクル内の変圧器に施設するB種接地工事の接地抵抗値として許容される最大値〔Ω〕は. ただし，高圧と低圧の混触により低圧側電路の対地電圧が150〔V〕を超えた場合，1秒以内に高圧電路を自動的に遮断する装置が設けられており，高圧側電路の1線地絡電流は6〔A〕とする.	イ. 25	ロ. 50	ハ. 100	ニ. 120
4	④に示すケーブルの引込口などに，必要以上の開口部を設けない主な理由は.	イ. 火災時の放水，洪水等で容易に水が浸入しないようにする.	ロ. 鳥獣類などの小動物が侵入しないようにする.	ハ. ケーブルの外傷を防止する.	ニ. キュービクルの底板の強度を低下させないようにする.
5	⑤に示す建物の屋内には，高圧ケーブル配線，低圧ケーブル配線，弱電流電線の配線がある．これらの配線が接近又は交差する場合の施工方法に関する記述で，**不適切なものは**.	イ. 複数の高圧ケーブルを離隔せず同一のケーブルラックに施設した.	ロ. 高圧ケーブルと低圧ケーブルを同一のケーブルラックに15〔cm〕離隔して施設した.	ハ. 高圧ケーブルと弱電流電線を10〔cm〕離隔して施設した.	ニ. 低圧ケーブルと弱電流電線を接触しないように施設した.

解答

1. ハ

UGS（Underground Gas Switch）は，地中線用地絡継電装置付き高圧交流負荷開閉器で，負荷電流は開閉できるが，短絡電流を遮断する能力はない．

UGSは，高圧キャビネットに収納されている．

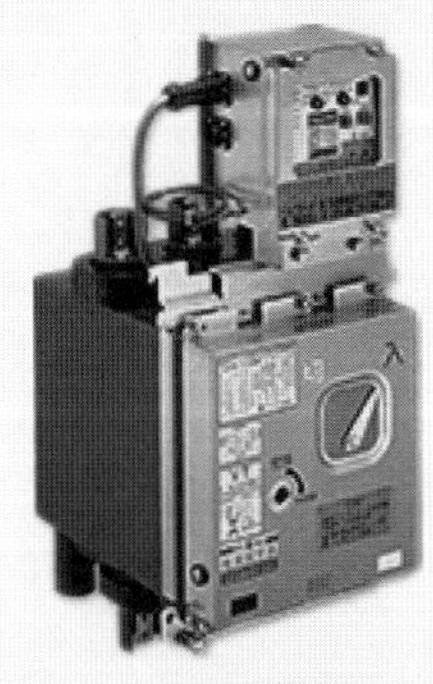

UGS

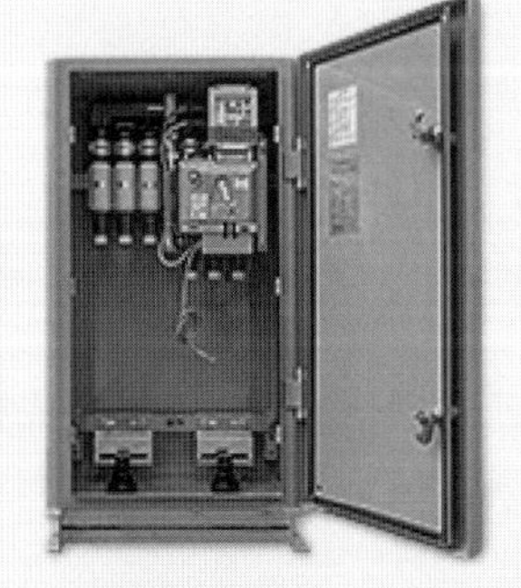

高圧キャビネット

2. イ

需要場所に地中引込線を管路式によって施設する場合，車両その他の重量物に耐えるとされるのは，管径が200 mm以下であって，JIS規格に適合するポリエチレン被覆鋼管等を地表面（舗装下面）から0.3 m以上の埋設深さにした場合である．

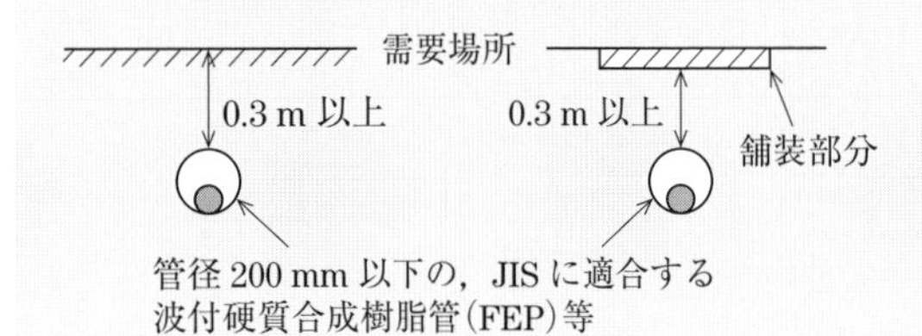

3. ハ

変圧器に施すB種接地工事の接地抵抗値は，高圧側電路と低圧側電路の混触により低圧側電路の対地電圧が150 Vを超えた場合，1秒以内に高圧側電路を自動的に遮断する装置が設置してあるときは，$600/I$（1線地絡電流）〔Ω〕以下であればよい．

したがって，

$$接地抵抗値 \leqq \frac{600}{1線地絡電流 I} = \frac{600}{6} = 100〔\Omega〕$$

から，B種接地工事の接地抵抗値の許容される最大値は100 Ωである．

4. ロ

屋外に設置するキュービクルには，小動物が侵入しないように，必要以上の開口部は設けない．

5. ハ

高圧ケーブルと低圧ケーブル配線・弱電流電線とは，15 cm以上離隔しなければならない．高圧ケーブル相互は，離隔しなくてもよい．

低圧ケーブル配線と弱電流電線とは，接触しないように施設しなければならない．

まとめ 電気工事の施工方法

1 工事の種類と施設場所

施設場所 ＼ 工事の種類	展開した場所 点検できる隠ぺい場所		点検できない隠ぺい場所
	乾燥した場所	その他の場所	
金属管工事	◎	◎	◎
合成樹脂管工事（CD管を除く）	◎	◎	◎
ケーブル工事	◎	◎	◎
金属ダクト工事	◎	×	×
金属線ぴ工事	○	×	×
ライティングダクト工事	○	×	×

◎：600 V 以下　○：300 V 以下
×：施設できない

2 接地工事

接地工事の種類	接地抵抗値	接地線の太さ
A 種接地工事	10 Ω 以下	2.6 mm 以上
B 種接地工事	150/I〔Ω〕以下が原則	
C 種接地工事	10 Ω 以下	1.6 mm 以上
D 種接地工事	100 Ω 以下	1.6 mm 以上

＊Iは，高圧側電路の 1 線地絡電流を示す．
＊C 種接地工事・D 種接地工事は，0.5 秒以内に動作する漏電遮断器を施設する場合は，接地抵抗値を 500 Ω 以下にできる．

3 低圧屋内配線

❶ 金属管工事

《電　線》

・絶縁電線（OW 線を除く）
・管内では，電線に接続点を設けない．

《金属管の接地》

・300 V 以下：
D 種接地工事
【省略できる場合】
・管の長さが 4 m 以下のものを乾燥した場所に施設する場合
・対地電圧が 150 V 以下の場合で，管の長さが 8 m 以下のものに簡易接触防護措置を施すとき又は乾燥した場所に施設するとき
・300 V を超える：
C 種接地工事（接触防護措置を施す場合は，D 種接地工事にできる）

❷ ケーブル工事

《支持点間の距離》

・造営材の側面又は下面に沿って取り付ける場合は 2 m 以下（接触防護措置を施した場所において垂直に取り付ける場合は 6 m 以下）

《金属製防護装置の接地》

・300 V 以下：
D 種接地工事（省略できる場合あり）
・300 V を超える：
C 種接地工事（接触防護措置を施す場合は，D 種接地工事にできる）

❸ 合成樹脂管工事

《支持点間の距離》

・1.5 m 以下

❹ 金属ダクト工事

《配　線》

・ダクト内に接続点を設けない（電線を分岐する場合で，接続点を容易に点検できるときを除く）
・ダクトに収める電線の断面積（絶縁被覆を含む）は，ダクトの内部断面積の 20% 以下（制御回路等の配線のみを収める場合は 50% 以下）

《支持点間の距離》

・3 m 以下（取扱者以外の者が出入りできないように措置した場所において，垂直に取り付ける場合は 6 m 以下）

《接地工事》

・300 V 以下：
D 種接地工事
・300 V を超える：

C 種接地工事（接触防護措置を施す場合は，D 種接地工事にできる）

❺ バスダクト工事

《支持点間の距離》

- 3 m 以下（取扱者以外の者が出入りできないように措置した場所において，垂直に取り付ける場合は 6 m 以下）

《接地工事》

- 300 V 以下：
  D 種接地工事
- 300 V を超える：
  C 種接地工事（接触防護措置を施す場合は，D 種接地工事にできる）

❻ ライティングダクト工事

《施設方法》

- 支持点間の距離は 2 m 以下.
- 開口部は下向きが原則.
- 終端部は閉そくする.
- 造営材を貫通しない.

《接地工事》

- D 種接地工事（省略できる場合あり）

《漏電遮断器》

- ダクトの導体に電気を供給する電路には，漏電遮断器を施設する（簡易接触防護措置を施す場合は省略できる）.

4 特殊場所の工事

❶ 特殊場所の工事の種類

特殊場所	工事の種類
爆燃性粉じんが存在する場所	金属管工事 ケーブル工事
可燃性ガス等が存在する場所	金属管工事 ケーブル工事
可燃性粉じんが存在する場所	金属管工事 ケーブル工事 合成樹脂管工事（厚さ 2 mm 未満の合成樹脂製電線管，CD 管を除く）
石油類等の危険物が存在する場所	金属管工事 ケーブル工事 合成樹脂管工事（厚さ 2 mm 未満の合成樹脂製電線管，CD 管を除く）

❷ 爆燃性粉じん・可燃性ガスが存在する場所の工事

《金属管工事》

- 可とう性を必要とする部分には，フレキシブルフィッチングを使用する.

《移動電線》

- 接続点のない 3 種・4 種のキャブタイヤケーブル等を使用する

5 高圧屋内配線

❶ 工事の種類

- がいし引き工事（乾燥した場所であって展開した場所に限る）
- ケーブル工事

❷ ケーブル工事

- 支持点間の距離は 2 m 以下（接触防護措置を施した場所に，垂直に取り付ける場合は 6 m 以下）
- 防護装置等の金属体には A 種接地工事を施す（接触防護措置を施す場合は，D 種接地工事にできる）
- 他の配線等との離隔距離は 15 cm 以上

6 高圧屋側電線路

❶ 工事の種類

- ケーブル工事（展開した場所に施設し，接触防護措置を施す）

❷ 支持点間の距離

- 高圧屋内配線のケーブル工事と同じ.

❸ 防護装置等の金属体の接地

- 高圧屋内配線のケーブル工事と同じ.

❹ 他の配線等との離隔距離

- 15 cm 以上

7 地中電線路

❶ 直接埋設式

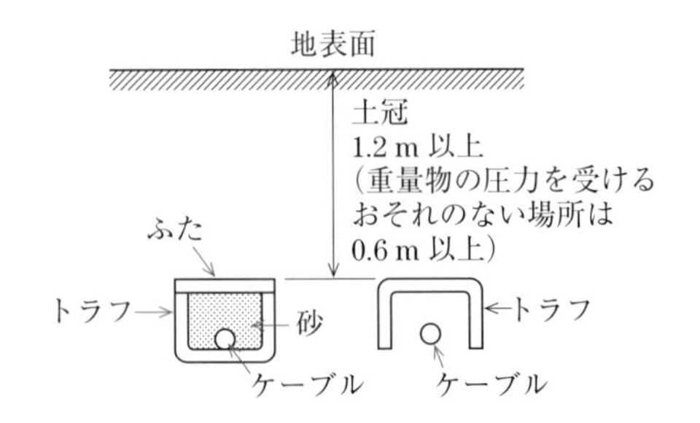

❷ 管路式

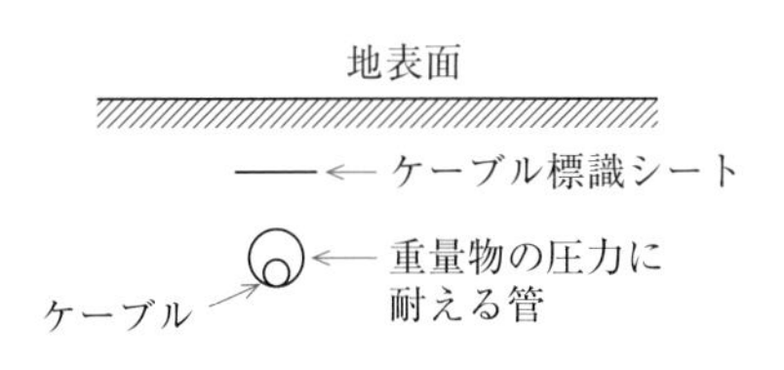

❸ 地中電線路の表示

・需要場所に施設する長さ 15 m 以下のものを除いて，おおむね 2 m 間隔で，物件の名称，管理者名，電圧（需要場所に施設する場合は電圧のみ）を表示する．

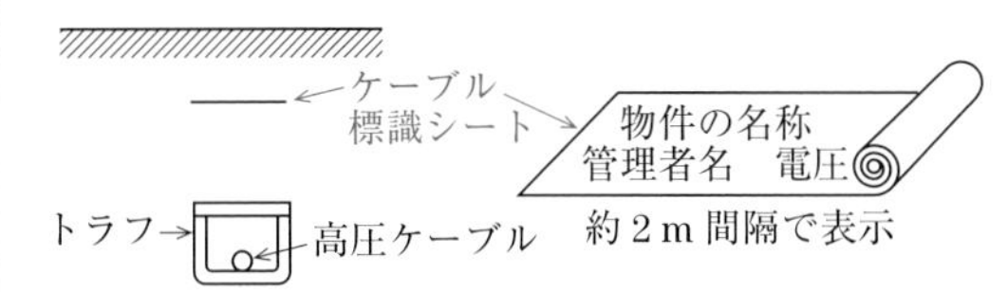

❹ 地中電線の被覆金属体等の接地

・D 種接地工事

8 高圧機器の施設

❶ 高圧機器の施設

・屋内であって，取扱者以外の者が出入りできないように措置した場所に施設する．
・人が触れるおそれがないように，機械器具の周囲にさく等を設ける．
・機械器具を人が触れるおそれがないように地表上 4.5 m（市街地外は 4 m）以上の高さに施設する．
・機械器具をコンクリートの箱又は D 種接地工事を施した金属製の箱に収め，充電部が露出しないように施設する．
・充電部が露出しない機械器具に，簡易接触防護措置を施す．

❷ 高圧受電設備の施設

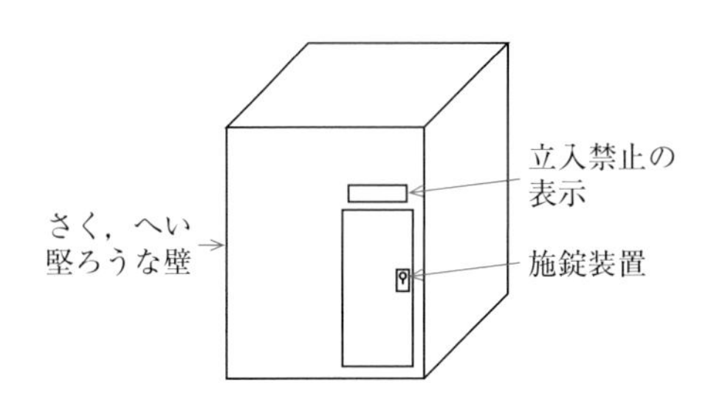

9 高圧引込線

❶ 高圧架空引込線の電線の高さ

施設場所	高　さ
道路を横断	路面上 6 m 以上
鉄道，軌道を横断	レール面上 5.5 m 以上
横断歩道橋の上	路面上 3.5 m 以上
その他	地表上 3.5 m 以上*

＊電線がケーブル以外の場合は，電線の下方に危険である旨の表示をする．

❷ ケーブルヘッド

・ゴムとう管形屋外終端接続部：
海岸から離れた地区で使用する．
・耐塩害終端接続部：
海岸に近い地区で使用する．

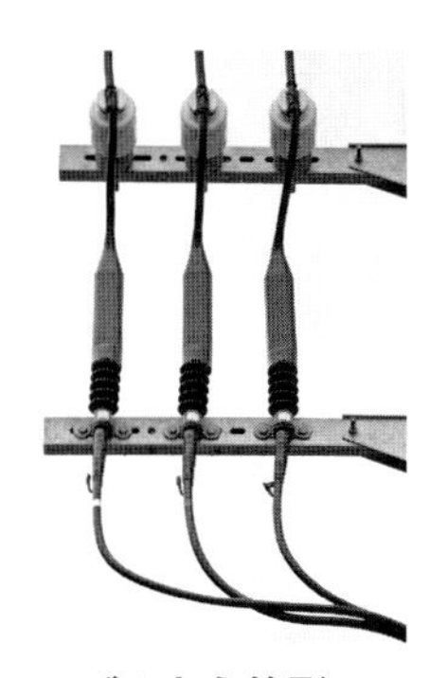
ゴムとう管形
屋外終端接続部

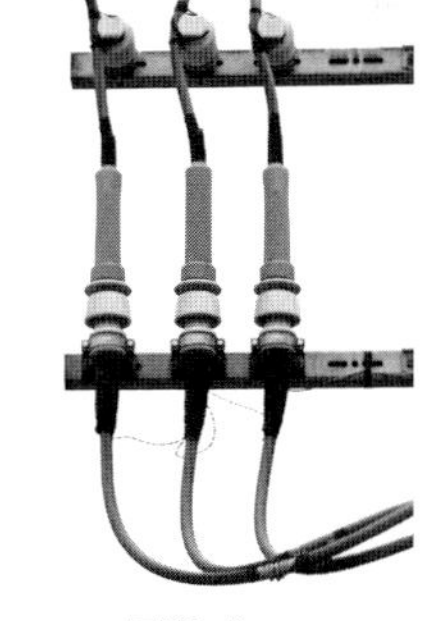
耐塩害
終端接続部

❸ 需要場所に施設する管路式引込線

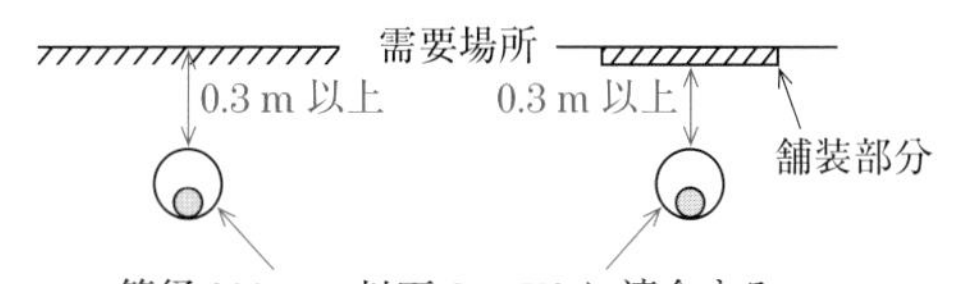

❹ ハンガーによるケーブルのちょう架

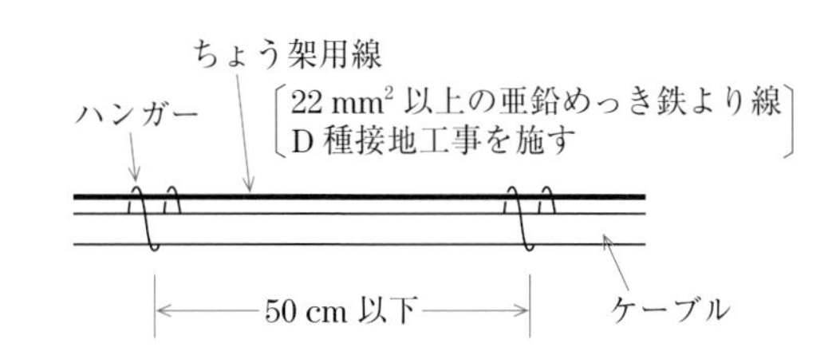

接触防護措置と簡易接触防護措置

① 接触防護措置

次のいずれかに適合するように施設することをいう.

イ　設備を，屋内にあっては床上 2.3 m 以上，屋外にあっては地表上 2.5 m 以上の高さに，かつ，人が通る場所から手を伸ばしても触れることのない範囲に施設すること.

ロ　設備に人が接近又は接触しないよう，さく，へい等を設け，又は設備を金属管に収める等の防護措置を施すこと.

② 簡易接触防護措置

次のいずれかに適合するように施設することをいう.

イ　設備を，屋内にあっては床上 1.8 m 以上，屋外にあっては地表上 2 m 以上の高さに，かつ，人が通る場所から容易に触れることのない範囲に施設すること.

ロ　設備に人が接近又は接触しないよう，さく，へい等を設け，又は設備を金属管に収める等の防護措置を施すこと.

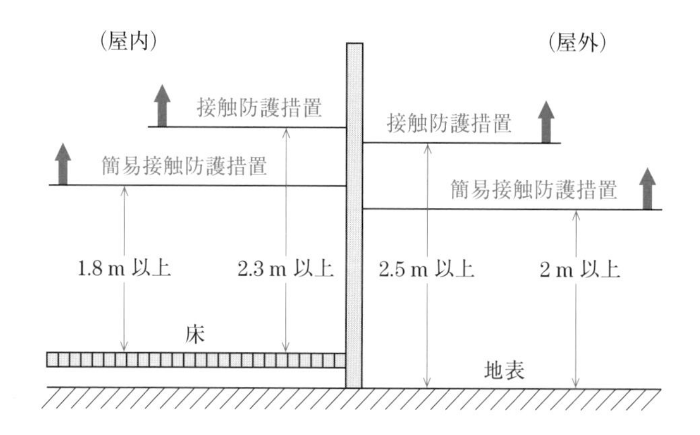

6 自家用電気工作物の検査方法

テーマ73 電気計器の種類・接続

ポイント

❶ 電気計器の種類

種　類	記　号	動作原理	使用回路	主な計器
永久磁石可動コイル形	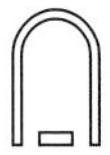	固定永久磁石の磁界と，可動コイルに流れる直流電流との間に働く力により，可動コイルを駆動させる.	直流	電圧計 電流計
可動鉄片形		固定コイルに流れる電流の磁界と，その磁界によって磁化された可動鉄片との間に生じる力により，可動鉄片を駆動させる.	交流	電圧計 電流計
整 流 形	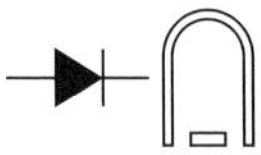	整流器によって交流を直流に交換し，永久磁石可動コイル形の計器で指示させる.	交流	電圧計 電流計
誘 導 形	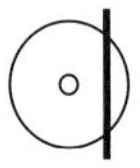	交流電磁石による回転磁界と，その磁界によって可動導体中に誘導されるうず電流との間に生じる力により，可動導体を駆動させる.	交流	電力量計
空心電流力計形	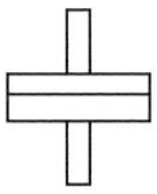	固定コイルに流れる電流の磁界と，可動コイルに流れる電流との間に生じる力により，可動コイルを駆動させる.	交流 直流	電力計
熱電対形	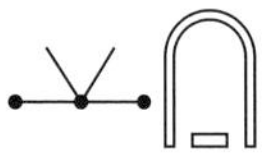	ヒータに流れる電流によって熱せられる熱電対に生じる起電力を，永久磁石可動コイル形の計器で指示させる.	交流 直流	電圧計 電流計
静電形	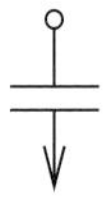	固定電極と可動電極に電圧を加えて，そのとき発生する静電力によって，指針を駆動させる.	交流 直流	電圧計

計器の許容誤差

階　級	許容誤差※	用　　途
0.2 級	±0.2%	副標準器
0.5 級	±0.5%	精密測定用
1.0 級	±1.0%	大形配電盤用
1.5 級	±1.5%	工業用
2.5 級	±2.5%	一般配電盤用

※許容誤差は，レンジの最大目盛りに対する割合〔%〕

姿勢記号

目 盛 板	記　　号
垂　直	 ⊥
水　平	 ⊓

❷ 電圧計・電流計の接続方法

電圧計は内部抵抗が大きく，電流計は内部抵抗が小さい．測定誤差が小さくなるように，接続方法を選択しなければならない．

（1） 測定する抵抗値が大きい場合

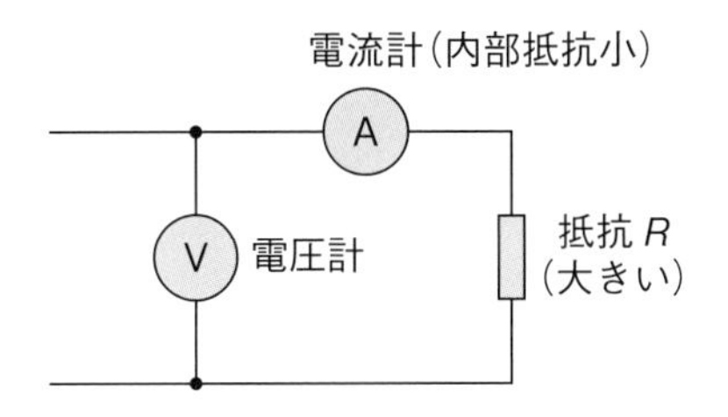

電流計に生じる電圧降下は，抵抗 R に加わる電圧に比べて極めて小さい．電圧計の指示は，抵抗 R に加わる電圧とほぼ等しくなる．

（2） 測定する抵抗値が小さい場合

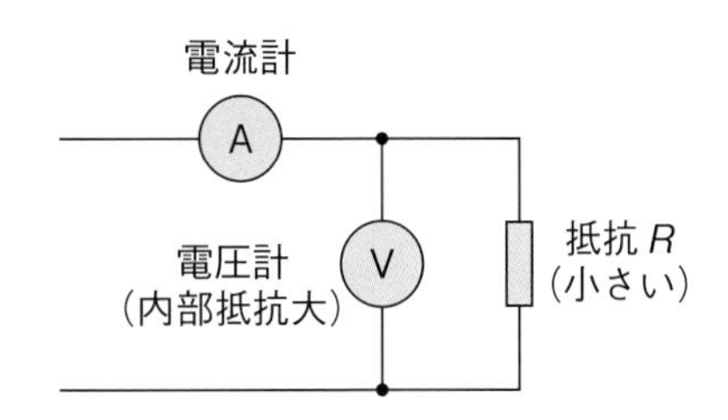

電圧計に流れる電流は，内部抵抗が大きいため，抵抗 R に流れる電流と比べて非常に小さい．電流計の指示は，抵抗 R に流れる電流とほぼ等しくなる．

練習問題

1	可動鉄片形の計器であることを示す JIS 記号は.	イ.	ロ.	ハ.	ニ.
2	指示電気計器で整流形の動作原理を示す記号は.	イ.	ロ.	ハ.	ニ.
3	電圧計の読み V と電流計の読み I とから抵抗 R を $R \fallingdotseq V/I$ として求めるため最も誤差の少ない計器の接続方法は. ただし，抵抗 R は電圧計の内部抵抗に比較的近い値であるとする.	イ.	ロ.	ハ.	ニ.

解答

1. **ロ**

ロが可動鉄片形の計器で，イは誘導形，ハは永久磁石可動コイル形，ニは静電形の計器を示す．

2. **イ**

イが整流形計器で，交流を直流に整流して，永久磁石可動コイル形計器で指示させる．交流専用である．

3. **イ**

電流計の内部抵抗を R_a〔Ω〕とすると，イの場合 $R=(V/I)-R_a$〔Ω〕となり，R_a〔Ω〕は R〔Ω〕より極めて小さいので無視できる．ハの場合は，電流計の指示 I〔A〕は，電圧計に流れる電流の値（抵抗 R〔Ω〕に流れる電流とほぼ等しい）が加わり，測定誤差が大きくなる．

テーマ74 電力計・電力量計

ポイント

❶ 単相電力計

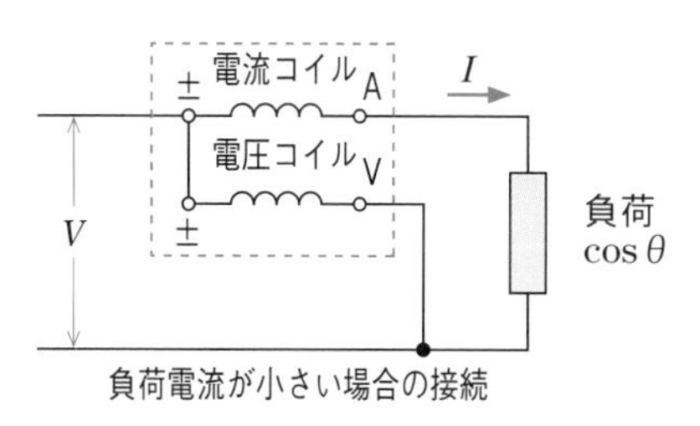

負荷電流が小さい場合の接続

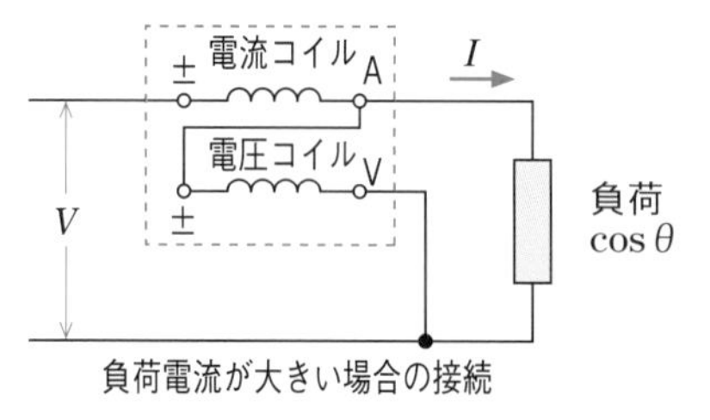

負荷電流が大きい場合の接続

電流コイルは負荷と直列に，電圧コイルは負荷と並列に接続する．電力計の指示は，電圧と電流の積に力率を乗じたもので消費電力を示す．

$P=VI\cos\theta$〔W〕

❷ 2電力計法

三相電力は，単相電力計を2台使用して測定することができる．

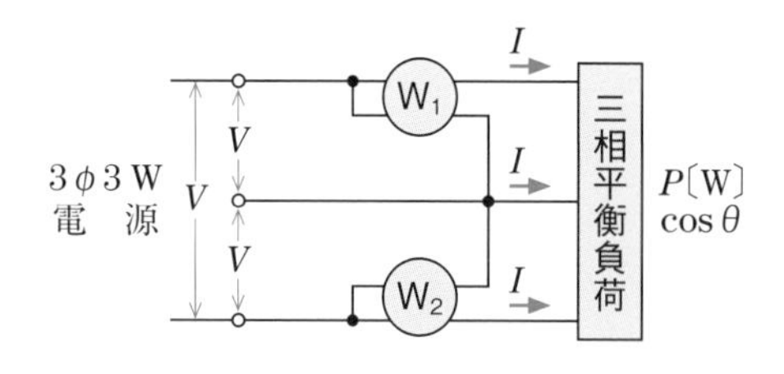

三相平衡負荷の場合，電圧を V〔V〕，流れる電流を I〔A〕，力率を $\cos\theta$ とすると，W_1 と W_2 の指示はそれぞれ，次のようになる．

$P_1=VI\cos(30°+\theta)$〔W〕

$P_2=VI\cos(30°-\theta)$〔W〕

全消費電力は，二つの電力計の読みの和となる．

$P=P_1+P_2=\sqrt{3}\,VI\cos\theta$〔W〕

力率が50%（$\theta=60°$）になると，P_1 の指示は0〔W〕になる．50%より小さくなると逆振れするので，電圧コイルの接続を逆に接続して，読んだ値を負（−）の値として計算する．

❸ 電力量計

電力量計は，使用した消費電力量を計量する計器である．電圧コイルと電流コイルによる回転磁界で，アルミニウム製の円板を電力に比例した速度で回転させる．

1 kW·h当たりの消費電力量を表示するのに必要な回転数を計器定数という．

計器定数が K〔rev/kW·h〕で N 回転するのに T〔s〕を要したとすると，負荷の平均電力 P〔kW〕は次のようになる．

$$P=\frac{3\,600N}{KT}\text{〔kW〕}$$

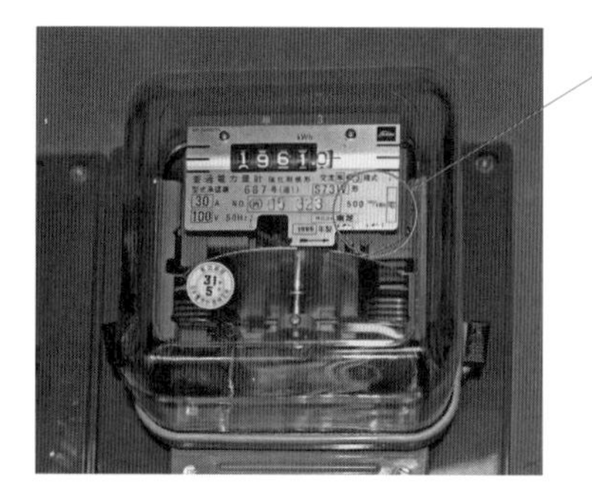

練習問題

	問題				
1	図のような単相電力計により，負荷の電力を測定する場合の結線方法として**正しいものは**. ただし，電源電圧は 200〔V〕であるとし，電力計の電圧コイルは負荷側に接続するものとする.	イ.	ロ.	ハ.	ニ.
2	図のような三相交流回路において，電力計 W_1 は 0〔W〕，電力計 W_2 は 1 000〔W〕を指示した．この三相負荷の消費電力の値〔W〕は.	イ．500	ロ．1 000	ハ．1 500	ニ．2 000
3	交流回路に接続された誘導形電力量計の回転円板の速度を測ったところ，10 回転するのに 36〔s〕を要した．電力量計の計器定数（1〔kW·h〕当たりの円板の回転数を表す定数）の表示が 1 000〔rev/kW·h〕であるときの負荷電力〔kW〕は.	イ．1	ロ．2	ハ．3	ニ．4

解答

1. **イ**

電流コイルが負荷と直列に，電圧コイルが負荷と並列に接続されているものは，イのみである.

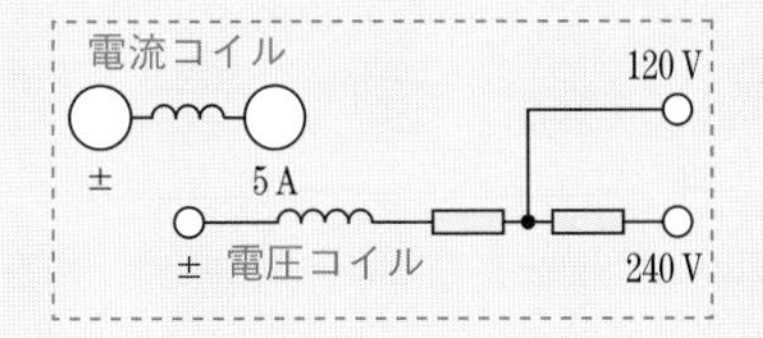

電圧コイルの±端子を，電流コイルの電源側の±端子に接続する方法と負荷側の 5 A 端子に接続する方法がある．負荷電流が大きい場合は，イのように負荷側の 5 A 端子に接続する.

2. **ロ**

図は，2 電力計法といわれるもので，三相電力は二つの電力計の指示の和となる.

P=Ⓦ₁の読み＋Ⓦ₂の読み=0+1 000〔W〕

一方の電力計が逆に触れたら，電圧コイルの接続を入れ換えて，負(−)の値として読む.

3. **イ**

$$P=\frac{3\,600N}{KT}=\frac{3\,600\times 10}{1\,000\times 36}=1\ \text{〔kW〕}$$

テーマ75 接地抵抗・絶縁抵抗の測定

ポイント

❶ 接地抵抗の測定

(1) 一般的な測定法

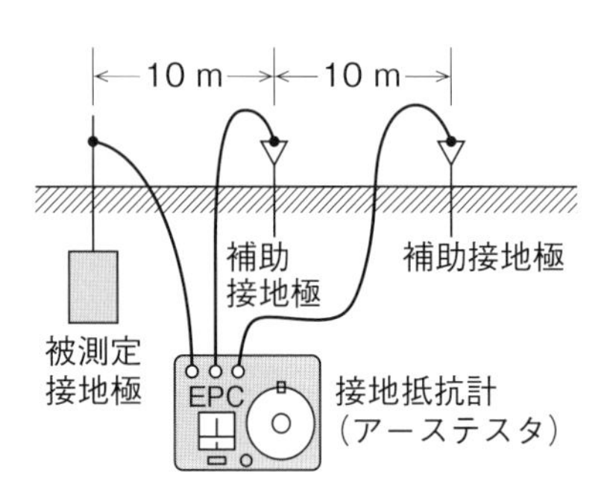

測定する接地極から，ほぼ一直線に約10 m程度の間隔で補助接地極を打ち込み，図のように接続して測定する．

(2) 簡易測定法（2極法）

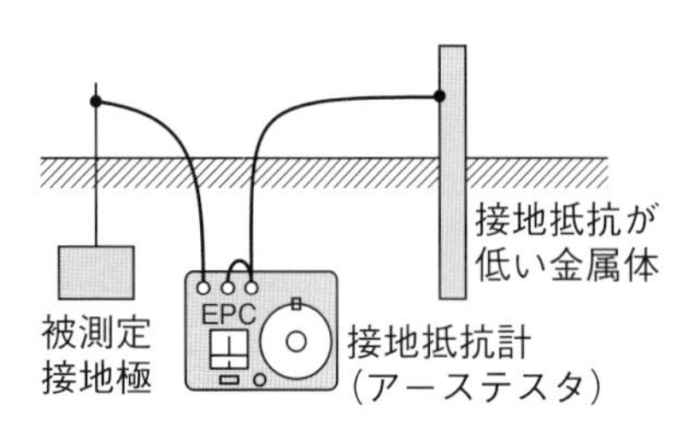

簡易測定法は，金属製の水道管のように接地抵抗が十分に低いものを補助接地極として測定する方法である．E端子を被測定接地極に，P端子とC端子を一緒にして金属製水道管などに接続する．測定値は，被測定接地極と補助接地極の接地抵抗値の和となる．

❷ 絶縁抵抗の測定

低圧電路の絶縁抵抗値は，開閉器又は過電流遮断器で区切ることのできる電路ごとに，次の表の値以上でなければならない．

電路の使用電圧の区分		絶縁抵抗値
300 V以下	対地電圧が150 V以下	0.1 MΩ
	その他の場合	0.2 MΩ
300 Vを超えるもの		0.4 MΩ

絶縁抵抗測定が困難な場合は，漏えい電流が1 mA以下であること．

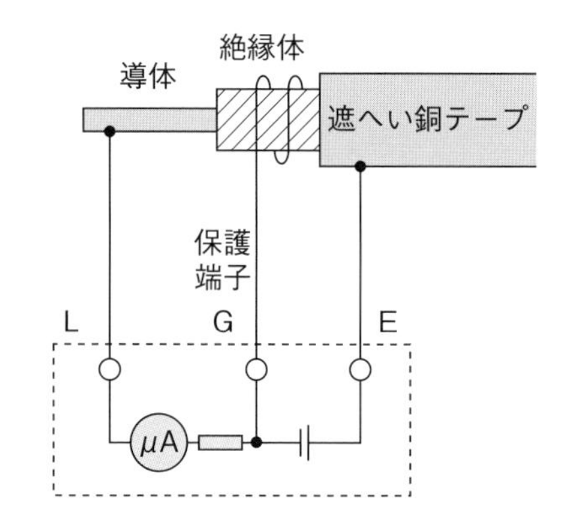

絶縁抵抗計の保護端子G（ガード端子）は，高圧ケーブルの絶縁抵抗を測定する際に，表面漏れ電流による測定誤差を防止するために用いられる．

❸ 低圧電線路の絶縁抵抗

低圧電線路の電線と大地間の絶縁抵抗は，使用電圧に対する漏えい電流が最大供給電流の1/2 000を超えないように保たなければならない．これは，電線1条当たりの値である．

練習問題

	問題	イ	ロ	ハ	ニ
1	直読式接地抵抗計で接地抵抗を測定する場合，接地抵抗計の端子記号（E，P，C）と接地極③及び補助接地極①，②の接続方法として，**正しいものは．** （図：①―10 m―②―10 m―③，補助接地極 補助接地極 接地極，接地抵抗計 E P C）	イ． Eと① Pと② Cと③	ロ． Eと② Pと① Cと③	ハ． Eと③ Pと② Cと①	ニ． Eと① Pと③ Cと②
2	低圧屋内配線の開閉器又は過電流遮断器で区切ることができる電路ごとの絶縁性能として，電気設備の技術基準（解釈を含む）に**適合するものは．**	イ．使用電圧100Vの電灯回路は，使用中で絶縁抵抗測定ができないので，漏えい電流を測定した結果，1.2 mAであった．	ロ．使用電圧100V（対地電圧100V）のコンセント回路の絶縁抵抗を測定した結果，0.08 MΩであった．	ハ．使用電圧200V（対地電圧200V）の空調機回路の絶縁抵抗を測定した結果，0.17 MΩであった．	ニ．使用電圧400Vの冷凍機回路の絶縁抵抗を測定した結果，0.43 MΩであった．
3	電気設備の技術基準の解釈において，停電が困難なため低圧屋内電路の絶縁性能を，漏えい電流を測定して判定する場合，使用電圧が100〔V〕の電路の漏えい電流の上限値として，**適切なものは．**	イ． 0.1〔mA〕	ロ． 0.2〔mA〕	ハ． 1.0〔mA〕	ニ． 2.0〔mA〕
4	ケーブルの絶縁抵抗の測定を有効最大目盛1 000〔MΩ〕以上の絶縁抵抗計で行うとき，保護端子（ガード端子）を使用する目的として**正しいものは．**	イ．表面漏れ電流による測定誤差を防止するために用いる．	ロ．絶縁抵抗計の目盛り校正用に用いる．	ハ．表面漏れ電流も含めて測定するために用いる．	ニ．絶縁抵抗計による誘導障害を防止するために用いる．

解答

1. **ハ**

接地抵抗計のE端子には測定する接地極③を，P端子には中央にある補助接地極②を，C端子には端にある補助接地極①を接続する．

2. **ニ**

使用電圧400Vの電路の絶縁抵抗値は0.4 MΩ以上であればよい．

使用電圧が300V以下で対地電圧が150V以下の場合の絶縁抵抗値は0.1 MΩ以上，使用電圧が300V以下で対地電圧が150Vを超える場合は0.2 MΩ以上でなければならない．

漏えい電流は，1 mA以下でなければならない．

3. **ハ**

停電が困難なため低圧屋内電路の絶縁性能を，漏えい電流を測定して判定する場合，1 mAが上限値である．

4. **イ**

漏えい電流が流れる部分に，電線を巻き付けて保護端子G（ガード端子）に接続して，表面漏れ電流による測定誤差を防止する．

テーマ76 絶縁耐力試験

ポイント

❶ 高圧の電路・機械器具の絶縁耐力試験

（1） 試験電圧・試験時間

種　類	試験方法	試験電圧	試験時間
電路（最大使用電圧が7 000 V以下）	電路と大地間（多心ケーブルは，心線相互間及び心線と大地間）に試験電圧を加える．	交流試験電圧 ＝最大使用電圧×1.5＝10 350〔V〕 直流試験電圧（ケーブル） ＝交流試験電圧×2＝20 700〔V〕	連続して10分間
変圧器（最大使用電圧が7 000 V以下）	試験される巻線と他の巻線，鉄心及び外箱間に試験電圧を加える．	交流試験電圧 ＝最大使用電圧×1.5＝10 350〔V〕	
開閉器，遮断器，電力用コンデンサ，計器用変成器等	充電部と大地間に試験電圧を加える．		

・高圧ケーブルは，直流で絶縁耐力試験を行ってもよい．

・最大使用電圧は，次の計算による．

$$最大使用電圧＝公称電圧\times\frac{1.15}{1.1}＝6\,600\times\frac{1.15}{1.1}＝6\,900\,〔V〕$$

（公称電圧＝使用電圧＝6 600〔V〕）

絶縁耐力試験装置

（2） 絶縁抵抗測定

絶縁耐力試験の前後に，絶縁抵抗計で絶縁抵抗を測定する．

絶縁抵抗測定 → **絶縁耐力試験** → 絶縁抵抗測定

❷ 絶縁耐力試験回路

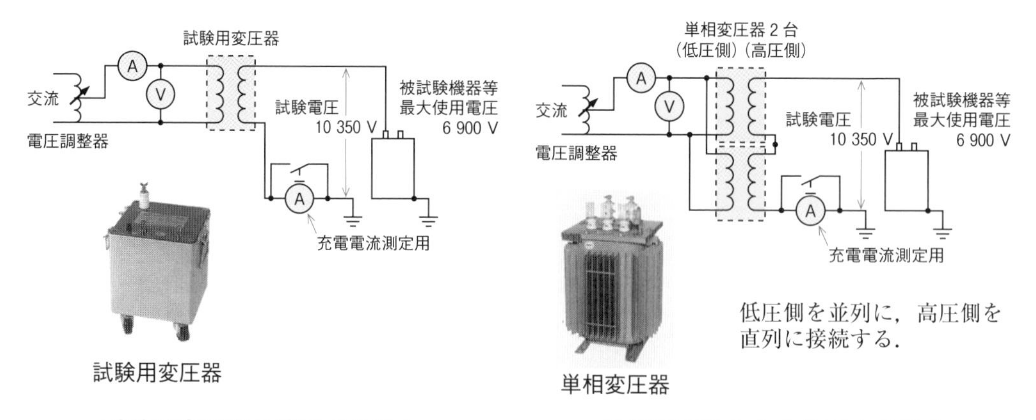

練習問題

	問題	イ	ロ	ハ	ニ
1	最大使用電圧 6 900〔V〕の高圧受電設備の電路を一括して，交流で絶縁耐力試験を行う場合の試験電圧と試験時間の組み合わせとして，**適切なものは**.	イ. 試験電圧： 8 625〔V〕 試験時間： 連続 1 分間	ロ. 試験電圧： 8 625〔V〕 試験時間： 連続 10 分間	ハ. 試験電圧： 10 350〔V〕 試験時間： 連続 1 分間	ニ. 試験電圧： 10 350〔V〕 試験時間： 連続 10 分間
2	最大使用電圧 6 900〔V〕の交流電路に使用するケーブルの絶縁耐力試験を直流で行う場合の試験電圧〔V〕の計算式は.	イ. 6 900×1.5	ロ. 6 900×2	ハ. 6 900×1.5×2	ニ. 6 900×2×2
3	高圧電路の絶縁耐力試験の実施方法に関する記述として，**不適切なものは**.	イ. 最大使用電圧が 6.9〔kV〕の CV ケーブルを直流電圧 20.7〔kV〕で実施した.	ロ. 試験電圧を 5 分間印加後，試験電源が停電したので，試験電源が復旧後，試験電圧を再度 5 分間印加し合計 10 分間印加した.	ハ. 一次側 6〔kV〕，二次側 3〔kV〕の変圧器の一次巻線に試験電圧を印加する場合，二次巻線を一括して接地した.	ニ. 定格電圧 1 000〔V〕の絶縁抵抗計で，試験前と試験後に絶縁抵抗測定を実施した.
4	図のように変圧比 6 600〔V〕/210〔V〕の単相変圧器を 2 台使用し，結線は低圧側を並列，高圧側を直列に接続して絶縁耐力試験を行う場合，試験電圧 10 350〔V〕を発生させるために低圧側に加える電圧〔V〕は. 変圧器 210/6 600 V　電源　試験電圧	イ. 41.2	ロ. 82.3	ハ. 164.7	ニ. 247.0

解答

1. **ニ**

試験電圧＝6 900×1.5＝10 350〔V〕

2. **ハ**

直流で行う場合の試験電圧は，交流で行う場合の 2 倍である.

3. **ロ**

試験時間は連続して 10 分間で，途中で試験を中断したら，改めて 10 分間行う.

4. **ハ**

1 台の変圧器の高圧側の電圧 V_2〔V〕は，

$V_2 = 10\,350/2 = 5\,175$〔V〕

低圧側に加える電圧 V_1〔V〕は，

$\frac{V_1}{V_2} = \frac{210}{6\,600}$ から，

$V_1 = \frac{210}{6\,600} \times 5\,175 \fallingdotseq 164.7$〔V〕

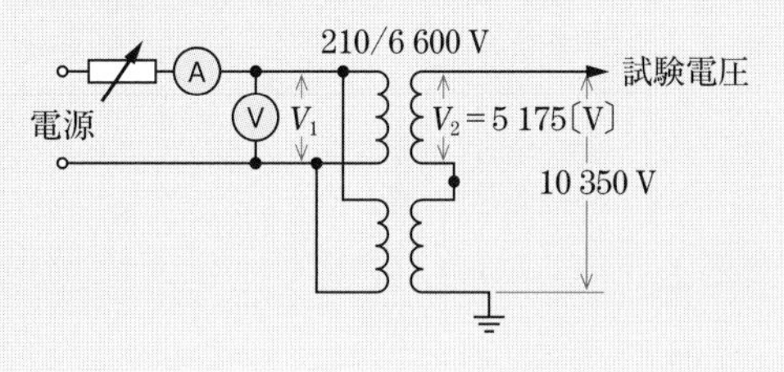

テーマ77 高圧ケーブル・コンデンサ等の検査

ポイント

❶ 高圧ケーブルの劣化診断

直流漏れ電流測定法は，ケーブルの導体と遮へい層の間に直流の高電圧を印加し，漏れ電流の時間的な変化を自動的に記録して，劣化の状態を判定するものである．

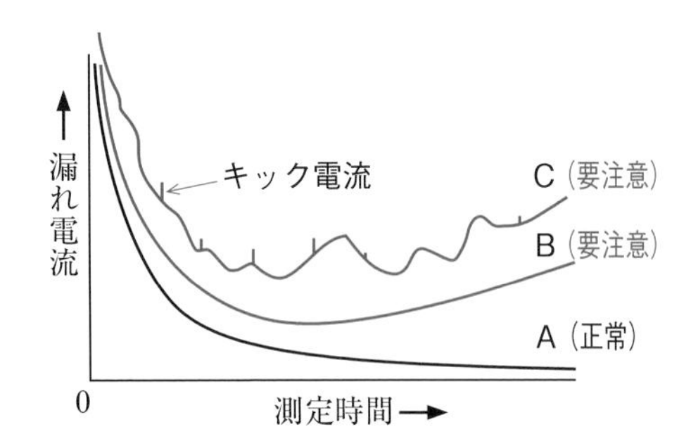

A は正常なケーブルで，初めにケーブルの静電容量による充電電流と漏れ電流が流れ，時間とともに充電電流が減少し，最終的には小さな漏れ電流だけが流れるようになる．

B は，時間とともに漏れ電流が大きくなり，注意を要するケーブルである．

C は，漏れ電流が不安定で時々キック電流も流れていて，要注意のケーブルである．

劣化が進んだケーブルは，最初から大きな漏れ電流が流れた状態が続き，電流は減少しない．

❷ 高圧進相コンデンサの検査

（1） ケース膨れの許容限界

規定はないが，容量に応じて片面当たり，10～25 mm 程度は許される．

（2） ケースの温度上昇

温度上昇は，周囲温度 35℃において温度種別 A 種では 30℃以下，温度種別 B 種では 25℃以下と，JIS C 4902 に規定されている．

（3） 放電装置

・放電抵抗内蔵形：開路後 5 分以内に 50 V 以下

❸ 絶縁油の劣化診断

（1） 外観試験

濁り，ごみ等がないかを点検する．

（2） 絶縁破壊電圧試験

区分		絶縁破壊電圧
新油		30 kV 以上
使用中	良好	20 kV 以上
	要注意	15 kV 以上 20 kV 未満
	不良	15 kV 未満

オイルカップに試料油を入れて絶縁破壊電圧を測定する．

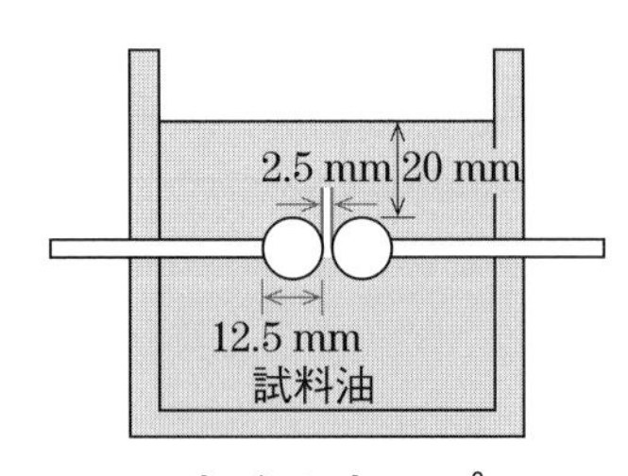

オイルカップ

（3） 全酸価試験

試料油を採取し，中和液を注入して測定する．

（4） 水分試験

試薬等によって絶縁油中の水分の量を求める．

練習問題

	問題	イ.	ロ.	ハ.	ニ.
1	高圧ケーブルの絶縁劣化診断を直流漏れ電流測定法で行ったとき，ケーブルが正常であるときを示す測定チャートは.	漏れ電流／0／測定時間	漏れ電流／0／測定時間	漏れ電流／0／測定時間	漏れ電流／0／測定時間
2	定格電圧 6 600〔V〕，定格容量 50〔kvar〕の高圧進相コンデンサ（放電装置内蔵）を検査した結果として，明らかに異常であると判断されるものは.	外箱が両側で2〔mm〕ふくらんでいた.	線路端子を一括したものと，外箱間の絶縁抵抗値が 1 500〔MΩ〕であった.	周囲温度が 20〔℃〕のとき，外箱の温度が 80〔℃〕であった.	電源を開放してから 5 分後の残留電圧が 10〔V〕であった.
3	高圧受電設備内で使用する高圧進相コンデンサ（放電抵抗内蔵形）に関する記述として**誤っているものは**.	コンデンサ回路の保護装置として限流ヒューズを用いる.	コンデンサ投入時の突入電流を抑制するために直列リアクトルを設置する.	正常時の外箱のふくらみの程度を確認しておく必要がある.	点検の際には，コンデンサの線路端子間の絶縁抵抗を絶縁抵抗計で測定し，良否を判断する.
4	変圧器の絶縁油の劣化診断に直接関係のないものは.	絶縁破壊電圧試験	水分試験	真空度測定	全酸価試験

解答

1. **イ**

正常なケーブルは，初めに充電電流と漏れ電流が流れ，時間とともに充電電流が減少し，最終的には小さな漏れ電流だけになる.

ロは，漏れ電流が時間とともに増加するので注意を要するケーブルである.

ハは，漏れ電流が比較的大きく不安定で要注意のケーブルである.

ニは不良のケーブルで，大きな漏れ電流とキック電流が流れている.

2. **ハ**

JIS C 4902 では，周囲温度が 35℃で温度上昇限度が 30℃（温度種別 A 種）まで許容されている．メーカーの資料によれば，外箱の温度は最高でも 70℃以下とする例がある.

3. **ニ**

放電抵抗内蔵形は，絶縁抵抗計で線路端子間の絶縁抵抗測定をしても，放電抵抗を測定することになり，良否の判定はできない.

線路端子を一括したものと外箱との絶縁抵抗を測定して，良否の判定をする.

4. **ハ**

変圧器の絶縁油の劣化診断では，真空度測定は行わない．真空度測定は，真空遮断器の真空バルブについて行うものである.

テーマ78 定期点検・継電器の試験等

ポイント

❶ 高圧受電設備の竣工検査・定期検査

検査項目	竣工検査	定期検査
外観検査	○	○
接地抵抗測定	○	○
絶縁抵抗測定	○	○
絶縁耐力試験	○	
保護継電器試験	○	○
遮断器関係試験	○	○
絶縁油の試験		○

❷ 短絡接地器具の取り扱い

・絶縁用保護具(高圧ゴム手袋等)を着用する.

・停電作業後，検電器で電路の無電圧を確認する.

・短絡接地器具の取り付けは，接地側金具を先に接続してから電路側金具を接続する.

・「短絡接地中」等の標識を掲げ，注意喚起を図る.

・短絡接地器具の取り外しは，電路側金具から行う.

・作業責任者の監視のもとで行う.

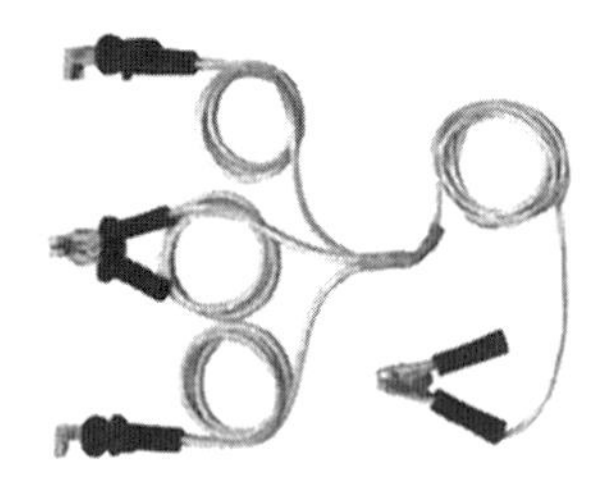

短絡接地器具

❸ 過電流継電器の主な試験

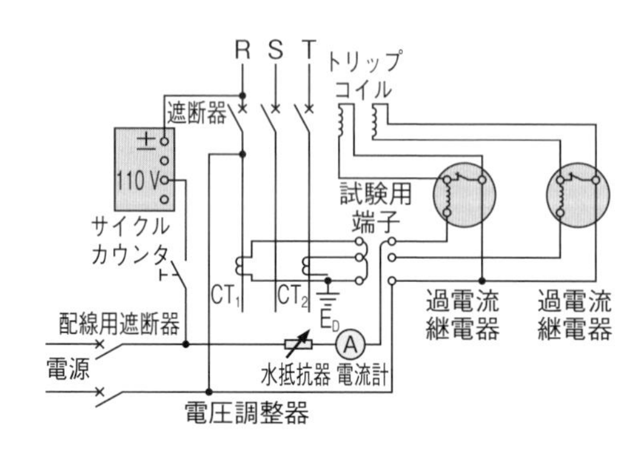

過電流継電器と遮断器の連動試験

(1) 動作電流特性試験

《限時要素》

継電器動作時間目盛を 1 にして，電流を徐々に増加し，継電器，遮断器の動作時の電流(最小動作電流)を測定する.

整定値 ±10% 以内で動作すること.

《瞬時要素》

限時要素が動作しないようにロックして，電流をすばやく増加させ，動作電流を読み取る.

整定値 ±15% 以内で動作すること.

(2) 動作時間特性試験

《限時要素》

動作時間目盛 10 と整定目盛について，整定値の 300%(700%)の電流を急激に加えたときの，動作時間を測定する.

《瞬時要素》

最小動作電流として，整定値の 200% の電流を急激に加えて動作時間を測定する.

❹ 地絡継電装置の主な試験

(1) 動作電流特性試験

試験電流を徐々に増加して，地絡継電装置

が動作する電流を測定する．整定値 ±10% 以下であること．

（2） **動作時間特性試験**

整定電流値の 130% 及び 400% の試験電流を流して動作時間を測定する．

動作時間は，次の範囲内であること．

130%：0.1〜0.3 秒

400%：0.1〜0.2 秒

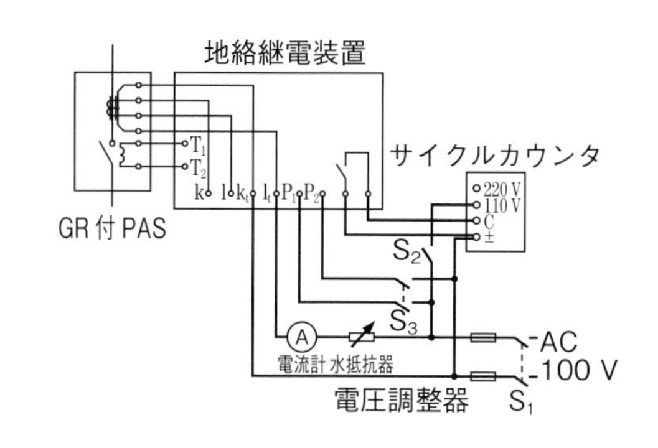

練習問題

		イ.	ロ.	ハ.	ニ.
1	受電電圧 6 600 V の受電設備が完成した時の自主検査で，一般に**行わないものは**.	高圧電路の絶縁耐力試験	高圧機器の接地抵抗測定	変圧器の温度上昇試験	地絡継電器の動作試験
2	高圧受電設備の年次点検において，電路を開放して作業を行う場合は，感電事故防止の観点から，作業箇所に短絡接地器具を取り付けて安全を確保するが，この場合の作業方法として，**誤っているものは**.	取り付けに先立ち，短絡接地器の取り付け箇所の無充電を検電器で確認する.	取り付け時には，まず電路側金具を電路側に接続し，次に接地側金具を接地線に接続する.	取り付け中は，「短絡接地中」の標識を掲げて注意喚起を図る.	取り外し時には，まず電路側金具を外し，次に接地側金具を外す.
3	高圧受電設備に使用されている誘導形過電流継電器（OCR）の試験項目として，**誤っているものは**.	遮断器を含めた動作時間を測定する連動試験	整定した瞬時要素どおりにOCR が動作することを確認する瞬時要素動作電流特性試験	過電流が流れた場合にOCRが動作するまでの時間を測定する動作時間特性試験	OCR の円盤が回転し始める始動電圧を測定する最小動作電圧試験

解答

1. ハ

変圧器の温度上昇試験は工場で行うもので，受電設備が完成した時の自主検査では行わない.

2. ロ

短絡接地器具の取り付けは，先に接地側金具を接地線に接続してから電路側金具を電路側に接続して感電の防止を図る.

3. ニ

最小動作電流試験は行うが，最小動作電圧試験は行わない.

まとめ 自家用電気工作物の検査方法

1 電気計器の種類

種 類	記 号	使用回路
永久磁石 可動コイル形		直流
可動鉄片形		交流
整流形		交流
誘導形		交流

2 電力計と電力量計

❶ **電力計の接続**

- 電流コイルは負荷と直列
- 電圧コイルは負荷と並列

❷ **電力量計による平均消費電力の計算**

$$P=\frac{3\,600N}{KT}\ \text{〔kW〕}$$

N：回転数

T：N 回転するのに要する時間〔s〕

K：計器定数〔rev/kW·h〕

3 接地抵抗の測定

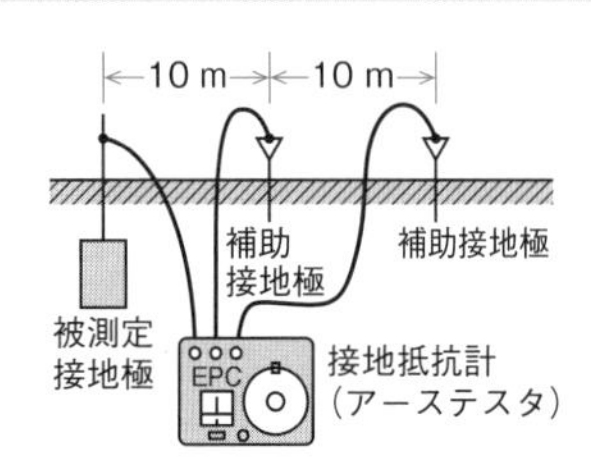

4 絶縁抵抗の測定

電路の使用電圧の区分		絶縁抵抗値
300 V 以下	対地電圧が 150 V 以下	0.1 MΩ 以上
	その他の場合	0.2 MΩ 以上
300 V を超えるもの		0.4 MΩ 以上

絶縁抵抗測定が困難な場合は，漏えい電流を 1 mA 以下に保つ．

5 高圧機器等の絶縁耐力試験

❶ **試験電圧**

- 交流試験電圧＝最大使用電圧×1.5
- ケーブルを直流電圧で試験する場合
  直流試験電圧＝交流試験電圧×2

❷ **試験時間**

- 連続して 10 分間

6 高圧ケーブル・絶縁油の劣化診断

❶ **高圧ケーブル**

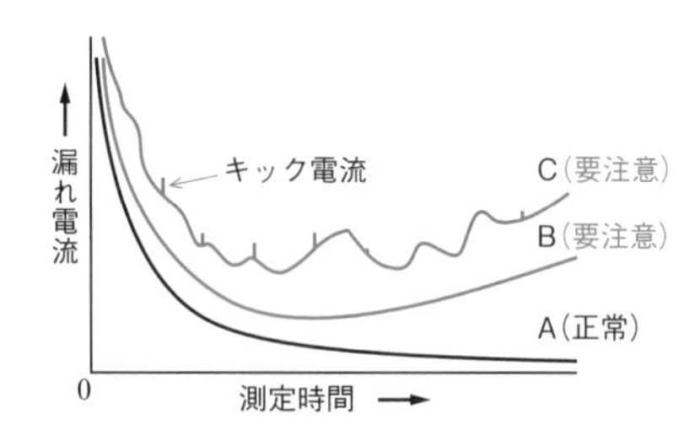

❷ **絶縁油の劣化診断**

- 外観試験
- 絶縁破壊電圧試験
- 全酸価試験
- 水分試験

7 過電流継電器の試験

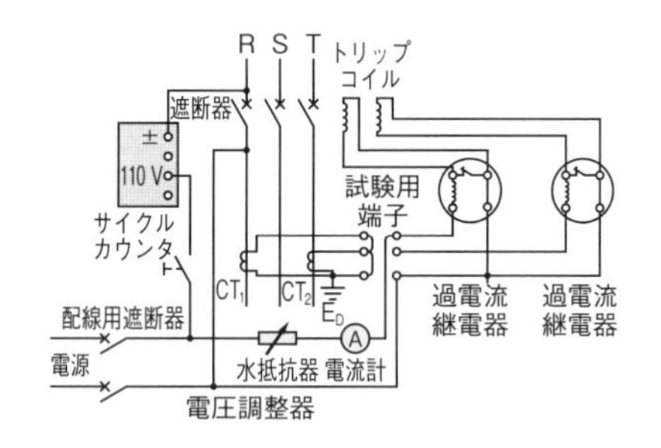

❶ **試験の種類**

- 動作電流特性試験
- 動作時間特性試験

❷ **試験に必要な計器類**

- 電流計，サイクルカウンタ，水抵抗器

7

発電・送電・変電施設

テーマ79 水力発電

ポイント

❶ ダム式発電所の構成

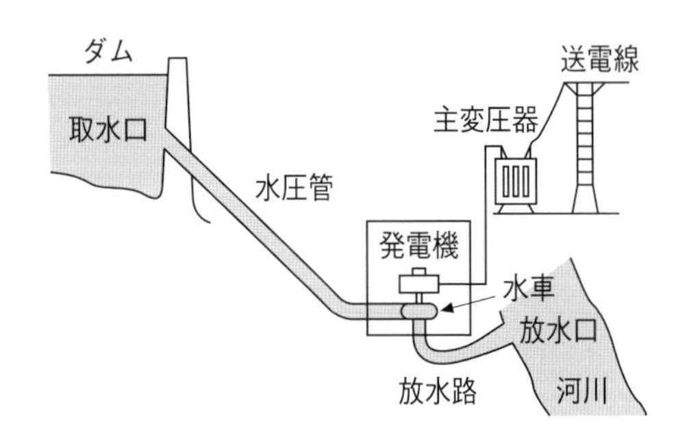

・**取水口**：ダムの水を水圧管に取り入れる．

・**水圧管**：圧力のかかった水を水車に導く管．

・**水　車**：水圧管から流れてくる水のエネルギーを機械エネルギーに変換する．

・**発電機**：水車の機械エネルギーを電気エネルギーに変換する．

・**放水路**：水車から放出された水を，河川に放出するための水路．

・**放水口**：放水路の河川への出口．

・**主変圧器**：発電機で発電した電圧を，送電する電圧に昇圧する．

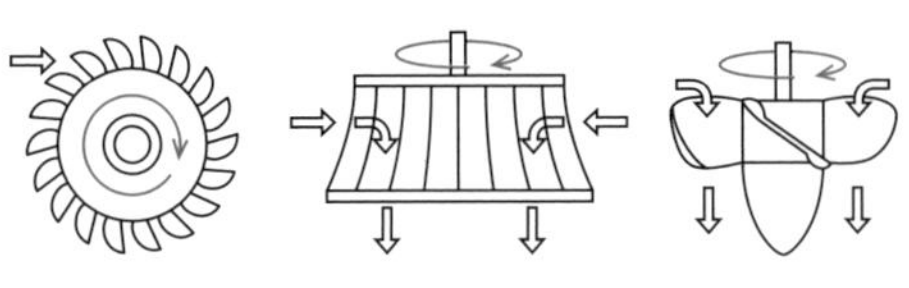

ペルトン水車　フランシス水車　プロペラ水車

❷ 発電機出力

流量 Q〔m³/s〕の水が，有効落差 H〔m〕を落下するとき，水車の効率を η_w，発電機の効率を η_g とすると，発電機の出力は次のようになる．

$$P = 9.8QH\eta_w\eta_g$$
$$= 9.8QH\eta \text{〔kW〕}$$
$$\eta = \eta_w\eta_g \text{（総合効率）}$$

・**有効落差**

H = 総落差 − 損失落差〔m〕

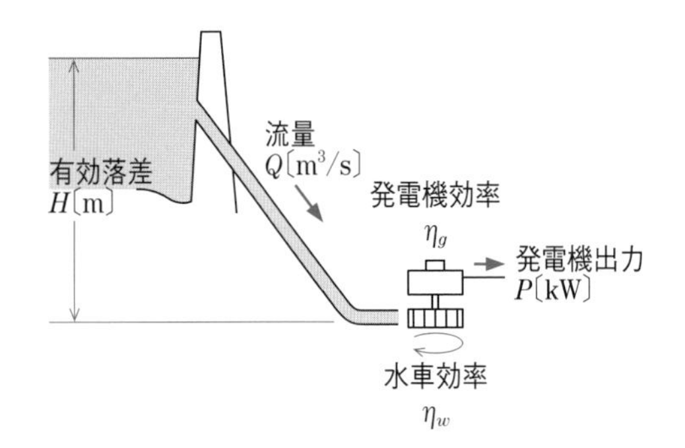

❸ 水車の選定

水車の種類	落　差
ペルトン水車	高落差 (50～1 000 m 以上)
フランシス水車	中落差 (50～500 m)
プロペラ水車	低落差 (3～90 m)

練習問題

	問題	イ	ロ	ハ	ニ
1	有効落差100〔m〕，使用水量20〔m^3/s〕の水力発電所の出力〔MW〕は．ただし，水車と発電機の総合効率は85〔%〕とする．	イ．1.9	ロ．12.7	ハ．16.7	ニ．18.7
2	水力発電所の発電出力の算出に用いられる$P=9.8QH\eta$の式において，落差Hは．	イ．総落差	ロ．有効落差	ハ．損失落差	ニ．見掛け落差
3	有効落差がH〔m〕，使用水量がQ〔m^3/s〕，出力がP〔kW〕の水力発電所がある．この発電機の総合効率ηを示す式は．	イ．$\frac{P}{HQ}$	ロ．$\frac{HQ}{9.8P}$	ハ．$\frac{P}{9.8HQ}$	ニ．$\frac{9.8P}{HQ}$
4	水力発電所の水車の種類を，適用落差の高いものから順に並べたものは．	イ．プロペラ水車 フランシス水車 ペルトン水車	ロ．フランシス水車 ペルトン水車 プロペラ水車	ハ．ペルトン水車 フランシス水車 プロペラ水車	ニ．フランシス水車 プロペラ水車 ペルトン水車
5	水力発電所の発電用水の経路として，**正しい順序は**．	イ．取水口→水圧管路→水車→放水口	ロ．取水口→水車→水圧管路→放水口	ハ．水圧管路→取水口→水車→放水口	ニ．取水口→水圧管路→放水口→水車
6	水力発電の水車の出力Pに関する記述として，**正しいものは**．ただし，Hは有効落差，Qは流量とする．	イ．PはQHに比例する．	ロ．PはQH^2に比例する．	ハ．PはQHに反比例する．	ニ．PはQ^2Hに比例する．

解答

1. ハ

水力発電所の発電機の出力P〔MW〕は，

$$P=9.8QH\eta\times10^{-3}\ \text{〔MW〕}$$
$$=9.8\times20\times100\times0.85\times10^{-3}$$
$$=16\,660\times10^{-3}$$
$$\fallingdotseq16.7\ \text{〔MW〕}$$

2. ロ

発電機の出力を求める式，$P=9.8QH\eta$において，Hは有効落差である．有効落差は，実際の落差である総落差から損失落差を差し引いたものになる．損失落差の主なものは，水が工作物を通る間に生じる摩擦による損失，水路のこう配による損失，断面の急変による損失等である．

3. ハ

$P=9.8QH\eta$〔kW〕から，

$$\eta=\frac{P}{9.8QH}$$

4. ハ

ペルトン水車は高落差，フランシス水車は中落差，プロペラ水車は低落差に適する．

5. イ

取水口から水を取り入れ，水圧管路を通じて圧力の高い水が水車に送り込まれる．水車によって発電機を回転して，機械エネルギーを電気エネルギーに変換する．水車を出た水は，放水路を経由して放水口から河川に放出される．

6. イ

$P=9.8QH\eta$〔kW〕から，PはQHに比例することがわかる．

テーマ 80 ディーゼル発電・コージェネレーションシステム

ポイント

❶ ディーゼル発電装置の構成

ディーゼル発電設備は，軽油や重油を燃料としたディーゼル機関で，発電機を回転させて発電するものである．ビルなどの非常用予備発電装置として一般に使用されている．

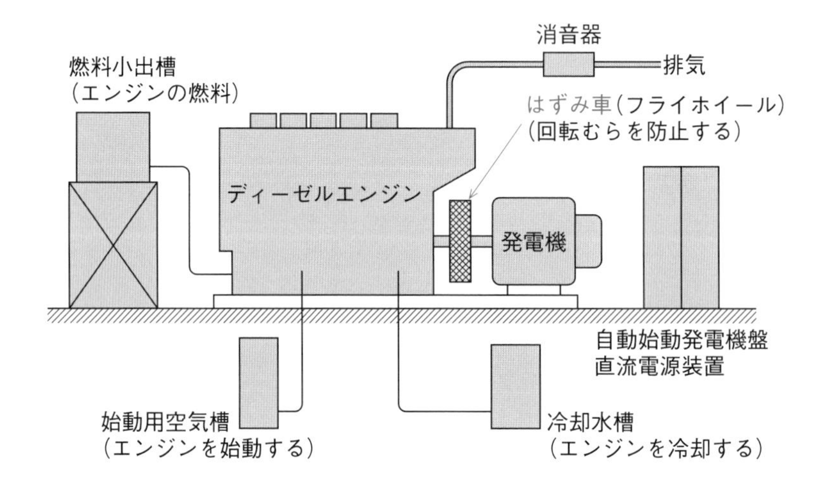

❷ 熱損失

ディーゼル機関は，燃焼したガスを排気したりエンジンを冷却すること等により熱損失が生じる．

排気ガス損失が最も大きく 30～35%，次いで冷却水損失が 20～25%，機械的損失が 8% 程度となっている．

❸ ディーゼル機関の動作工程

1. 吸気弁が開いて，シリンダ内に空気を吸入する(吸気工程)．
2. 吸気弁を閉じ，空気を圧縮して高温にする(圧縮工程)．
3. 霧状にした燃料を噴射して爆発的に燃焼させる．ピストンを押し下げてクランク軸を回転させる(爆発工程)．
4. ピストンを押し上げ，排気弁を開いて燃焼ガスを排気する(排気工程)．

ディーゼル機関は，吸気→圧縮→爆発→排気の 4 工程を，クランク軸を 2 回転して行う．圧縮されて高温になった空気に燃料を噴射して燃焼させるので，点火プラグは不要である．

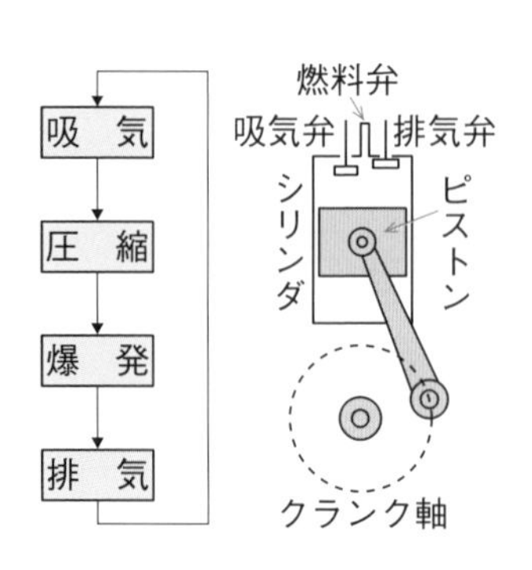

❹ コージェネレーションシステム

コージェネレーション(cogeneration：熱電併給)システムは，ディーゼルエンジンなどによって発電を行い，エンジン等から発生する排熱を回収して給湯や冷暖房に利用することにより，総合的に熱効率を向上させるシステムである．

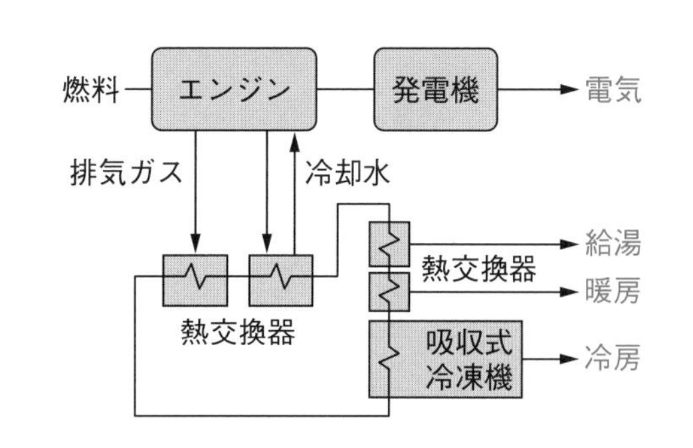

練習問題

	問題	イ.	ロ.	ハ.	ニ.
1	ディーゼル機関の熱損失を，大きいものから順に並べたものは.	排気ガス損失 機械的損失 冷却水損失	排気ガス損失 冷却水損失 機械的損失	冷却水損失 機械的損失 排気ガス損失	機械的損失 排気ガス損失 冷却水損失
2	ディーゼル機関のはずみ車（フライホイール）の目的として，**正しいものは.**	停止を容易にする.	冷却効果を良くする.	始動を容易にする.	回転のむらを滑らかにする.
3	ディーゼル発電に関する記述として，**誤っているものは.**	ビルなどの非常用予備発電装置として一般に使用されている.	回転むらを滑らかにするために，はずみ車が用いられる.	ディーゼル機関の動作工程は，吸気→爆発(燃焼)→圧縮→排気である.	ディーゼル機関は点火プラグが不要である.
4	コージェネレーションシステムに関する記述として，**最も適切なものは.**	受電した電気と常時連系した発電システム	電気と熱を併せ供給する発電システム	深夜電力を利用した発電システム	電気集じん装置を利用した発電システム

解答

1. ロ

排気ガス損失が 30～35% で最も大きい．次いで冷却水損失が 20～25% であり，機械的損失が 7～9% で最も小さい．

2. ニ

ディーゼル機関は，吸気，圧縮，爆発，排気の工程が行われているが，爆発工程と，その他の行程では回転力の差が大きく，滑らかな回転を得ることができない．回転を均一化するために，円盤状のはずみ車（フライホイール）が用いられる．

3. ハ

ディーゼル機関は，吸気→圧縮→爆発→排気の 4 工程を繰り返す．吸入した空気を圧縮して高温にし，そこに霧状の燃料を噴射して爆発的に燃焼させるため，点火プラグは不要である．

4. ロ

コージェネレーションシステムは，発電用の原動機等が発生する排熱を回収して，給湯や暖房等に利用することによって，熱効率を高めるシステムである．

テーマ81 汽力発電・ガスタービン発電

ポイント

❶ 汽力発電

(1) ランキンサイクル

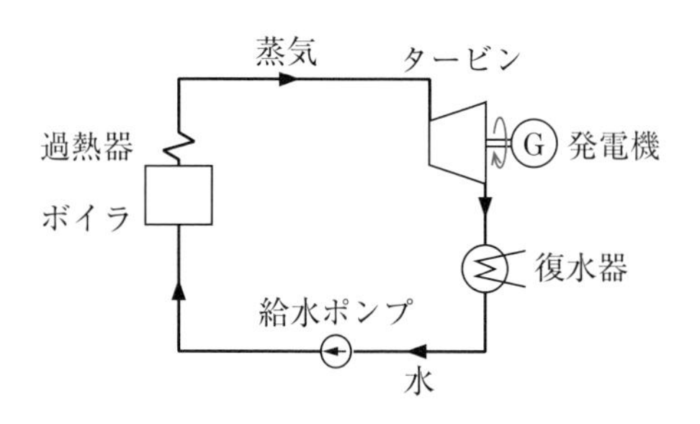

ランキンサイクルは，最も基本的な熱サイクルである．

ボイラは，燃料を燃焼させて，水から蒸気を発生させる．**過熱器**は，ボイラで発生した蒸気をさらに加熱して，高温・高圧の蒸気にする．**タービン**は，蒸気が膨張する力を利用して，発電機を回転させる．**復水器**は，タービンからの蒸気を冷却して水に戻す．**給水ポンプ**は，復水器からきた水をボイラに送る．

(2) 再熱サイクル

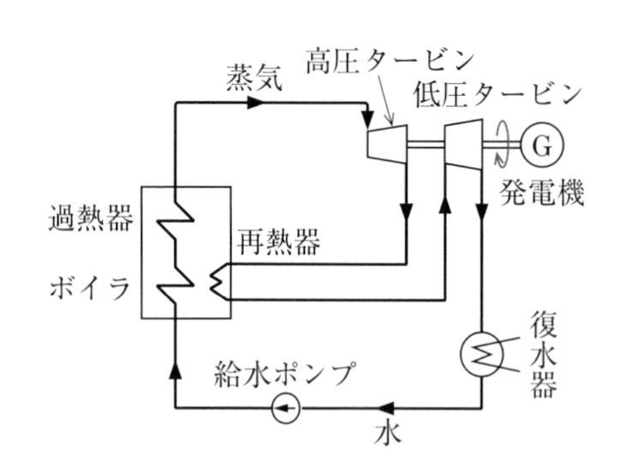

蒸気タービンの効率を高めるために，高圧タービンの排気を再熱器で再び加熱して，高温の蒸気として低圧タービンに用いるものである．

(3) 自然貫流ボイラ

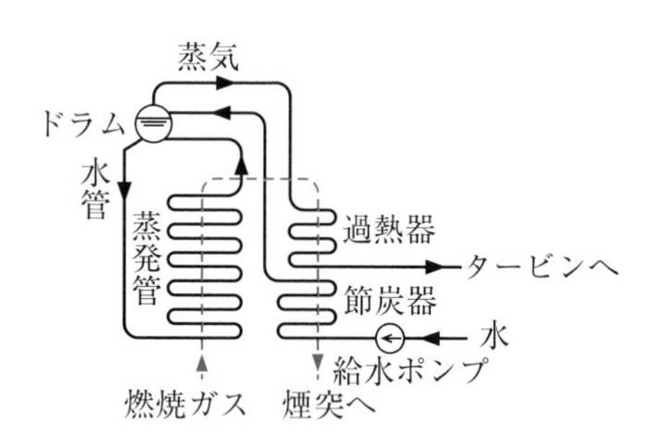

給水ポンプからドラムに水が入り，ドラムの下のほうに溜まる．水は，ドラム下部の水管を通じて降水する．蒸発管を通り，燃料の燃焼によって加熱され，水が蒸気に変わる．蒸気はドラムに入り込んで，ドラム上部にある管を通じて，過熱器，タービンへと向かう．

❷ ガスタービン発電

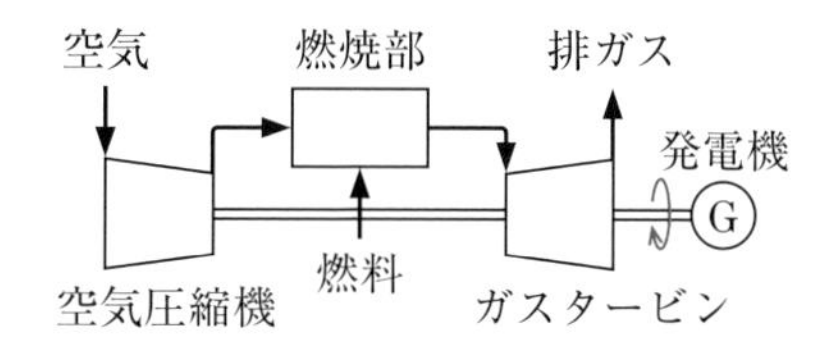

高温・高圧の燃焼ガスでタービンを回転させ，発電機を回転させるものである．

《特徴（ディーゼル発電設備との比較）》

・冷却水が不要である．
・振動が少ない．
・据付面積が小さい．
・発電効率が低い．
・大規模な吸排気装置を必要とする．

❸ タービン発電機

タービン発電機は，蒸気タービンやガスタービンによって駆動される発電機をいう．タービンは高速回転のため，直結される発電機は直径が小さく，軸方向に長い構造になっている．タービン発電機は軸が長いため，回転子は，非突極回転界磁形（円筒回転界磁形）で，一般に水平軸形が採用されている．

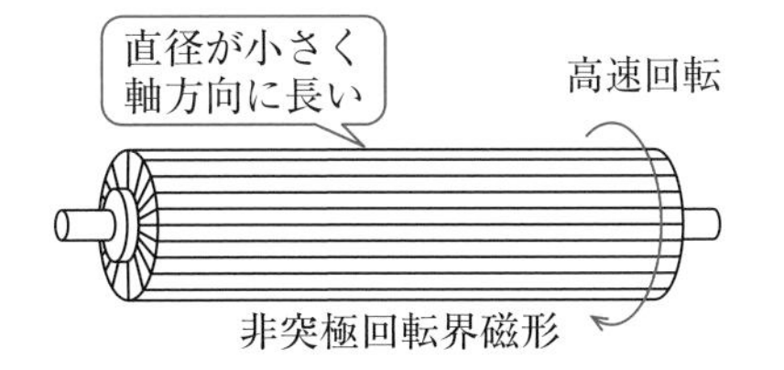

タービン発電機の回転子

練習問題

	問題	イ	ロ	ハ	ニ
1	図は火力発電所の熱サイクルを示した装置線図である．この熱サイクルの種類は．	イ．再生サイクル	ロ．再熱サイクル	ハ．再熱再生サイクル	ニ．コンバインドサイクル
2	自家用電気工作物に用いられる非常用のガスタービン発電設備をディーゼル発電設備と比較した場合の記述として，**誤っているものは．**	イ．熱エネルギーをタービンで回転運動に変換するので，振動が少ない．	ロ．大規模な吸排気装置を必要とする．	ハ．発電効率が低い．	ニ．大量の冷却水を必要とする．
3	タービン発電機の記述として，**誤っているものは．**	イ．タービン発電機は，駆動力として蒸気圧などを利用している．	ロ．タービン発電機は，水車発電機に比べて回転速度が大きい．	ハ．回転子は，非突極回転界磁形（円筒回転界磁形）が用いられる．	ニ．回転子は，一般に縦軸形が採用される．

解答

1. **ロ**

再熱サイクルで，高圧タービンの排気を再熱器で再び加熱して，高圧の蒸気として低圧タービンに送る．

2. **ニ**

ディーゼル発電設備は大量の冷却水を必要とするが，ガスタービン発電設備は冷却水を必要としない．

3. **ニ**

タービン発電機は，高速回転のため横方向に長い構造になっており，回転子は一般に水平軸形（横軸形）が採用されている．

テーマ82 新エネルギー発電

ポイント

❶ 風力発電設備

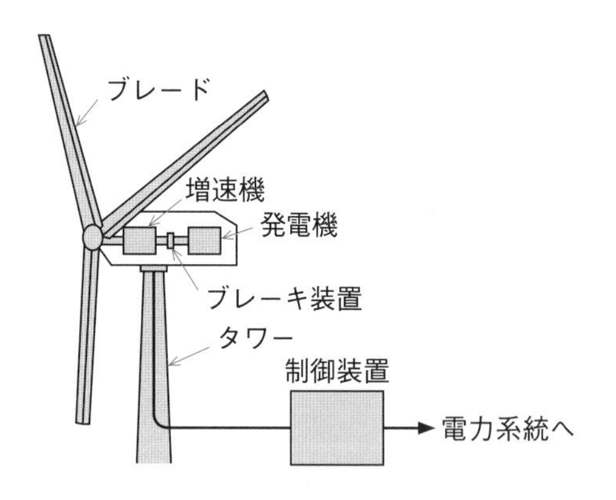

風力発電は，風の運動エネルギーを電気エネルギーに変換して取り出す方式である．

ブレードが風を受けて回転すると，増速機で一定の回転速度に上げて発電機を回転し発電する．

一般に使用されているプロペラ形風車は水平軸形風車であり，風速によって翼の角度を変えるなど，風の強弱によって出力を調整できるようになっている．

❷ 太陽光発電設備

(1) 太陽電池

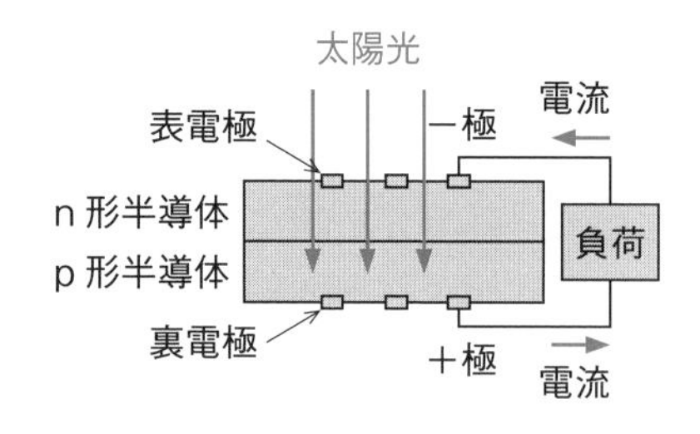

・半導体の pn 接合面に光を当てて，太陽エネルギーを電気エネルギー（直流）に変換する．

・変換効率は 15～20%（150～200 W/m^2）．

(2) システムの構成

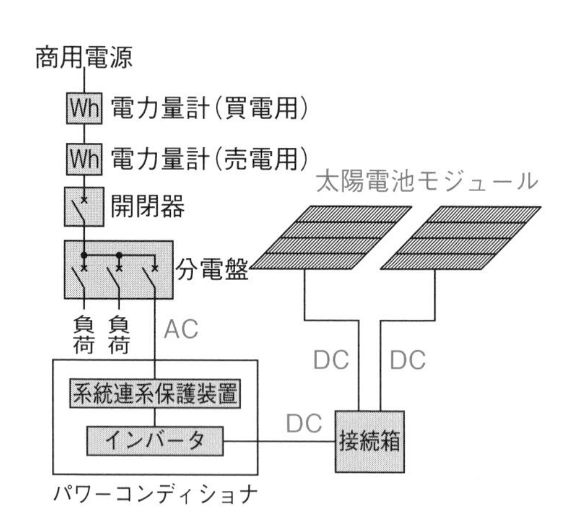

太陽電池モジュールが発電した直流電力をインバータにより，交流電力に変換する．

太陽光発電設備を，一般送配電事業者の電力系統に連系させる場合は，系統連系保護装置を必要とする．

インバータと系統連系保護装置は，パワーコンディショナに収められている．

❸ 燃料電池発電設備

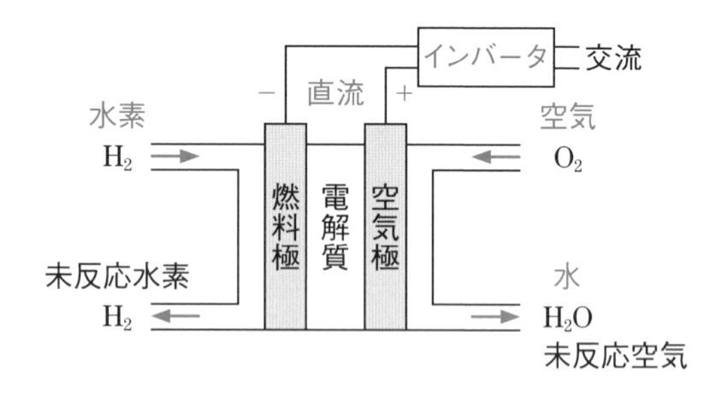

燃料電池は，天然ガス等から取り出した水素と空気中の酸素を化学反応させて電気を取り出す方式である．燃料電池は，発電することによって，水を発生する．

りん酸形燃料電池は，電解質にりん酸水溶液を使用したものであり，ビル等の分散型電源として利用されている．

燃料電池には，次のような特長がある．

・高効率である．
・環境に対してクリーンである．
・振動や騒音が小さい．
・負荷変動に対して制御性がよい．

練習問題

	問題	イ	ロ	ハ	ニ
1	風力発電に関する記述として，**誤っているものは．**	イ．風力発電装置は，風のエネルギーを電気エネルギーに変換する装置である．	ロ．風力発電装置は，風速等の自然条件の変化により発電出力の変動が大きい．	ハ．一般に使用されているプロペラ形風車は垂直軸形風車である．	ニ．プロペラ形風車は，一般に風速によって翼の角度を変えるなど風の強弱に合わせて出力を調整することができる．
2	太陽電池を使用した太陽光発電に関する記述として，**誤っているものは．**	イ．太陽電池は，一般に半導体の pn 接合部に光が当たると電圧を生じるのを利用し，太陽エネルギーを電気エネルギーとして取り出している．	ロ．太陽電池の出力は直流であり，交流機器の電源として用いる場合はインバータを必要とする．	ハ．太陽発電設備を一般送配電事業者の系統と連系させる場合は，系統連系保護装置を必要とする．	ニ．太陽電池を使用して 1〔kW〕の出力を得るには，一般的に 1〔m^2〕程度の表面積の太陽電池を必要とする．
3	燃料電池の発電原理に関する記述として，**誤っているものは．**	イ．りん酸形燃料電池は発電により水を発生する．	ロ．燃料の化学反応により発電するため，騒音はほとんどない．	ハ．負荷変動に対する応答性にすぐれ，制御性がよい．	ニ．燃料電池本体から発生する出力は交流である．

解答

1. ハ

一般に使用されているプロペラ形風車は，水平軸形風車である．

2. ニ

太陽電池の出力は，一般的に 1 m^2 の表面積で 150～200 W 程度である．

3. ニ

燃料電池から発生する出力は直流である．交流の機器を使用するには，インバータを必要とする．

テーマ83 送電・変電施設

ポイント

❶ 電力系統

発電所で発電された電力は，送電による電力損失を少なくし，しかも安全に需要家に供給しなければならないことから，電圧を昇圧したり降圧する必要がある．

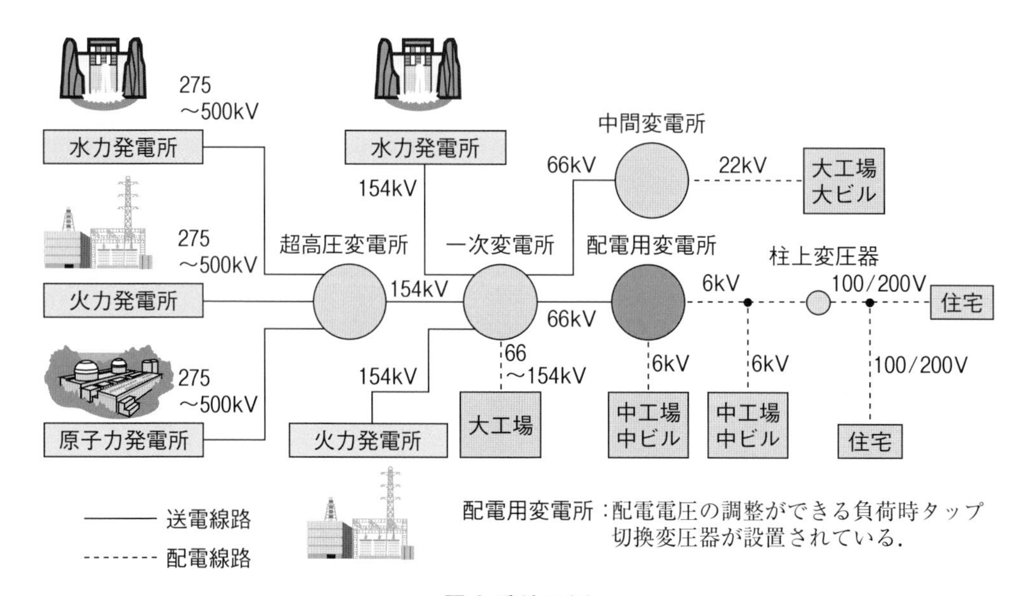

電力系統の例

❷ 送電方式

（1） 交流送電

・電圧の昇圧，降圧が容易である．

・無効電力や表皮効果による送電損失が大きい．

（2） 直流送電

・長距離，大電力の送電に適する．

・電圧降下，電力損失，電圧変動率が少ない．

・交直変換装置が必要である．

・高電圧，大電流の遮断が困難である．

❸ 送電線路

（1） 架空送電線路

送電線路には架空送電線路と地中送電線路があるが，経済性等の観点から架空送電線路が広く採用されている．

（2） 架空送電線路の電線

質量が小さく引張強さが大きい鋼心アルミより線が一般的に使用されている．

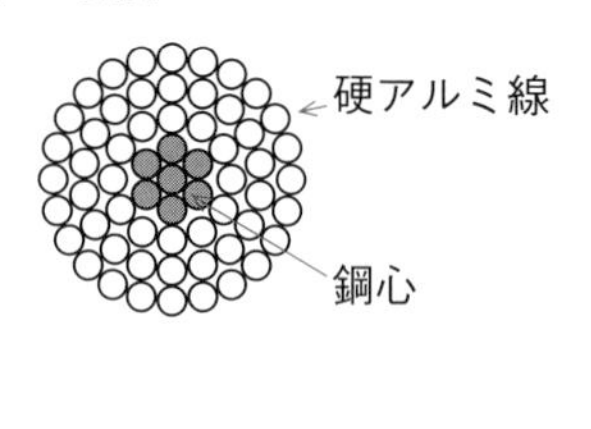

（3） アーマロッド

電線と同種の金属を巻き付けて補強し，電線の振動による素線切れ等を防止する．

（4） ダンパ

電線におもりとして取り付け，微風による

電線の振動を吸収し,電線の損傷を防止する.

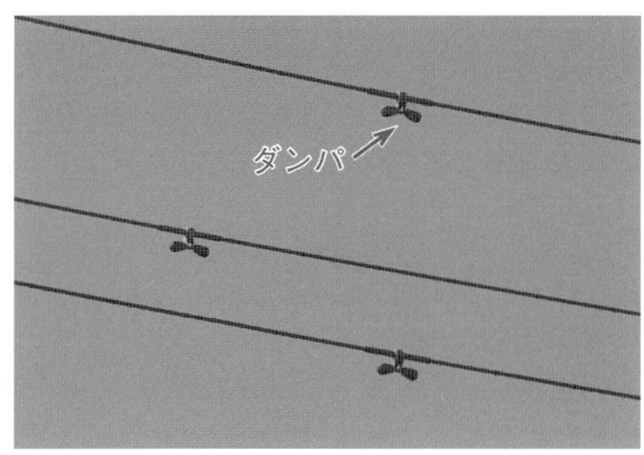

（5） **ねん架**

架空送電線路の全区間の各相の作用インダクタンスと作用静電容量を平衡させるために，ねん架を行う.

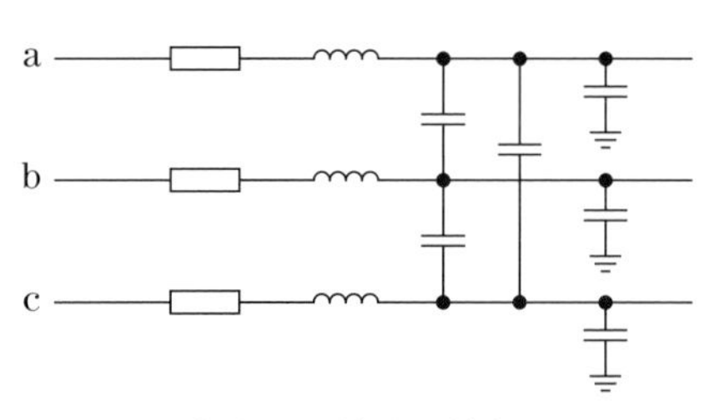

架空送電線路の等価図

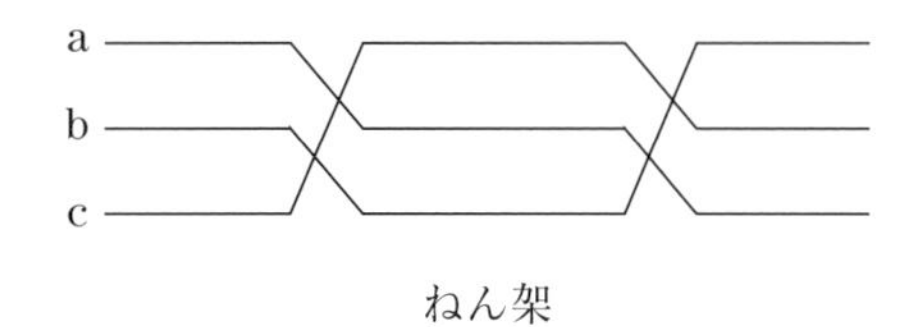

ねん架

❹ 送電線路に現れる現象

（1） **表皮効果**

交流の場合，電線に流れる電流密度が中心より外側の方が大きくなる.

（2） **電力ケーブルの電力損失**

・**抵抗損**

心線の抵抗に流れる電流によって生ずる電力損失である.

・**誘電損**

絶縁体に交流電圧を加えたときに生ずる電力損失で，誘電損という．絶縁体に交流電圧を加えると，わずかな有効電流が流れて電力損失を生ずる.

・**シース損**

シース損には,渦(うず)電流損と回路損がある.渦電流損は，単心ケーブルの導体の周囲に発生した磁束により，金属シースに渦電流等が流れて生ずる損失である．回路損は，ケーブルの縦方向に生ずる誘導電流（回路電流）によって生ずる損失である.

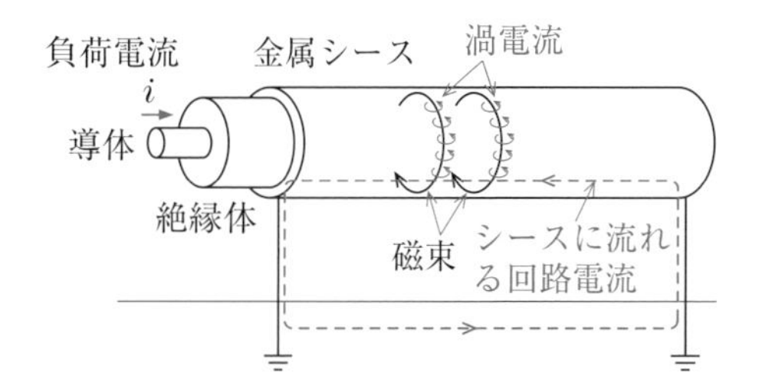

（3） **フェランチ現象**

長距離送電線路や電力ケーブルを用いた地中送電線路では，電線間の静電容量が大きくなり，無負荷や軽負荷の場合に受電端電圧が送電端電圧より高くなることがある．これをフェランチ現象という.

❺ 送電線路の中性点の接地

特別高圧の送電線路は，一般的に中性点を接地している.

《接地の目的》

・1 線地絡時に健全相の電圧上昇を抑制する.

- 保護継電器の動作を確実にする.
- 地絡電流を抑制する.

接地方式	特　徴
直接接地	中性点を導線で接地する方式で，地絡電流が大きい.
抵抗接地	中性点を数百 Ω 程度の抵抗で接地する方式で，地絡電流を抑制して通信線への誘導障害を小さくする.
消弧リアクトル接地	中性点を送電線路の対地静電容量と並列共振するようなリアクトルで接地する方式で，地絡電流が極めて小さく異常電圧の発生を防止できる.

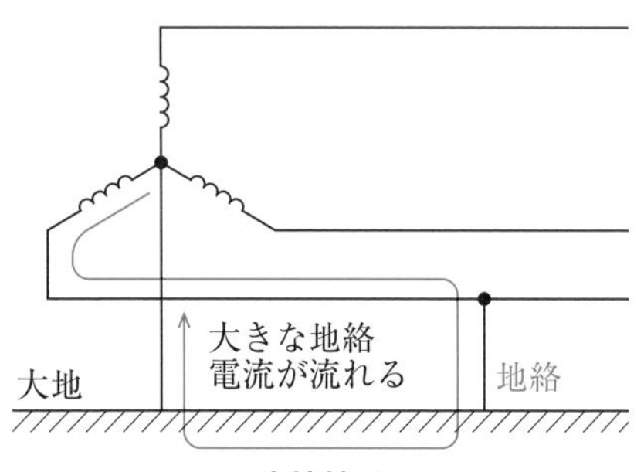

直接接地

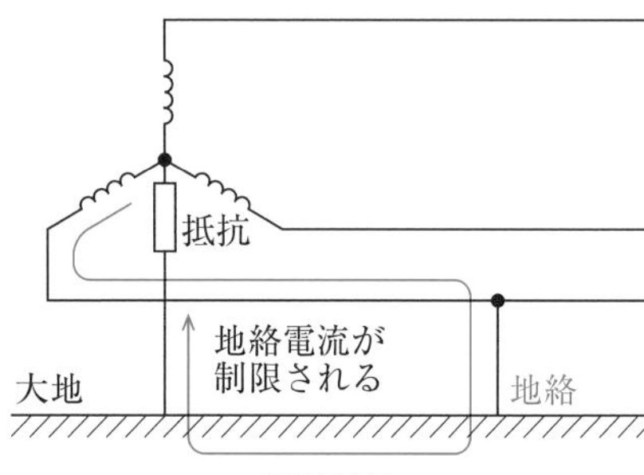

抵抗接地

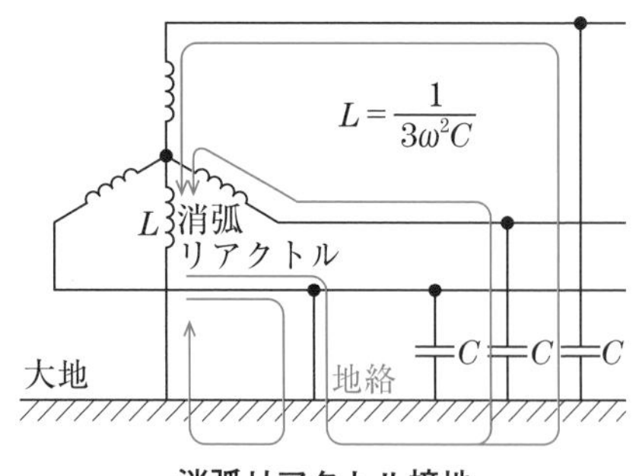

消弧リアクトル接地

❻ 電圧調整

(1)　調相設備

調相設備を負荷と並列に接続し，電線路に進みや遅れの無効電流を流すことによって無効電力を調整し，受電端の電圧を調整する.

進み電流を流すと電圧が上昇し，遅れ電流を流すと電圧が降下する.

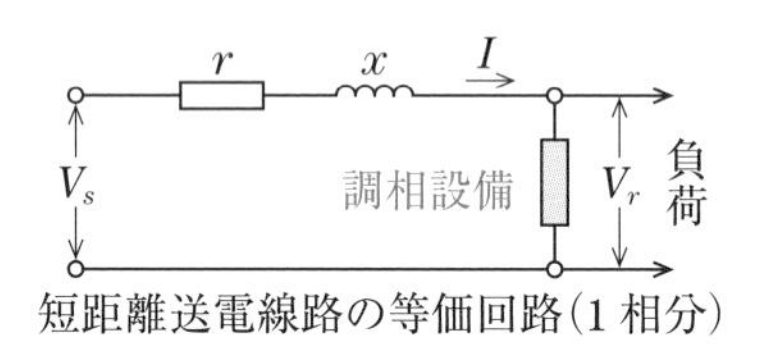

短距離送電線路の等価回路(1 相分)

- **分路リアクトル**
  遅れ無効電流を流して，受電端の電圧を下げる.
- **電力用コンデンサ**
  進み無効電流を流して，受電端の電圧を上げる.
- **同期調相機**
  同期電動機で，界磁電流を増減することにより，遅れ無効電流と進み無効電流を流して，電圧を上げたり下げたりすることができる.

(2)　負荷時タップ切換変圧器

送電したまま変圧器のタップを切り換えることができる.

一方の開閉器を開いて，全電流を反対側に移し，無負荷状態にして切り換える.

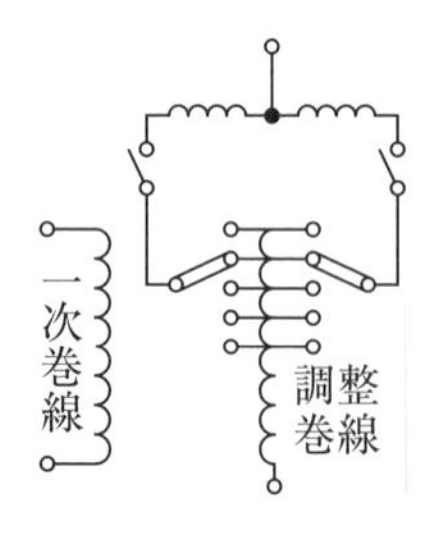

❼ 送電線路の保護

(1) 雷害防止

《架空地線》

接地した電線を鉄塔の頂部に設け，雷撃を受け止めて雷電流を大地に流す．

《アークホーン》

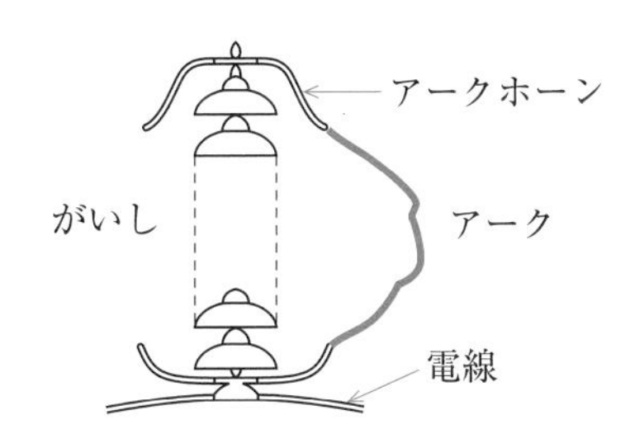

がいしの表面でフラッシオーバ（火花放電）を起こすと，アークの熱でがいしが破損する．これを防止するために，がいし装置の両端にアークホーンを設けて，異常電圧が侵入してきたら，アークホーンで放電させる．

《避雷器》

避雷器を設置して，異常電圧が襲来したら放電して，大地との電圧上昇を抑え，変圧器などの機器を保護する．

(2) がいしの塩害防止

がいしの表面に塩分やじんあいが付着すると，がいし表面でのフラッシオーバやコロナが発生するので，次のようにして防止する．

・がいし数を直列に増加する．
・表面漏れ距離の長いがいしにする．
・がいしの洗浄をする．
・表面にシリコンコンパウンドを塗布する．

❽ 配電用変電所

送電線路によって送られてきた電気を降圧し，配電線路に送り出す変電所である．配電線路の引出口に線路保護用の遮断器と継電器が設置されている．配電電圧の調整をするために，負荷時タップ切換変圧器などが設置されている．

練習問題

1	送電線路に関する記述として，**誤っているものは．**	イ． 送電線に交流電流を流したとき，導体の表皮部分より中心部分の方が単位断面積当たりの電流は大きい．	ロ． 送電線路は，発電所，変電所の相互間等を連系している．	ハ． 経済性などの観点から，架空電線路が広く採用されている．	ニ． 架空送電線には，一般に鋼心アルミより線が使用されている．

2	送電線路に関する記述として，**誤っているものは.**	イ．交流電流を流したとき，電線の中心部より外側の方が単位断面積当たりの電流は大きい．	ロ．同じ容量の電力を送電する場合，送電電圧が低いほど送電損失が小さくなる．	ハ．架空送電線路のねん架は，全区間の各相の作用インダクタンスと作用静電容量を平衡させるために行う．	ニ．直流送電は，長距離・大電力送電に適しているが，送電端，受電端にそれぞれ交直変換装置が必要となる．
3	架空送電線路に使用されるアーマロッドの記述として，**正しいものは.**	イ．がいしの両端に設け，がいしや電線を雷の異常電圧から保護する．	ロ．電線と同種の金属を電線に巻きつけて補強し，電線の振動による素線切れなどを防止する．	ハ．電線におもりとして取り付け，微風により生ずる電線の振動を吸収，電線の損傷などを防止する．	ニ．多導体に使用する間隔材で強風による電線相互の接近・接触や負荷電流，事故電流による電磁吸引力のための素線の損傷を防止する．
4	電力ケーブルのシース損として，**正しいものは.**	イ．導体の抵抗による損失である．	ロ．導体と金属シースとの静電容量による損失である．	ハ．絶縁物の劣化による損失である．	ニ．金属シースに発生する起電力による損失である．
5	高圧ケーブルの電力損失として，**該当しないものは.**	イ． 抵抗損	ロ． 誘電損	ハ． シース損	ニ． 鉄損
6	送電用変圧器の中性点接地方式に関する記述として，**誤っているものは.**	イ．非接地方式は，中性点を接地しない方式で，異常電圧が発生しやすい．	ロ．直接接地方式は，中性点を導線で接地する方式で，地絡電流が大きい．	ハ．抵抗接地方式は，地絡故障時，通信線に対する電磁誘導障害が直接接地方式と比較して大きい．	ニ．消弧リアクトル接地方式は，中性点を送電線路の対地静電容量と並列共振するようなリアクトルで接地する方式である．

7	次の文章は，電気設備の技術基準で定義されている調相設備についての記述である．「調相設備とは，[　　　]を調整する電気機械器具をいう．」上記の空欄にあてはまる語句として，**正しいものは**．	イ．受電電力	ロ．最大電力	ハ．無効電力	ニ．皮相電力
8	架空送電線の雷害対策として，**適切なものは**．	イ．がいしにアークホーンを取り付ける．	ロ．がいしの洗浄装置を施設する．	ハ．電線にダンパを取り付ける．	ニ．がいし表面にシリコンコンパウンドを塗布する．
9	送電・配電及び変電設備に使用するがいしの塩害対策に関する記述として，**誤っているものは**．	イ．沿面距離の大きいがいしを使用する．	ロ．がいしにアークホーンを取り付ける．	ハ．定期的にがいしの洗浄を行う．	ニ．シリコンコンパウンドなどのはっ水性絶縁物質をがいし表面に塗布する．
10	配電用変電所に関する記述として，**誤っているものは**．	イ．配電電圧の調整をするために，負荷時タップ切換変圧器などが設置されている．	ロ．送電線路によって送られてきた電気を降圧し，配電線路に送り出す変電所である．	ハ．配電線路の引出口に線路保護用の遮断器と継電器が設置されている．	ニ．高圧配電線路は一般に中性点接地方式であり，変電所内で大地に直接接地されている．

解答

1. **イ**

送電線に交流電流を流した場合，表皮効果により，中心部より表皮部の方が電流密度が大きい．

2. **ロ**

同じ容量の電力を送電する場合，送電電圧を低くすると電流が大きくなり，電線の電力損失が大きくなる．

3. **ロ**

アーマロッドは，電線を補強して，振動による素線切れを防止するものである．

4. **ニ**

電力ケーブルのシース損は，金属シースに発生する起電力による損失である．

5. **ニ**

鉄損は，高圧ケーブルには生じない．

6. **ハ**

抵抗接地方式は，直接接地方式と比較して地絡故障時に流れる電流が小さいので，通信線に対する電磁誘導障害が小さい．

7. **ハ**

電気設備の技術基準第 1 条（用語の定義）で，「調相設備とは，無効電力を調整する電気機械器具をいう．」と定義されている．

8. **イ**

架空送電線の雷害対策として，がいしにアークホーンを取り付ける．

9. **ロ**

がいしにアークホーンを取り付けるのは，架空送電線路の雷害対策である．

10. **ニ**

高圧配電線路は，地絡電流を小さくするために，中性線は非接地方式である．

まとめ 発電・送電・変電施設

1 水力発電

❶ 発電用水の経路

・取水口→水圧管→水車→放水口

❷ 発電機出力

$P=9.8QH\eta_w\eta_g=9.8QH\eta$〔kW〕

$\eta=\eta_w\eta_g$（総合効率）

❸ 水車の選定

ペルトン水車	高落差
フランシス水車	中落差
プロペラ水車	低落差

2 ディーゼル発電

❶ ディーゼル機関の動作工程

吸気 → 圧縮 → 爆発 → 排気（→ 吸気）

❷ はずみ車（フライホイール）

・デーゼル機関の回転のむらをなくする．

3 コージェネレーションシステム

電気と熱を併せて供給する発電システムで，熱効率を向上させる．

4 汽力発電

❶ 再熱サイクル

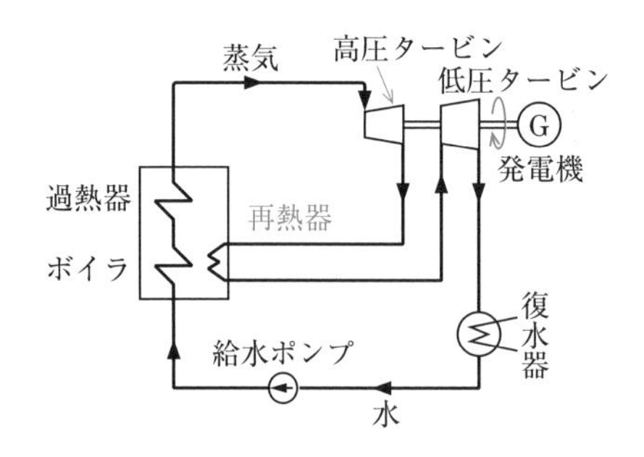

❷ タービン発電機

・高速回転するので，発電機は直径が小さく，軸方向に長い構造である．

・一般に，水平軸形が採用されている．

5 新エネルギー発電

❶ 風力発電

・水平軸形風車で，風の運動エネルギーを電気エネルギーに変換する．

❷ 太陽光発電

・半導体で太陽エネルギーを電気エネルギーに変換し，太陽電池の表面積 1 m^2 当たり 150～200 W 程度発電する．

❸ 燃料電池発電

・水素と酸素の化学反応を利用して発電し，環境に優しい発電方式である．

6 送電・変電施設

❶ 架空送電線路の保護

・アーマロッドにより，電線の振動による素線切れ等を防止する．

・ダンパで，微風による電線の振動を吸収し，電線の損傷を防止する．

❷ 送電線路の中性点の接地方式

・直接接地は，地絡電流が大きい．

・抵抗接地は，地絡電流が制限される．

・消弧リアクトル接地は，地絡電流が極めて小さい．

❸ 電圧調整

・調相設備で無効電力を調整して，送電電圧を調整する．

・負荷時タップ切換変圧器のタップを切り換えて，送電電圧を調整する．

❹ 雷害対策

・架空地線を設置する．

・アークホーンを取り付ける．

・避雷器を設置する．

❺ がいしの塩害対策

・がいし数を直列に増加する．

・表面漏れ距離の長いがいしにする．

・がいしの洗浄をする．

・表面にシリコンコンパウンドを塗布する．

8 保安に関する法令

テーマ**84**　電気事業法等
テーマ**85**　電気工事士法
テーマ**86**　電気工事業法（電気工事業の業務の適正化に関する法律）
テーマ**87**　電気用品安全法
[まとめ] 保安に関する法令
＊高圧受電設備機器等の文字記号・用語

テーマ84 電気事業法等

ポイント

❶ 電気工作物の種類

電気工作物は，次のように分類される．

電気工作物
- 事業用電気工作物
  - ・電気事業(一定規模以下の発電事業を除く)の用に供する電気工作物（電気事業者の電気設備）
  - ・自家用電気工作物（大規模なビル・工場等の電気設備）
- 一般用電気工作物（住宅・小規模な建物の電気設備）

❷ 一般用電気工作物

低圧 (600 V 以下) で受電し，受電の場所と同一の構内で使用する電気工作物で，次の小出力発電設備を設置しているものも含まれる．

小出力発電設備（600 V 以下）	
太陽電池発電設備	出力 50 kW 未満
風力発電設備	出力 20 kW 未満
水力発電設備	
内燃力発電設備	出力 10 kW 未満
燃料電池発電設備	
スターリングエンジン発電設備	
上記出力の合計	出力 50 kW 未満

❸ 自家用電気工作物

電気事業（一定規模以下の発電事業を除く）の用に供する電気工作物及び一般用電気工作物以外の電気工作物をいい，次のものが該当する．

- 600 V を超える電圧で受電するもの
- 小出力発電設備以外の発電設備を設置しているもの
- 構外にわたる電線路を有するもの
- 火薬類製造所，石炭坑

❹ 自家用電気工作物設置者の義務

- 電気設備技術基準に適合するように維持する．
- 保安規程を作成し，使用開始前に届け出をする．
- 電気主任技術者を選任し，届け出をする．

❺ 一般用電気工作物の調査義務

電線路維持運用者（一般用電気工作物と直接に電気的に接続する電線路を維持し，及び運用する者）は，その一般用電気工作物が電気設備技術基準に適合しているかどうかを調査しなければならない．調査は，登録調査機関に委託することができる．

《調査しなければならない場合》

- 設置された時及び変更の工事が完成した時
- 定期調査は 4 年に 1 回以上（登録点検業務受託法人に点検が委託されている一般用電気工作物については，5 年に 1 回以上）

❻ 供給電圧の維持

一般送配電事業者は，供給する電気の電圧を次の値に維持するように努めなければならない．

標準電圧	維持すべき値
100 V	101 V ± 6 V
200 V	202 V ± 20 V

❼ 事故報告（電気関係報告規則）

自家用電気工作物を設置する者は，次により，管轄する産業保安監督部長に，事故の報告をしなければならない．

《報告しなければならない事故の種類》

- 感電死傷事故　　・電気火災事故
- 一般送配電事業者等に供給支障を発生させた事故

《報告の方法》

- 事故の発生を知った時から 24 時間以内に，電話等で報告する．
- 事故の発生を知った日から起算して 30 日以内に，報告書を提出する．

❽ 電圧の種別（電気設備技術基準）

電圧は，次の区分により，低圧，高圧，特別高圧に分類されている．

種　別	直　流	交　流
低　圧	750 V 以下	600 V 以下
高　圧	750 V を超え 7 000 V 以下	600 V を超え 7 000 V 以下
特別高圧	7 000 V を超えるもの	

練習問題

	問題	イ	ロ	ハ	ニ
1	一般用電気工作物の適用を受けるものは．ただし，発電設備は電圧 600 V 以下で，同一構内に設置するものとする．	イ．低圧受電で，受電電力の容量が 40 kW，出力 15 kW の非常用内燃力発電設備を備えた映画館	ロ．高圧受電で，受電電力の容量が 55 kW の機械工場	ハ．低圧受電で，受電電力の容量が 40 kW，出力 15 kW の太陽電池発電設備を備えた幼稚園	ニ．高圧受電で，受電電力の容量が 55 kW のコンビニエンスストア
2	電気事業法において，電線路維持運用者が行う一般用電気工作物の調査に関する記述として，**不適切なものは**．	イ．一般用電気工作物の調査が 4 年に 1 回以上行われている．	ロ．登録点検業務受託法人が点検業務を受託している一般用電気工作物についても調査する必要がある．	ハ．電線路維持運用者は，調査を登録調査機関に委託することができる．	ニ．一般用電気工作物が設置された時に調査が行われなかった．
3	電気設備に関する技術基準において，交流電圧の高圧の範囲は．	イ．600 V を超え 7 000 V 以下	ロ．750 V を超え 7 000 V 以下	ハ．600 V を超え 10 000 V 以下	ニ．750 V を超え 10 000 V 以下

解答

1．**ハ**

低圧で受電しても，小出力発電設備以外の発電設備を有するものは，自家用電気工作物になる．

2．**ニ**

電線路維持運用者は，電気を供給する一般用電気工作物が設置された時に，電気設備技術基準に適合しているかどうかを調査しなければならない．

3．**イ**

交流電圧の高圧の範囲は，600 V を超えて 7 000 V 以下である．

テーマ85 電気工事士法

ポイント

❶ 法の目的

電気工事の作業に従事する者の資格及び義務を定め，もって電気工事の欠陥による災害の発生の防止に寄与することを目的とする．

❷ 電気工事士等の資格と作業範囲

電気工作物＼資格	一般用電気工作物	自家用電気工作物（最大電力500 kW未満の需要設備）		
			簡易電気工事	特殊電気工事
第二種電気工事士	○			
第一種電気工事士	○	○	○	
認定電気工事従事者			○	
特種電気工事資格者				○

簡易電気工事	自家用電気工作物（最大電力500 kW未満の需要設備）の電気工事のうち，600 V以下の電気工事（電線路に係るものを除く）
特殊電気工事	自家用電気工作物（最大電力500 kW未満の需要設備）の電気工事のうち，ネオン工事，非常用予備発電装置工事

「一般用電気工作物」及び「自家用電気工作物（最大電力500 kW未満の需要設備）」以外の電気工作物は，電気工事士法が適用されないので，電気工事士等の資格がなくても，電気主任技術者の許可があれば，工事の作業に従事できる．

❸ 電気工事士等の義務

- 電気設備技術基準に適合するように作業をしなければならない．
- 電気工事の作業を行う場合，電気工事士免状等を携帯していなければならない．
- 第一種電気工事士は，免状の交付を受けた日から5年以内に自家用電気工作物の保安に関する講習を受けなければならない．当該講習を受けた日以降も同様とする．

❹ 報告の徴収

都道府県知事は，電気工事士等に対し，電気工事の業務に関して報告させることができる．

❺ 電気工事士免状の交付・再交付・書換え

- 都道府県知事は，電気工事士免状を交付する．
- 第一種電気工事士免状は，次に該当する者でなければ，交付を受けることができない．
  - 試験に合格し，かつ所定の実務経験を有する者
  - 都道府県知事が認定した者
- 都道府県知事は，第一種電気工事士が電気工事士法に違反したときは，その電気工事士免状の返納を命ずることができる．
- 免状をよごし，損じ，又は失ったときは，免状を交付した都道府県知事に再交

付を申請できる.

- 失った免状を発見したときは，遅滞なく，再交付を受けた都道府県知事に提出しなければならない.
- 免状の記載事項に変更を生じたときは，免状を交付した都道府県知事に書換えの申請をしなければならない.

《記載事項》

- 免状の種類
- 免状の交付番号，交付年月日
- 氏名，生年月日

❻ 電気工事士でなくてもできる軽微な工事

イ．電圧 600 V 以下で使用する差込み接続器，ローゼット等の接続器，ナイフスイッチ等の開閉器にコード又はキャブタイヤケーブルを接続する工事.

ロ．電圧 600 V 以下で使用する電気機器（配線器具を除く）又は蓄電池の端子に電線をねじ止めする工事.

ハ．電圧 600 V 以下で使用する電力量計若しくは電流制限器又はヒューズを取り付け，又は取り外す工事.

ニ．電鈴，インターホン，火災報知器等に使用する小型変圧器（二次電圧が 36 V 以下のものに限る）の二次側の配線工事.

ホ．電線を支持する柱，腕木等を設置したり変更する工事.

ヘ．地中電線用の暗渠（あんきょ）又は管を設置したり変更する工事.

❼ 第一種電気工事士でなければできない作業（最大電力 500 kW 未満の需要設備）

イ．電線相互を接続する作業.

ロ．がいしに電線を取り付ける作業.

ハ．電線を直接造営材その他の物件に取り付け，又はこれを取り外す作業.

ニ．電線管，線樋（せんび），ダクトその他これらに類する物に電線を収める作業.

ホ．配線器具を造営材その他の物件に取り付け，若しくはこれを取り外し，又はこれに電線を接続する作業（露出型点滅器又は露出型コンセントを取り換える作業を除く）.

ヘ．金属製のボックスを造営材その他の物件に取り付け，又はこれを取り外す作業.

ト．電線管を曲げ，若しくはねじ切りし，又は電線管相互若しくは電線管とボックスその他の附属品とを接続する作業.

チ．電線，電線管，線樋，ダクトその他これらに類する物が造営材を貫通する部分に金属製の防護装置を取り付け，又はこれを取り外す作業.

リ．金属製の電線管，線樋その他これらに類する物又はこれらの附属品を，建造物のメタルラス張り，ワイヤラス張り又は金属板張りの部分に取り付け，又はこれを取り外す作業.

ヌ．配電盤を造営材に取り付け，又はこれを取り外す作業.

ル．接地線を自家用電気工作物（自家用電気工作物のうち最大電力 500 kW 未満の需要設備において設置される電気機器であって電圧 600 V 以下で使用するものを除く）に取り付け，若しくはこれを取り外し，接地線相互若しくは接地線と接地極とを接続し，又は接地極を地面に埋設する作業.

ヲ．電圧 600 V を超えて使用する電気機器に電線を接続する作業.

❽ 電気工事士なくても従事できる軽微な作業の例

- 露出型点滅器又は露出型コンセントを取り換える作業

・金属製以外のボックス，防護装置を取り付け，取り外す作業
・600 V 以下で使用する電気機器に接地線を取り付け，取り外す作業
・600 V 以下で使用する電気機器に電線を接続する作業

練習問題

1	電気工事士法において，第一種電気工事士であっても従事できない電気工事は．	イ．最大電力 500〔kW〕以上の需要設備の電気工事	ロ．自家用電気工作物（最大電力 500〔kW〕未満の需要設備）のネオン管の電気工事	ハ．電圧 600〔V〕以下で使用する電力量計を取り付ける工事	ニ．一般用電気工作物の電気工事
2	第一種電気工事士の免状の交付を受けている者でなければ従事できない作業は．	イ．最大電力 400〔kW〕の需要設備の 6.6〔kV〕変圧器に電線を接続する作業	ロ．出力 500〔kW〕の発電所の配電盤を造営材に取り付ける作業	ハ．最大電力 600〔kW〕の需要設備の 6.6〔kV〕受電用ケーブルを管路に収める作業	ニ．配電電圧 6.6〔kV〕の配電用変電所内の電線相互を接続する作業
3	電気工事士法において，第一種電気工事士に関する記述として，**誤っているものは．**	イ．自家用電気工作物で最大電力 500〔kW〕未満の需要設備の非常用予備発電装置に係る電気工事の作業に従事することができる．	ロ．自家用電気工作物で最大電力 500〔kW〕未満の需要設備の電気工事の作業に従事するときは，第一種電気工事士免状を携帯しなければならない．	ハ．第一種電気工事士免状の交付を受けた日から 5 年以内ごとに，自家用電気工作物の保安に関する講習を受けなければならない．	ニ．第一種電気工事士試験に合格しても所定の実務経験がないと第一種電気工事士免状は交付されない．
4	電気工事士法における自家用電気工作物（最大電力 500〔kW〕未満の需要設備）であって，電圧 600〔V〕以下で使用するものの工事又は作業のうち，第一種電気工事士又は認定電気工事従事者の資格がなくても従事できるものは．	イ．配線器具を造営材に固定する．（露出型点滅器または露出型コンセントを取り換える作業を除く）	ロ．接地極を地面に埋設する．	ハ．電気機器（配線器具を除く）の端子に電線をねじ止め接続する．	ニ．電線管相互を接続する．

5	電気工事士法において，第一種電気工事士に関する記述として，**誤っているものは.**	イ. 第一種電気工事士は，一般用電気工作物に係る電気工事の作業に従事するときは，都道府県知事が交付した第一種電気工事士免状を携帯していなければならない.	ロ. 第一種電気工事士は，電気工事の業務に関して，都道府県知事から報告を求められることがある.	ハ. 都道府県知事は，第一種電気工事士が電気工事士法に違反したときは，その電気工事士免状の返納を命ずることができる.	ニ. 第一種電気工事士試験の合格者には，所定の実務経験がなくても第一種電気工事士免状が交付される.
6	電気工事士法における自家用電気工作物（最大電力500〔kW〕未満の需要設備）において，第一種電気工事士又は認定電気工事従事者の資格がなくても従事できる電気工事の作業は.	イ. 金属製のボックスを造営材に取り付ける作業	ロ. 配電盤を造営材に取り付ける作業	ハ. 電線管に電線を収める作業	ニ. 露出型コンセントを取り換える作業

解答

1. **ロ**

自家用電気工作物（最大電力500 kW未満の需要設備）のネオン工事は，特殊電気工事に該当するので，特種電気工事資格者（ネオン工事）でなければ従事できない.

2. **イ**

自家用電気工作物（最大電力500 kW未満の需要設備）の高圧電気機器に電線を接続する作業は，第一種電気工事士の免状の交付を受けている者でなければ従事できない.

ロ，ハ，ニは，いずれも電気工事士法が適用されない電気工作物であり，電気主任技術者の許可があれば，第一種電気工事士の免状の交付を受けていなくても作業に従事できる.

3. **イ**

自家用電気工作物で最大電力500 kW未満の需要設備の非常用予備発電装置に係る電気工事は，特殊電気工事であり，特種電気工事資格者（非常用予備発電装置工事）でなければ作業に従事することができない.

4. **ハ**

電気機器（配線器具を除く）の端子に電線をねじ止め接続する工事は，軽微な工事に該当するので，第一種電気工事士又は認定電気工事従事者の資格がなくても従事できる.

5. **ニ**

第一種電気工事士試験の合格者は，所定の実務経験がないと第一種電気工事士免状が交付されない.

その実務経験年数は，3年以上である.

6. **ニ**

露出型コンセントを取り換える作業は，軽微な作業に該当するので，電気工事士法における自家用電気工作物（最大電力500 kW未満の需要設備）でも第一種電気工事士又は認定電気工事従事者の資格がなくても工事に従事できる.

テーマ86 電気工事業法（電気工事業の業務の適正化に関する法律）

ポイント

❶ 法の目的

電気工事業を営む者の登録等及びその業務の規制を行うことにより，その業務の適正な実施を確保し，もって一般用電気工作物及び自家用電気工作物の保安の確保に資することを目的とする．

❷ 登　録

電気工事業を営もうとする者は，登録を受けなければならない（登録電気工事業者という）．

- 1の都道府県のみに営業所：都道府県知事
- 2以上の都道府県に営業所：経済産業大臣
- 登録の有効期間：5年間

❸ 主任電気工事士の設置

登録電気工事業者は，一般用電気工作物に係る電気工事（一般用電気工事という）の業務を行う営業所ごとに主任電気工事士を置かなければならない．

- 主任電気工事士になるための条件
  - ・第一種電気工事士
  - ・第二種電気工事士で免状取得後3年以上の実務経験を有する者
- 主任電気工事士の職務等
  - ・一般用電気工事による危険及び障害が発生しないように作業の管理を行う．
  - ・一般用電気工事に従事する者は，主任電気工事士がその職務を行うため必要があると認めてする指示に従わなければならない．

❹ 備付け器具

- 電気工事業者で，一般用電気工事のみの業務を行う営業所は，次の器具を備え付けなければならない．
  - ・絶縁抵抗計
  - ・接地抵抗計
  - ・回路計（抵抗及び交流電圧を測定できるもの）
- 自家用電気工事の業務を行う営業所にあっては，次の器具を備え付けなければならない．
  - ・絶縁抵抗計
  - ・接地抵抗計
  - ・回路計（抵抗及び交流電圧を測定できるもの）
  - ・低圧検電器
  - ・高圧検電器
  - ・継電器試験装置
  - ・絶縁耐力試験装置

なお，継電器試験装置及び絶縁耐力試験装置は，必要なときに使用し得る措置が講じられているものを含む．

❺ 標識の掲示

電気工事業者は，営業所及び施工場所ごとに，次の事項を記載して標識を掲げなければならない．

- 氏名又は名称，法人は代表者の氏名
- 営業所の名称，電気工事の種類
- 登録の年月日及び登録番号
- 主任電気工事士等の氏名

❻ 帳簿の備付け

電気工事業者は，営業所ごとに帳簿を備え，電気工事ごとに次に掲げる事項を記載して，5年間保存しなければならない．

・注文者の氏名または名称及び住所
・電気工事の種類および施工場所
・施工年月日
・主任電気工事士等および作業者の氏名
・配線図
・検査結果

練習問題

	問題	イ	ロ	ハ	ニ
1	電気工事業の業務の適正化に関する法律において，主任電気工事士に関する記述として，**正しいものは**.	イ．第一種電気主任技術者は，主任電気工事士になれる．	ロ．第二種電気工事士は，2年の実務経験があれば，主任電気工事士になれる．	ハ．主任電気工事士は，一般用電気工事による危険及び障害が発生しないように一般用電気工事の作業の管理の職務を誠実に行わなければならない．	ニ．第一種電気主任技術者は，一般用電気工事の作業に従事する場合には，主任電気工事士の障害発生防止のための指示に従わなくてもよい．
2	電気工事業の業務の適正化に関する法律において，自家用電気工作物の電気工事を行う電気工事業者の営業所ごとに備えることを義務づけられている器具であって，必要なときに使用し得る措置が講じられていれば備えていると見なされる器具はどれか．	イ．絶縁抵抗計	ロ．絶縁耐力試験装置	ハ．接地抵抗計	ニ．高圧検電器
3	電気工事業の業務の適正化に関する法律において，電気工事業者の業務に関する記述として，**誤っているものは**.	イ．営業所ごとに，絶縁抵抗計の他，法令に定められた器具を備えなければならない．	ロ．営業所ごとに，法令に定められた電気主任技術者を選任しなければならない．	ハ．営業所及び電気工事の施工場所ごとに，法令に定められた事項を記載した標識を掲げなければならない．	ニ．営業所ごとに，電気工事に関し，法令に定められた事項を記載した帳簿を備えなければならない．

解答

1. ハ

主任電気工事士になれるのは，第一種電気工事士又は，実務経験3年以上の第二種電気工事士である．第一種電気主任技術者であっても，一般用電気工事の作業に従事する場合には，主任電気工事士の障害発生防止のための指示に従わなくてはならない．

2. ロ

絶縁耐力試験装置及び継電器試験装置は高価なため，必要なときに使用し得る措置が講じられていれば備えていると見なされる．

3. ロ

営業所ごとに，電気主任技術者を選任することは定められていない．

テーマ 87 電気用品安全法

ポイント

❶ 法の目的

電気用品の製造，販売等を規制するとともに，電気用品の安全性の確保につき民間事業者の自主的な活動を促進することにより，電気用品による危険及び障害の発生を防止することを目的とする．

❷ 電気用品とは

政令で定める次の物をいう．

- 一般用電気工作物の部分となり，又はこれに接続して用いられる機械，器具又は材料
- 携帯用発電機　　・蓄電池

❸ 電気用品の種類

- 特定電気用品
  構造又は使用方法からみて，特に危険又は障害の発生するおそれが多い電気用品．
- 特定電気用品以外の電気用品
  電気用品として指定されたものから，特定電気用品として指定されたものを除いたもの．

❹ 電気用品の表示事項

- 特定電気用品
  - マーク PSE 又は<PS>E
  - 届出事業者名
  - 登録検査機関名
  - 定格
- 特定電気用品以外の電気用品
  - マーク PSE 又は（PS)E
  - 届出事業者名
  - 定格

❺ 販売の制限

所定の表示が付されているものでなければ，電気用品を販売し，又は販売の目的で陳列してはならない．

❻ 使用の制限

自家用電気工作物を設置する者，電気工事士等は，所定の表示が付されているものでなければ，電気用品を電気工作物の設備又は変更の工事に使用してはならない．

❼ 特定電気用品の主なもの

《電線（100 V 以上 600 V 以下)》

- 絶縁電線（100 mm^2 以下）
- ケーブル（22 mm^2 以下，線心 7 本以下）
- コード
- キャブタイヤケーブル（100 mm^2 以下，線心 7 本以下）

《ヒューズ（100 V 以上 300 V 以下)》

- 温度ヒューズ
- その他のヒューズ（1 A 以上 200 A 以下）

《配線器具（100 V 以上 300 V 以下)》

- 点滅器（30 A 以下）
  タンブラースイッチ，タイムスイッチ
- 開閉器（100 A 以下）
  箱開閉器，フロートスイッチ，配線用遮断器，漏電遮断器
- 接続器（50 A 以下，極数 5 以下）
  差込み接続器，ローゼット，ジョイ

ントボックス

《小形単相変圧器及び放電灯用安定器（100 V 以上 300 V 以下，50 Hz 又は 60 Hz）》

・放電灯用安定器（放電管の定格消費電力の合計が 500 W 以下）

・蛍光灯用安定器，水銀灯用安定器

《電熱器具（100 V 以上 300 V 以下，10 kW 以下）》

・電気温水器

・電気便座

《電動力応用機械器具（100 V 以上 300 V 以下，50 Hz 又は 60 Hz）》

・電気ポンプ（1.5 kW 以下）

《携帯発電機（30 V 以上 300 V 以下）》

❽ 特定電気用品以外の電気用品の主なもの

《電線（100 V 以上 600 V 以下）》

・ケーブル（22 mm^2 を超え 100 mm^2 以下，線心 7 本以下）

《電線管及びその附属品等》

・電線管（可とう電線管を含み，内径が 120 mm 以下）

・フロアダクト（幅が 100 mm 以下）

・線樋（せんぴ）（幅が 50 mm 以下）

・電線管類の附属品（レジューサを除く）

・ケーブル配線用スイッチボックス

《配線器具（100 V 以上 300 V 以下）》

・リモートコントロールリレー（30 A 以下）

・開閉器（100 A 以下）

・カバー付ナイフスイッチ，電磁開閉器

・ライティングダクト

《小形単相変圧器，電圧調整器及び放電灯用安定器（100 V 以上 300 V 以下，50 Hz 又は 60 Hz）》

・小形単相変圧器（500 VA 以下）

・ベル用変圧器，ネオン変圧器

・放電灯用安定器（500 W 以下）

・ナトリウム灯用安定器，殺菌灯用安定器

《小形交流電動機》

・単相電動機（100 V 以上 300 V 以下）

・かご形三相誘導電動機（150 V 以上 300 V 以下，3 kW 以下）

《電熱器具（100 V 以上 300 V 以下，10 kW 以下）》

・電気カーペット，電気ストーブ

《電動力応用機械器具（100 V 以上 300 V 以下，50 Hz 又は 60 Hz）》

・換気扇（300 W 以下）

・電気冷房機（電動機 7 kW 以下，電熱装置 5 kW 以下）

・電気ドリル，電気グラインダー

《光源及び光源応用機械器具（100 V 以上 300 V 以下，50 Hz 又は 60 Hz）》

・白熱電球（一般照明用電球）

・蛍光ランプ（40 W 以下）

・LED ランプ（1 W 以上，1 の口金を有するものに限る）

・白熱電灯器具及び放電灯器具

・LED 電灯器具（1 W 以上）

《電子応用機械器具（100 V 以上 300 V 以下，50 Hz 又は 60 Hz）》

・インターホン，電子レンジ

《その他の交流用電気機械器具（100 V 以上 300 V 以下，50 Hz 又は 60 Hz）》

・調光器（1 kVA 以下）

練習問題

	問題	イ	ロ	ハ	ニ
1	電気用品安全法において，**正しいものは.**	イ. 電気用品のうち,危険及び障害の発生するおそれが少ないものは，特定電気用品である.	ロ. 特定電気用品には，(PS) Eと表示されているものがある.	ハ. 第一種電気工事士は，電気用品安全法に基づいた表示のある電気用品でなければ，一般用電気工作物の工事に使用してはならない.	ニ. 定格電圧が600Vのゴム絶縁電線（公称断面積22 mm²）は，特定電気用品ではない.
2	電気用品安全法の適用を受ける特定電気用品は.	イ. 定格電圧100〔V〕の電力量計	ロ. 定格電圧100〔V〕の携帯発電機	ハ. フロアダクト	ニ. 定格電圧200〔V〕の進相コンデンサ
3	電気用品安全法において，交流の電路に使用する定格電圧100〔V〕以上300〔V〕以下の機械器具であって，特定電気用品は.	イ. 定格電流60Aの配線用遮断器	ロ. 定格出力0.4〔kW〕の単相電動機	ハ. 定格静電容量100〔μF〕の進相コンデンサ	ニ. (PS) Eと表示された器具
4	電気用品安全法の適用を受ける特定電気用品は.	イ. 交流60 Hz用の定格電圧100〔V〕の電力量計	ロ. 交流50 Hz用の定格電圧100〔V〕，定格消費電力56〔W〕の電気便座	ハ. フロアダクト	ニ. 定格電圧200〔V〕の進相コンデンサ
5	電気用品安全法の適用を受けるもののうち，**特定電気用品でないものは.**	イ. 合成樹脂製のケーブル配線用スイッチボックス	ロ. タイムスイッチ（定格電圧125〔V〕，定格電流15〔A〕）	ハ. 差込み接続器（定格電圧125〔V〕，定格電流15〔A〕）	ニ. 600Vビニル絶縁ビニルシースケーブル（導体の公称断面積が8〔mm²〕，3心）

解答

1. ハ

特定電気用品は，危険又は障害の発生するおそれが多いもので，すべて ◇PSE 又は<PS>Eが表示されている．絶縁電線では，100 mm² 以下のものが特定電気用品である．

2. ロ

定格電圧30V以上300V以下の携帯発電機は，特定電気用品の適用を受ける．

3. イ

定格電流が100A以下の配線用遮断器は，特定電気用品の適用を受ける．

4. ロ

定格電圧が100V以上300V以下で，定格消費電力が10kW以下のものであって，交流で使用する電気便座は特定電気用品の適用を受ける．

5. イ

合成樹脂製のケーブル配線用スイッチボックスは，特定電気用品以外の電気用品の適用を受ける．

まとめ 保安に関する法令

1 電気事業法等

❶ 電気工作物の種類
・電気事業の用に供する電気工作物
・自家用電気工作物
・一般用電気工作物

❷ 一般用電気工作物
・低圧（600 V 以下）で受電するもの
・小出力発電設備を設備しているのを含む

❸ 自家用電気工作物
・600 V を超える電圧で受電するもの
・小出力発電設備以外の発電設備を設置しているもの

❹ 電圧の種別

種　別	直　流	交　流
低　圧	750 V 以下	600 V 以下
高　圧	750 V を超え 7 000 V 以下	600 V を超え 7 000 V 以下
特別高圧	7 000 V を超えるもの	

2 電気工事士法

❶ 電気工事士等の資格と作業範囲

電気工作物＼資格	一般用電気工作物	自家用電気工作物（最大電力 500 kW 未満の需要設備）		
			簡易電気工事	特殊電気工事
第二種電気工事士	○			
第一種電気工事士	○	○	○	
認定電気工事従事者			○	
特種電気工事資格者				○

❷ 電気工事士等の義務
・電気設備技術基準に適合するように作業をしなければならない．
・電気工事の作業を行う場合，電気工事士免状等を携帯していなければならない．
・第一種電気工事士は，免状の交付を受けた日から 5 年以内に自家用電気工作物の保安に関する講習を受けなければならない．当該講習を受けた日以降も同様とする．

3 電気工事業法

❶ 登　録
・登録の有効期間：5 年間

❷ 主任電気工事士の設置
・第一種電気工事士又は第二種電気工事士で免状取得後 3 年以上の実務経験を有する者

❸ 自家用電気工作物の工事を行う営業所の備付け器具
・絶縁抵抗計，接地抵抗計，回路計，低圧検電器，高圧検電器，継電器試験装置，絶縁耐力試験装置

4 電気用品安全法

❶ 電気用品の表示記号
・特定電気用品

◇PSE 又は，<PS>E

・特定電気用品以外の電気用品

(PSE) 又は，(PS)E

❷ 主な特定電気用品
・絶縁電線（100 mm^2 以下）
・ケーブル（22 mm^2 以下，7 心以下）
・タイムスイッチ（30 A 以下）
・配線用遮断器（100 A 以下）
・差込み接続器（50 A 以下，極数 5 以下）
・電気便座（100 V 以上 300 V 以下）
・携帯発電機（30 V 以上 300 V 以下）

高圧受電設備機器等の文字記号・用語

機器	文字記号	用　　語	文字記号に対応する外国語（参考）
変圧器・計器用変成器類	T	変圧器	Transformer
	VCT	電力需給用計器用変成器	Combined Voltage and Current Transformer
	VT	計器用変圧器	Voltage Transformer
	CT	変流器	Current Transformer
	ZCT	零相変流器	Zero-phase-sequence Current Transformer
	ZPD	零相基準入力装置	Zero-phase Potential Device
	SC	進相コンデンサ	Static Capacitor
	SR	直列リアクトル	Series Reactor
開閉器・遮断器類	S	開閉器	Switch
	VS	真空開閉器	Vacuum Switch
	AS	気中開閉器	Air Switch
	CB	遮断器	Circuit Breaker
	OCB	油遮断器	Oil Circuit Breaker
	VCB	真空遮断器	Vacuum Circuit Breaker
	LBS	高圧交流負荷開閉器	Load Break Switch
	PAS	柱上気中開閉器	Pole Air Switch
	PC	高圧カットアウト	Primary Cutout switch
	F	ヒューズ	Fuse
	PF	高圧限流ヒューズ	Power Fuse
	DS	断路器	Disconnecting Switch
	MCCB	配線用遮断器	Molded Case Circuit Breaker
計器類	A	電流計	Ammeter
	V	電圧計	Voltmeter
	Wh	電力量計	Watt-hour meter
	PF	力率計	Power-Factor meter
	F	周波数計	Frequency meter
	AS	電流計切換スイッチ	Ammeter change-over Switch
	VS	電圧計切換スイッチ	Voltmeter change-over Switch
継電器類	OCR	過電流継電器	Over-Current Relay
	GR	地絡継電器	Ground Relay
	DGR	地絡方向継電器	Directional Ground Relay
	UVR	不足電圧継電器	Under-Voltage Relay
	OVR	過電圧継電器	Over-Voltage Relay
その他	LA	避雷器	Lightning Arrester
	M	電動機	Motor
	G	発電機	Generator
	CH	ケーブルヘッド	Cable Head
	TC	引き外しコイル	Trip Coil
	TT	試験端子	Testing Terminal
	E	接地	Earthing
	ET	接地端子	Earth Terminal

配線図問題 編

配線図問題の効果的な学習

出題傾向

過去の問題の傾向では，
- 高圧受電設備の単線結線図，複線結線図
- 電動機の制御回路図

が出題され，図中の使用機器の名称，図記号，使用目的，機能，写真などが問われている．

学習の進め方

- 高圧受電設備については，テーマ 1～3 で受電設備の全体の構成および使用機器についてひと通り学習し，練習問題（テーマ 4～7）で学習成果，理解度を確認する．
- 電動機の制御回路図については，テーマ 8～12 で基本事項と制御回路の構成および使用機器についてひと通り学習し，練習問題（テーマ 13～15）で学習成果，理解度を確認する．

テーマ1 高圧受電設備の単線結線図

ポイント

❶ 高圧受電設備の単線結線図

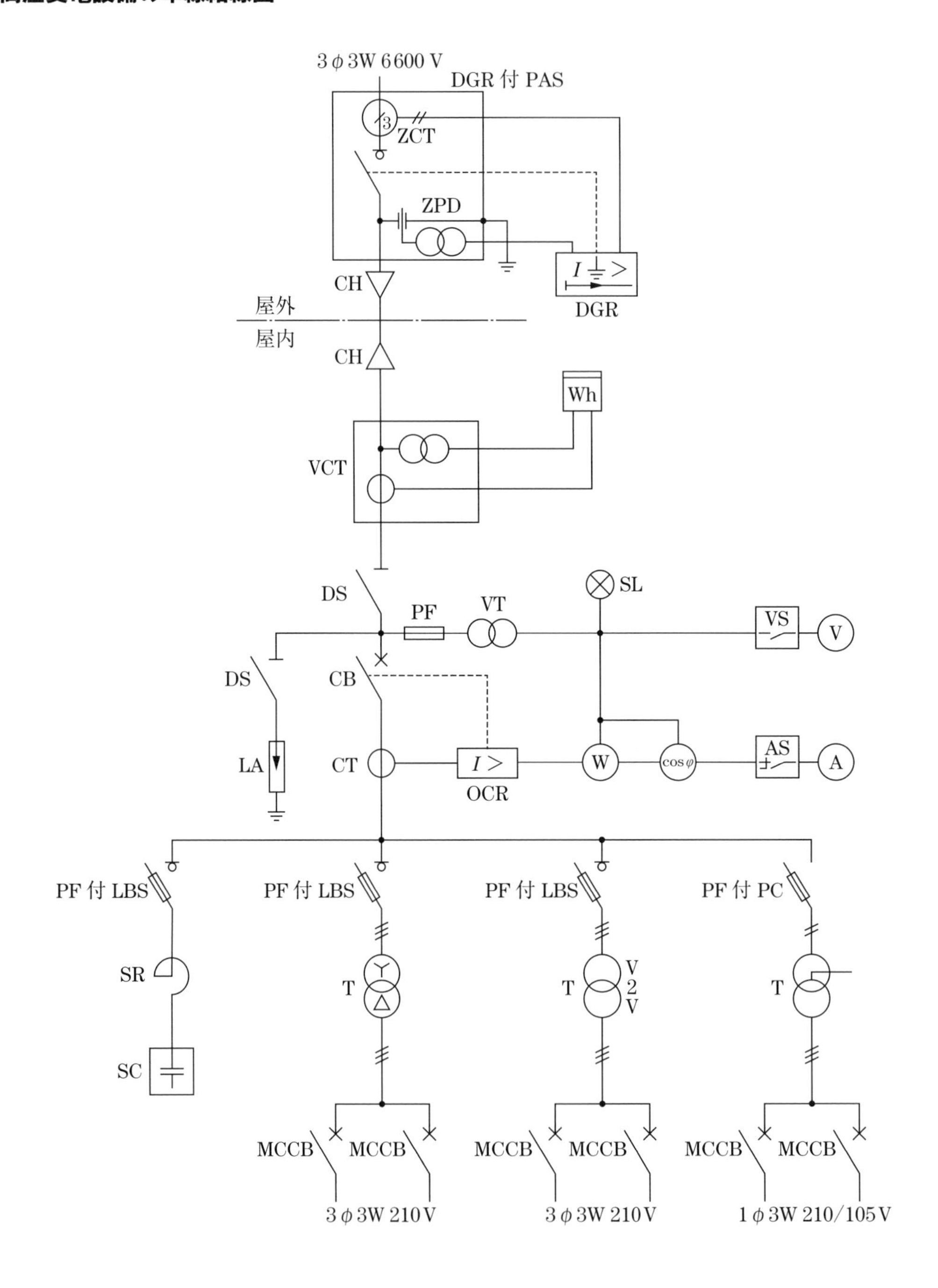

❷ 高圧受電設備の構成

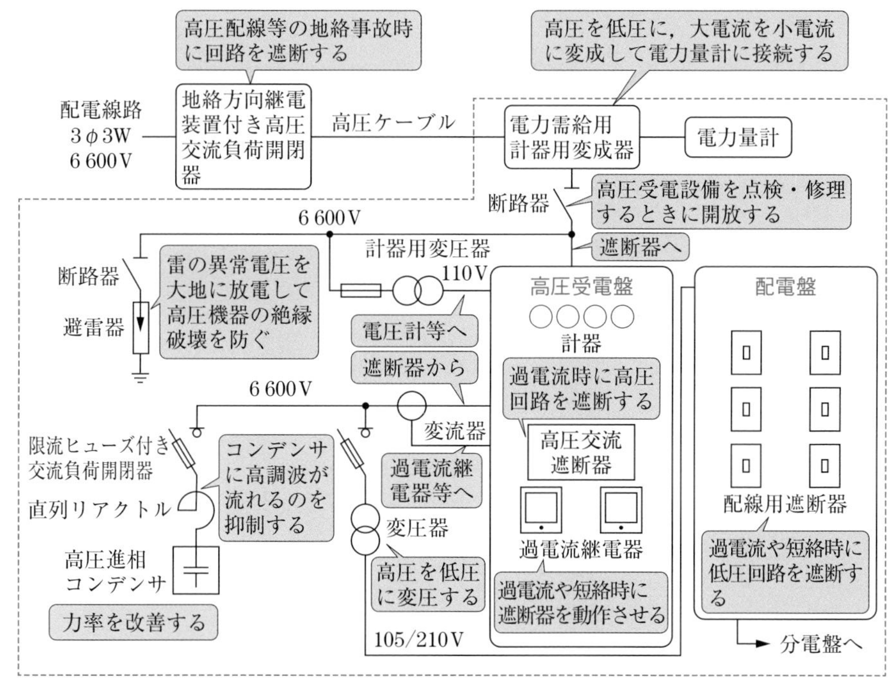

高圧受電設備

❸ 高圧受電設備の配線図

高圧受電設備の配線図は，単線結線図及び複線結線図で書かれる．

・単線結線図（p.216）

高圧受電設備の系統や設備の構成の概略がわかりやすいように，実際には複数の電線であっても単線で表した図である．

・複線結線図（p.221）

機器や計器の接続を，実際の電線の本数で示した図で，配線が複雑になるが，点検や修理する場合にわかりやすい．

❹ 主要機器の文字記号

文字記号	用　語	文字記号	用　語	文字記号	用　語
DGR 付 PAS	地絡方向継電装置付き高圧交流負荷開閉器	PF	高圧限流ヒューズ	cos φ	力率計
		VT	計器用変圧器	AS	電流計切換スイッチ
ZCT	零相変流器	SL	表示灯	A	電流計
ZPD	零相基準入力装置	VS	電圧計切換スイッチ	LBS	高圧交流負荷開閉器
DGR	地絡方向継電器	V	電圧計	PC	高圧カットアウト
CH	ケーブルヘッド	CB	高圧交流遮断器	SR	直列リアクトル
VCT	電力需給用計器用変成器	TC	引き外しコイル	SC	高圧進相コンデンサ
Wh	電力量計	CT	変流器	T	変圧器
DS	断路器	OCR	過電流継電器	MCCB	配線用遮断器
LA	避雷器	W	電力計	ELB	漏電遮断器

❺ 主要機器の働き

（1） DGR付PAS（地絡方向継電装置付き高圧交流負荷開閉器）

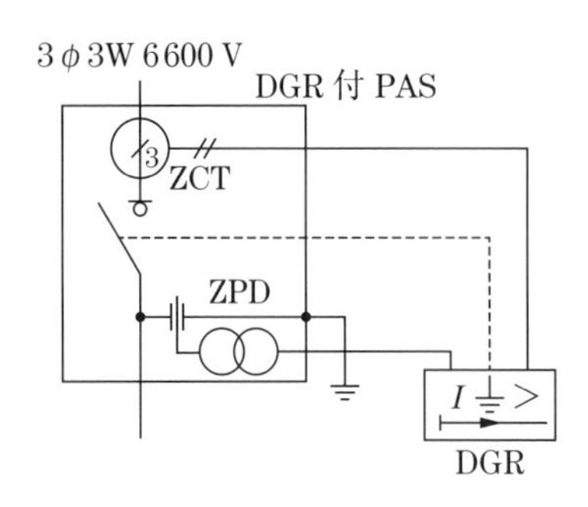

DGR付PAS

・ZCT（零相変流器）で零相電流（地絡電流）を検出する.

・ZPD（零相基準入力装置）で零相電圧（地絡時に発生する電圧）を検出する.

・DGR（地絡方向継電器）は，零相電圧と零相電流の位相から，地絡事故が需要家構内で発生したか構外で発生したかを判断し，構内で発生した場合に高圧交流負荷開閉器を開放する.

（2） VCT（電力需給用計器用変成器）

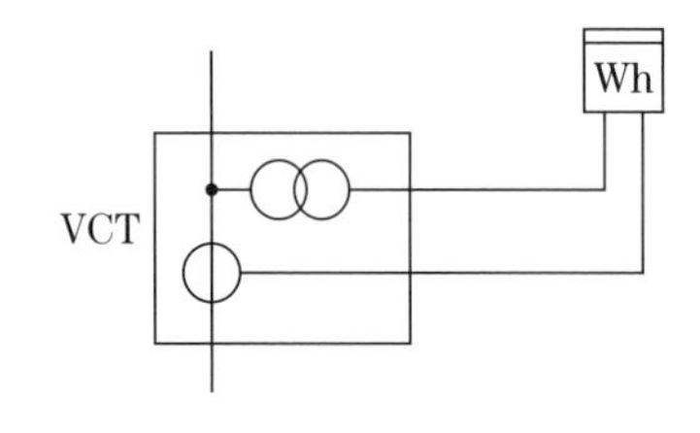

・VCT（電力需給用計器用変成器）は，高圧を低圧に変圧し，大電流を小電流に変流してWh（電力量計）に接続する.

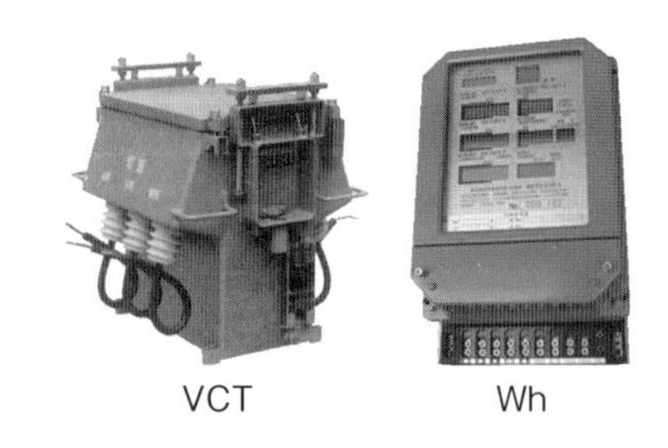

VCT　　Wh

（3） LA（避雷器）

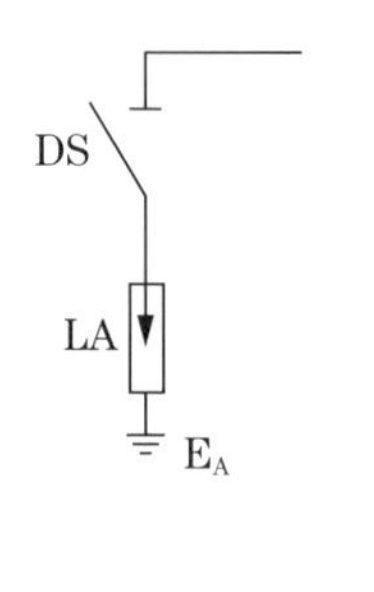

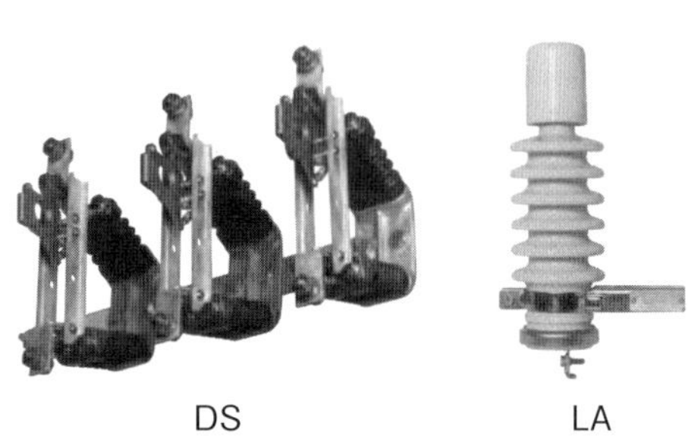

DS　　LA

・LA（避雷器）は，高圧受電設備に雷の異常電圧が侵入した場合に大地に放電して，高圧機器の絶縁破壊を防ぐ.

・LA（避雷器）は，DS（断路器）を経由して接続し，E_A（A種接地工事）を施す.

（4） VT（計器用変圧器）

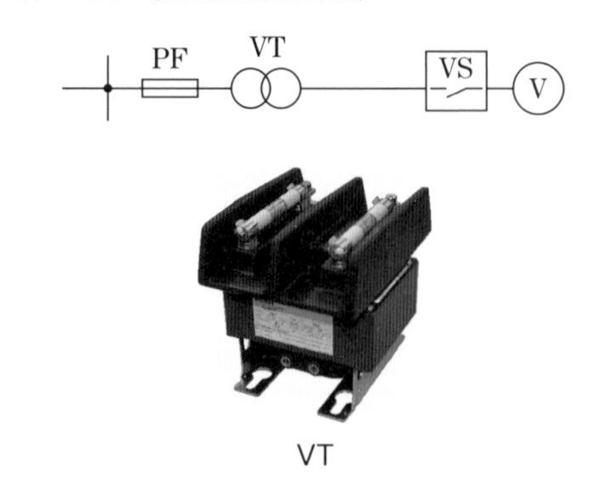

VT

・VT（計器用変圧器）は，6 600 V を 110 V に変圧して，電圧計で電圧を測定したり保護継電器等の電源にする．

（5） DS（断路器），CB（高圧交流遮断器），CT（変流器），OCR（過電流継電器）

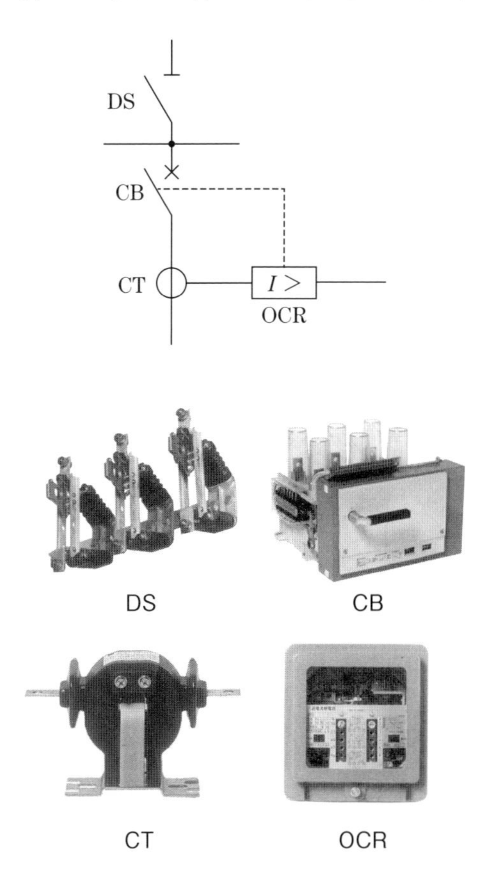

・DS（断路器）は，高圧受電設備を点検したり修理するときに開放する．

・CB（高圧交流遮断器）は，過電流や短絡電流を遮断できる．

・CT（変流器）は，高圧電路の大電流を小電流に変流する．

・OCR（過電流継電器）は，CT（変流器）からの電流で動作し，整定値以上の過電流や短絡電流が流れると，CB（高圧交流遮断器）の TC（引き外しコイル）に電流を流して CB（高圧交流遮断器）を動作させて高圧回路を遮断する．

（6） PF 付 LBS（限流ヒューズ付き高圧交流負荷開閉器），SR（直列リアクトル），SC（高圧進相コンデンサ）

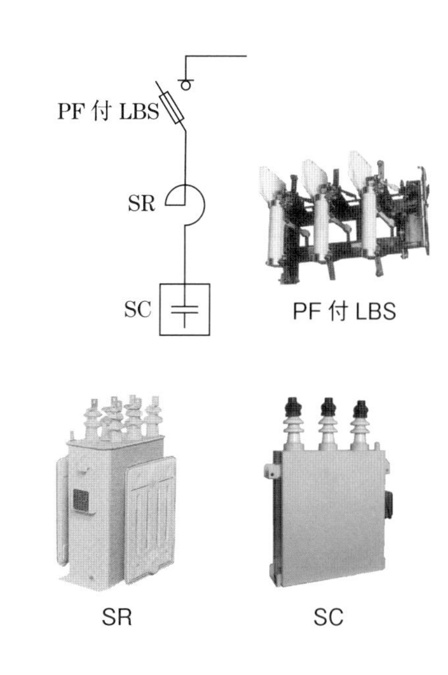

・SC（高圧進相コンデンサ）の開閉装置として，PF 付 LBS（限流ヒューズ付き高圧交流負荷開閉器）や PF 付 PC（限流ヒューズ付き高圧カットアウト）を使用する．

・SR（直列リアクトル）は，SC（高圧進相コンデンサ）に高調波が流れるのを抑制する．

・SC（高圧進相コンデンサ）は，力率を改善する．

（7） T（変圧器）

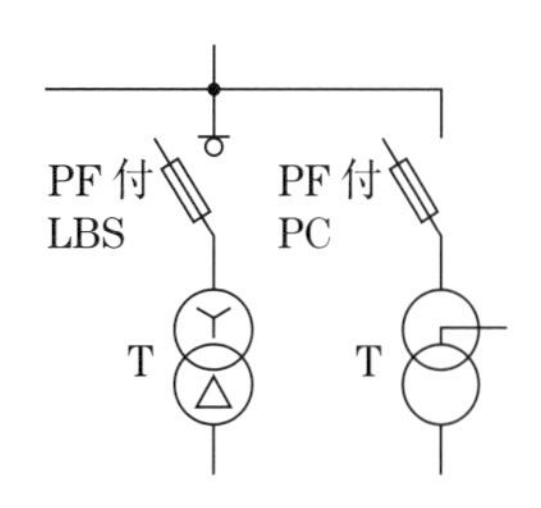

・T（変圧器）は，高圧を低圧に変圧する.

・T（変圧器）の開閉装置として，PF付LBS（限流ヒューズ付き高圧交流負荷開閉器）やPF付PC（限流ヒューズ付き高圧カットアウト）等を施設する.

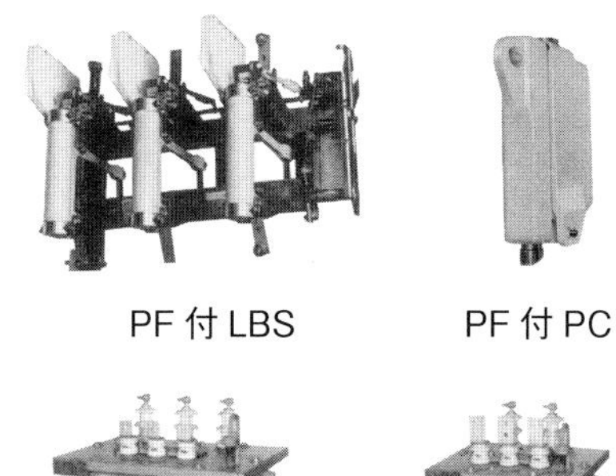

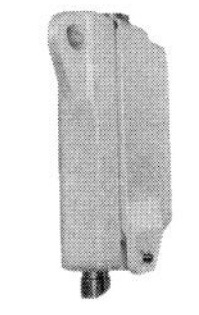

PF付LBS　　PF付PC

T(三相変圧器)　　T(単相変圧器)

(8) VS（電圧計切換スイッチ），AS（電流計切換スイッチ），計器

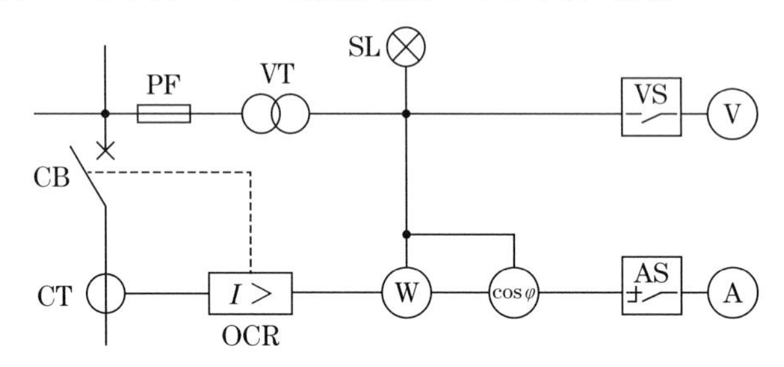

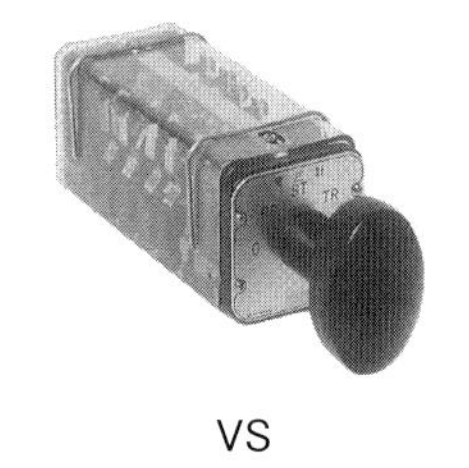

VS

AS

W

cos φ

・VS（電圧計切換スイッチ）で，V（電圧計）の接続を切り換えて，R-S相間，S-T相間，T-R相間の電圧を測定する.

・AS（電流計切換スイッチ）で，A（電流計）の接続を切り換えて，R・S・T相の電流を測定する.

・W（電力計）は，VT（計器用変圧器）からの電圧とCT（変流器）からの電流により，電力を測定する.

・cos φ（力率計）は，VT（計器用変圧器）からの電圧とCT（変流器）からの電流により，力率を測定する.

テーマ２　高圧受電設備の複線結線図

ポイント

❶ 高圧受電設備の複線結線図

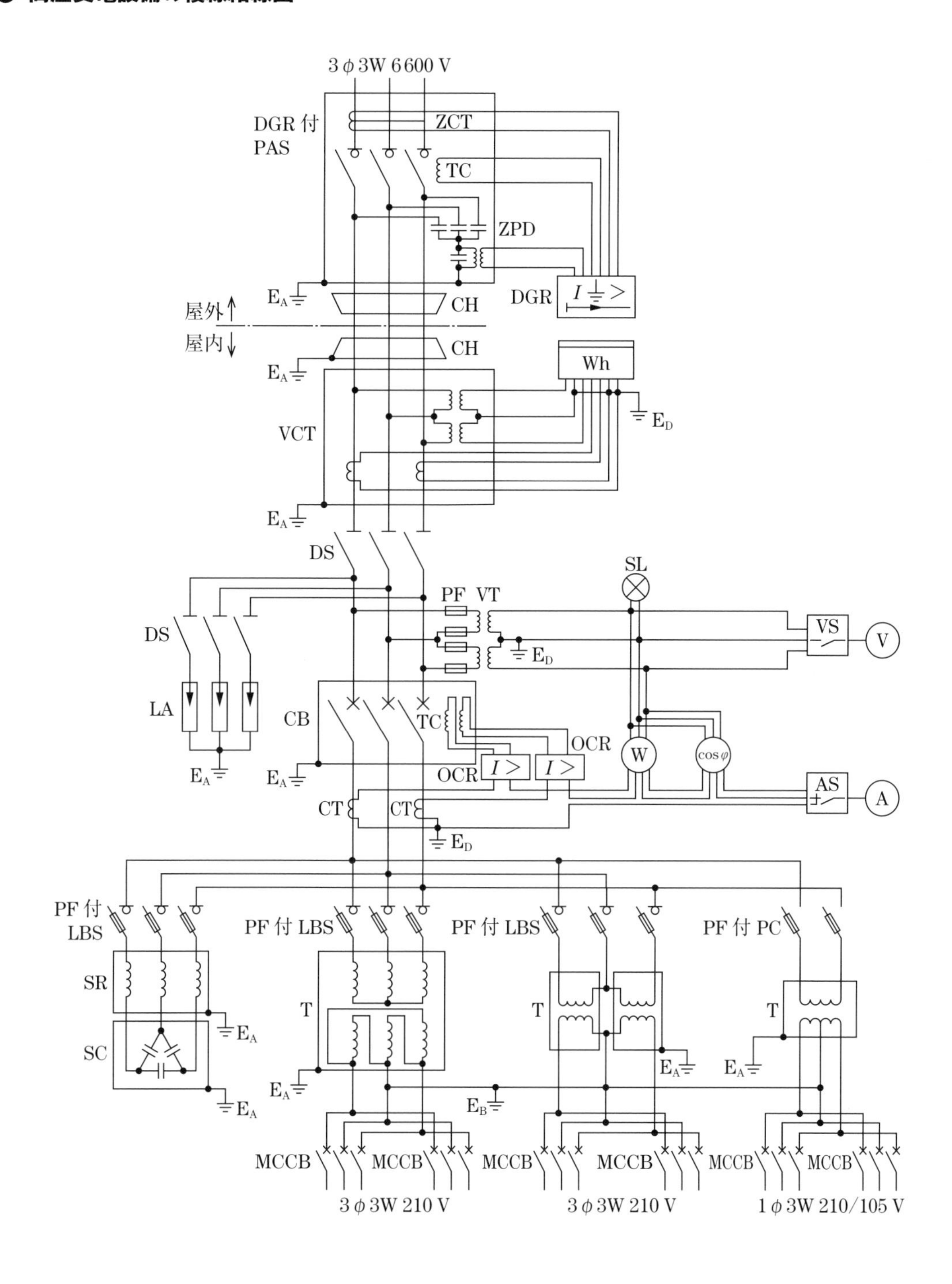

❷ 地絡継電装置付き高圧交流負荷開閉器（GR 付 PAS）を施設した場合

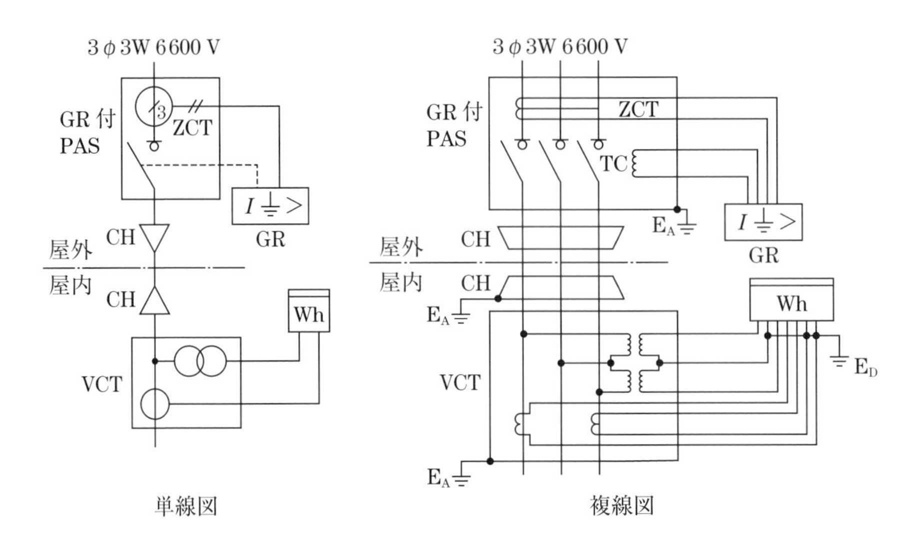

単線図　　複線図

❸ 地絡方向継電装置付き高圧交流負荷開閉器（DGR 付 PAS）と高圧受電設備の形式

DGR 付 PAS

キュービクル式高圧受電設備

開放形高圧受電設備

テーマ 3 高圧受電設備の使用機器

ポイント

名称・文字記号・写真	図記号		用途・機能
	単線結線図	複線結線図	
❶ **地絡方向継電装置付き高圧交流負荷開閉器** DGR 付 PAS 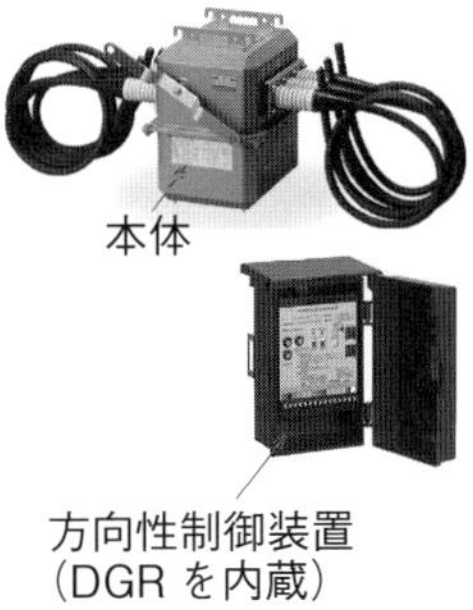 本体 方向性制御装置 （DGR を内蔵）	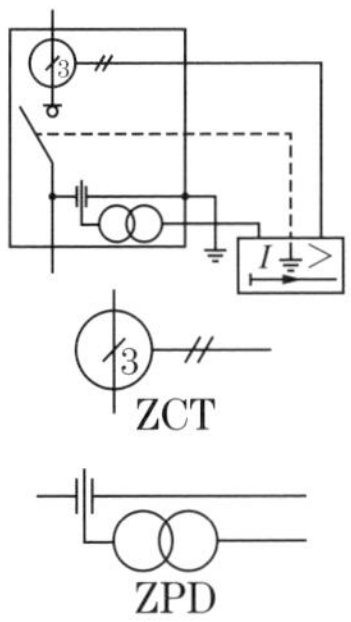 ZCT ZPD	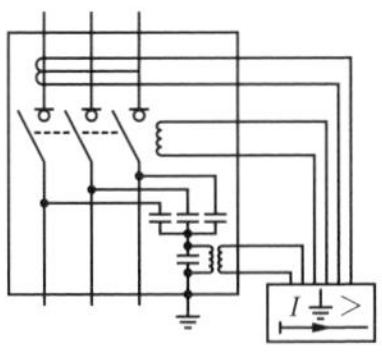	・責任分界点に，区分開閉器として設置する． ・需要家側電気設備の地絡電流を検出し，高圧交流負荷開閉器を開放する． ・ZCT（零相変流器）で零相電流（地絡電流）を検出し，ZPD（零相基準入力装置）で零相電圧を検出して，DGR（地絡方向継電器）を動作させる． ・需要家構内のケーブルが長くても不必要動作を起こさない．
❷ **地絡継電装置付き高圧交流負荷開閉器** GR 付 PAS 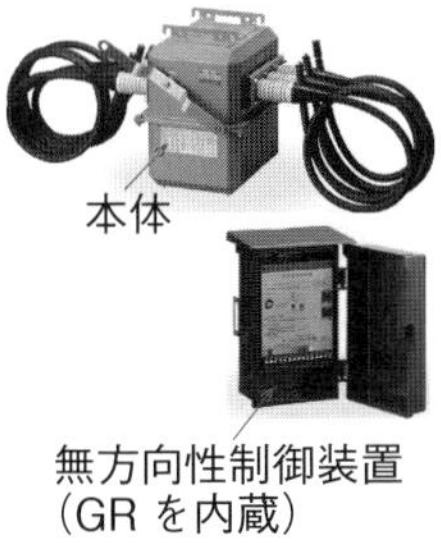 本体 無方向性制御装置 （GR を内蔵）	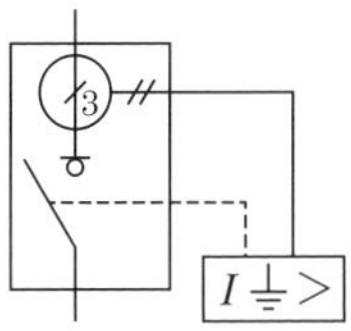	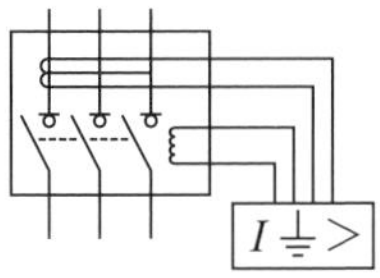	・責任分界点に，区分開閉器として設置する． ・需要家側電気設備の地絡電流を検出し，高圧交流負荷開閉器を開放する． ・ZCT（零相変流器）で零相電流（地絡電流）を検出して，GR（地絡継電器）を動作させる． ・需要家構内のケーブルが長い場合に不必要動作を起こす．
❸ **地中線用地絡方向継電装置付き高圧交流負荷開閉器**　DGR 付 UGS 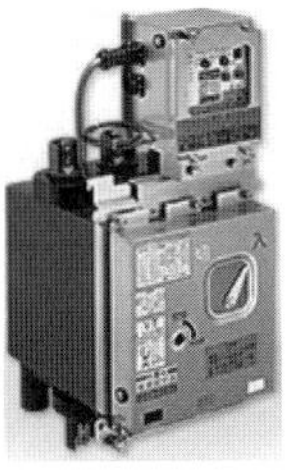	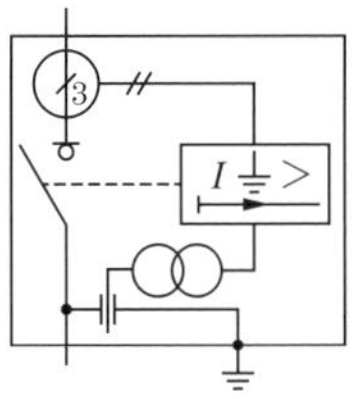	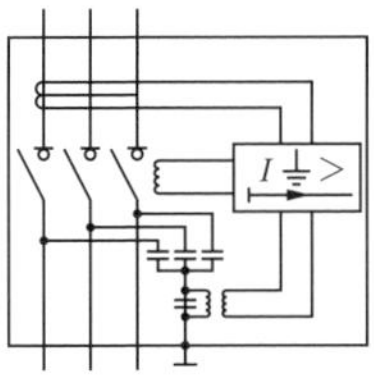	・地中引込方式用として供給用配電箱（高圧キャビネット）内に収納され，DGR 付 PAS と同じ働きがある． 供給用配電箱

名称・文字記号・写真	図記号		用途・機能
	単線結線図	複線結線図	
❹ **電力需給用計器用変成器** VCT 	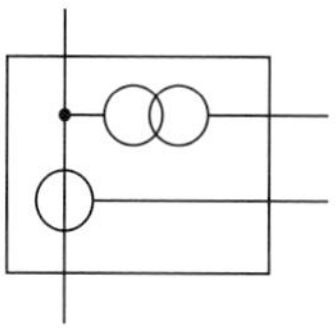	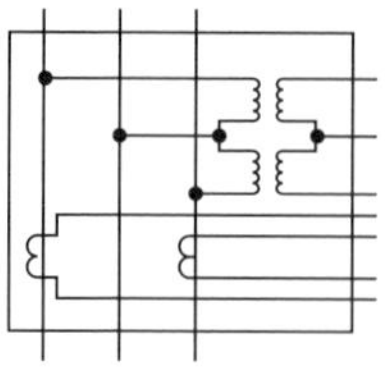	・高圧を低圧に変圧し，大電流を小電流に変流して，電力量計に接続する． ・電力量計までの電線本数は，6本又は7本である．
❺ **電力量計** Wh  （複合計器）	 Wh		・VCT（電力需給用計器用変成器）に接続して，使用電力量を計量する． ・複合計器は，電力量の他に，無効電力量，最大需要電力を測定することができる．
	単線結線図	複線結線図	
❻ **断路器** DS 		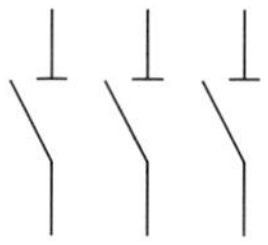	・高圧受電設備を点検したり修理する場合に，高圧電路を開放する． ・無負荷の状態で開閉しなければならない（負荷電流が流れた状態で開放するとアークが発生して危険である）．
❼ **高圧交流遮断器** CB 		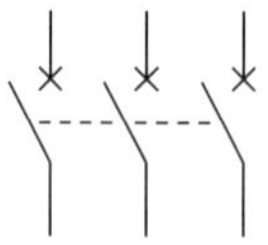	・負荷電流，短絡電流を遮断することができる． ・CT（変流器）及びOCR（過電流継電器）と組み合わせて，高圧回路に過電流や短絡電流が流れた場合，自動的に高圧電路を遮断する． ・VCB：真空遮断器（写真）

名称・文字記号・写真	図記号 単線結線図	図記号 複線結線図	用途・機能
❽ 避雷器 LA			・高圧架空電線路に落雷して，異常な高電圧が高圧受電設備に侵入した場合，大地に放電して，高圧機器が絶縁破壊を起こさないようにする． ・A 種接地工事を施し，軟銅線の接地線の太さは，14 mm² 以上とする．
❾ 計器用変圧器 VT 限流ヒューズ			・高圧を低圧に変圧して，計器に接続したり，表示灯や保護継電器の電源にする． ・付属する限流ヒューズは，計器用変圧器の内部短絡事故が主回路に波及することを防止する． ・定格一次電圧：6.6 kV 定格二次電圧：110 V
❿ 変流器 CT k *l* K（電源側） L（負荷側）			・高圧電路の大電流を小電流に変流する． ・OCR（過電流継電器）と組み合わせて，高圧電路に過電流や短絡電流が流れた場合，CB（高圧交流遮断器）を動作させる． ・一次側に電流を流した状態で二次側を開放してはならない．
⓫ 零相変流器 ZCT	3		・地絡電流を検出する． ・GR（地絡継電器）と組み合わせて使用する．

名称・文字記号・写真	図　記　号	用途・機能
⑫ **地絡継電器**　GR 無方向性制御装置 （地絡継電器を内蔵）	I ⏚ >	・無方向性制御装置にGR（地絡継電器）が組み込まれている． ・ZCT（零相変流器）が検出した零相電流（地絡電流）が，整定値以上になると動作する．
⑬ **地絡方向継電器**　DGR 方向性制御装置 （地絡方向継電器を内蔵）	I ⏚ > ├──►	・方向性制御装置にDGR（地絡方向継電器）が組み込まれている． ・ZCT（零相変流器）が検出した零相電流（地絡電流）とZPD（零相基準入力装置）が検出した零相電圧で，構内の高圧電路の地絡電流が整定値以上になると動作する．
⑭ **過電流継電器**　OCR	$I>$	・CT（変流器）と接続して，整定値以上の過電流や短絡電流が流れると，CB（高圧交流遮断器）のTC（引き外しコイル）に電流を流して，CB（高圧交流遮断器）を動作させる．
⑮ **不足電圧継電器**　UVR	$U<$	・停電や整定値以下の電圧になると動作する． ・高圧誘導電動機がある電路で，電圧が降下した場合に，CB（高圧交流遮断器）を動作させて回路を遮断する．

名称・文字記号・写真	図記号		用途・機能
⑯ 高圧カットアウト PC 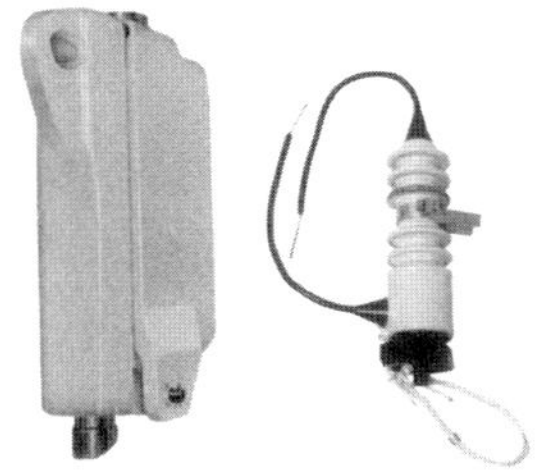 箱形　筒形	素通し	限流ヒューズ付き	・T（変圧器）及びSC（高圧進相コンデンサ）の開閉装置として設置する． 変圧器：300 kV·A 以下 高圧進相コンデンサ： 50 kvar 以下
⑰ 限流ヒューズ付き高圧交流負荷開閉器 PF 付 LBS 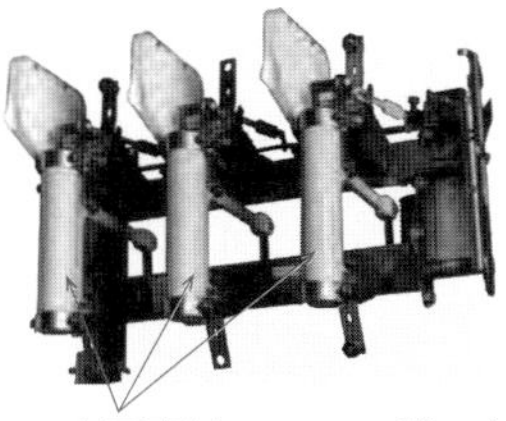 高圧限流ヒューズ（PF）	単線結線図 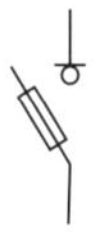	複線結線図 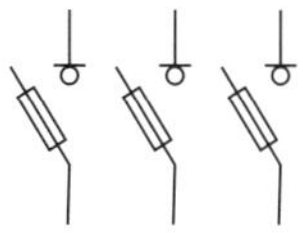	・T（変圧器）及びSC（高圧進相コンデンサ）の開閉装置として設置する． ・負荷電流を開閉できる． ・短絡時には，PF（高圧限流ヒューズ）が溶断する．
⑱ 高圧進相コンデンサ SC 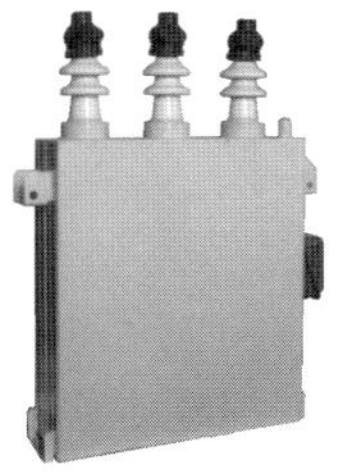	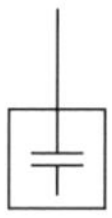	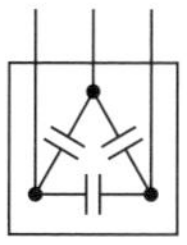	・高圧回路の力率を改善する．
⑲ 直列リアクトル SR 		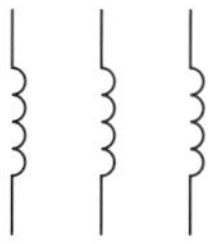	・高圧進相コンデンサの電源側に設置して，高圧進相コンデンサに流れる高調波電流及び投入時の突入電流を抑制する． ・直列リアクトルの容量は，高圧進相コンデンサの容量の6% 又は13% を標準とする．

名称・文字記号・写真	図記号 単線結線図	図記号 複線結線図	用途・機能
⑳ **中間点引出単相変圧器** T 	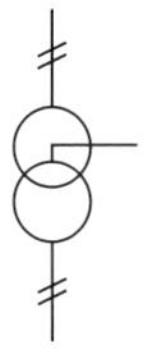	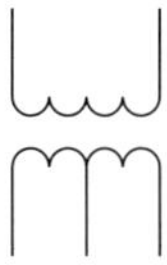	・単相3線式用の変圧器で，高圧を低圧に変圧する． ・定格電圧 一次電圧：6 600 V 二次電圧：105/210 V ・変圧器の端子 高圧側：2端子 低圧側：3端子
㉑ **三相変圧器** T 	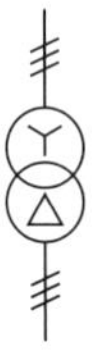	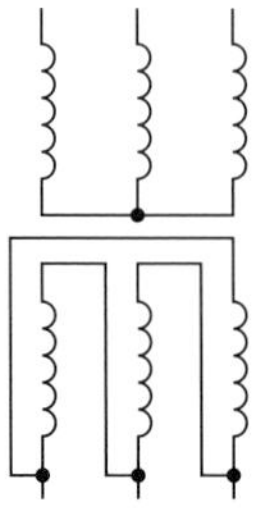	・三相3線式用の変圧器で，高圧を低圧に変圧する． ・定格電圧 一次電圧：6 600 V 二次電圧：210 V ・変圧器の端子 高圧側：3端子 低圧側：3端子
㉒ **単相変圧器3台の△－△結線**  単相変圧器を3台使用	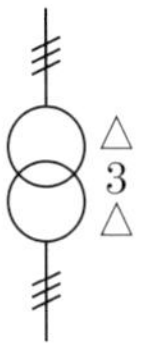 △ 3 △	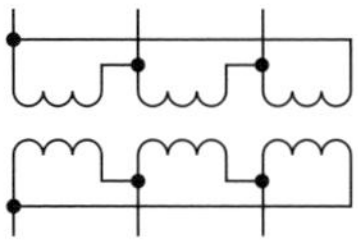	・単相変圧器を3台組み合わせて，一次側及び二次側を△結線したものである． ・出力は，単相変圧器1台分の3倍になる．
㉓ **単相変圧器2台のV－V結線**  単相変圧器を2台使用	 V 2 V	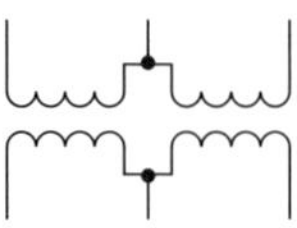	・単相変圧器を2台組み合わせて，一次側及び二次側をV結線したものである． ・出力は，単相変圧器1台分の1.73倍になる．

名称・文字記号・写真	図　記　号	用途・機能
㉔ **電圧計切換スイッチ**　VS 	 VS	・１台の電圧計で，三相３線の各相間の電圧を測定できるように結線を切り換える． ・どの相間の電圧を測定しているかがわかるように，表面に RS－ST－TR の表示がある．
㉕ **電流計切換スイッチ**　AS 	 AS	・１台の電流計で，三相３線の各相の電流を測定できるように結線を切り換える． ・どの相の電流を測定しているかがわかるように，表面に R－S－T の表示がある．
㉖ **電圧計**　V 	Ⓥ	・計器用変圧器及び電圧計切換スイッチを経由して，高圧回路の電圧を測定する． ・目盛板に V の表示がある．
㉗ **電流計**　A 	Ⓐ	・変流器及び電流計切換スイッチ経由して，高圧回路の電流を測定する． ・目盛板に A の表示がある．
㉘ **電力計**　W 	Ⓦ	・計器用変圧器及び変流器を経由して電力を測定する． ・目盛板に kW の表示がある．

名称・文字記号・写真	図　記　号	用途・機能
㉙ **力率計** cos φ	$\cos\varphi$（円内）	・計器用変圧器及び変流器を経由して，力率を測定する． ・目盛板に cos φ の表示がある．
㉚ **表示灯** SL	⊗	・電源や動作の状態を表示する． RD：赤　GN：緑 YE：黄　WH：白 BU：青
㉛ **配線用遮断器** MCCB	単線結線図／複線結線図	・配電盤に取り付けて，低圧幹線に過電流・短絡電流が流れた場合に，電路を遮断する．
㉜ **ケーブルヘッド** CH ゴムストレスコーン形 屋内終端接続部		・高圧ケーブルの端末を表す． ・高圧ケーブルには，CVT（トリプレックス形架橋ポリエチレン絶縁ビニルシースケーブル）が一般的に用いられる． ゴムとう管形 屋外終端接続部 耐塩害 終端接続部

名称・文字記号・写真	図 記 号	用途・機能
㉝ **6600V トリプレックス形架橋ポリエチレン絶縁ビニルシースケーブル** CVT 内部半導電層 外部半導電層 導体 架橋ポリエチレン 遮へい銅テープ ビニル	導体 内部半導電層 架橋ポリエチレン 外部半導電層 遮へい銅テープ ビニル	・高圧受電設備の引込み用ケーブルとして使用する. ・高圧用のCVTケーブルは,内部半導電層,外部半導電層,遮へい銅テープ(銅シールド)がある.
㉞ **600V トリプレックス形架橋ポリエチレン絶縁ビニルシースケーブル** CVT 導体 ビニル 架橋ポリエチレン	導体 架橋ポリエチレン ビニル	・高圧受電設備の配電盤から低圧配線の幹線等に使用される.
㉟ **高圧機器内配線用電線** KIP 導体 エチレンプロピレンゴム	導体 セパレータ(必要に応じて) EPゴム (エチレンプロピレンゴム)	・高圧受電設備の高圧配線に用いる.
㊱ **ブラケット**		・高圧用CVTケーブルを支持・固定するのに使用する.
㊲ **可とう導体**		・変圧器を平形導体に接続するときに使用し,地震時等に変圧器のブッシングに加わる応力を軽減する.

テーマ4 高圧受電設備の問題（1）

練習問題

図は，高圧受電設備の単線結線図である．この図の矢印で示す5箇所に関する各問いには，4通りの答え（イ，ロ，ハ，ニ）が書いてある．それぞれの問いに対して，答えを1つ選びなさい．

〔注〕 図において，問いに直接関係のない部分等は，省略又は簡略化してある．

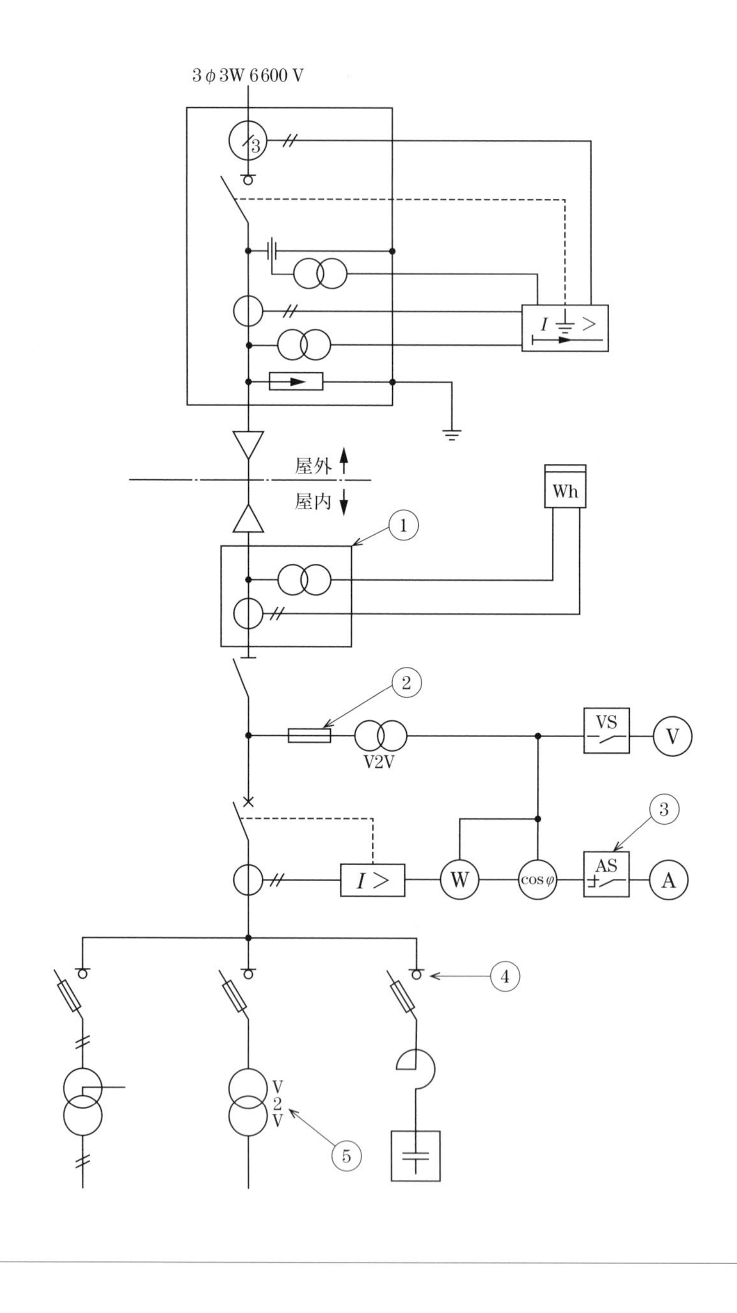

	問	答			
1	①で示す機器の文字記号（略号）は.	イ. VCB	ロ. MCCB	ハ. OCB	ニ. VCT
2	②で示す装置を使用する主な目的は.	イ. 計器用変圧器の内部短絡事故が主回路に波及することを防止する.	ロ. 計器用変圧器を雷サージから保護する.	ハ. 計器用変圧器の過負荷を防止する.	ニ. 計器用変圧器の欠相を防止する.
3	③に設置する機器は.	イ. 	ロ. 	ハ. 	ニ. 
4	④で示す部分で停電時に放電接地を行うものは.	イ. 	ロ. 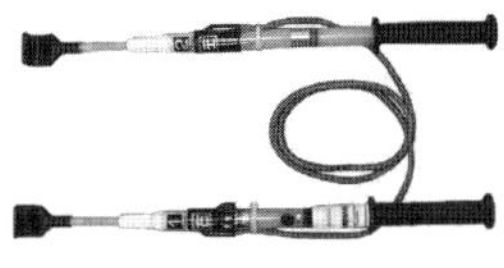	ハ. 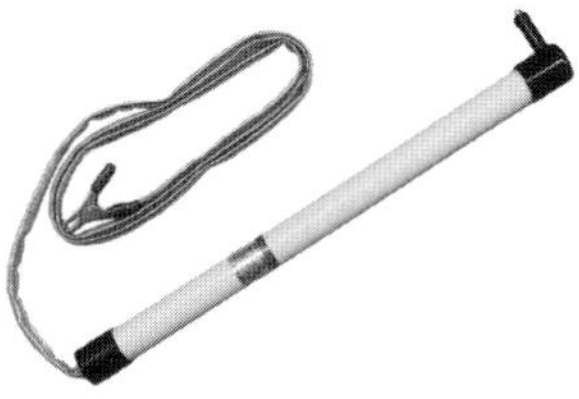	ニ. 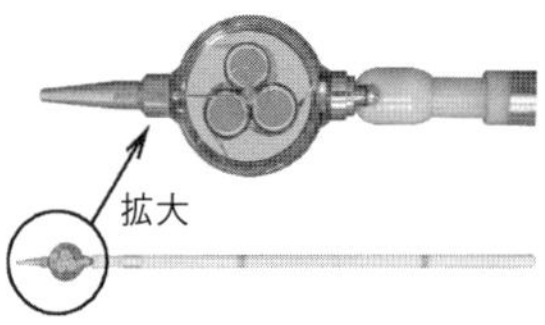

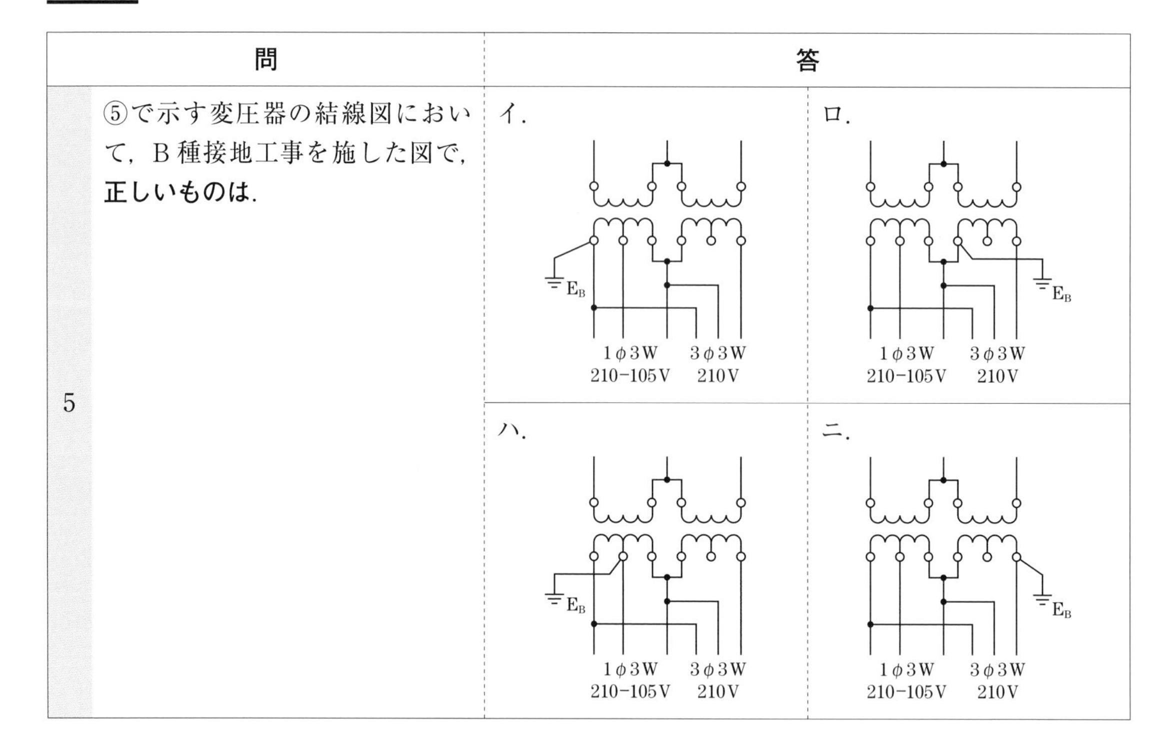

	問	答
5	⑤で示す変圧器の結線図において，B種接地工事を施した図で，**正しいものは**.	イ．ロ．ハ．ニ．

解答

1. ニ

①で示す機器は，電力需給用計器用変成器で，文字記号はVCTである.

2. イ

②で示す装置は，計器用変圧器（VT）に付属している限流ヒューズ（PF）である.

3. イ

③に設置する機器は，電流計切換スイッチ（AS）である．電流計切換スイッチは，表面にR，S，Tの表示がある.

4. ハ

④の部分で停電時に放電接地を行うものは，ハの放電用接地棒である．イは低圧検相器，ロは高圧検相器，ニは風車式検電器である.

5. ハ

高圧電路と低圧電路を結合する変圧器の低圧側の中性点には，B種接地工事を施さなければならないので，1φ3W 210-105Vの中性点を接地する.

テーマ 5 高圧受電設備の問題（2）

練習問題

図は，高圧受電設備の単線結線図である．この図の矢印で示す 10 箇所に関する各問いには，4 通りの答え（イ，ロ，ハ，ニ）が書いてある．それぞれの問いに対して，答えを 1 つ選びなさい．

〔注〕 図において，問いに直接関係のない部分等は，省略又は簡略化してある．

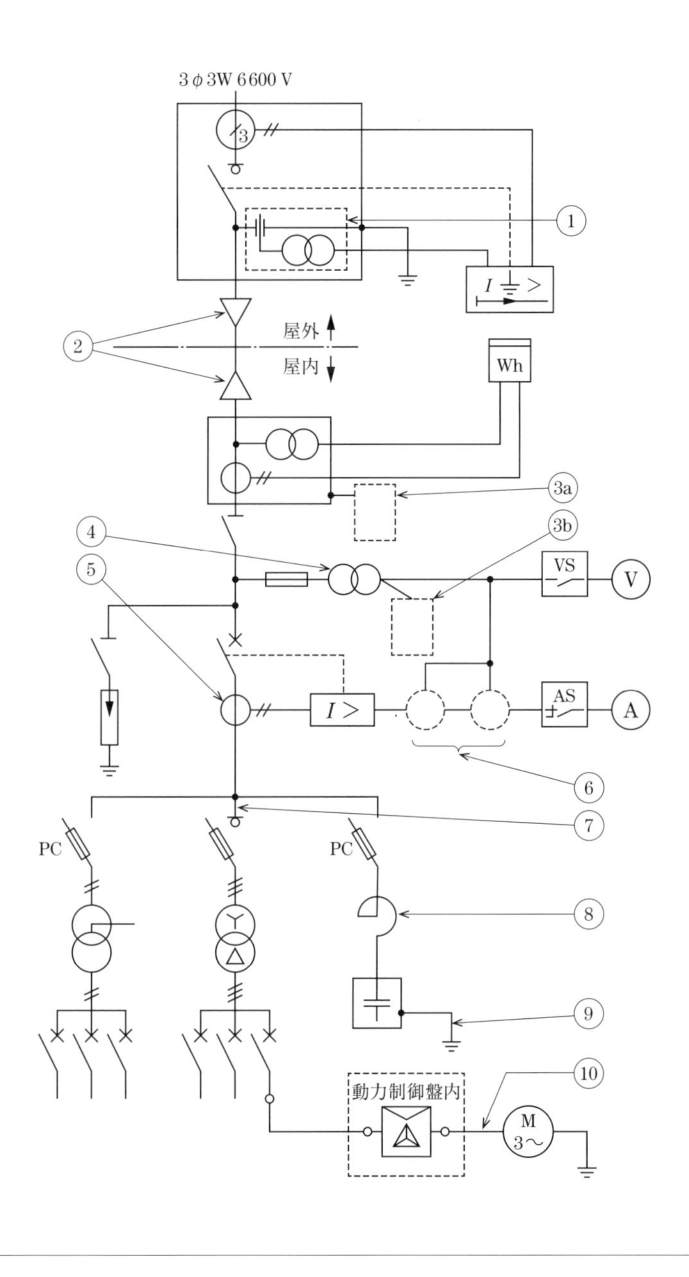

<table>
<tr><th></th><th>問</th><th colspan="4">答</th></tr>
<tr><td>1</td><td>①で示す図記号の機器に関する記述として，正しいものは.</td><td>イ.
零相電流を検出する.</td><td>ロ.
短絡電流を検出する.</td><td>ハ.
欠相電圧を検出する.</td><td>ニ.
零相電圧を検出する.</td></tr>
<tr><td rowspan="2">2</td><td rowspan="2">②で示す部分に使用されないものは.</td><td colspan="2">イ. </td><td colspan="2">ロ. </td></tr>
<tr><td colspan="2">ハ. </td><td colspan="2">ニ. </td></tr>
<tr><td>3</td><td>図中の(3a)(3b)に入る図記号の組合せとして，正しいものは.</td><td colspan="4"><table><tr><th></th><th>イ</th><th>ロ</th><th>ハ</th><th>ニ</th></tr><tr><td>(3a)</td><td>⏚ E_A</td><td>⏚ E_D</td><td>⏚ E_D</td><td>⏚ E_A</td></tr><tr><td>(3b)</td><td>⏚ E_D</td><td>⏚ E_A</td><td>⏚ E_D</td><td>⏚ E_B</td></tr></table></td></tr>
<tr><td>4</td><td>④に設置する単相機器の必要最少数量は.</td><td>イ. 1</td><td>ロ. 2</td><td>ハ. 3</td><td>ニ. 4</td></tr>
<tr><td>5</td><td>⑤で示す機器の役割は.</td><td>イ.
高圧電路の電流を変流する.</td><td>ロ.
電路に侵入した過電圧を抑制する.</td><td>ハ.
高電圧を低電圧に変圧する.</td><td>ニ.
地絡電流を検出する.</td></tr>
</table>

	問	答			
6	⑥に設置する機器の組合せは.	イ. 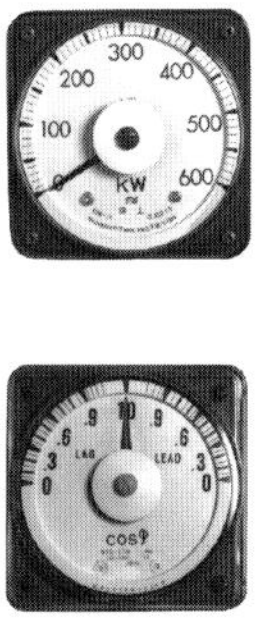	ロ. 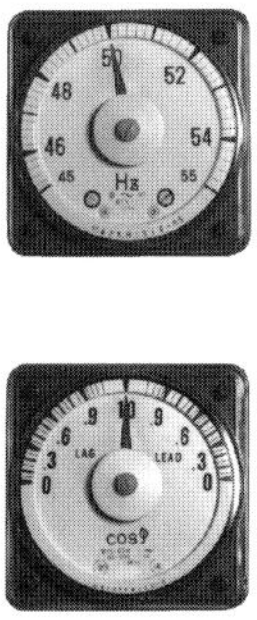	ハ. 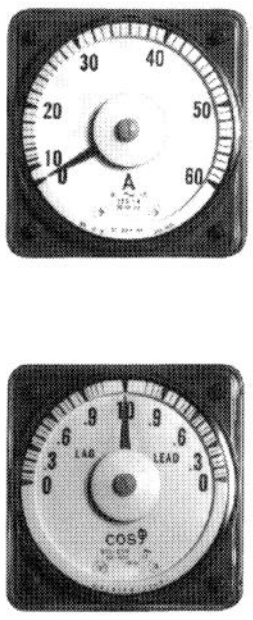	ニ. 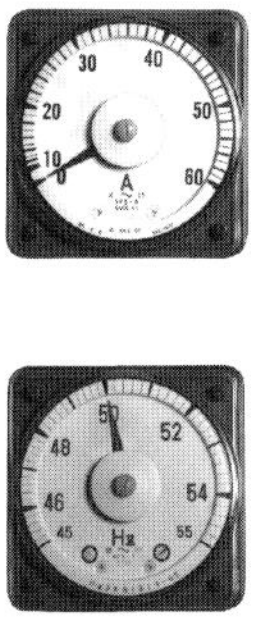
7	⑦で示す部分の相確認に用いるものは.	イ.		ロ.	
		ハ.		ニ. 拡大	
8	⑧で示す機器の役割として，**誤っているものは**.	イ．コンデンサ回路の突入電流を抑制する.	ロ．コンデンサの残留電荷を放電する.	ハ．電圧波形のひずみを改善する.	ニ．第5調波等の高調波障害の拡大を防止する.
9	⑨の部分に使用する軟銅線の直径の最小値〔mm〕は.	イ．1.6	ロ．2.0	ハ．2.6	ニ．3.2
10	⑩で示す動力制御盤内から電動機に至る配線で，必要とする電線本数（心線数）は.	イ．3	ロ．4	ハ．5	ニ．6

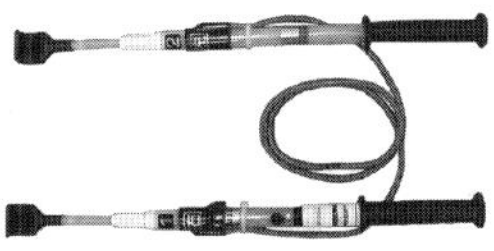

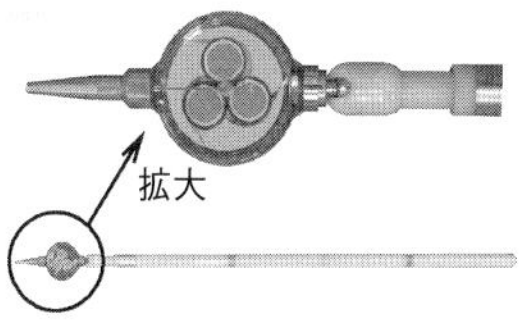

解答

1. ニ

①で示す図記号の機器は零相基準入力装置（ZPD）で，地絡事故時に発生する零相電圧を検出する働きがある．

2. ハ

ハは計器用変圧器に付属している限流ヒューズで，ケーブルヘッド（CH）には使用されない．

イはゴムストレスコーンで，ゴムストレスコーン形屋内終端接続部に使用される．

ロはゴムとう管で，ゴムとう管形屋外終端接続部に使用される．

ニはブラケットで，ゴムストレスコーン形屋内終端接続部の支持・固定に使用される．

3. イ

(3a) は電力需給用計器用変成器（VCT）の金属製外箱の接地で，A種接地工事である．

(3b) は計器用変圧器（VT）の二次側電路の接地で，D種接地工事である．

4. ロ

④に設置する機器は計器用変圧器（VT）で，2台をV－V結線して使用する．

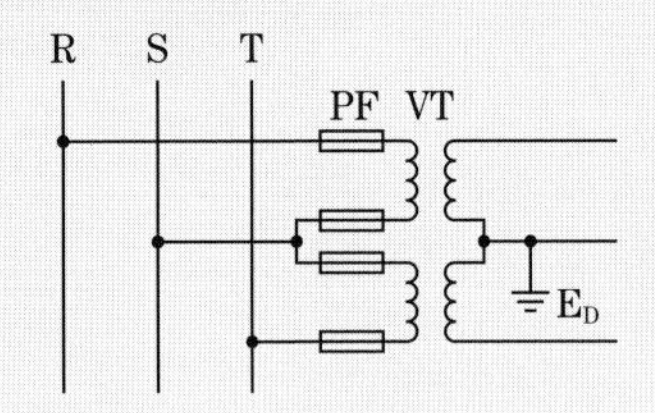

5. イ

⑤で示す機器は変流器（CT）で，高圧電路の大きな電流を小さな電流に変流する．

6. イ

計器用変圧器（VT）から電圧が供給され，変流器（CT）から電流が供給されて動作する計器は，電力計（目盛板にkWと表示）と力率計（目盛板に cos φ と表示）である．

7. ロ

高圧電路の相順を確認するものは，ロの高圧検相器である．

イは低圧検相器，ハは放電接地棒，ニは風車式検電器である．

8. ロ

⑧で示す機器は直列リアクトル（SR）で，コンデンサ（SC）の残留電荷を放電することはない．

直列リアクトルは，次の働きがある．

・コンデンサへの突入電流を抑制する．

・電路の電圧波形のひずみ（主に第5高調波）を軽減する．

9. ハ

⑨の部分は高圧進相コンデンサ（SC）の金属製外箱で，接地工事の種類はA種接地工事である．接地線に軟銅線を使用する場合は，直径2.6 mm以上のものでなければならない．

10. ニ

図記号［スター・デルタ始動器の図記号］はスター・デルタ始動器を表し，動力制御盤内にはスター・デルタ始動器が施設してある．電動機の端子U，V，W及び端子X，Y，Zからスター・デルタ始動器への配線は，6本である．

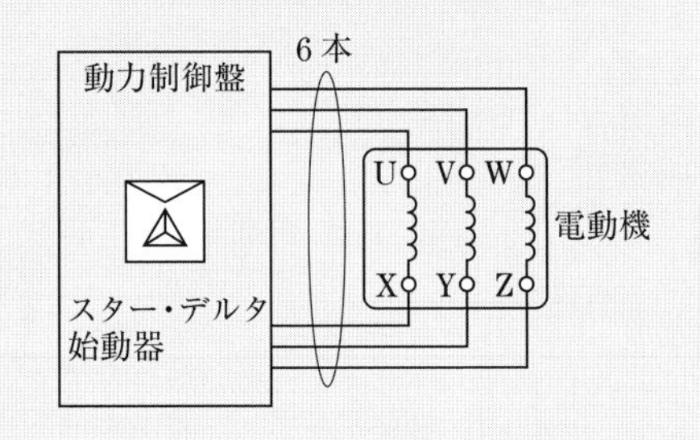

テーマ6 高圧受電設備の問題（3）

練習問題

図は，高圧受電設備の単線結線図である．この図の矢印で示す10箇所に関する各問いには，4通りの答え（イ，ロ，ハ，ニ）が書いてある．それぞれの問いに対して，答えを1つ選びなさい．

〔注〕 図において，直接関係のない部分等は省略又は簡略化してある．

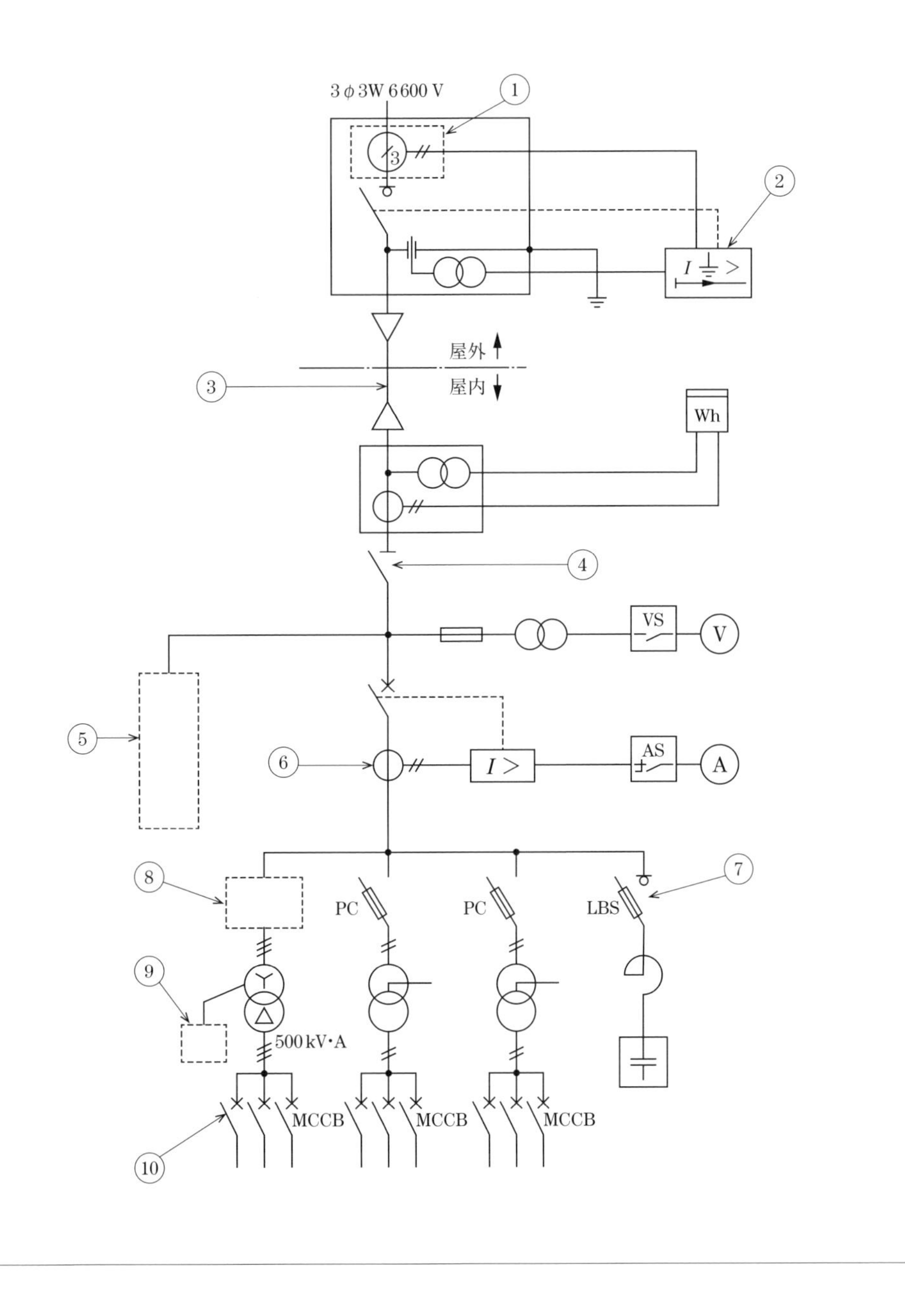

	問	答			
1	①で示す機器に関する記述として，**正しいものは**.	イ. 零相電圧を検出する.	ロ. 異常電圧を検出する.	ハ. 短絡電流を検出する.	ニ. 零相電流を検出する.
2	②で示す機器の略号（文字記号）は.	イ. ELR	ロ. DGR	ハ. OCR	ニ. OCGR
3	③で示す部分に使用するCVTケーブルとして，**適切なものは**.	イ. 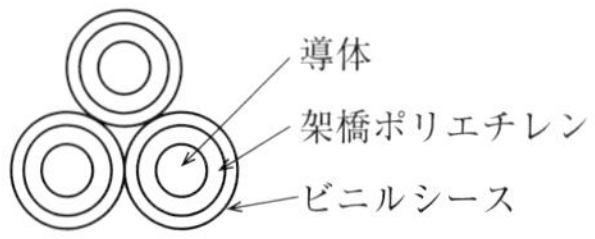 導体 架橋ポリエチレン ビニルシース	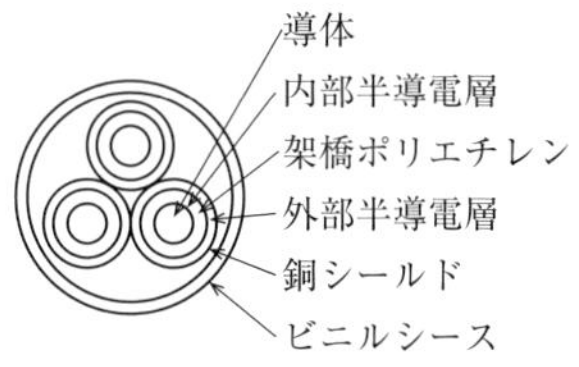	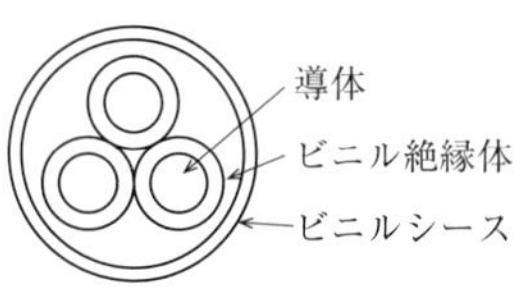 ロ. 導体 内部半導電層 架橋ポリエチレン 外部半導電層 銅シールド ビニルシース	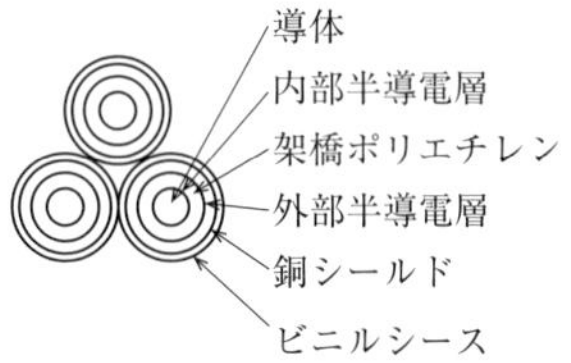
		ハ. 導体 ビニル絶縁体 ビニルシース		ニ. 導体 内部半導電層 架橋ポリエチレン 外部半導電層 銅シールド ビニルシース	
4	④で示す機器に関する記述で，**正しいものは**.	イ. 負荷電流を遮断してはならない.	ロ. 過負荷電流及び短絡電流を自動的に遮断する.	ハ. 過負荷電流は遮断できるが，短絡電流は遮断できない.	ニ. 電路に地絡が生じた場合，電路を自動的に遮断する.
5	⑤に設置する機器と接地線の最小太さの組合せで，**適切なものは**.	イ. 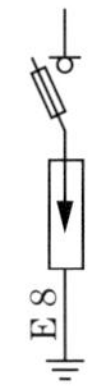 E8	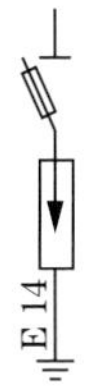 ロ. E14	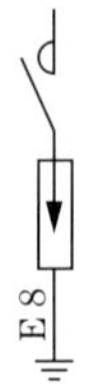 ハ. E8	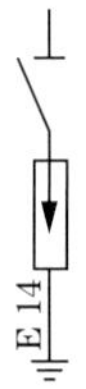 ニ. E14
6	⑥で示す機器の端子記号を表したもので，**正しいものは**.	イ. 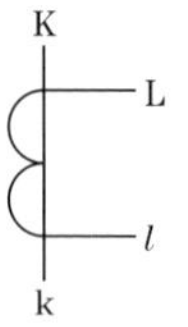 K L l k	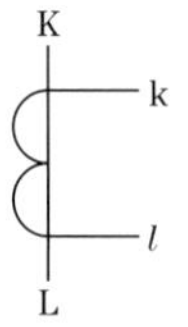 ロ. K k l L	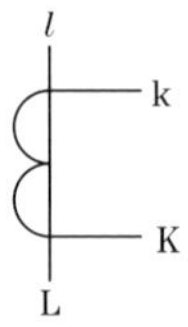 ハ. l k K L	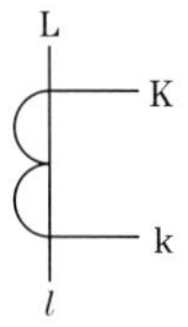 ニ. L K k l

	問	答			
7	⑦に設置する機器は.	イ. 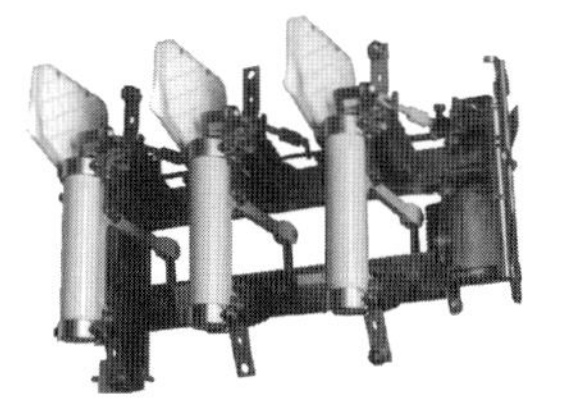	ロ. 	ハ. 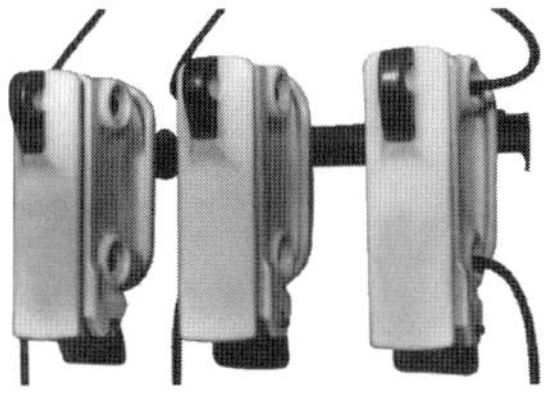	ニ. 
8	⑧で示す部分に設置する機器の図記号として，**適切なものは**.	イ. 	ロ. 	ハ. 	ニ. 
9	⑨で示す部分の図記号で，**正しいものは**.	イ. E_A	ロ. E_B	ハ. E_C	ニ. E_D
10	⑩で示す機器の使用目的は.	イ. 低圧電路の地絡電流を検出し，電路を遮断する.	ロ. 低圧電路の過電圧を検出し，電路を遮断する.	ハ. 低圧電路の過負荷及び短絡を検出し，電路を遮断する.	ニ. 低圧電路の過負荷及び短絡を開閉器のヒューズにより遮断する.

解答

1. ニ

①で示す機器は零相変流器（ZCT）で，地絡時に流れる零相電流を検出する働きがある．

2. ロ

②で示す図記号は地絡方向継電器で，略号（文字記号）は，DGR（Directional Ground Relay）である．

3. ニ

③で示す部分のケーブルは，ニの高圧CVTケーブル（6 600 V トリプレックス形架橋ポリエチレン絶縁ビニルシースケーブル）である．高圧CVTケーブルは．銅シールド（遮へい銅テープ），内部半導電層，外部半導電層を有する．

イは低圧CVTケーブル，ロは高圧CVケーブル，ハはVVRケーブルである．

4. イ

④で示す機器は，断路器（DS）である．断路器は，過負荷電流や短絡電流を遮断する機能はなく，無負荷の状態にして開閉しなければならない．

5. ニ

⑤に設置する機器は，断路器（DS）と避雷器（LA）である．

高圧受電設備規程1160-2（接地工事の接地抵抗値及び接地線の太さ）に，避雷器の接地線の太さは，14 mm² 以上と定められている．

6. ロ

⑥で示す機器は，変流器（CT）である．

端子記号K及びLは，変流器の一次側（高圧側）の端子で，Kは電源側に接続し，Lは負荷側に接続する．端子記号k及び l は，変流器の二次側端子で，過電流継電器（OCR）や電流計切換スイッチ（AS）に接続する．

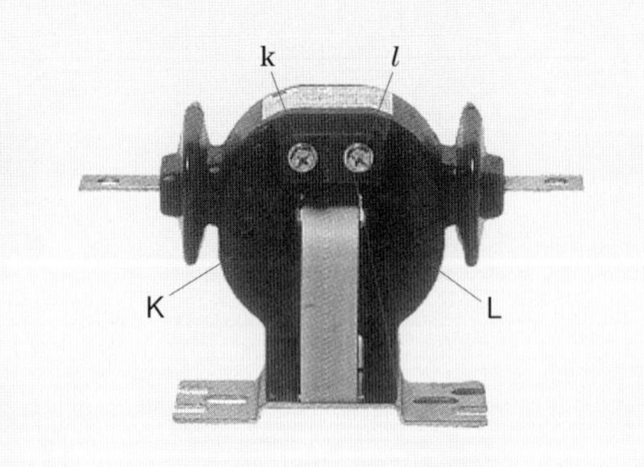

7. イ

⑦に設置する機器LBS（Load Break Switch）は，イの限流ヒューズ付き高圧交流負荷開閉器（PF付LBS）である．

ロは断路器（DS），ハは高圧カットアウト（PC），ニは高圧交流遮断器（CB）である．

8. ハ

変圧器の容量が300 kV·Aを超過しているので，ハの限流ヒューズ付き高圧交流負荷開閉器（PF付LBS）を設置しなければならない．

9. イ

高圧用機器（変圧器）の金属製外箱の接地工事は，イの図記号 E_A（A種接地工事）を施さなければならない．

10. ハ

文字記号MCCB（Molded Case Circuit Breaker）は，配線用遮断器を表す．配線用遮断器は，低圧電路に過電流や短絡電流が流れた場合に回路を遮断して，電線や電気機器を保護する．

テーマ7 高圧受電設備の問題（4）

練習問題

図は，高圧受電設備の単線結線図である．この図の矢印で示す5箇所に関する各問いには，4通りの答え（イ，ロ，ハ，ニ）が書いてある．それぞれの問いに対して，答えを1つ選びなさい．

〔注〕 図において，直接関係のない部分等は省略又は簡略化してある．

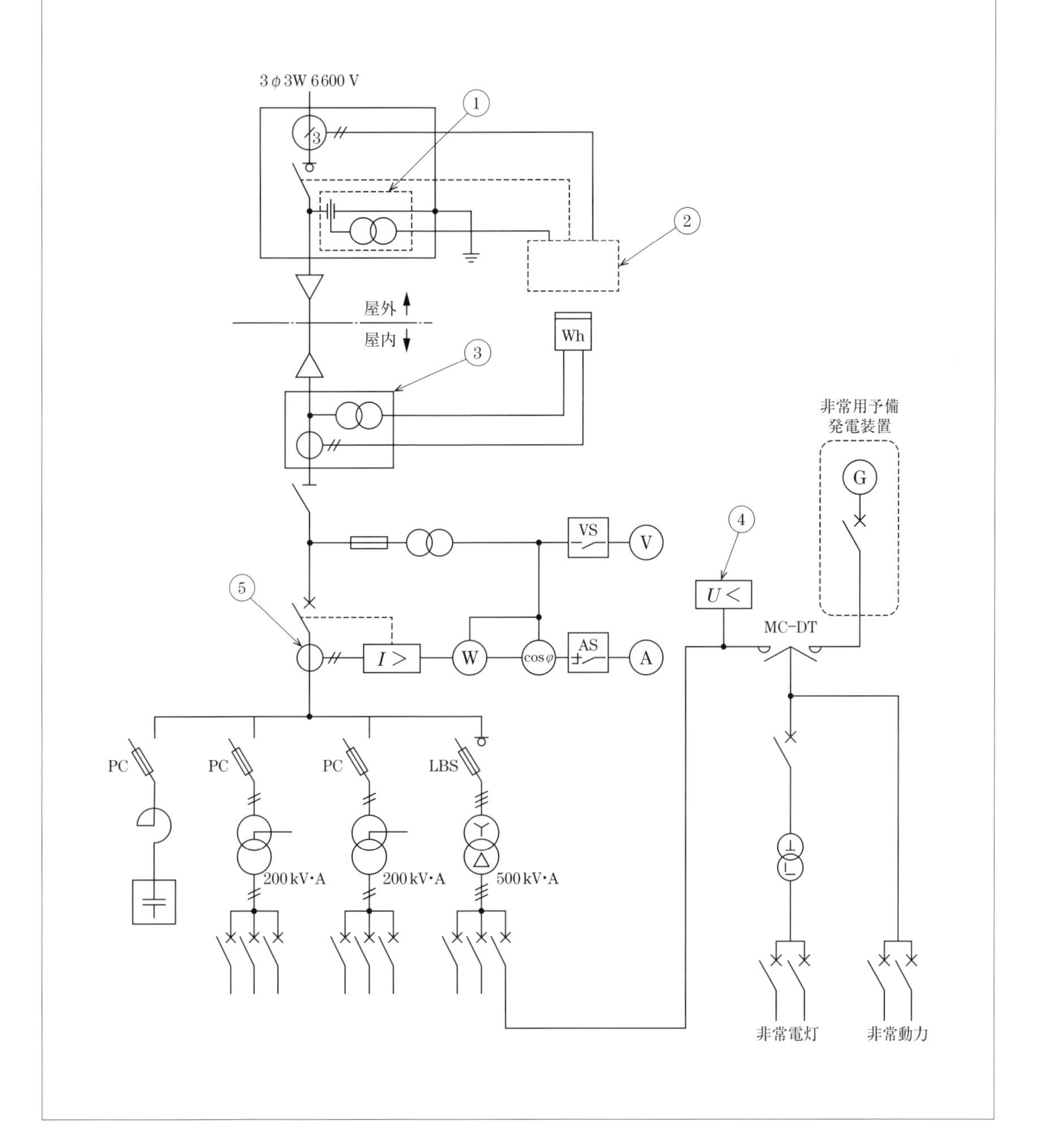

	問	答			
1	①で示す機器を設置する目的として，**正しいものは**.	イ．零相電流を検出する．	ロ．零相電圧を検出する．	ハ．計器用の電流を検出する．	ニ．計器用の電圧を検出する．
2	②に設置する機器の図記号は．	イ．I⏚> 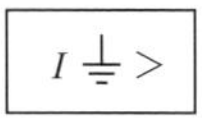	ロ．I> 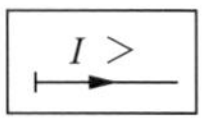	ハ．I<	ニ．I⏚> 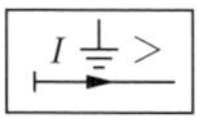
3	③に設置する機器は．	イ． 	ロ． 	ハ． 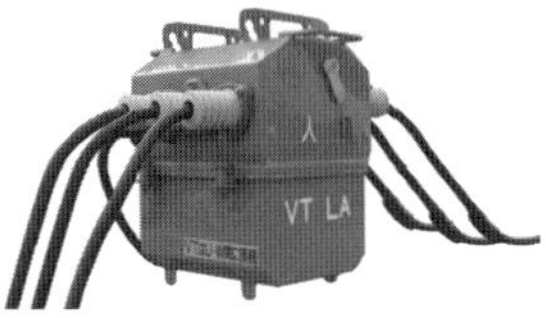	ニ． 
4	④で示す機器は．	イ．不足電力継電器	ロ．不足電圧継電器	ハ．過電流継電器	ニ．過電圧継電器
5	⑤で示す部分に設置する機器と個数は．	イ．1個 	ロ．1個 	ハ．2個 	ニ．2個 

解答

1. ロ

①の図記号で示すものは，地絡方向継電装置付き高圧交流負荷開閉器（DGR付PAS）本体に内蔵されている零相基準入力装置（ZPD）である．零相基準入力装置は，地絡事故時に発生する零相電圧を検出して，制御装置に内蔵されている地絡方向継電器（DGR）に送る．

2. ニ

制御装置に内蔵されている地絡方向継電器（DGR）の図記号である．

地絡方向継電器は，零相基準入力装置（ZPD）からの零相電圧と零相変流器（ZCT）からの零相電流の位相関係から，需要家構内の地絡事故か構外の地絡事故かを判断して，構内の地絡事故の場合に高圧交流負荷開閉器（LBS）を開放する．

3. イ

③で示す図記号の機器は，電力受給用計器用変成器（VCT）である．

電力受給用計器用変成器は，高圧電路の電圧，電流を，低圧，小電流に変成するものである．電力量計（Wh）に接続して，使用電力量を計量する．

4. ロ

④で示す図記号の機器は，不足電圧継電器（UVR）で，電源が停電したり電圧降下した場合に動作する継電器である．

問題の高圧受電設備では，電源が停電した場合に，不足電圧継電器が動作して，双投形電磁接触器（MC-DT）を働かせて，非常用予備発電装置から非常電灯と非常動力に電源が供給されるようにしている．

不足電圧継電器

5. ニ

⑤で示す部分に設置する機器は，変流器（CT）で2台使用する．この部分の複線図は，下図のようになる．

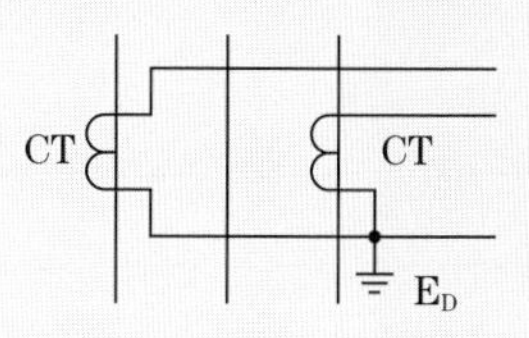

テーマ8 電動機制御回路の使用機器

ポイント

名称・文字記号・写真	図記号	用途・機能
❶ **配線用遮断器** MCCB 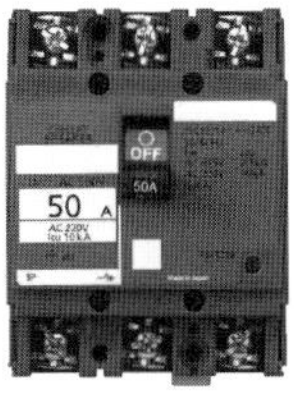	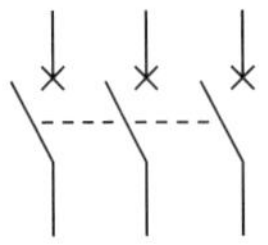	・過負荷電流や短絡電流が流れた場合に，回路を遮断して，配線や電気機器を保護する． ・制御回路用の配線用遮断器を，サーキットプロテクタという．
❷ **漏電遮断器** ELB 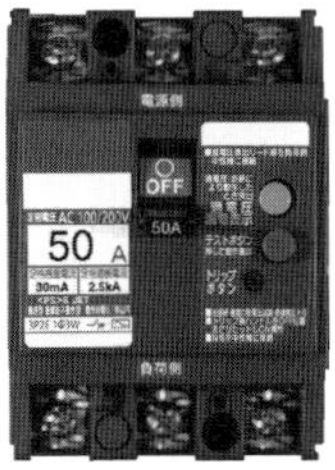	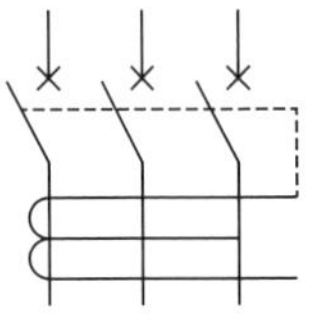	・漏電して地絡電流が流れた場合に回路を遮断する．
❸ **電磁接触器** MC 	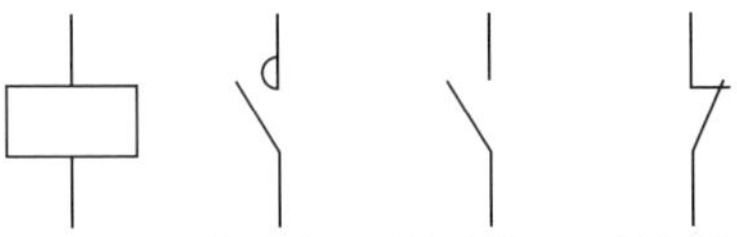 コイル　主接点　補助接点のメーク接点　補助接点のブレーク接点	・コイルに電圧が加わると，メーク接点は閉じ，ブレーク接点は開く．電圧が加わらなくなると，瞬時に元の状態に復帰して，メーク接点は開き，ブレーク接点は閉じる． ・主接点は，電動機などの大きな負荷電流を流す． ・補助接点は，制御回路の接点に使用する．
❹ **熱動継電器** THR リセットボタン 	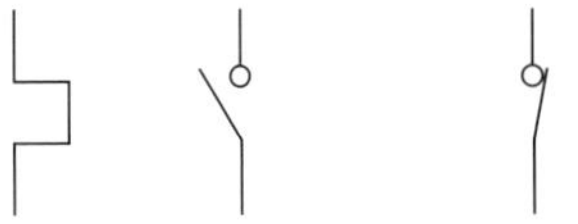 ヒータ　メーク接点　ブレーク接点	・電動機の過負荷保護に使用する． ・過電流が継続して流れると，ヒータがバイメタルを変形させて，メーク接点は閉じ，ブレーク接点は開く． ・動作した接点は，リセットボタンを押して，手動で元の状態に復帰させる．

名称・文字記号・写真	図記号	用途・機能
❺ 電磁継電器 R	コイル　メーク接点　ブレーク接点	・制御用の小さな電流を流せる継電器（リレー）で，電磁接触器や継電器を動作させたり，表示灯を点灯させるのに用いる． ・コイルに電圧が加わると，メーク接点は閉じ，ブレーク接点は開く．電圧が加わらなくなると，瞬時に元の状態に復帰する．
❻ 限時継電器 TLR	電源部　メーク接点　ブレーク接点	・電源部に電圧が加わると，設定した時間に，メーク接点は閉じ，ブレーク接点は開く． ・電源部に電圧が加わらなくなると，瞬時に元の状態に復帰して，メーク接点は開き，ブレーク接点は閉じる． ・限時動作瞬時復帰接点という．
❼ 押しボタンスイッチ BS	メーク接点　ブレーク接点	・電動機を運転したり，停止するのに用いる． ・押しボタンを指で押すと，メーク接点は閉じ，ブレーク接点は開く． ・押しボタンから指を離すと，バネの力で元の状態に復帰して，メーク接点は開き，ブレーク接点は閉じる． ・手動操作自動復帰接点という．
❽ 切換スイッチ COS		・ひねり操作によって開閉するスイッチで，「自動」「手動」「停止」などの切り換えをするのに用いる．

名称・文字記号・写真	図　記　号	用途・機能
❾ リミットスイッチ　LS	メーク接点　ブレーク接点	・機械的な力で動作するスイッチで，物体の移動などを検知する．
❿ 表示灯 SL	⊗	・電動機などの運転状態を表示するランプである． ・ランプの色の文字記号 RD ：赤 GN ：緑 YE ：黄 WH：白 BU ：青
⓫ ブザー　BZ		・故障時や異常時に警報を発するのに用いる．
⓬ ベル BL		・故障時や異常時に警報を発するのに用いる．
⓭ 三相かご形誘導電動機　M	M 3～	・空調設備や給排水設備の動力源として用いる．

※電動機の制御回路の書き方は，付録 シーケンス図（p. 311）を参照のこと．

●主要制御機器の動作・働き

(1) 電磁接触器

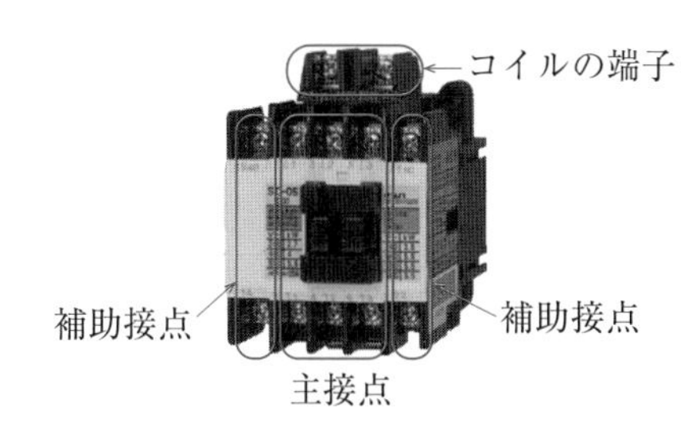

・コイルに電圧が加わっていない状態では，メーク接点は開き，ブレーク接点は閉じている．

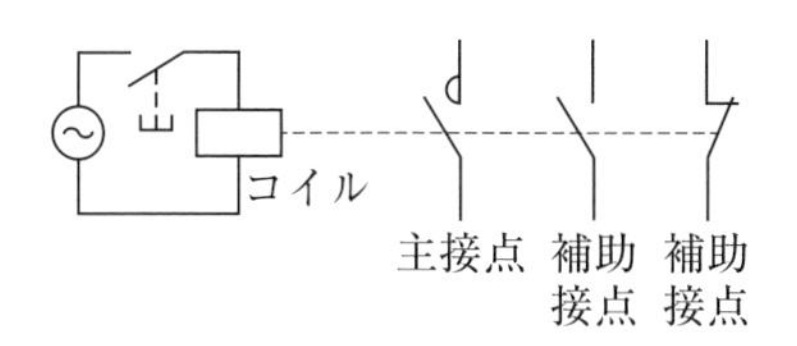

・コイルに電圧が加わると，電磁石の力によって，メーク接点は閉じ，ブレーク接点は開く．

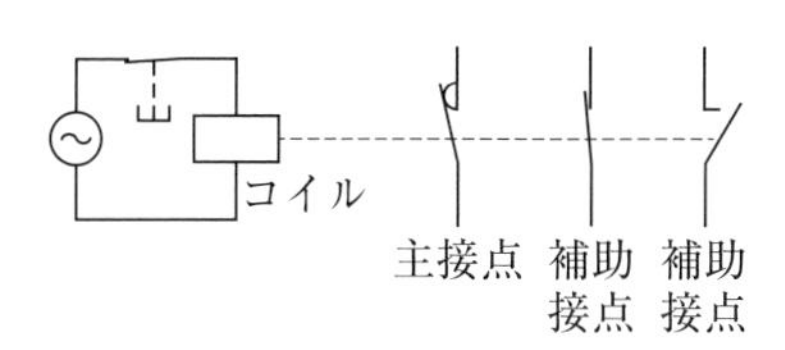

・コイルに電圧が加わらなくなると，スプリングの作用で接点は元の状態に戻る．

(2) 熱動継電器

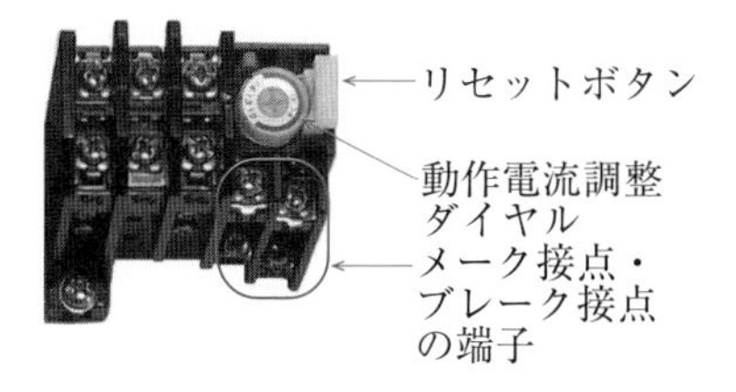

・電動機に過電流が継続して流れると，ヒータがバイメタルを変形させて，メーク接点を閉じ，ブレーク接点を開く．

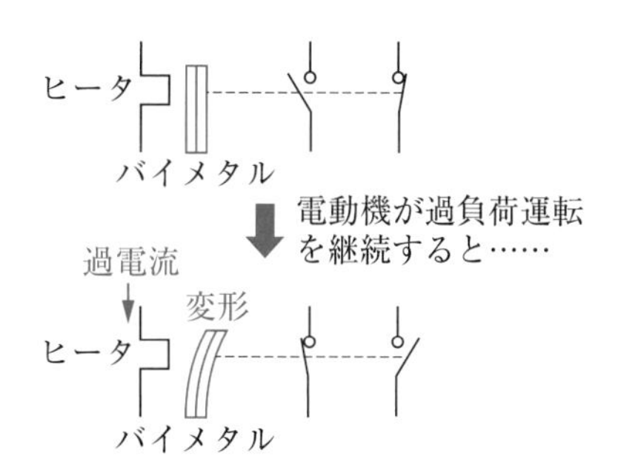

・動作した接点は，その状態を維持する．元の状態に復帰させるには，熱動継電器のリセットボタンを押す．

(3) 限時継電器

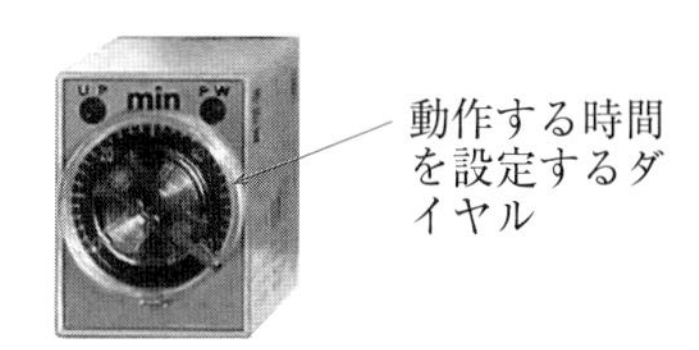

・電源部に電圧が加わっても，すぐに接点は動作しない．
・設定した時間になると，メーク接点は閉じ，ブレーク接点は開く．

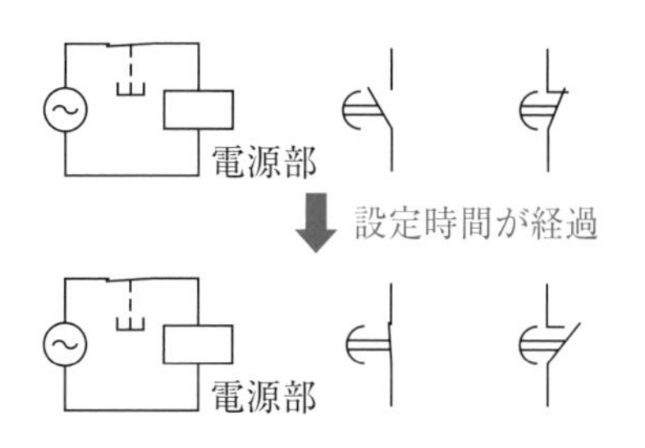

・電源部に電圧が加わらなくなると，接点は瞬時に元の状態に戻り，メーク接点は開き，ブレーク接点は閉じる．

テーマ9 電動機制御回路の基本回路

ポイント

●基本回路

(1) 電磁接触器の動作

電磁接触器 MC のコイルに電圧が加わっていない時には，メーク接点は開き，ブレーク接点は閉じる．

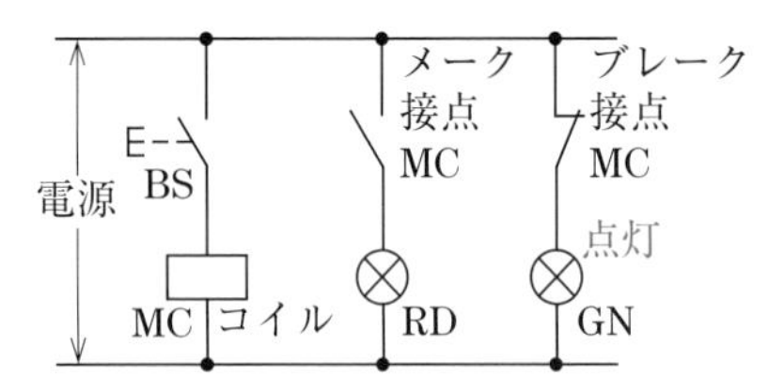

押しボタンスイッチ BS を押して電磁接触器 MC のコイルに電圧が加わると，メーク接点は閉じ，ブレーク接点は開く．

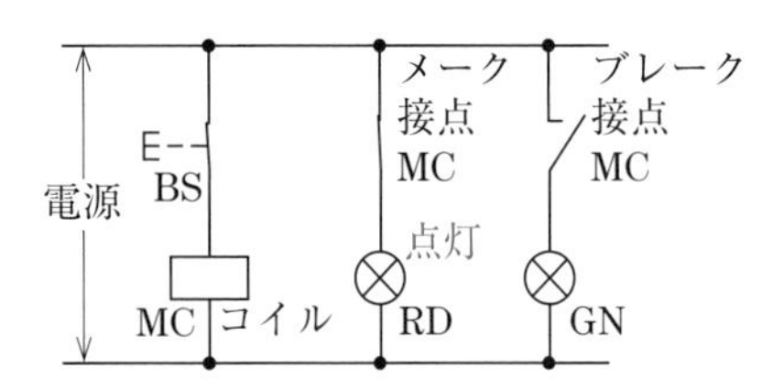

(2) AND 回路

二つ以上のメーク接点を直列に接続して，同時に全部のメーク接点が閉じたときに動作する回路を AND 回路という．

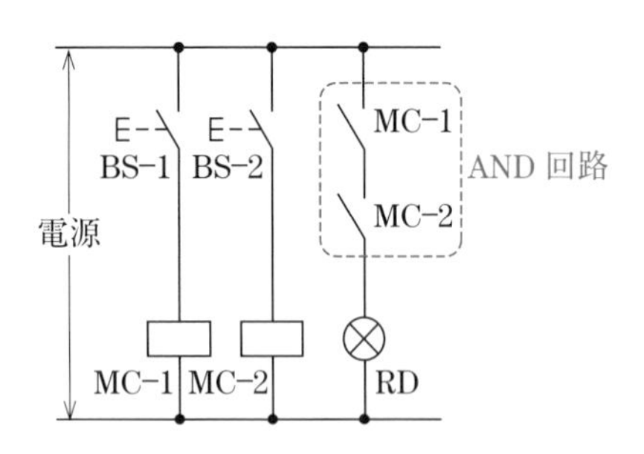

押しボタンスイッチ BS-1 と BS-2 を同時に押すと，電磁接触器 MC-1 及び MC-2 のコイルに同時に電圧が加わり，直列に接続された MC1 と MC2 のメーク接点が閉じて表示灯 RD が点灯する．

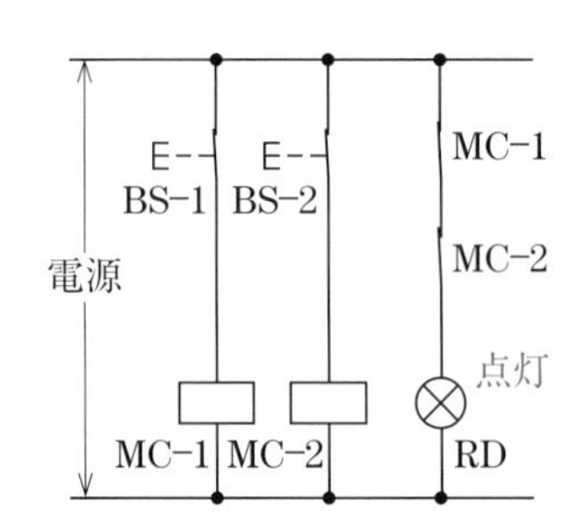

(3) OR 回路

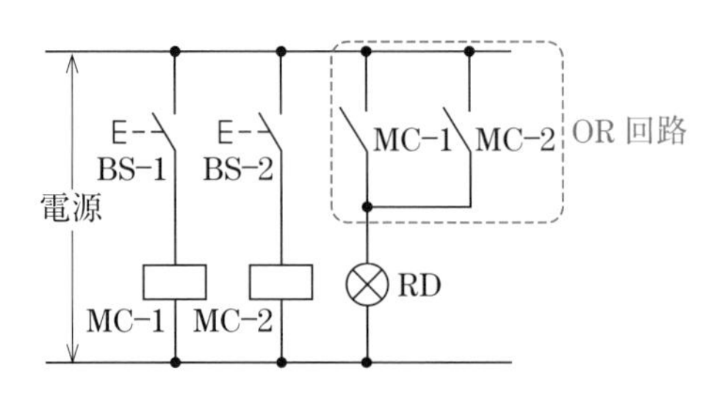

二つ以上のメーク接点を並列に接続して，そのうちのどれか一つのメーク接点が閉じたときに動作する回路を OR 回路という．

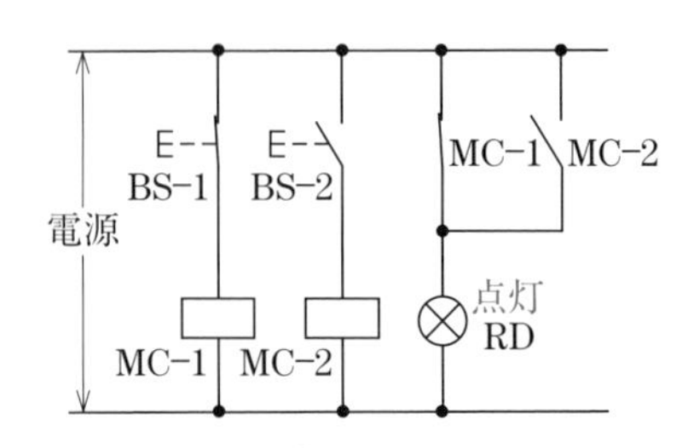

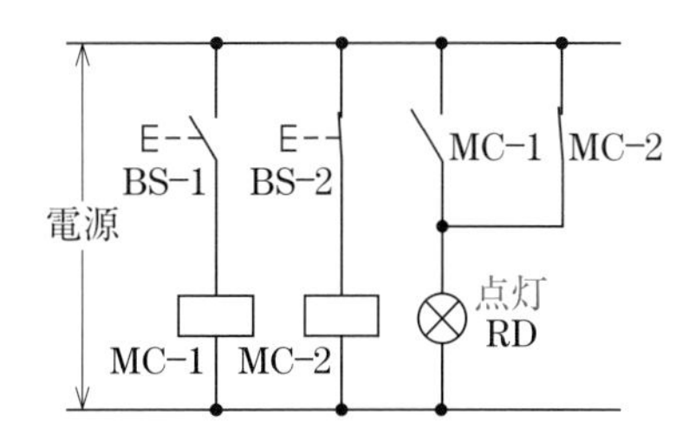

(4) 自己保持回路

電磁接触器 MC や電磁継電器 R が，自分自身の接点を通じてコイルに電圧を加え続ける回路を，自己保持回路という．

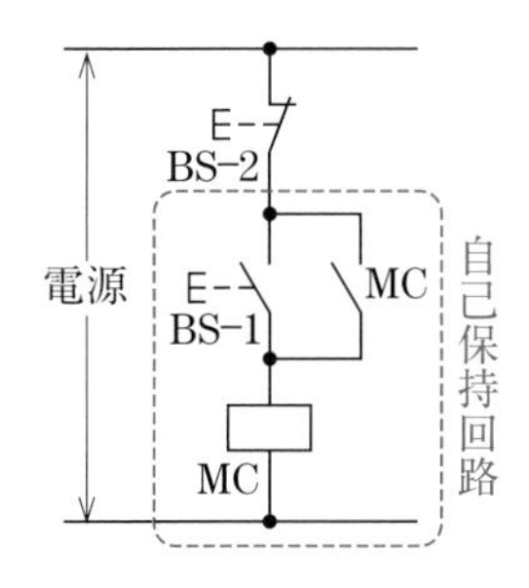

押しボタンスイッチ BS-1 を押すと，電磁接触器 MC のコイルに電圧が加わって，その補助接点のメーク接点 MC が閉じる．

押しボタンスイッチ BS-1 を離しても，補助接点のメーク接点 MC を通じてコイルに電圧が加わり，動作を続ける．

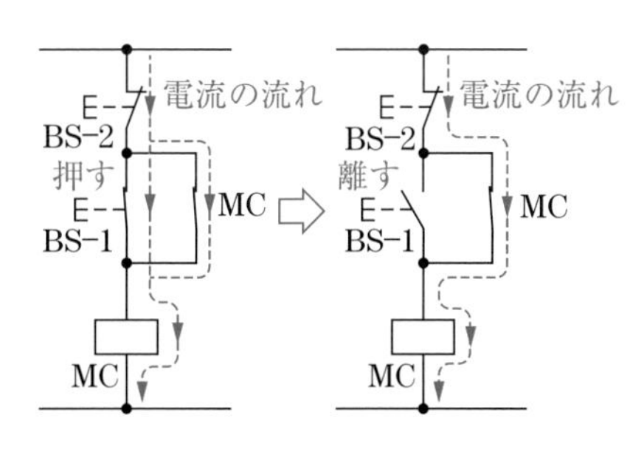

押しボタンスイッチ BS-2 を押すと自己保持が解除される．

(5) インタロック回路

同時に二つの電磁接触器 MC-1 と MC-2 が動作してはいけない回路では，互いのブレーク接点を相手のコイルと直列に接続する．

このように，いずれかの電磁接触器が先に動作したら，他の電磁接触器が動作しないようにする回路をインタロック回路という．

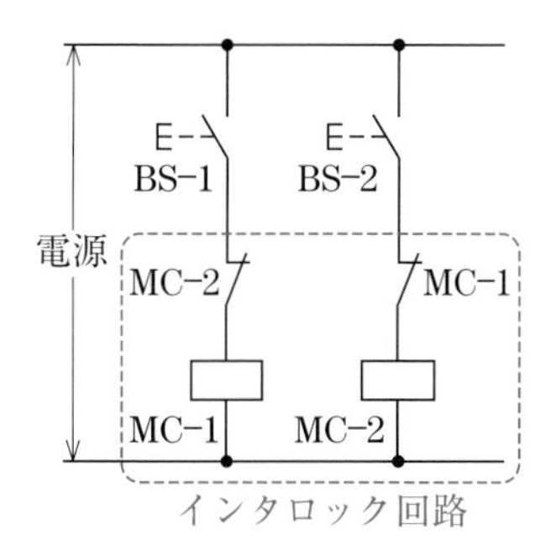

BS-1 を先に押すとコイル MC-1 が動作してブレーク接点 MC-1 が開くので，後で BS-2 を押してもコイル MC-2 は動作しない．

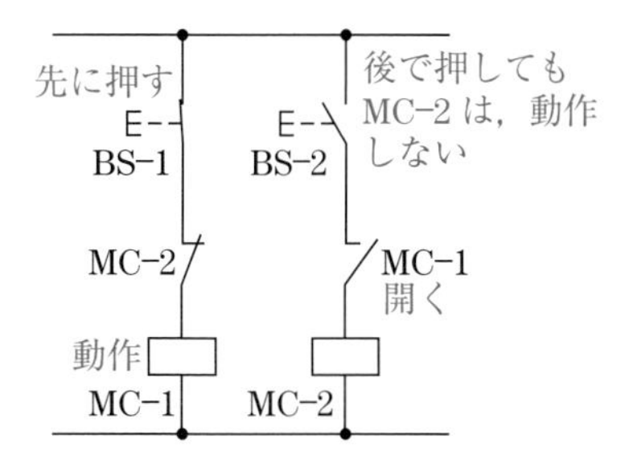

BS-2 を先に押すとコイル MC-2 が動作してブレーク接点 MC-2 が開くので，後で BS-1 を押してもコイル MC-1 は動作しない．

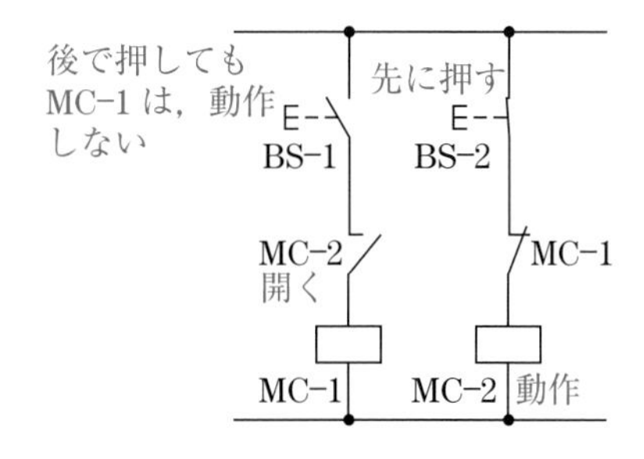

テーマ10 電動機の運転・停止制御回路

ポイント

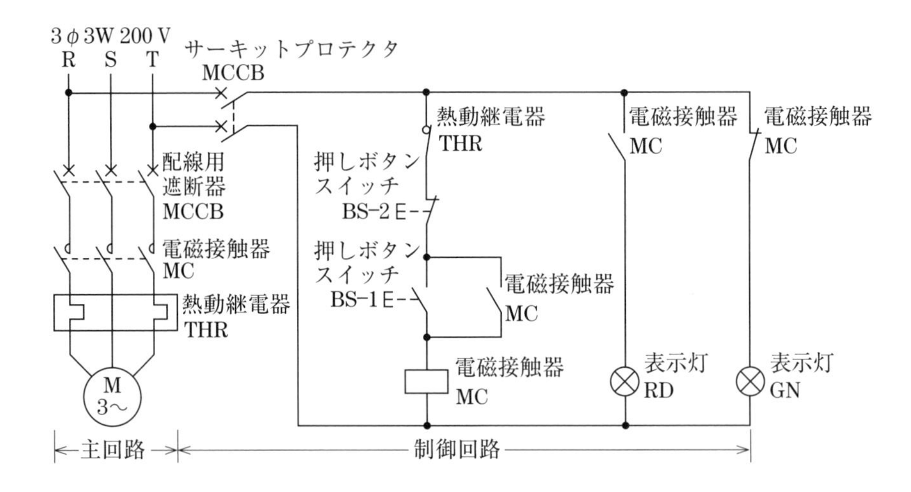

(1) 運　転

1. 押しボタンスイッチ BS-1 を押す.
2. 電磁接触器 MC のコイルに電圧が加わる.
3. 電磁接触器 MC のメーク接点は閉じ，ブレーク接点は開く.
   - 電動機が運転する.
   - 表示灯 RD（赤色）が点灯する.
   - 表示灯 GN（緑色）が消灯する.
4. 押しボタンスイッチ BS-1 を離す.
   - 電磁接触器 MC のメーク接点は，自己保持されるので，3 の状態を保つ.

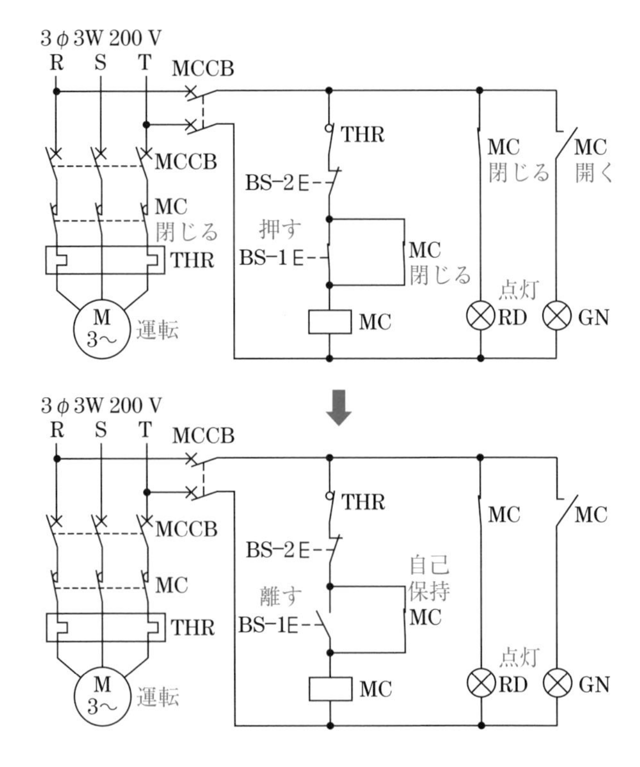

(2) 停 止

1. 押しボタンスイッチ BS-2 を押す.
2. 電磁接触器 MC のコイルに電圧が加わらなくなる.
3. 電磁接触器 MC のメーク接点は開き，ブレーク接点は閉じる.
   - 電動機が停止する.
   - 表示灯 RD（赤色）が消灯する.
   - 表示灯 GN（緑色）が点灯する.
4. 押しボタンスイッチ BS-2 を離す.

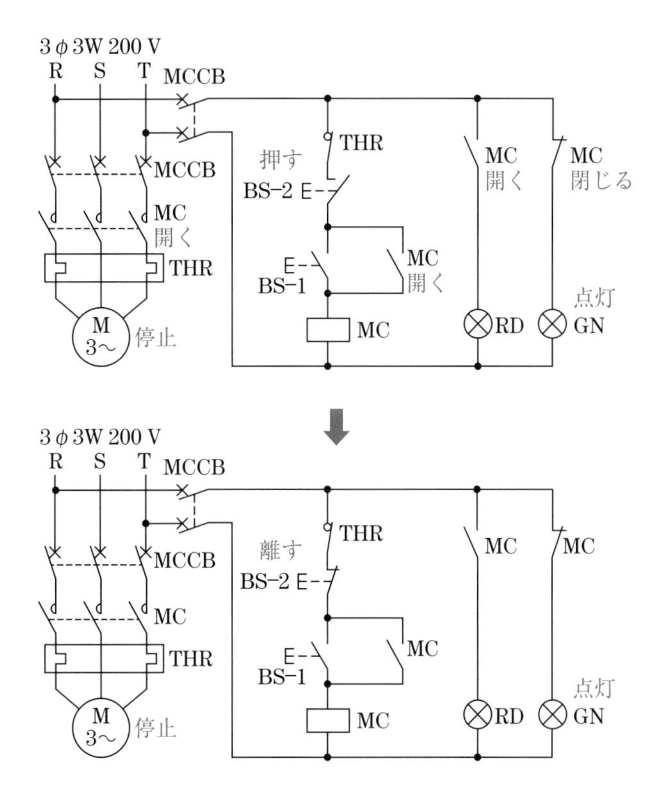

(3) 過負荷保護

1. 電動機が過負荷運転をする.
2. 回路に過電流が流れ，熱動継電器 THR のヒータが発熱して，バイメタルを変形させる.
3. バイメタルが熱動継電器 THR のブレーク接点を開く.
4. 電磁接触器 MC のコイルに電圧が加わらなくなる.
5. 電磁接触器 MC のメーク接点は開き，ブレーク接点は閉じる.
   - 電動機が停止する.
   - 表示灯 RD（赤色）が消灯する.
   - 表示灯 GN（緑色）が点灯する.

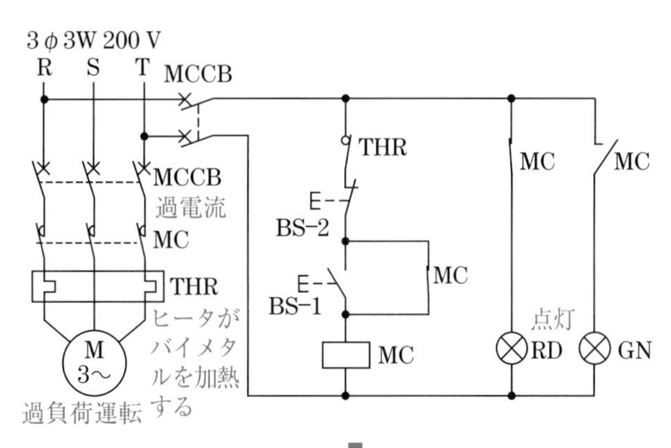

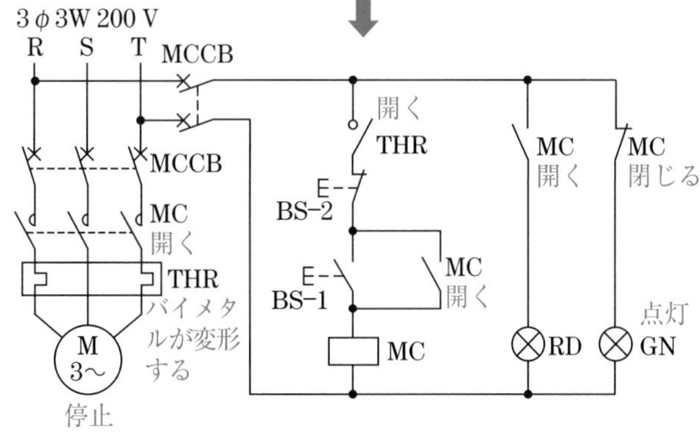

テーマ11 電動機の正転・逆転制御回路

ポイント

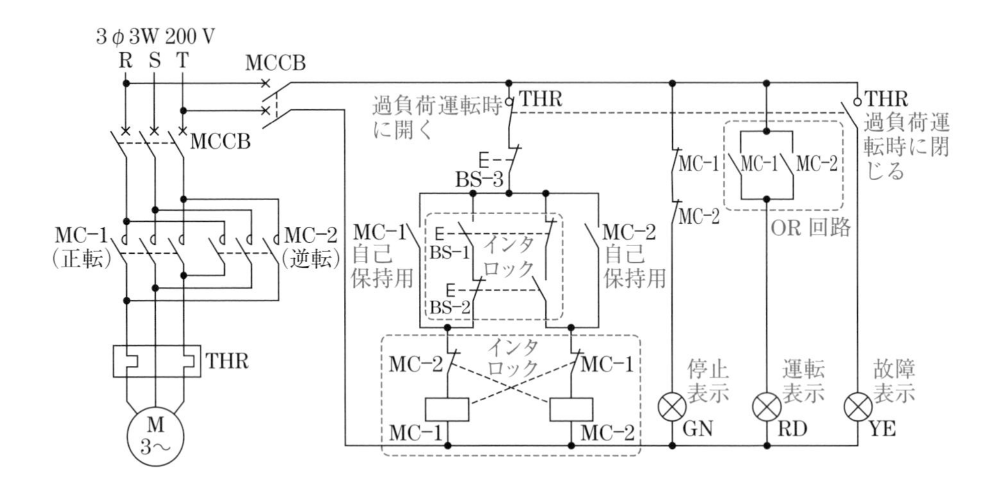

（1） 停止から正転運転

1. BS-1を押す.
2. MC-1のコイルに電圧がが加わって，MC-1のメーク接点は閉じ，ブレーク接点は開く.
3. 電動機が正転する.
4. BS-1を離す.
   ・MC-1が自己保持する.

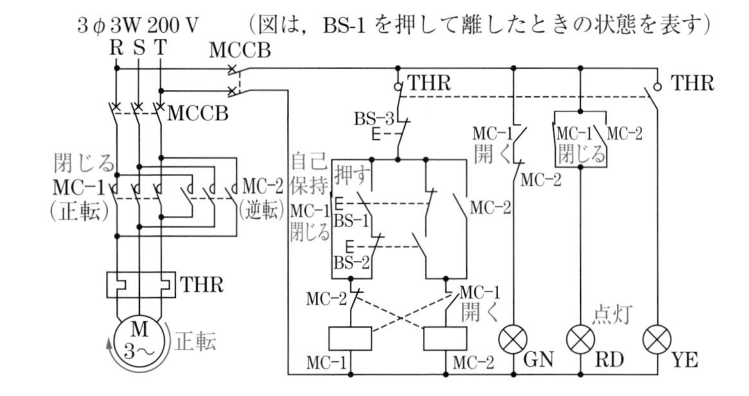

（2） 停止から逆転運転

1. BS-2を押す.
2. MC-2のコイルに電圧が加わって，MC-2のメーク接点は閉じ，ブレーク接点は開く.
3. 電動機が逆転する.
4. BS-2を離す.
   ・MC-2が自己保持する.

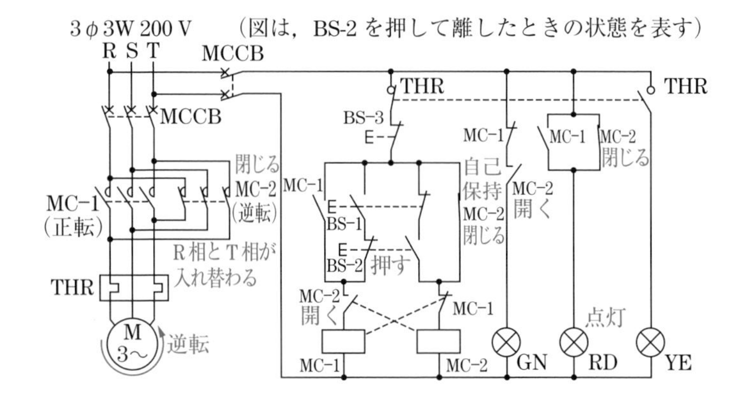

(3) 過負荷保護

1. 過負荷運転が継続すると，熱動継電器 THR が動作して，ブレーク接点は開き，メーク接点は閉じる．
   - ・MC-1 又は MC-2 の自己保持が解除して，電動機を停止する．
   - ・表示灯 YE が点灯して故障表示をすると同時に表示灯 GN も点灯して停止表示をする．
2. 熱動継電器 THR を復帰するには，熱動継電器のリセットボタンを押す．

リセットボタン

メーク接点，ブレーク接点の端子

熱動継電器

(4) インタロック回路

電磁接触器の MC-1（正転）と MC-2（逆転）が同時に動作すると，主回路が短絡する．

インタロック回路で，いかなる場合も MC-1 のコイルと MC-2 のコイルに，同時に電圧が加わらないようにしなければならない．

正転・逆転用の押しボタンスイッチは，メーク接点とブレーク接点が同時に動くようになっている．押しボタンスイッチ BS-1（正転），BS-2（逆転）を同時に押したら，MC-1，MC-2 のどちらのコイルにも電圧が加わらないようになっている．

電磁接触器 MC-1（正転）と MC-2（逆転）では，互いのブレーク接点により，インタロック回路にしている．

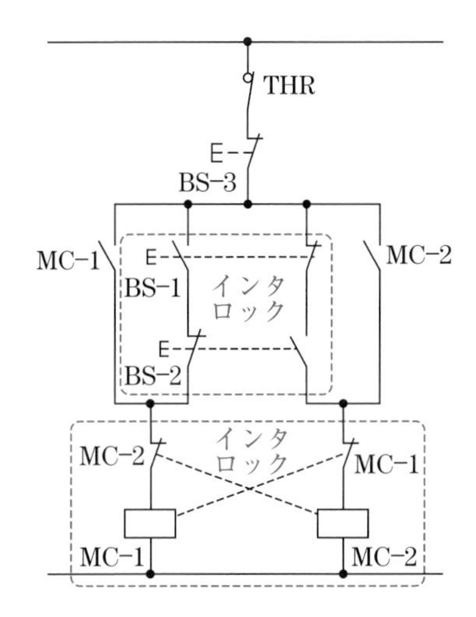

(5) 押しボタンスイッチの操作

電動機の回転方向を変更させるには，インタロック回路になっているため，押しボタンスイッチ BS-3（停止）で，いったん停止させてからでないと操作ができない．

正転・逆転用押しボタンスイッチ

テーマ 12 電動機のスター・デルタ始動制御回路

ポイント

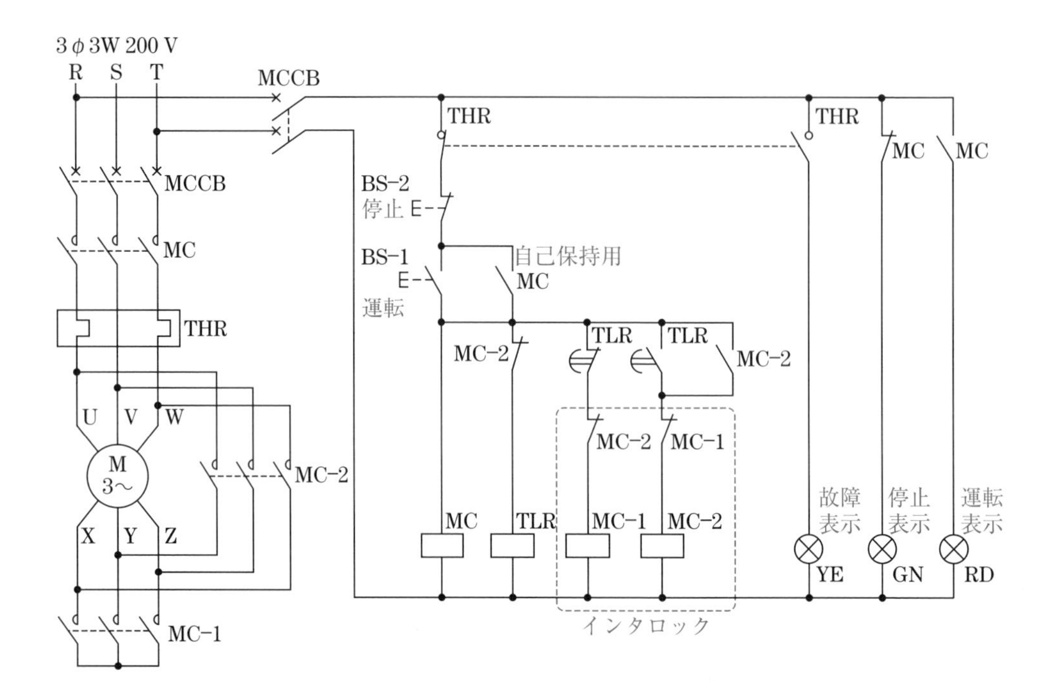

(1) 始　動

1. BS-1を押す．
2. MC，MC-1のコイル及び限時継電器TLRの電源部に電圧が加わる．
   - ・MCとMC-1のメーク接点は閉じ，ブレーク接点は開く．
3. 電動機は丫結線で，始動する．
4. BS-1を離す．
   - ・MCは，自己保持される．

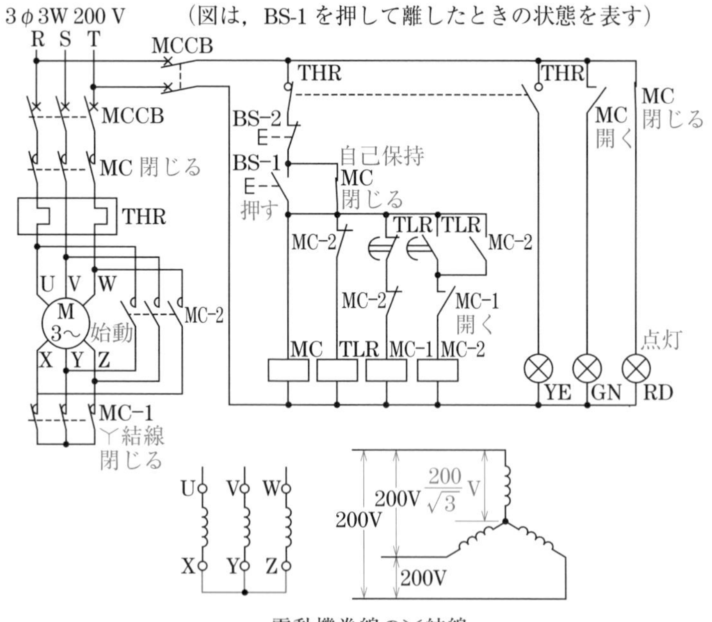

電動機巻線の丫結線

(2) 運　転

1. 限時継電器 TLR の設定時間になると，そのブレーク接点は開きメーク接点は閉じる．
2. MC-1 のコイルに電圧が加わらなくなり，そのメーク接点は開き，ブレーク接点は閉じる．
3. MC-2 のコイルに電圧が加わり，そのメーク接点は閉じ，ブレーク接点は開く．
4. 電動機の巻線が△結線になって，運転状態になる．
5. TLR の電源部に電圧が加わらなくなると，そのメーク接点とブレーク接点は元の状態に復帰する．
   - ・MC-2 は，自己保持される．

(図は，TLR の電源部に電圧が加わらなくなったが，まだその接点が復帰していない状態を表す)

電動機巻線の△結線

(3) 停　止

BS-2 を押すと，MC と MC-2 の自己保持が解除されて，電動機は停止する．

(4) インタロック回路

MC-1 と MC-2 の主設点が同時に閉じると，主回路が短絡状態になる．MC-1 と MC-2 のコイルは，インタロック回路によって同時に電圧が加わらないようになっている．

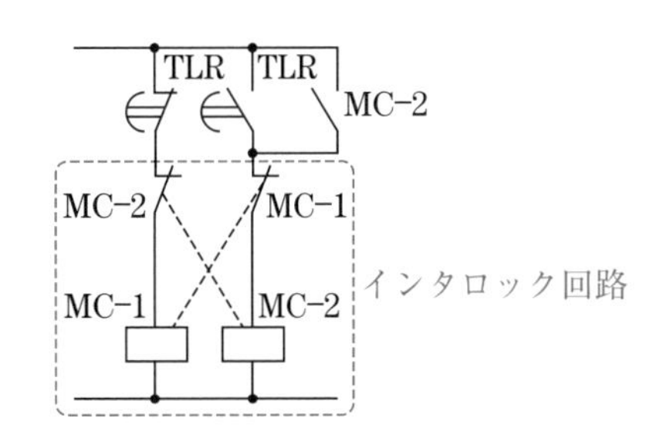

テーマ13 電動機制御回路の問題（1）

練習問題

図は，三相誘導電動機を，押しボタンの操作により始動させ，タイマの設定時間で停止させる制御回路である．この図の矢印で示す5箇所に関する各問いには，4通りの答え（イ，ロ，ハ，ニ）が書いてある．それぞれの問いに対して，答えを1つ選びなさい．

〔注〕 図において，問いに直接関係のない部分等は，省略又は簡略化してある．

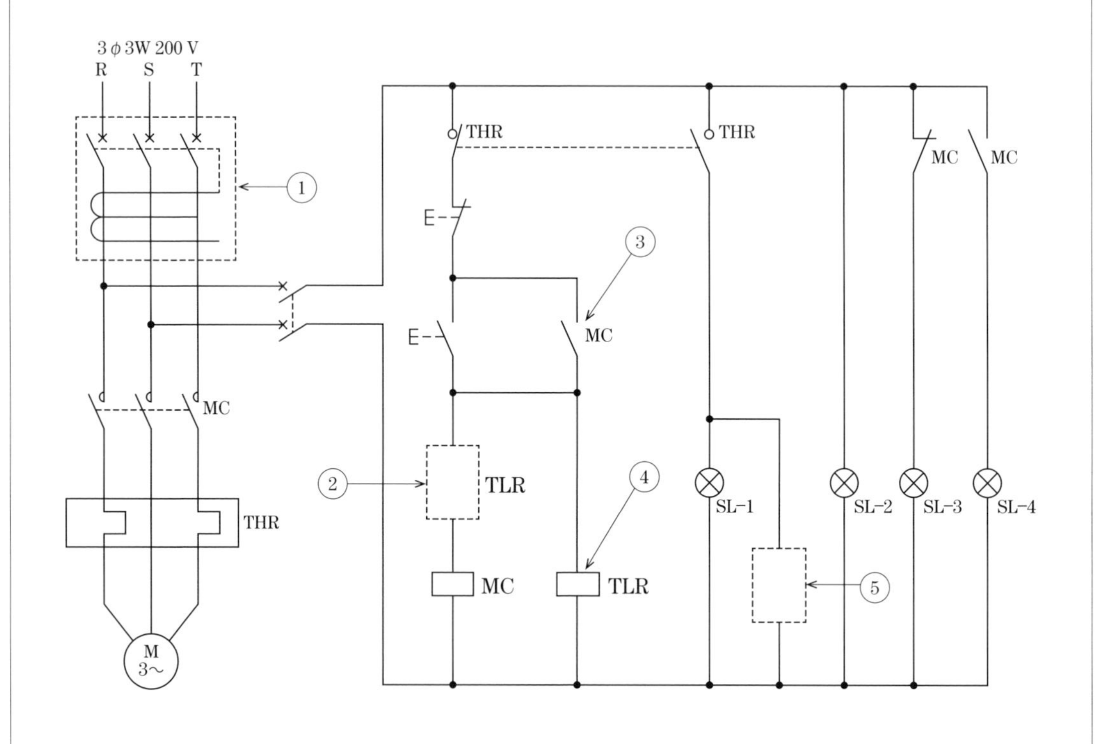

	問	答			
1	①の部分に設置する機器は.	イ. 配線用遮断器	ロ. 電磁接触器	ハ. 電磁開閉器	ニ. 漏電遮断器（過負荷保護付き）
2	②で示す部分に使用される接点の図記号は.	イ.	ロ.	ハ.	ニ.

	問	答			
3	③で示す接点の役割は.	イ. 押しボタンスイッチのチャタリング防止	ロ. タイマの設定時間経過前に電動機が停止しないためのインタロック	ハ. 電磁接触器の自己保持	ニ. 押しボタンスイッチの故障防止
4	④に設置する機器は.	イ.	ロ.	ハ.	ニ.
5	⑤で示す部分に使用されるブザーの図記号は.	イ. 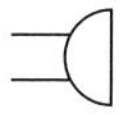	ロ. 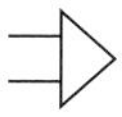	ハ. 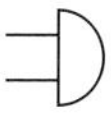	ニ. 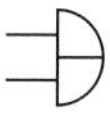

解答

1. ニ

地絡電流を検出する零相変流器（ZCT）があり，接点が遮断器の図記号から，漏電遮断器（過負荷保護付き）である.

2. ロ

タイマ（TLR）のブレーク接点で，設定時間後にブレーク接点が開いて電磁接触器（MC）の自己保持を解除し，電動機を停止させる.

3. ハ

③の接点は電磁接触器 MC のメーク接点で，押しボタンスイッチのメーク接点を押すと閉じる．押しボタンスイッチのメーク接点を離しても，電磁接触器 MC のメーク接点を通じて電磁接触器 MC のコイルに電源を供給して，電磁接触器 MC を自己保持させるものである.

4. ニ

TLR は，限時継電器（タイマ）を表す．イは電磁継電器，ロは電磁接触器，ハはタイムスイッチである.

5. イ

ブザーの図記号はイで，ハはベルの図記号である.

テーマ14 電動機制御回路の問題（2）

練習問題

図は，三相誘導電動機を，押しボタンの操作により正逆運転させる制御回路である．この図の矢印で示す5箇所に関する各問いには，4通りの答え（イ，ロ，ハ，ニ）が書いてある．それぞれの問いに対して，答えを1つ選びなさい．

〔注〕 図において，問いに直接関係のない部分等は，省略又は簡略化してある．

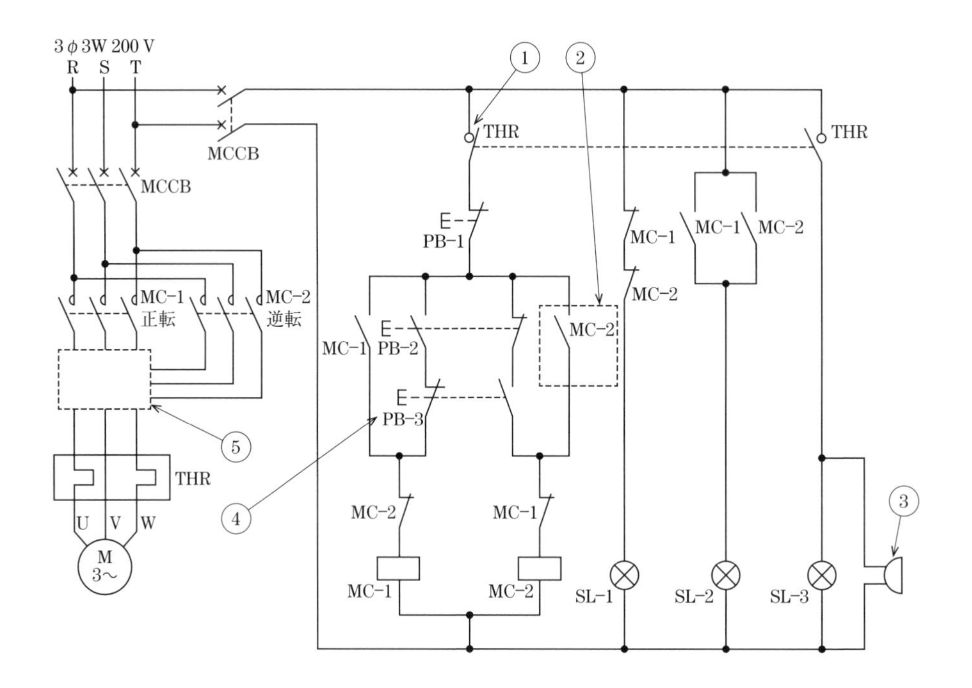

問		答			
1	①で示す接点が開路するのは．	イ． 電動機が正転運転から逆転運転に切り換わったとき	ロ． 電動機が停止したとき	ハ． 電動機に，設定値を超えた電流が継続して流れたとき	ニ． 電動機が始動したとき

	問	答			
2	②で示す接点の役目は.	イ. 押しボタンスイッチ PB-2 を押したとき，回路を短絡させないためのインタロック	ロ. 押しボタンスイッチ PB-1 を押した後に電動機が停止しないためのインタロック	ハ. 押しボタンスイッチ PB-2 を押し，逆転運転起動後に運転を継続するための自己保持	ニ. 押しボタンスイッチ PB-3 を押し，逆転運転起動後に運転を継続するための自己保持
3	③で示す図記号の機器は.	イ.		ロ.	
		ハ.		ニ.	
4	④で示す押しボタンスイッチ PB-3 を正転運転中に押したとき，電動機の動作は.	イ. 停止する.	ロ. 逆転運転に切り換わる.	ハ. 正転運転を継続する.	ニ. 熱動継電器が動作し停止する.
5	⑤で示す部分の結線図で，**正しいものは**.	イ. R S T U V W	ロ. R S T U V W	ハ. R S T U V W	ニ. R S T U V W

解答

1. ハ

THR は熱動継電器で，電動機に過電流が継続して流れたときに開路して電動機を停止させる.

2. ニ

押しボタンスイッチ PB-3 を押し，逆転運転起動後に運転を継続するための自己保持をする.

3. イ

ブザーである. ロは表示灯，ハは押しボタンスイッチ，ニはベルである.

4. ハ

インタロック回路により，正転運転中の時は，MC-2 のコイルの上にある MC-1 のブレーク接点が開路しているので，正転運転を継続する.

5. ハ

ハの結線にすると，R 相と T 相の 2 線が入れ換わって逆回転する.

テーマ15 電動機制御回路の問題（3）

練習問題

図は，三相誘導電動機（Y－△始動）の始動制御回路図である．この図の矢印で示す5箇所に関する各問いには，4通りの答え（イ，ロ，ハ，ニ）が書いてある．それぞれの問いに対して，答えを1つ選びなさい．

〔注〕 図において，問いに直接関係のない部分等は，省略又は簡略化してある．

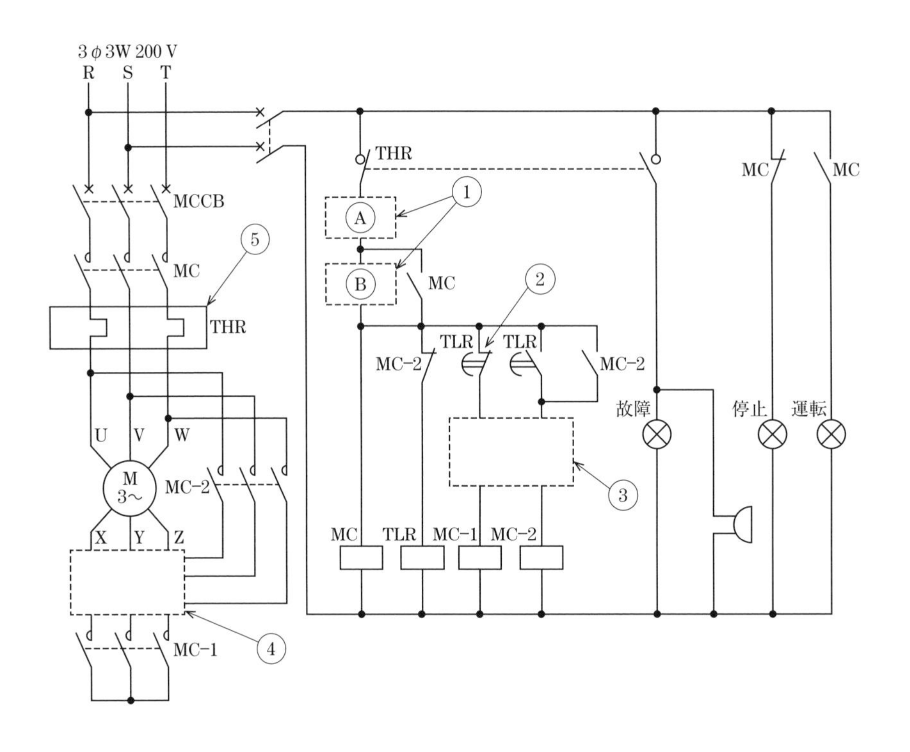

	問	答			
1	①で示す部分の押しボタンスイッチの図記号の組合せで，**正しいものは**.	イ ロ ハ ニ Ⓐ Ⓑ			
2	②で示すブレーク接点は.	イ． 手動操作残留機能付き接点	ロ． 手動操作自動復帰接点	ハ． 瞬時動作限時復帰接点	ニ． 限時動作瞬時復帰接点

	問	答			
3	③の部分のインタロック回路の結線図は.	イ. 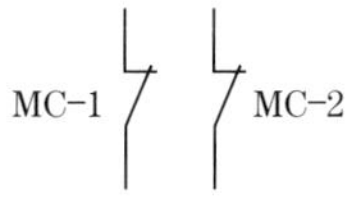 MC-1 MC-2		ロ. MC-2 MC-1	
		ハ. MC-2 MC-1		ニ. MC-2 MC-1	
4	④の部分の結線図で，**正しいものは.**	イ. 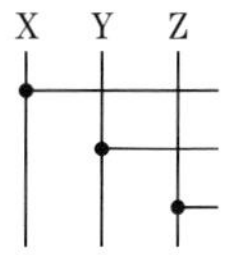 X Y Z	ロ. 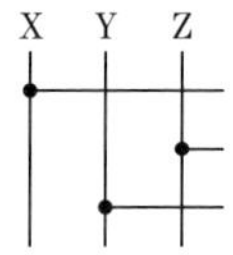 X Y Z	ハ. 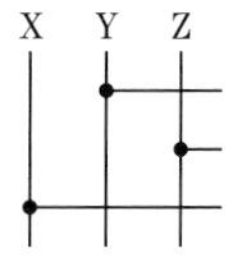 X Y Z	ニ. 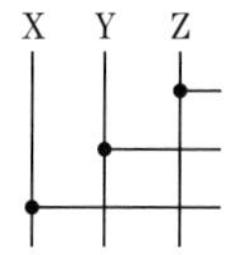 X Y Z
5	⑤で示す図記号の機器は.	イ.		ロ.	
		ハ.		ニ. UP min PW	

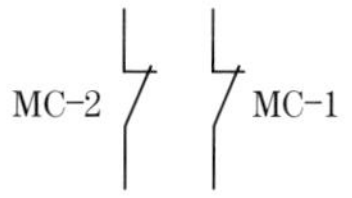

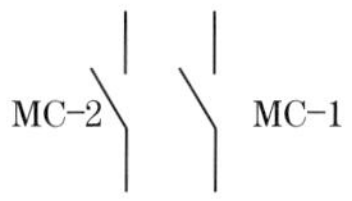

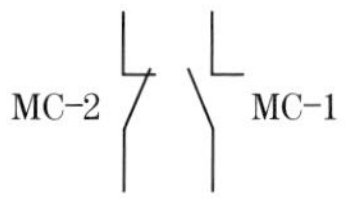

解答

1. **イ**

　Ⓐは電動機を停止させる押しボタンスイッチのブレーク接点である．Ⓑは電動機を運転させる押しボタンスイッチのメーク接点である．

2. **ニ**

　②で示すブレーク接点は，タイマ TLR の電源部分に電圧が加わってもすぐには動作しないで，設定時間になったら開く．タイマ TLR の電源部分に電圧が加わらなくなると，直ちに元に戻って接点が閉じる．このようなブレーク接点を，限時動作瞬時復帰接点という．

3. **ロ**

　電磁接触器 MC-1 のコイルの電源側に MC-2 のブレーク接点を接続し，電磁接触器 MC-2 のコイルの電源側に MC-1 のブレーク接点を接続する．

4. **ハ**

　電磁接触器 MC-1 の主接点が開き，電磁接触器 MC-2 の主接点が閉じたときに，電動機の巻線が△結線になるのは，ハである．

5. **ハ**

　文字記号 THR の機器は，熱動継電器を表す．

まとめ 配線図問題

1 高圧受電設備

名 称	図記号	機 能	名 称	図記号	機 能
地絡方向継電装置付き高圧交流負荷開閉器 DGR付PAS	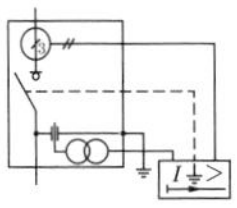	需要家側電気設備の地絡電流を検出し，高圧交流負荷開閉器を開放する.	変流器 CT		高圧の大電流を小電流に変流する.
電力需給用計器用変成器 VCT	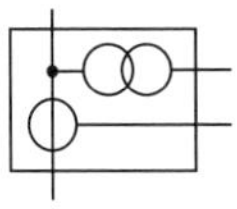	高圧を低圧に変圧し，大電流を小電流に変流して，電力量計に接続する.	過電流継電器 OCR	 $I>$	過電流や短絡電流が流れた場合に遮断器を動作させる.
高圧交流遮断器 CB		負荷電流，短絡電流を遮断することができる.	限流ヒューズ付き高圧交流負荷開閉器 PF付LBS		変圧器及び高圧進相コンデンサの開閉装置として設置する.
避雷器 LA		異常な高電圧が高圧受電設備に侵入した場合に，大地に放電する.	高圧進相コンデンサ SC	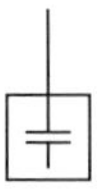	高圧回路の力率を改善する.
計器用変圧器 VT		高圧を低圧に変圧して，計器に接続したり表示灯の電源にする.	直列リアクトル SR		高圧進相コンデンサに流れる高調波電流及び突入電流を抑制する.

2 電動機制御回路

名 称	図記号	機 能	名 称	図記号	機 能
電磁接触器 MC	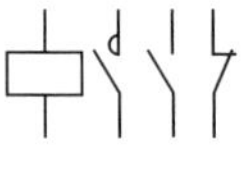	コイルに電圧が加わるとメーク接点は閉じ，ブレーク接点は開く.	限時継電器 TLR	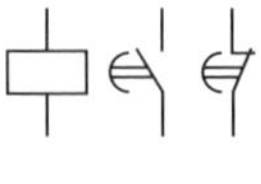	電源部に電圧が加わってから設定時間後に，接点が動作する.
熱動継電器 THR	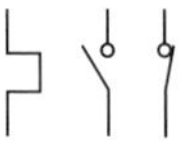	電動機の過負荷保護に使用する.	表示灯 SL		運転状態を表示する.
押しボタンスイッチ BS	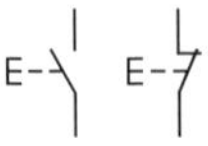 E-- E--	押すとメーク接点は閉じ，ブレーク接点は開く.	ブザー BZ		故障時に警報音を発する.

鑑別・選別問題 編

鑑別・選別問題の効果的な学習

出題傾向

機器や材料・工具などが写真で示され，その名称・用途について，一般問題と配線図の問題に出題される.

学習の進め方

・配線図問題 編のテーマ３（高圧受電設備の使用機器）およびテーマ８（電動機の制御回路の使用機器）を参照し，機器の名称，写真，用途・機能を復習する.
・テーマ１～３までの機器・工事用材料・工具・計器等について，名称，写真，用途・機能をひと通り学習して，練習問題で学習成果，理解度を確認する.

テーマ1 高圧受電設備の機器・材料等

ポイント

❶ 高圧受電設備の機器等

① 地絡継電装置付き高圧交流負荷開閉器	② 地中線用地絡方向継電装置付き高圧交流負荷開閉器	③ 電力需給用計器用変成器

高圧需要家構内の高圧電路の開閉と，地絡事故が発生した場合に高圧電路を遮断する．	高圧需要家構内の高圧電路の開閉と，地絡事故が発生した場合に高圧電路を遮断する．	高圧電路の電圧と電流を変成し，電力量計に接続して使用電力量を計量する．
④ 電力量計	⑤ 断路器	⑥ 避雷器
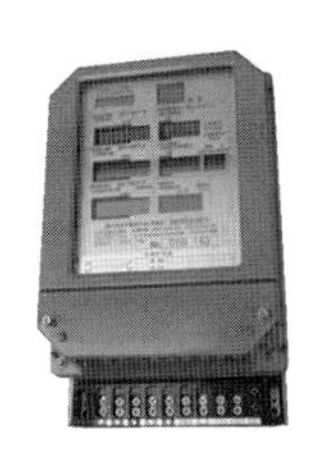		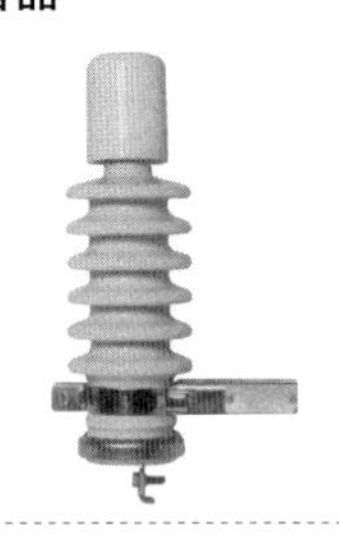
電力需給用計器用変成器と接続して，使用電力量を計量する．	受電設備の点検，修理をするときに，高圧電路を無負荷の状態にして開閉する．	落雷したときに，異常電圧を大地に放電して，高圧機器の絶縁破壊を防ぐ．
⑦ 高圧交流遮断器	⑧ 真空バルブ	⑨ 計器用変圧器
	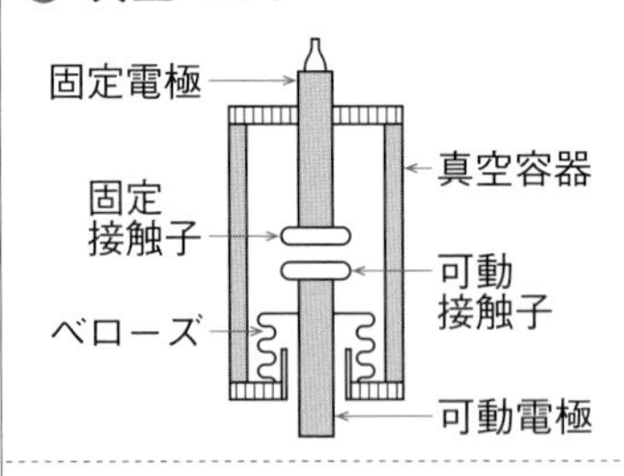	
変流器，過電流継電器と組み合わせて，過電流，短絡電流を遮断する．	真空遮断器の真空バルブで，真空中で接点の開閉を行う．	高電圧を低電圧に変圧し，電圧計等を動作させる．定格二次電圧は 110 V である．

⑩ 変流器

高圧電路の大電流を小電流に変流し，過電流継電器や電流計を動作させる．

⑪ 過電流継電器

変流器からの電流が整定値以上になると，高圧交流遮断器を動作させる．

⑫ 過電流継電器の電流タップ

(A)
3
4
5
6
8

過電流継電器の限時動作電流を整定する．

⑬ 零相変流器

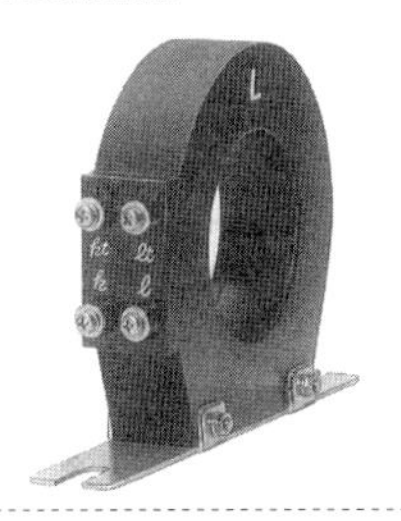

高圧電路の零相電流を検出する．地絡継電器と組み合わせて使用する．

⑭ 地絡継電器

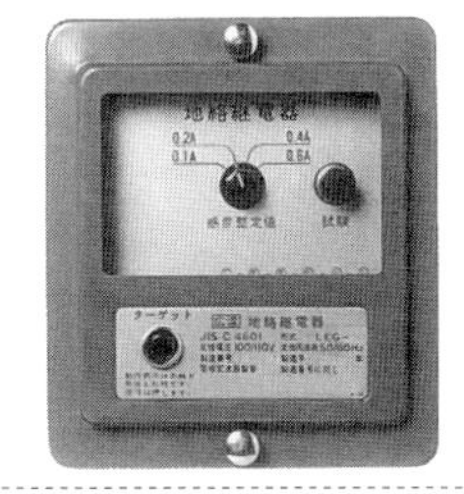

地絡電流が整定値以上になると，遮断器等を動作させて電路を遮断する．

⑮ 地絡方向継電器

需要家以外の地絡事故時の不必要動作を防止する．

⑯ 不足電圧継電器

整定値以下の電圧になると動作する．

⑰ 高圧カットアウト

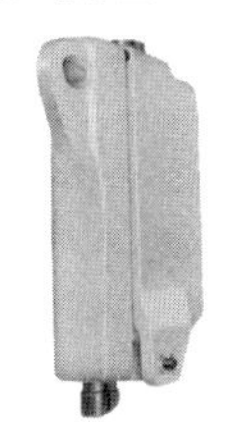

箱形

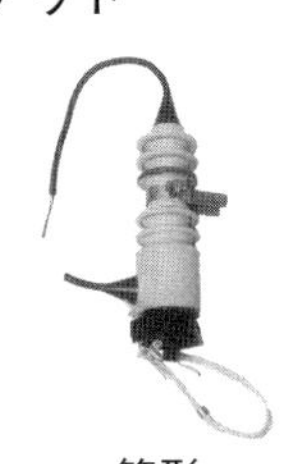

筒形

変圧器や高圧進相コンデンサの開閉器として用いる．

⑱ 高圧カットアウト用ヒューズ

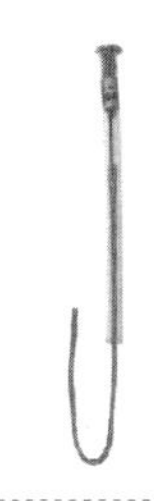

高圧カットアウトのヒューズ筒に収められている．

⑲ 限流ヒューズ付き高圧交流負荷開閉器

負荷電流を開閉でき，限流ヒューズにより短絡電流を遮断する．

⑳ 消弧室

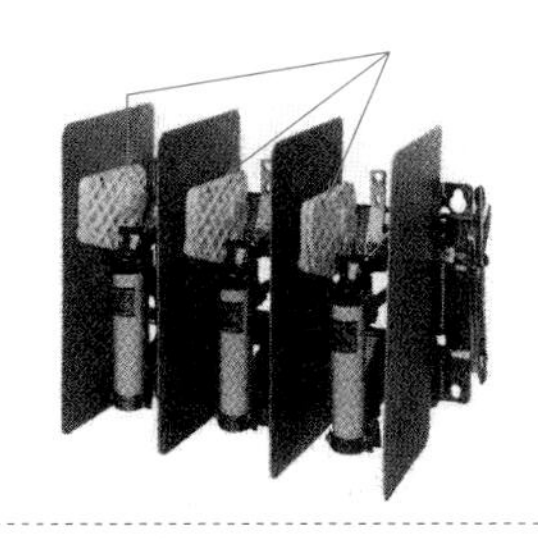

高圧交流負荷開閉器の消弧室で，開閉時に発生するアークを消弧する．

㉑ 高圧限流ヒューズ

高圧交流負荷開閉器に取り付けて，短絡電流を遮断する．

㉒ 高圧限流ヒューズのストライカ

ヒューズが溶断すると飛び出して，高圧交流負荷開閉器を開放する．

㉓ 高圧進相コンデンサ

高圧受電設備の高圧側の遅れ無効電力を補償して，力率を改善する．

㉔ 直列リアクトル

高圧進相コンデンサと直列に接続して，高調波電流と突入電流を抑制する．

㉕ 中間点引出単相変圧器

単相３線式用として使用される変圧器である．

㉖ 三相変圧器

三相３線式用として使用される変圧器である．

㉗ 油入変圧器のタップ台

高圧側巻線のタップを切り換えることにより，低圧側の電圧を調整する．

㉘ モールド変圧器

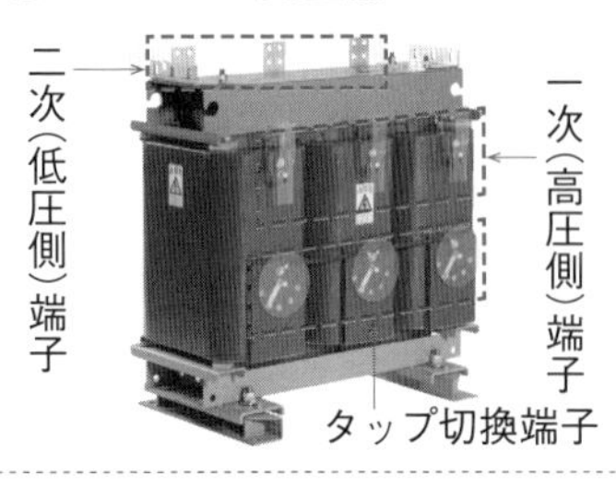

変圧器の巻線を，エポキシ樹脂で含浸モールドさせたもの．

㉙ 電圧計切換スイッチ

電圧計の接続を切り換えて，１台の電圧計でＲ，Ｓ，Ｔ相３線間の電圧を測定する．

㉚ 電流計切換スイッチ

電流計の接続を切り換えて，１台の電流計でＲ，Ｓ，Ｔ相３線の電流を測定する．

㉛ 電力計

計器用変圧器と変流器に接続して，電力を測定する．

㉜ 力率計

計器用変圧器と変流器に接続して，力率を測定する．

㉝ 蓄電池設備

停電時に非常用照明器具などに電力を供給する．

❷ 高圧用材料等

❶ ストレスコーン	❷ 遮へい銅テープ	❸ 分岐スリーブ
		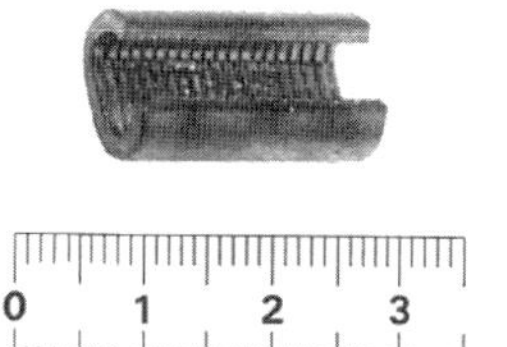
高圧ケーブルの遮へい銅テープ端末部の電位傾度を緩和する.	絶縁体に加わる電界を均一にして，耐電圧性能を強化したり感電を防止する.	張力のかからない分岐部分の電線の接続に用いる.
❹ 銅体クランプ	**❺ 可とう導体**	**❻ 高圧屋内エポキシ樹脂ポストがいし**

母線用銅帯の締付け接続に用いる.	地震時等に変圧器のブッシングに加わる応力を軽減する.	キュービクル式高圧受電設備の高圧電線の支持に用いる.
❼ 高圧屋内支持がいし	**❽ 高圧引込がい管**	**❾ 高圧中実がいし**
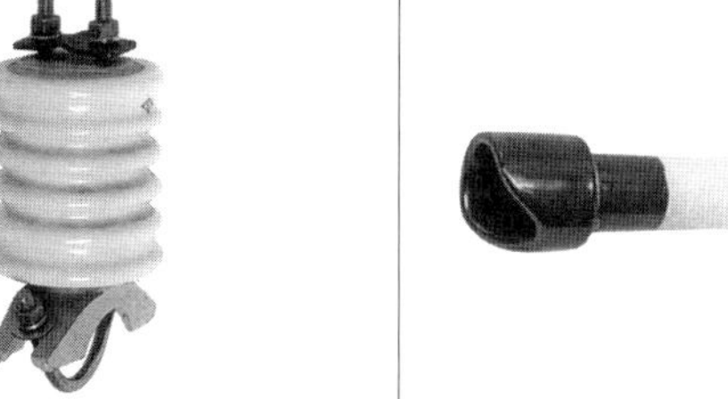	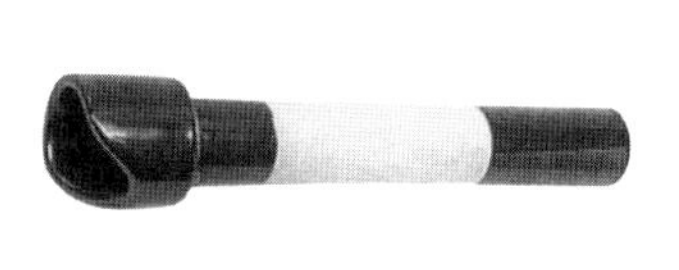	
開放形高圧受電設備のフレームパイプに取り付けて，高圧電線を支持する.	高圧絶縁電線が壁を貫通する箇所に用いる.	がいし上部の溝に高圧絶縁電線をバイン線で支持する.
❿ 高圧耐張がいし	**⓫ 引留クランプ**	**⓬ 絶縁カバー**

高圧架空電線を引留めるがいしである.	耐張がいしと組み合わせて，電線を引留めるのに用いる.	架空電線引留箇所の引留クランプの絶縁カバーとして用いる.

⑬ 玉がいし

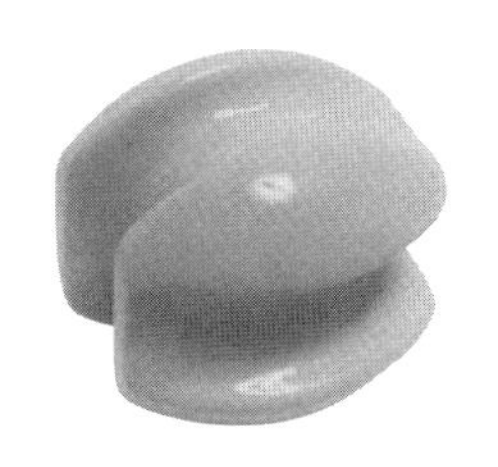

架空電線が断線した際に，支線に接触しても感電しないようにする．

⑭ 支線アンカー

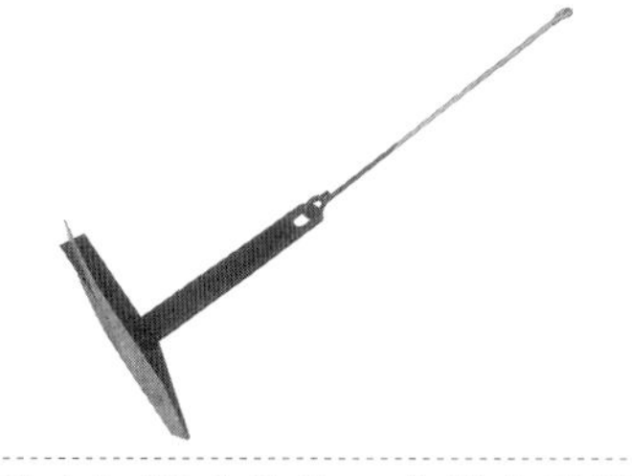

地中に埋め込み，支線を引留めるのに用いる．

⑮ 巻付グリップ

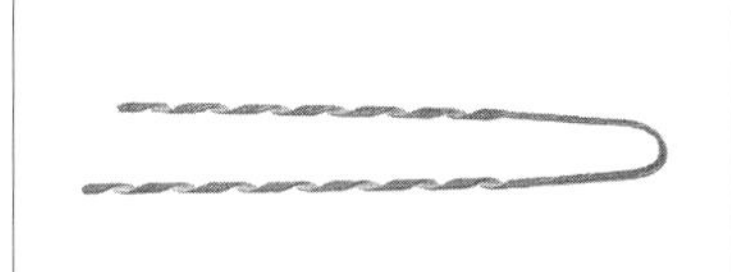

支線棒と支線，支線と玉がいしなどの取り付けに用いる．

⑯ 管路口防水装置

地中ケーブル保護管の管路口の防水に用いる．

⑰ 防水鋳鉄管

地中線用管路が，建物の外壁を貫通する部分に用いる．

⑱ 保護手袋

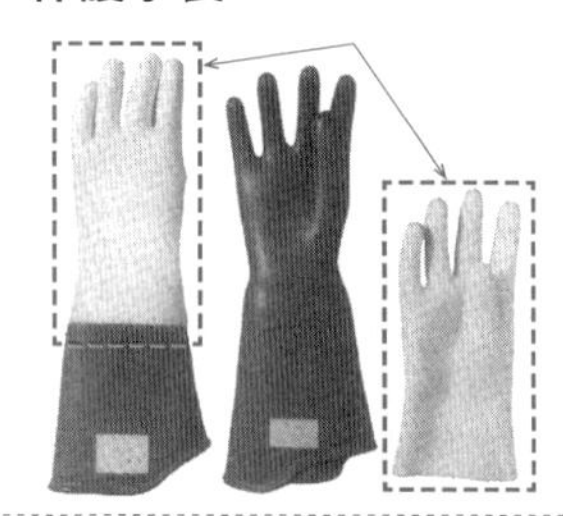

感電防止のために着用する高圧ゴム手袋の損傷防止に用いる．

⑲ 短絡接地器具

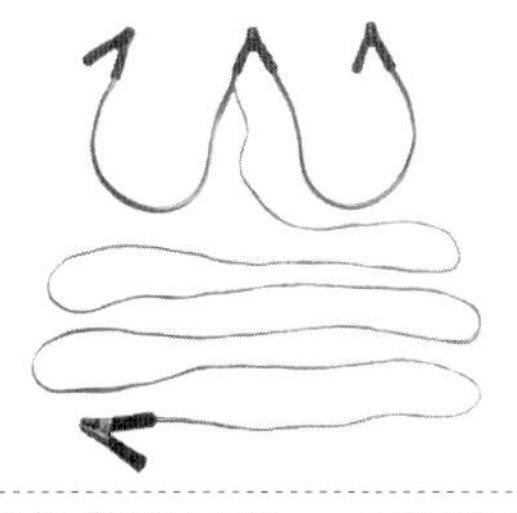

停電作業時に誤って通電されても，感電しないように短絡接地する．

⑳ 放電用接地棒

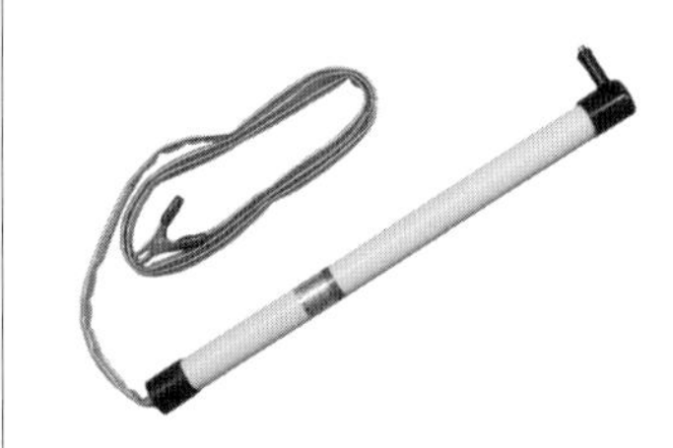

電源切断後にコンデンサ等に残留する電荷を，接地して放電するのに使用する．

㉑ 高圧カットアウト用操作棒

高圧カットアウトの開閉操作に用いる．

㉒ 建設用防護管

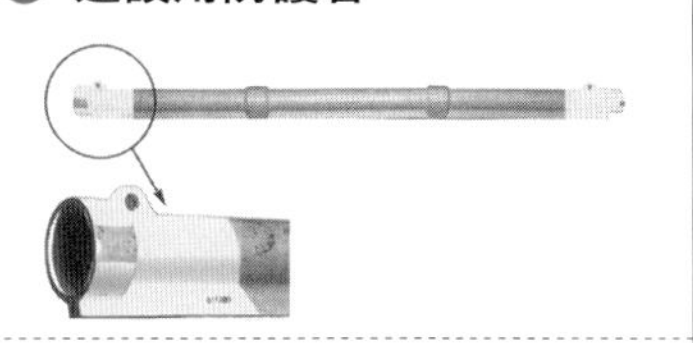

高圧配電線に装着して，感電等の災害を防止する．

練習問題

	問題	選択肢
1	写真に示す機器の用途は. 	イ．零相電流を検出する. ロ．高電圧を低電圧に変成し，計器での測定を可能にする. ハ．進相コンデンサに接続して投入時の突入電流を抑制する. ニ．大電流を小電流に変成し，計器での測定を可能にする.
2	写真に示す GR 付 PAS を設置する場合の記述として，**誤っているものは**. 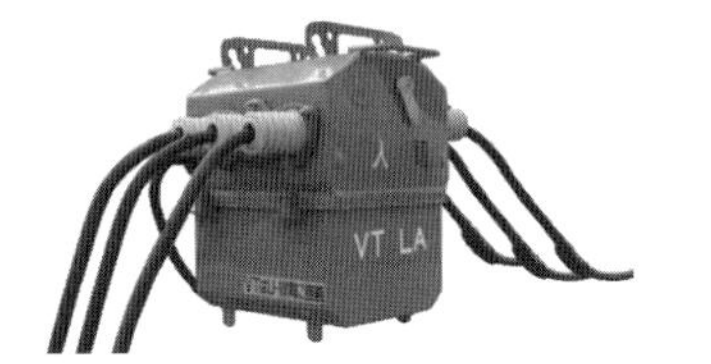	イ．自家用側の引込みケーブルに短絡事故が発生したとき，自動遮断する. ロ．電気事業用の配電線への波及事故の防止に効果がある. ハ．自家用側の高圧電路に地絡事故が発生したとき，自動遮断する. ニ．電気事業者との保安上の責任分界点又はこれに近い箇所に設置する.
3 	写真に示す機器の名称は. 	イ．電力需給用計器用変成器 ロ．高圧交流負荷開閉器 ハ．三相変圧器 ニ．直列リアクトル
4 	写真に示す機器の用途は. 	イ．大電流を小電流に変流する. ロ．高調波電流を抑制する. ハ．負荷の力率を改善する. ニ．高電圧を低電圧に変圧する.
5 	写真に示す機器の用途は. 	イ．高圧電路の短絡保護 ロ．高圧電路の地絡保護 ハ．高圧電路の雷電圧保護 ニ．高圧電路の過負荷保護
6	写真の機器の矢印で示す部分に関する記述として，**誤っているものは**. 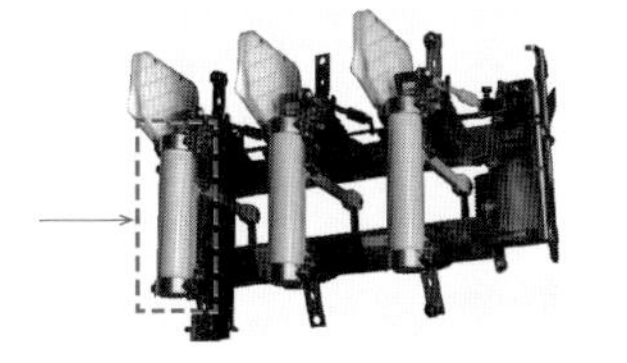	イ．小形・軽量であるが，定格遮断電流は大きく 20 kA，40 kA 等がある. ロ．通常は密閉されているが，短絡電流を遮断するときに放出口からガスを放出する. ハ．短絡電流を限流遮断する. ニ．用途によって，T，M，C，G の4種類がある.

	問題	選択肢
7	写真に示す機器の略号（文字記号）は. 	イ．MCCB ロ．PAS ハ．ELCB ニ．VCB
8	写真に示す機器の用途は. 	イ．高電圧を低電圧に変圧する. ロ．大電流を小電流に変流する. ハ．零相電圧を検出する. ニ．コンデンサ回路投入時の突入電流を抑制する.
9	写真に示す材料（ケーブルは除く）の名称は. 	イ．防水鋳鉄管 ロ．シーリングフィッチング ハ．高圧引込がい管 ニ．ユニバーサルエルボ
10	写真の機器の用途は. 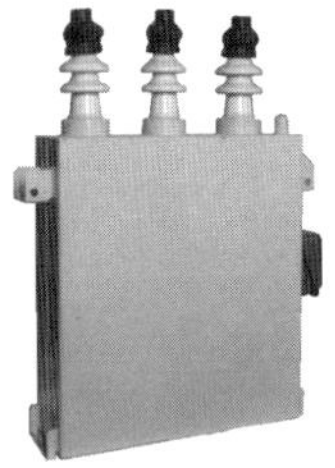	イ．高調波を抑制する. ロ．突入電流を抑制する. ハ．電圧を変圧する. ニ．力率を改善する.
11	写真の矢印で示す部分の役割は. 	イ．ヒューズが溶断したとき連動して，開閉器を開放する. ロ．過大電流が流れたとき，開閉器が開かないようにロックする. ハ．開閉器の開閉操作のとき，ヒューズが脱落するのを防止する. ニ．ヒューズを装着するとき，正規の取付位置からずれないようにする.
12	写真に示す品物の名称は. 	イ．高圧ピンがいし ロ．ステーションポストがいし ハ．高圧耐張がいし ニ．高圧中実がいし

13	写真の矢印で示す部分の主な役割は.	イ．水の浸入を防止する. ロ．機械的強度を補強する. ハ．電流の不平衡を防止する. ニ．遮へい端部の電位傾度を緩和する.
14	図は，遮断器の主要部分の略図である．この遮断器の略号（文字記号）は. 固定電極 真空容器 固定 接触子 可動 接触子 ベローズ 可動電極	イ．OCB ロ．GCB ハ．ACB ニ．VCB

解答

1. ニ
　変流器（CT）である.

2. イ
　GR付PASで短絡電流は，遮断できない.

3. イ
　高圧電路の電圧と電流を変成し，電力量計に接続して使用電力量を計量する.

4. ロ
　直列リアクトル（SR）である.

5. ハ
　避雷器（LA）である.

6. ロ
　高圧限流ヒューズ（PF）で，密閉されていて短絡電流を遮断するときにガスの放出はない.

7. ニ
　真空遮断器（Vacuum Circuit Breaker）である.

8. イ
　計器用変圧器（VT）で，高電圧を低電圧に変圧する.

9. イ
　地中線用管路が，建物の外壁を貫通する部分に用いる.

10. ニ
　高圧進相コンデンサ（SC）である.

11. イ
　高圧限流ヒューズ（PF）のストライカである．1相のヒューズが溶断した場合，欠相運転を防止するために高圧交流負荷開閉器（LBS）を開放する.

12. ニ
　高圧絶縁電線を支持するがいしである.

13. ニ
　ゴムストレスコーン形屋内終端部のストレスコーンである.

14. ニ
　真空バルブで，真空遮断器（VCB）に使用される.

テーマ2 低圧工事用材料・機器

ポイント

❶ 低圧工事用材料

❶ コンクリートボックス	❷ ぬりしろカバー	❸ 2種金属製可とう電線管
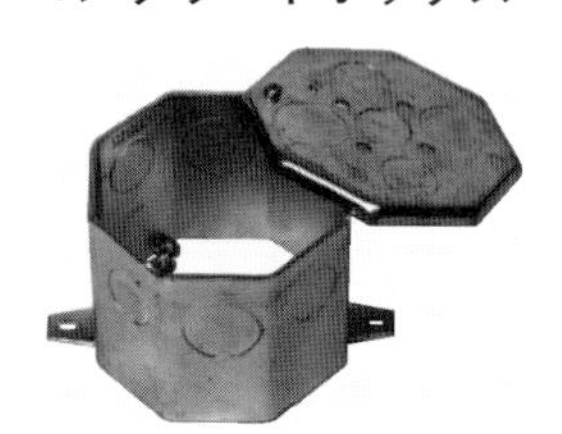	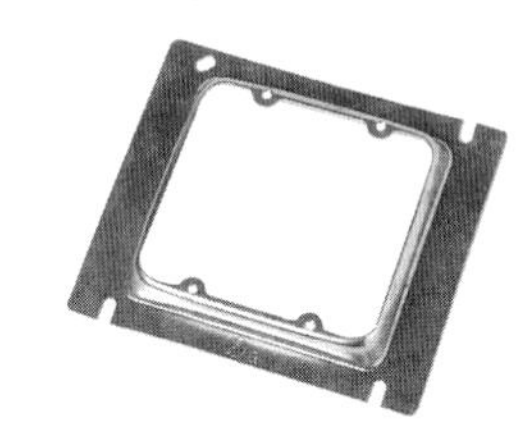	
バックプレートが取り外せる構造になっており，電線管を接続する作業が容易である．四角形もある．	埋込用のボックス表面に取り付けて，壁の仕上げ面の調整や取付枠を取り付けるのに用いる．	可とう性のある金属製の電線管で，プリカチューブともいう．
❹ 合成樹脂製可とう電線管（PF管）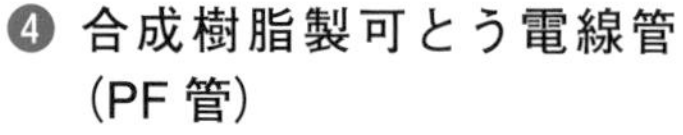	❺ 合成樹脂製可とう電線管（PF管）用エンドカバー	❻ 合成樹脂製可とう電線管（PF管）用カップリング
	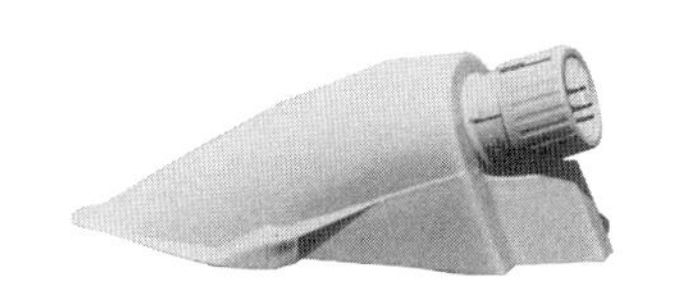	
可とう性のある合成樹脂管で，コンクリートに埋設したり露出場所に使用する．	PF管によるコンクリート埋込配管の末端に取り付け，二重天井内の配管に接続する．	PF管相互を接続するときに用いる．
❼ 合成樹脂製可とう電線管（PF管）用ボックスコネクタ	❽ ユニバーサル	❾ シーリングフイッチング

PF管をアウトレットボックスやスイッチボックスに接続するときに用いる．	ねじなし電線管が直角に曲がる箇所に使用する．	可燃性ガスが金属管内部を伝わって流出したり，管内に侵入するのを防ぐ．

<table>
<tr><td>⑩ 防爆工事用金属管附属品</td><td>⑪ 2種金属製線ぴ</td><td>⑫ ライティングダクト</td></tr>
<tr><td>

</td><td>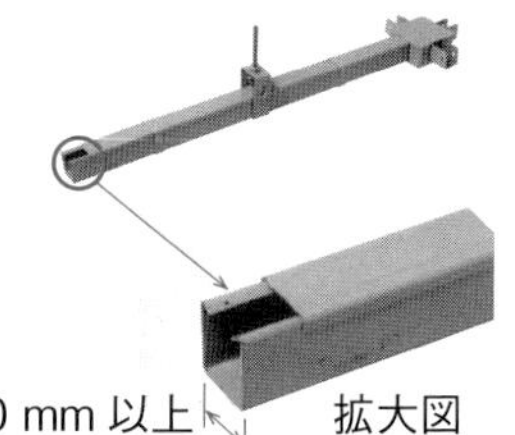
</td><td>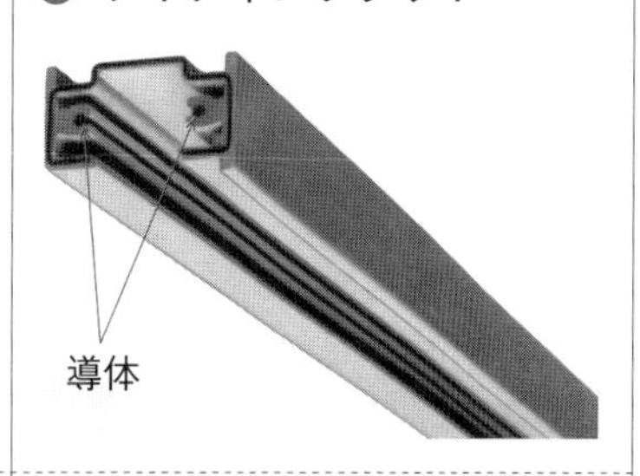
</td></tr>
<tr><td>防爆工事に使用される金属管（厚鋼電線管）の附属品である．</td><td>天井に施設して電線を通線し，照明器具やコンセントを取り付ける．</td><td>本体に導体が組み込まれ，照明器具等を任意の位置に取り付けられる．</td></tr>
<tr><td>⑬ バスダクト</td><td>⑭ トロリーバスダクト</td><td>⑮ ボードアンカー</td></tr>
<tr><td>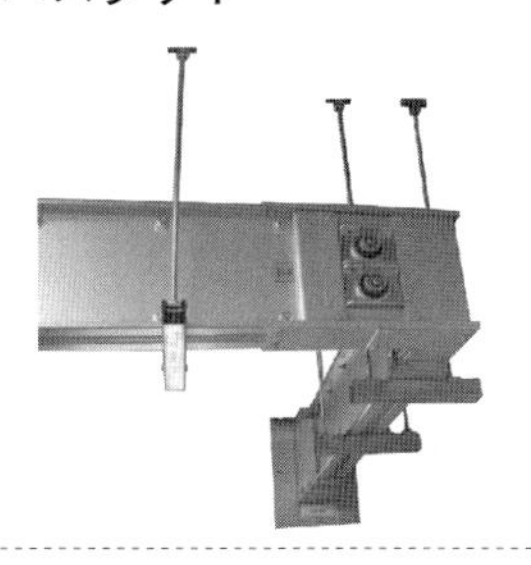</td><td>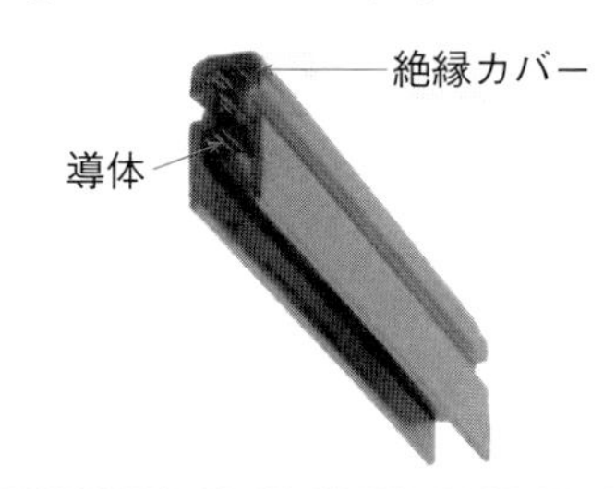
</td><td></td></tr>
<tr><td>低圧配線で，大電流が流れる幹線に用いる．</td><td>走行クレーン等のように，移動して使用する電気機器に電気を供給する．</td><td>石膏ボードの壁に機器を取り付けるのに用いる．</td></tr>
<tr><td>⑯ アンカー</td><td>⑰ インサート</td><td></td></tr>
<tr><td>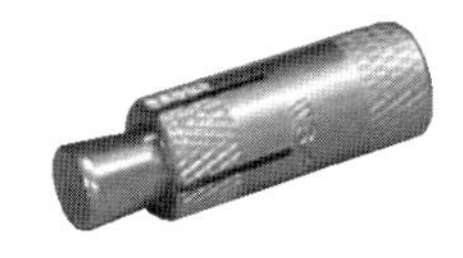</td><td></td><td></td></tr>
<tr><td>コンクリート壁や天井に穴をあけて埋め込んで，ボックスや機器を固定する．</td><td>コンクリート天井等に埋め込んで，吊りボルトを取り付ける．</td><td></td></tr>
</table>

❷ 低圧用機器等

❶ 医用コンセント

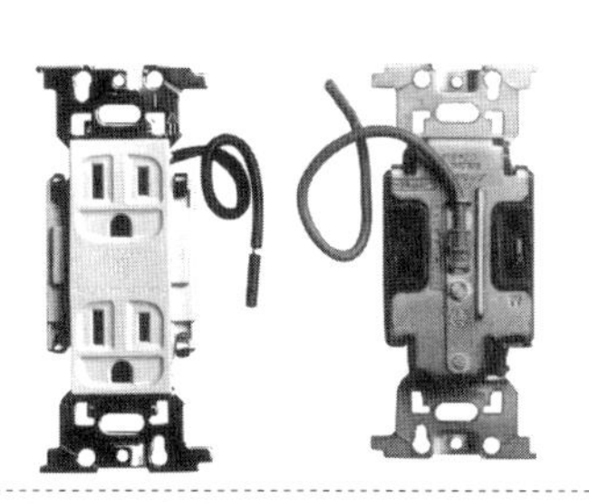

医療用電気機械器具に使用するコンセントである.

❷ 2 極接地極付 30 A 250 V 引掛形コンセント

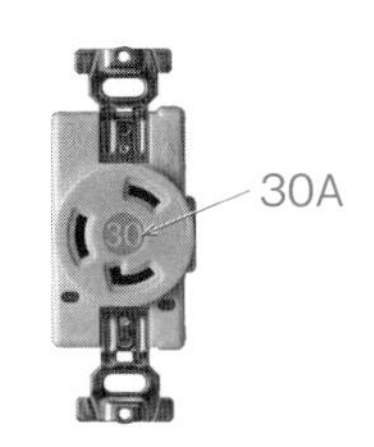

単相 30 A 200 V 用の接地極付引掛形コンセントである.

❸ リモコンリレー

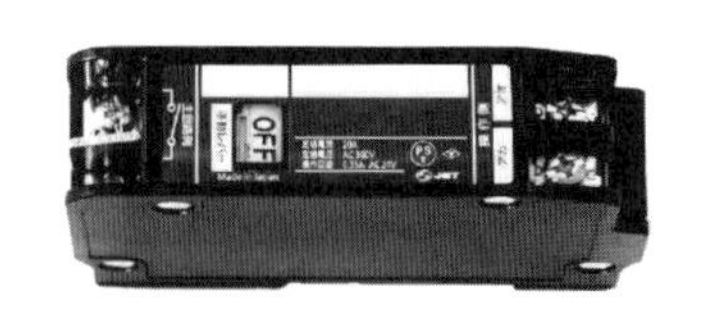

リモコン配線で，電灯を点滅するリレーとして使用する.

❹ ハロゲン電球

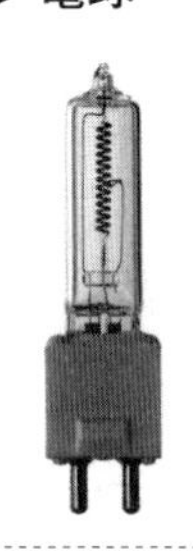

白熱電球の一種で，白熱電球より小形で寿命が長い.

❺ ダウンライト（S 形）

日本照明工業会規格に適合するS形埋込形照明器具で，断熱材の下に使用できる.

❻ 配線用遮断器

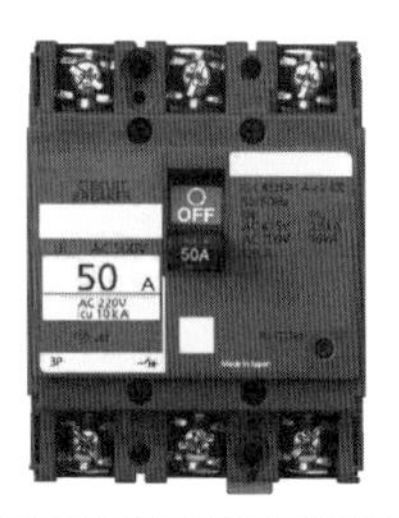

低圧電路に過電流・短絡電流が流れたとき，電路を遮断する.

❼ 漏電遮断器

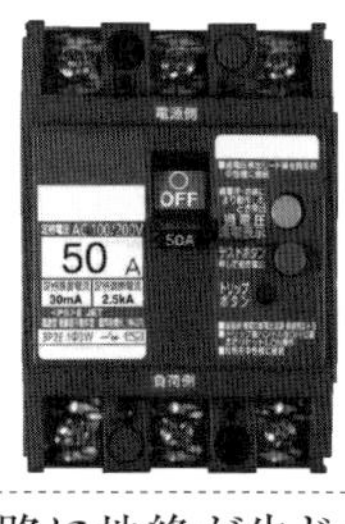

低圧電路に地絡が生じたとき，電路を遮断する.

❽ 単相 3 線式中性線欠相保護付き漏電遮断器

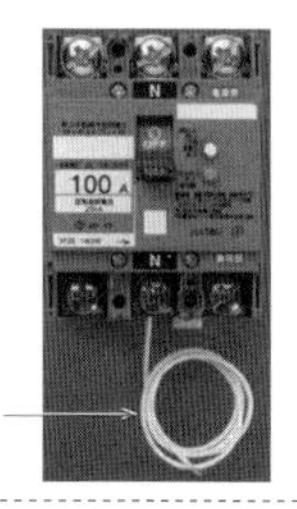

矢印の電線を中性線に接続して，欠相時に回路を遮断する.

❾ タイムスイッチ

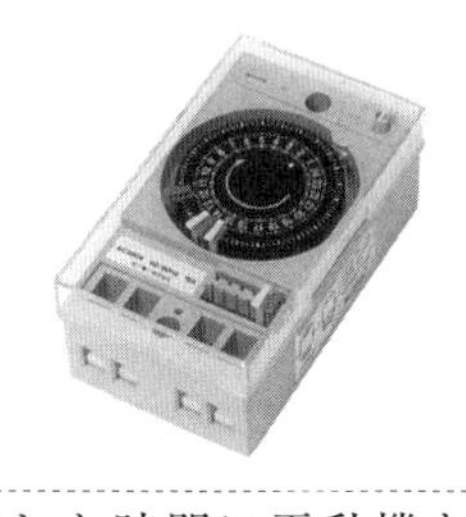

設定した時間に電動機を運転したり電灯を点灯する.

❿ 電磁接触器

電磁コイルに電圧を加えて，接点を開閉する．負荷電流を流すことができる.

⓫ 熱動継電器

電磁接触器と組み合わせて，電動機の過負荷保護に用いる．サーマルリレーともいう.

⓬ 電磁開閉器

電磁接触器と熱動継電器を組み合わせたもので，電動機の開閉器として用いる.

⑬ **電磁継電器** 	⑭ **限時継電器** 	⑮ **リミットスイッチ** 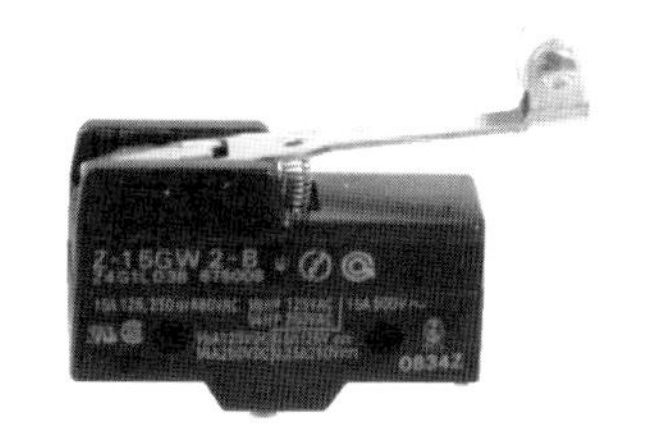
制御回路の開閉に用いる．電流容量が小さい．	電源部に電圧が加わってから，設定した時間後に接点が開閉する．	物体の機械的な力によって接点が開閉する．
⑯ **押しボタンスイッチ** 	⑰ **押しボタンスイッチ（運転・停止用）** 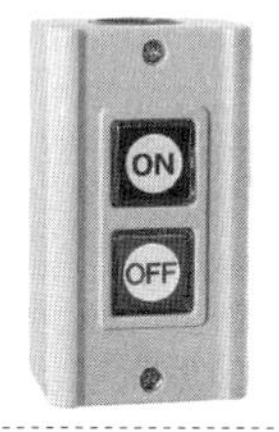	⑱ **切換スイッチ** 
ボタンを押すことによって接点が開閉する．	電動機の運転・停止をする押しボタンスイッチで，メーク接点とブレーク接点がある．	つまみを回転することによって，接点を切り換えるスイッチである．
⑲ **表示灯** 	⑳ **ブザー** 	㉑ **フロートレススイッチ電極** 
運転状態や開閉状態を表示するランプである．	異常時に警報音を発するのに用いる．	給水ポンプ等の制御回路で，水位の高さを検出する電極である．
㉒ **単相誘導電動機** 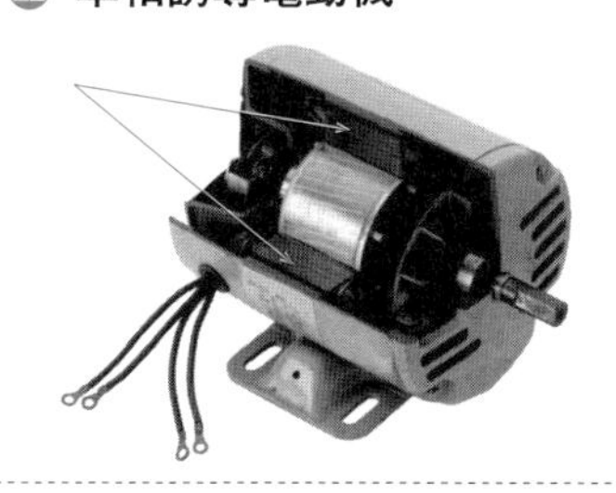	㉓ **三相誘導電動機** 	㉔ **サージ防護ディバイス（SPD）** 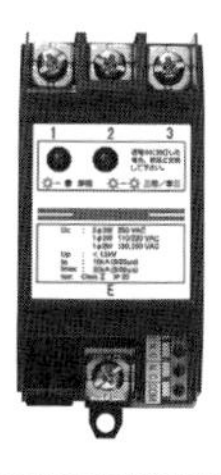
矢印は，単相誘導電動機の固定子鉄心を示す．	矢印は，三相誘導電動機の回転子鉄心を示す．	落雷で過電圧が侵入した場合に，雷サージを大地に放電して，機器を落雷から保護する．

練習問題

	問題	選択肢
1	低圧電路で地絡が生じたときに，自動的に電路を遮断するものは．	イ． 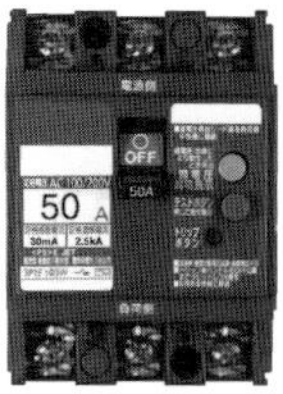　ロ． 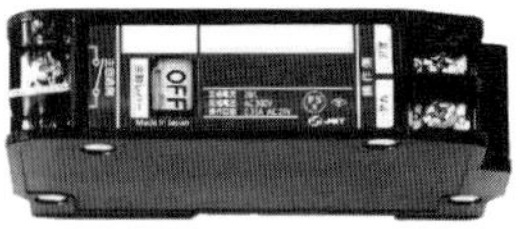　ハ． 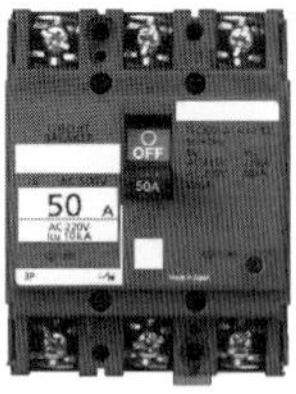　ニ． 
2	爆燃性粉じんのある危険場所での金属管工事において，施工する場合に**使用できない材料**は．	イ． 　ロ． 　ハ． 　ニ． 
3	写真に示す材料の名称は． 	イ．金属ダクト ロ．バスダクト ハ．トロリーバスダクト ニ．銅　帯
4	写真に示す機器の矢印部分の名称は． 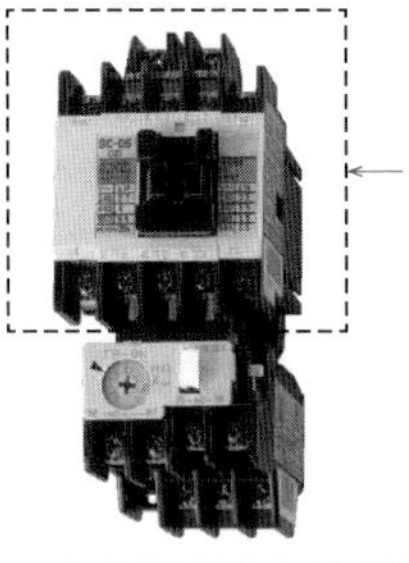	イ．熱動継電器 ロ．電磁接触器 ハ．配線用遮断器 ニ．限時継電器

5	写真の照明器具には矢印で示すような表示マークが付されている．この器具の用途として，**適切なものは**． 日本照明工業会 SB・SGI・SG形適合品	イ．断熱材施工天井に埋め込んで使用できる． ロ．非常用照明として使用できる． ハ．屋外に使用できる． ニ．ライティングダクトに設置して使用できる．
6	写真に示す配線器具の名称は．	イ．接地端子付コンセント ロ．抜止形コンセント ハ．防雨形コンセント ニ．医用コンセント
7	写真に示す材料の名称は．	イ．ボードアンカ ロ．インサート ハ．ボルト形コネクタ ニ．ユニバーサルエルボ
8	写真に示す品物の名称は．	イ．ハロゲン電球 ロ．キセノンランプ ハ．電球形LEDランプ ニ．高圧ナトリウムランプ

解答

1. **イ**
　漏電遮断器（ELB）である．

2. **ロ**
　ロは，一般の場所に施設するねじなし電線管用のユニバーサルである

3. **ロ**
　低圧幹線に用いるバスダクトである．

4. **ロ**

5. **イ**
　天井に埋め込んで使用する電灯で，断熱材で覆うことができるダウンライトである．

6. **ニ**

7. **ロ**
　コンクリート天井等に埋め込んで，吊りボルトを取り付ける．

8. **イ**

テーマ3 工具・検査測定用計器

ポイント

❶ 工　具

① 電工ナイフ	② 半田ごて	③ トーチランプ
高圧ケーブルの端末処理で，ケーブルのシースや絶縁被覆をはぎ取るのに用いる．	高圧ケーブルの端末処理で，接地線を遮へい銅テープに半田付けをするのに用いる．	高圧ケーブルの端末処理で，半田ごてを加熱するのに用いる．
④ トルクドライバ	⑤ トルクレンチ	⑥ パイプベンダ
ねじを所定のトルクで締め付けるのに用いる．	ボルトやナットを所定のトルクで締め付けるのに用いる．	金属管を曲げるのに用いる．
⑦ 油圧式パイプベンダ	⑧ ケーブルカッタ（1）	⑨ ケーブルカッタ（2）
太い金属管を曲げるのに用いる．	太いケーブルや絶縁電線を切断するのに用いる．	ラチェット式のケーブルカッタで，太いケーブルや絶縁電線を切断するのに用いる．

⑩ 手動油圧式圧着器	⑪ ノックアウトパンチャ	⑫ 振動ドリル
	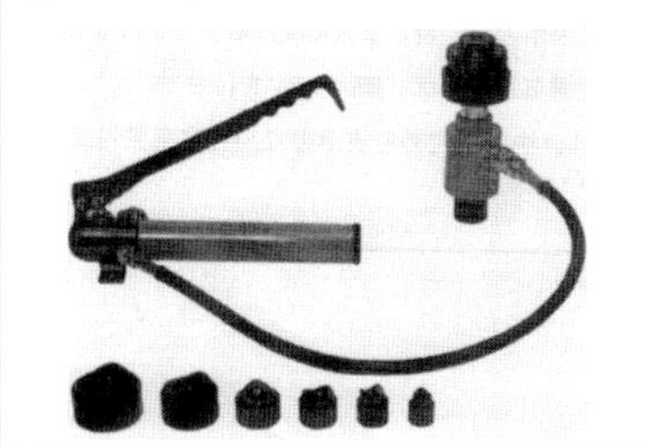	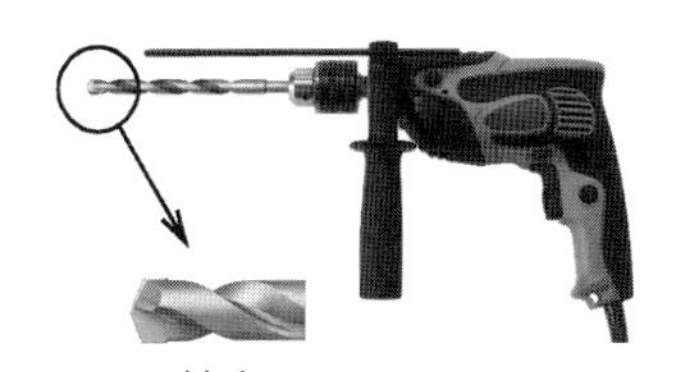
太い電線相互や太い電線と圧着端子の圧着接続に用いる.	金属製のボックス等に電線管接続用の穴をあけるのに用いる.	コンクリート壁や床に穴をあけるのに用いる.
⑬ 高速切断機	⑭ 呼び線挿入器（通線器）	⑮ ケーブルグリップとより戻し金具
	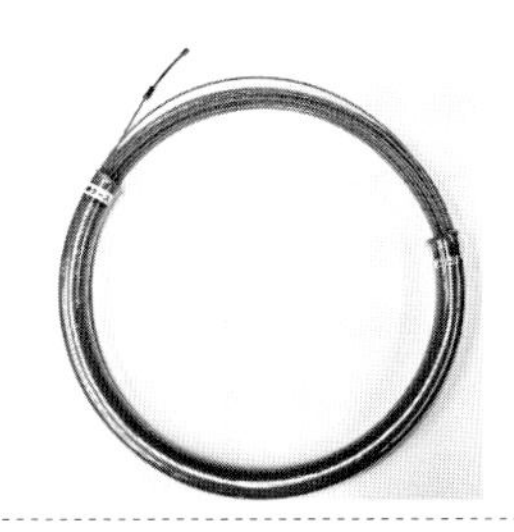	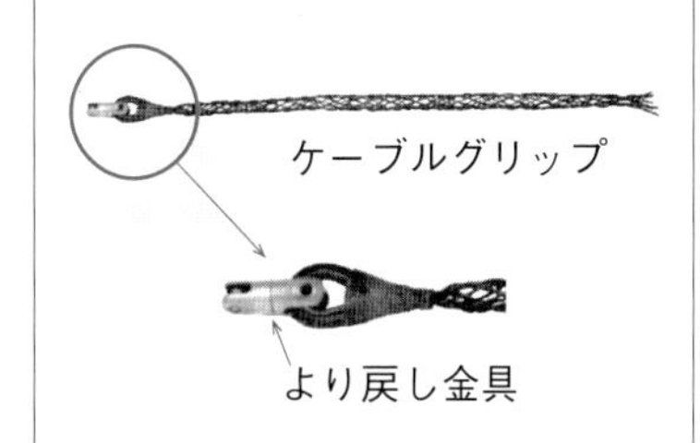
金属管や鋼材を切断するのに用いる. 高速カッタともいう.	電線管に電線を通線するのに用いる.	ケーブルを延線するときに, 先端に取り付けて引っ張るのに用いる.
⑯ 延線ローラ	⑰ ケーブルジャッキ	⑱ 張線器

ケーブルを延線するときに, シースに傷が付かないようにする.	ドラムに巻いてあるケーブルを延線するときに, ドラムが回転するように持ち上げる.	架空電線のたるみを張線するのに用いる.
⑲ 水準器	⑳ 下げ振り	㉑ レーザー墨出し器
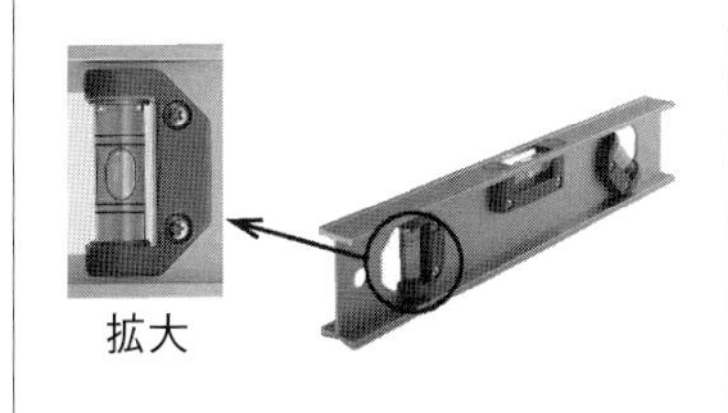		
水平・垂直を出すときに用いる.	垂直を出すときに用いる.	器具等を取り付けるための基準線を投影するために用いる.

❷ 検査測定用計器

❶ 回路計	❷ 絶縁抵抗計	❸ 接地抵抗計
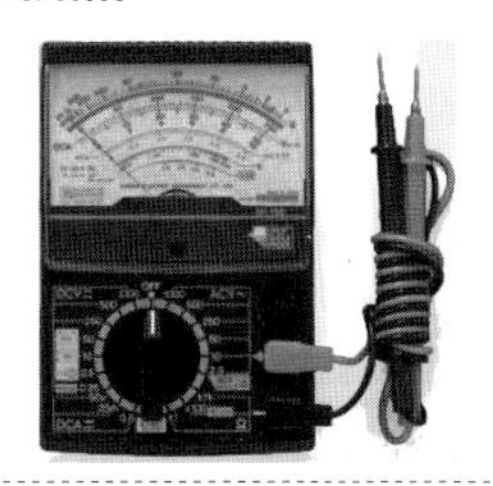	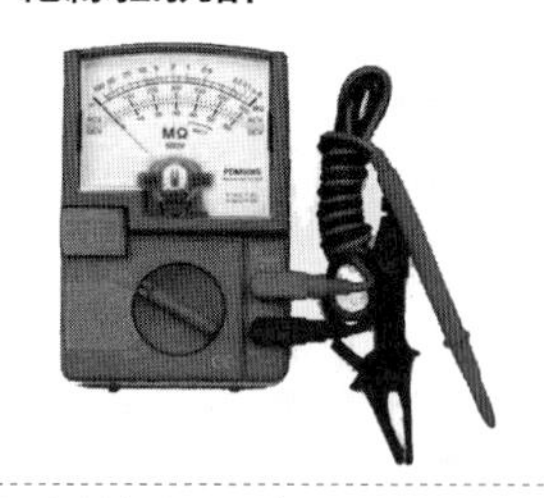	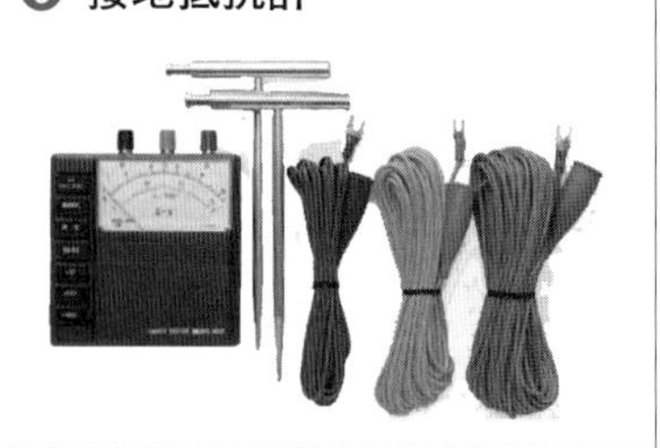
回路の電圧や抵抗の測定，導通状態を調べるのに用いる．	絶縁抵抗を測定するのに用いる．	接地抵抗を測定するのに用いる．
❹ クランプメータ	**❺ 低圧検電器**	**❻ 高圧検電器**
	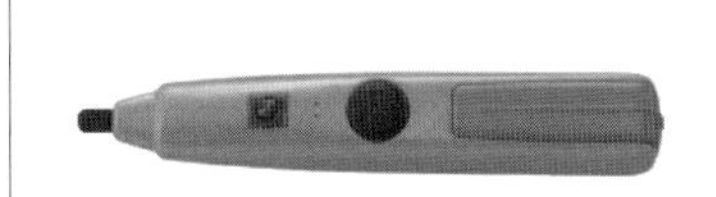	
電線に流れる負荷電流を測定するのに用いる．電圧，抵抗も測定できる．	低圧電路の充電の有無や極性を調べるのに用いる．	高圧電路の充電の有無を調べるのに用いる．
❼ 風車式検電器	**❽ 低圧検相器**	**❾ 高圧検相器**
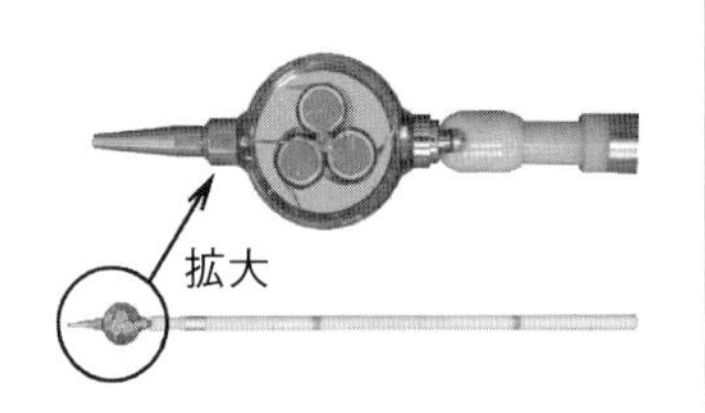		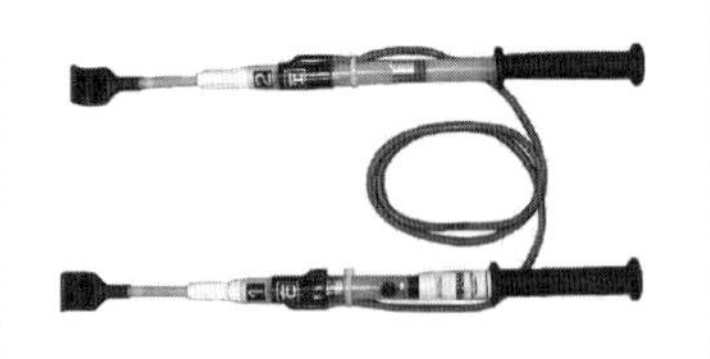
高圧・特別高圧電路の充電の有無を調べるのに用いる．	低圧三相交流電路の相順を調べるのに用いる．相順は，円盤の回転方向で表示する．	高圧電路の相順を確認するのに用いる．
❿ サイクルカウンタ	**⓫ 水抵抗器**	**⓬ 絶縁耐力試験装置**
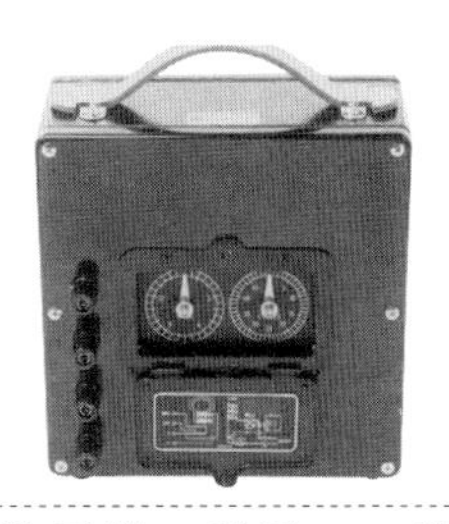		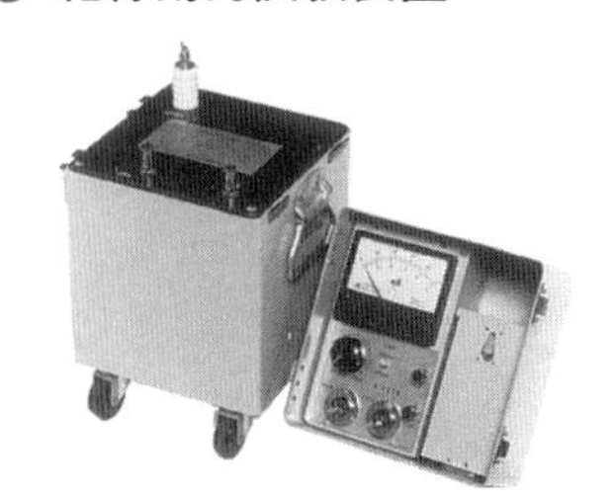
保護継電器の試験で，動作時間を測定するのに用いる．	保護継電器の試験で，電流値を調整するのに用いる．	高圧の電路，機器の絶縁耐力試験に用いる．

⑬ 絶縁油耐電圧試験装置	⑭ 継電器試験装置	⑮ 照度計
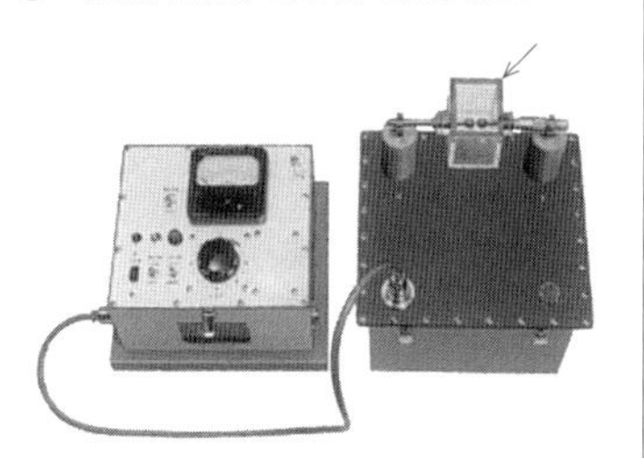	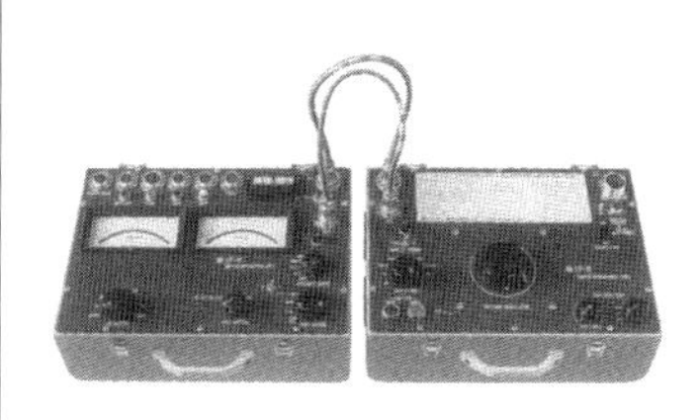	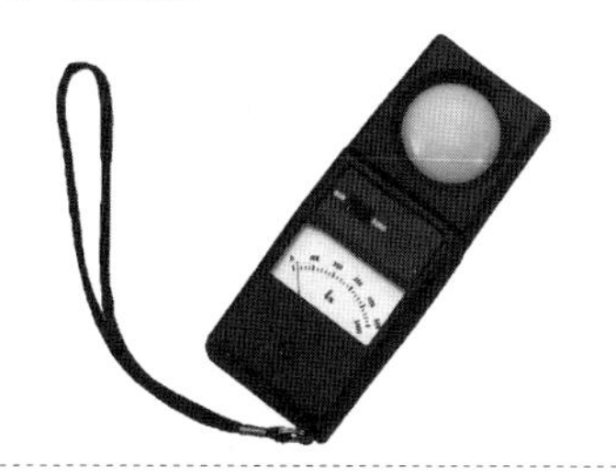
矢印のオイルカップに変圧器等の絶縁油を入れて，絶縁破壊電圧試験を行う．	過電流継電器，地絡継電器の動作特性試験等に用いる．左が操作部，右が電源部である．	照度の測定に用いる．上が受光部，下が表示部である．

練習問題

1	写真のうち，鋼板製の分電盤や動力制御盤を，コンクリートの床や壁に設置する作業において，一般的に**使用されない**工具はどれか．	イ．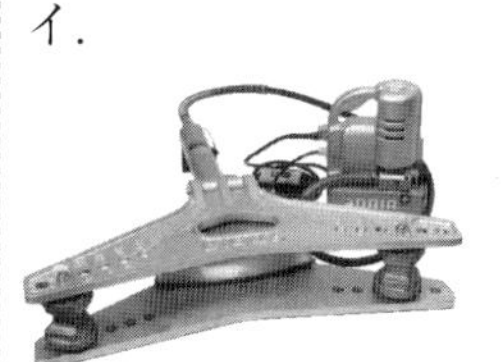 ロ．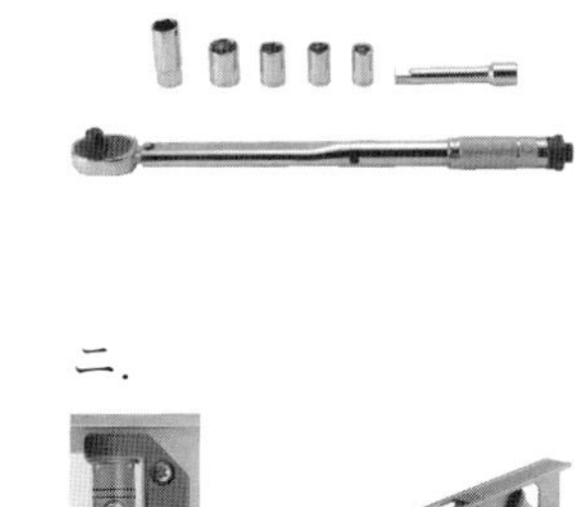 ハ．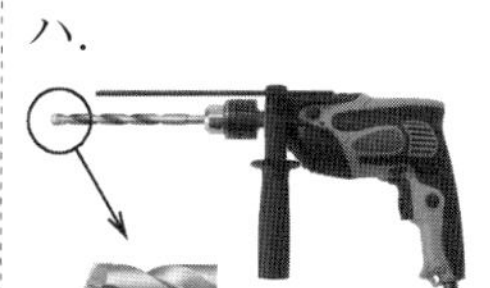 拡大 ニ．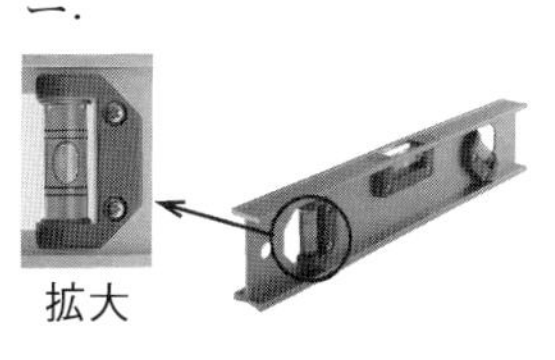 拡大
2	写真に示す品物のうち，CVT 150 mm^2 のケーブルを，ケーブルラック上に延線する作業で，一般的に**使用しないものは**．	イ． ロ． ハ．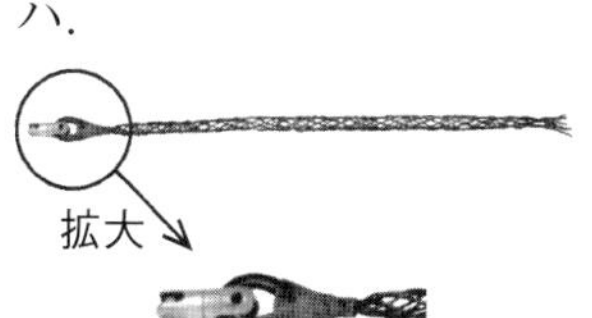 拡大 ニ．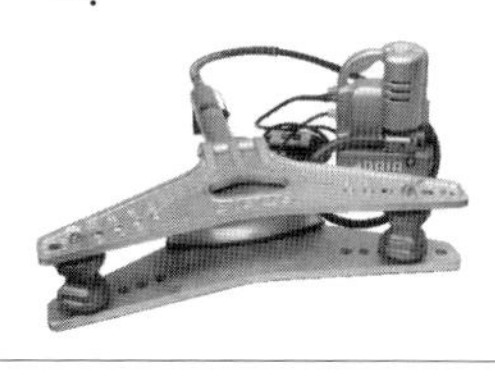
3	写真に示す工具の名称は．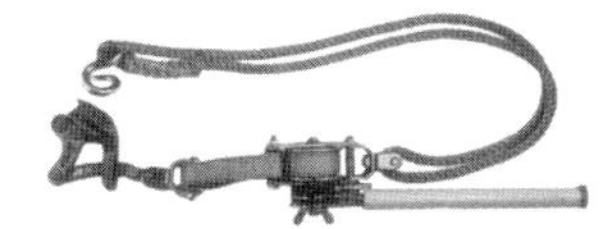	イ．トルクレンチ ロ．呼び線挿入器 ハ．ケーブルジャッキ ニ．張線器

4	写真に示す工具の名称は.	イ. 張線器 ロ. ケーブルカッタ ハ. ケーブルジャッキ ニ. ワイヤストリッパ
5	写真に示す工具の用途は.	イ. 小型電動機の回転数を計測する. ロ. 小型電動機のトルクを計測する. ハ. ねじを一定のトルクで締め付ける. ニ. ねじ等の締め付け部分の温度を測定する.
6	写真に示す品物の用途は. 拡大	イ. ケーブルをねずみの被害から防ぐのに用いる. ロ. ケーブルを延線するとき, 引っ張るのに用いる. ハ. ケーブルをシールド（遮へい）するのに用いる. ニ. ケーブルを切断するとき, 電線がはねるのを防ぐのに用いる.
7	写真に示す工具の名称は.	イ. 延線ローラ ロ. ケーブルジャッキ ハ. トルクレンチ ニ. 油圧式パイプベンダ
8	写真に示す品物の用途は.	イ. 停電作業を行う時, 電路を接地するために用いる. ロ. 高圧線電流を測定するために用いる. ハ. 高圧カットアウトの開閉操作に用いる. ニ. 高圧電路の相順の確認に用いる.
9	写真に示すものの名称は.	イ. 周波数計 ロ. 照度計 ハ. 放射温度計 ニ. 騒音計

解答

1. イ
   イは油圧式パイプベンダである. 太い金属管を曲げる工具で, この作業には使用されない.
2. ニ
3. ニ
4. ロ
5. ハ
   トルクドライバである.
6. ロ
   ケーブルグリップとより戻し金具である.
7. ニ
   太い金属管を曲げる工具である.
8. ニ
   高圧用検相器である.
9. ロ
   上の丸い部分が受光部, 下が表示部である.

まとめ　鑑別・選別問題

1　高圧受電設備の機器・材料等

名称	説明
地絡継電装置付き高圧交流負荷開閉器 	高圧需要家構内の高圧電路の開閉と，地絡事故が発生した場合に高圧電路を遮断する．責任分界点に，区分開閉器として施設する．
電力需給用計器用変成器 	高圧電路の電圧と電流を変成し，電力量計に接続して使用電力量を計量する．
断路器 	無負荷状態で電路の開閉を行う．
避雷器 	落雷による異常電圧が侵入した場合，大地に放電して設備機器を保護する．
高圧交流遮断器 	過電流継電器と組み合わせて過電流・短絡電流の遮断を行う．
計器用変圧器 	高電圧を低電圧に変圧し，電圧計等を動作させる．定格二次電圧は 110 V である．
変流器 	高圧電路の大電流を小電流に変流する．二次側を開放してはならない．
過電流継電器 	変流器からの電流が整定値以上になると，高圧交流遮断器を動作させる．
高圧カットアウト 	変圧器，高圧進相コンデンサの開閉器として施設する．
限流ヒューズ付き高圧交流負荷開閉器 	高圧限流ヒューズ付きで，負荷電流の開閉と短絡電流の遮断ができる．
高圧進相コンデンサ 	高圧電路と並列に接続して，力率を改善する．
直列リアクトル 	高調波による波形ひずみとコンデンサ投入時の突入電流を抑制する．
可とう導体 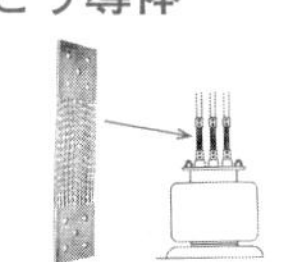	地震時等に変圧器等のブッシングに加わる応力を軽減する．
防水鋳鉄管 	地中線用管路が，建物の外壁を貫通する部分に用いる．
高圧中実がいし 	がいし頂部の溝に高圧絶縁電線をバインド線で固定・支持する．

2 低圧工事用材料・機器

名称	説明
合成樹脂製可とう電線管用エンドカバー	PF 管によるコンクリート埋込配管の末端に取り付け，二重天井内の配管に接続する．
シーリングフィッチング	可燃性ガスが金属管内部を伝わって流出したり，管内に侵入するのを防ぐ．
2 種金属製線ぴ 40 mm 以上 50 mm 以下	天井に施設して電線を通線し，照明器具やコンセントを取り付ける．
ライティングダクト 導体	本体に導体が組み込まれ，照明器具等を任意の位置に取り付けられる．
バスダクト	低圧配線で，大電流が流れる幹線に用いる．
トロリーバスダクト 絶縁カバー 導体	走行クレーン等のように，移動して使用する電気機器に電気を供給する．
インサート	コンクリート天井等に埋め込んで吊りボルトを取り付ける．
医用コンセント	医療用電気機械器具に使用するコンセントである．
ハロゲン電球	白熱電球の一種で，白熱電球より小形で寿命が長い．
ダウンライト（S 形） 日本照明工業会 SB・SGI・SG形適合品	天井に埋め込んで使用する電灯で，断熱材で覆うことができるタイプである．
電磁接触器	電磁コイルに電圧を加えて，接点を開閉する．負荷電流を流すことができる．
熱動継電器	電磁接触器と組み合わせて，電動機の過負荷保護に用いる．

3 工具・検査測定用計器

名称	説明
トルクドライバ	ねじを所定のトルクで締め付けるときに用いる．
ケーブルカッタ	ラチェット式のケーブルカッタで，太いケーブルを切断するのに用いる．
延線ローラ	ケーブルを延線するときに使用する．
ケーブルジャッキ	ケーブルを収めたドラムにリール棒を通し，ドラムを回転させて延線する．
高圧検相器	高圧電路の相順を確認するのに用いる．
照度計	照度の測定に用いる．上が受光部，下が表示部である．

チャレンジ!
過去の筆記試験問題例と解答・解説

令和２年度実施の筆記試験問題／解答・解説

問題1．一般問題（問題数 40，配点は1問当たり2点）

次の各問いには4通りの答え（イ，ロ，ハ，ニ）が書いてある。それぞれの問いに対して答えを1つ選びなさい。
なお，選択肢が数値の場合は，最も近い値を選びなさい。

<table>
<tr><th colspan="2">問　い</th><th>答　え</th></tr>
<tr><td>1</td><td>図のように，静電容量 6 μF のコンデンサ 3 個を接続して，直流電圧 120 V を加えたとき，図中の電圧 V_1 の値[V]は。
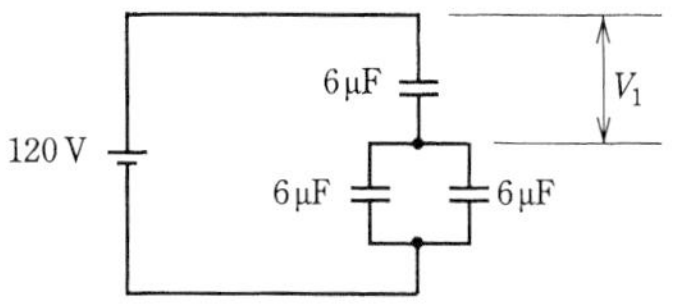
</td><td>イ．10　ロ．30　ハ．50　ニ．80</td></tr>
<tr><td>2</td><td>図のような直流回路において，a-b 間の電圧[V]は。
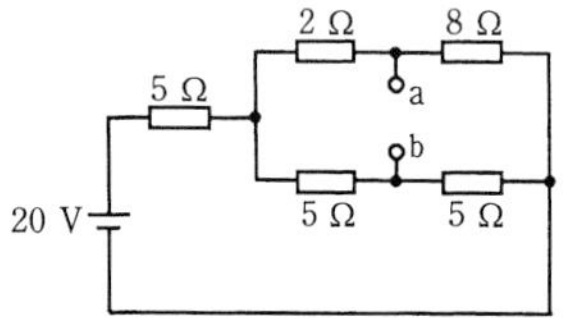
</td><td>イ．2　ロ．3　ハ．4　ニ．5</td></tr>
<tr><td>3</td><td>図のように，角周波数が $\omega = 500$ rad/s，電圧 100 V の交流電源に，抵抗 $R = 3\ \Omega$ とインダクタンス $L = 8$ mH が接続されている。回路に流れる電流 I の値[A]は。
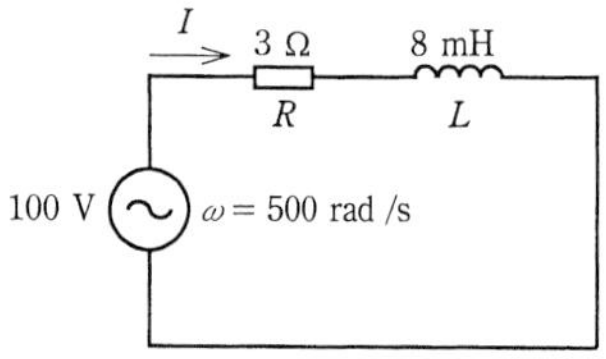
</td><td>イ．9　ロ．14　ハ．20　ニ．33</td></tr>
<tr><td>4</td><td>図のような交流回路において，抵抗 12 Ω，リアクタンス 16 Ω，電源電圧は 96 V である。この回路の皮相電力[V·A]は。
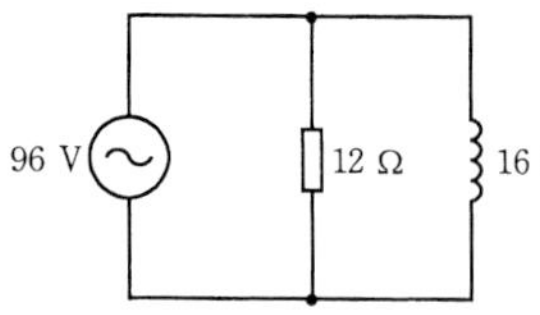
</td><td>イ．576　ロ．768　ハ．960　ニ．1344</td></tr>
</table>

	問い	答え
5	図のような三相交流回路において，電源電圧は 200 V，抵抗は 20 Ω，リアクタンスは 40 Ω である。この回路の全消費電力[kW]は。 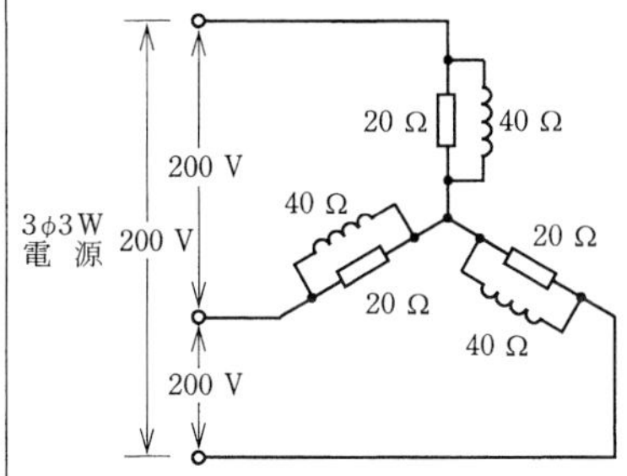 	イ．1.0　　ロ．1.5　　ハ．2.0　　ニ．12
6	図のような単相 3 線式配電線路において，負荷 A，負荷 B ともに負荷電圧 100 V，負荷電流 10 A，力率 0.8(遅れ)である。このとき，電源電圧 V の値[V]は。 ただし，配電線路の電線 1 線当たりの抵抗は 0.5 Ω である。 なお，計算においては，適切な近似式を用いること。 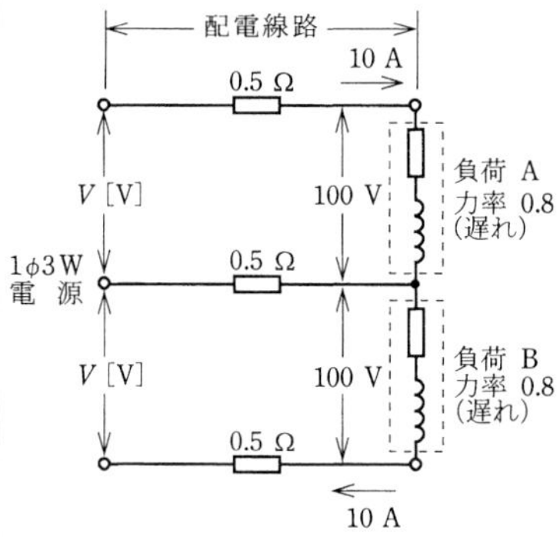 	イ．102　　ロ．104　　ハ．112　　ニ．120

	問い	答え			
7	図のように，三相 3 線式構内配電線路の末端に，力率 0.8(遅れ)の三相負荷がある。この負荷と並列に電力用コンデンサを設置して，線路の力率を 1.0 に改善した。コンデンサ設置前の線路損失が 2.5 kW であるとすれば，設置後の線路損失の値[kW]は。 ただし，三相負荷の負荷電圧は一定とする。 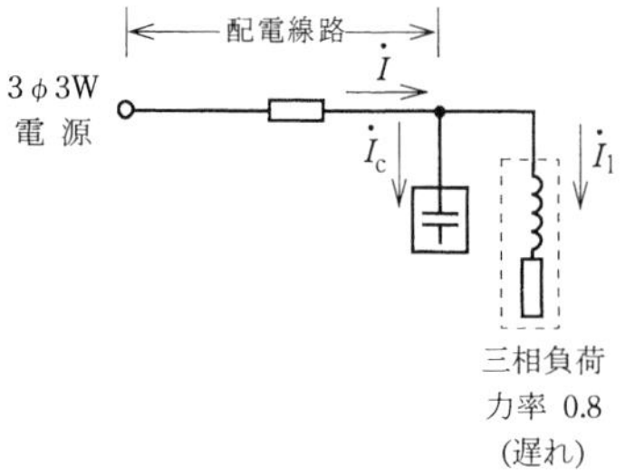 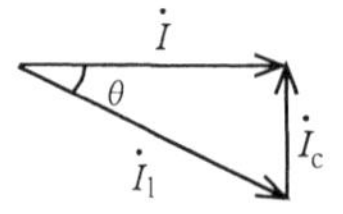 (図：配電線路，3φ3W 電源，$\dot{I}$，$\dot{I}_c$，$\dot{I}_1$，三相負荷 力率 0.8 (遅れ)) (図：$\dot{I}$，θ，$\dot{I}_c$，$\dot{I}_1$) 電流のベクトル図	イ．0	ロ．1.6	ハ．2.4	ニ．2.8
8	図のように，変圧比が 6 300/210 V の単相変圧器の二次側に抵抗負荷が接続され，その負荷電流は 300 A であった。このとき，変圧器の一次側に設置された変流器の二次側に流れる電流 I [A]は。 ただし変流器の変流比は 20/5 A とし，負荷抵抗以外のインピーダンスは無視する。 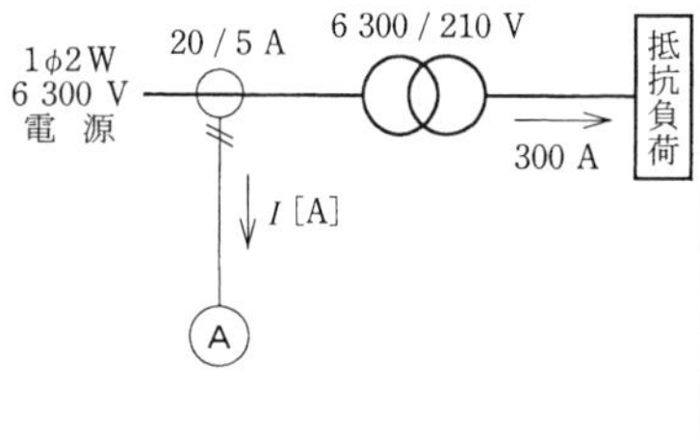 (図：1φ2W 6 300 V 電源，20/5 A，6 300/210 V，300 A，抵抗負荷，I [A]，A)	イ．2.5	ロ．2.8	ハ．3.0	ニ．3.2
9	負荷設備の合計が 500 kW の工場がある。ある月の需要率が 40 %，負荷率が 50 %であった。この工場のその月の平均需要電力[kW]は。	イ．100	ロ．200	ハ．300	ニ．400

問い		答え
10	定格電圧 200 V，定格出力 11 kW の三相誘導電動機の全負荷時における電流[A]は。 ただし，全負荷時における力率は 80 %，効率は 90 %とする。	イ．23　ロ．36　ハ．44　ニ．81
11	「日本産業規格(JIS)」では照明設計基準の一つとして，維持照度の推奨値を示している。同規格で示す学校の教室(机上面)における維持照度の推奨値[lx]は。	イ．30　ロ．300　ハ．900　ニ．1 300
12	変圧器の出力に対する損失の特性曲線において，a が鉄損，b が銅損を表す特性曲線として，**正しいものは**。	イ． 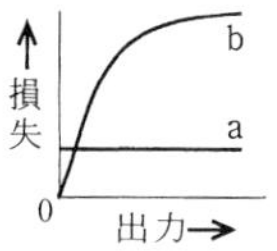　ロ． 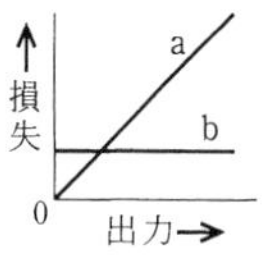　ハ． 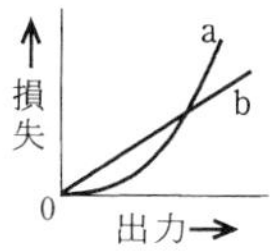　ニ． 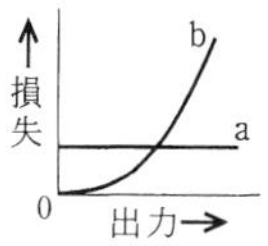 （各図：縦軸 損失↑，横軸 出力→，原点 0，曲線 a，b）
13	インバータ(逆変換装置)の記述として，**正しいものは**。	イ．交流電力を直流電力に変換する装置 ロ．直流電力を交流電力に変換する装置 ハ．交流電力を異なる交流の電圧，電流に変換する装置 ニ．直流電力を異なる直流の電圧，電流に変換する装置
14	低圧電路で地絡が生じたときに，自動的に電路を遮断するものは。	イ． 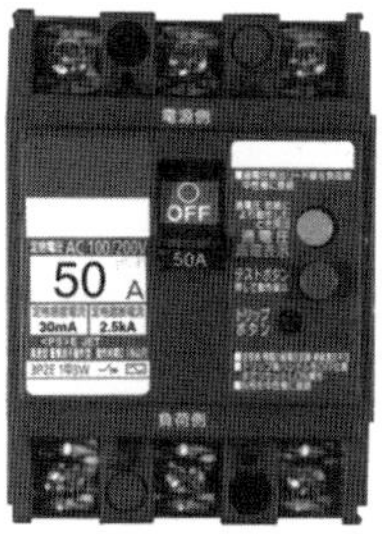　ロ． 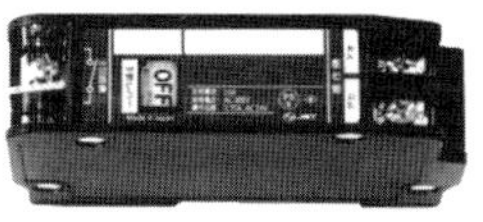　ハ． 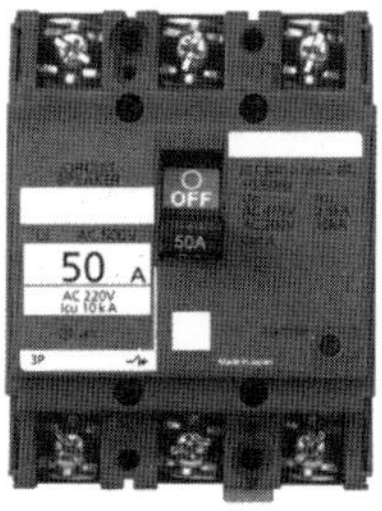　ニ． 

	問　い	答　え
15	写真に示す自家用電気設備の説明として，**最も適当なものは。** 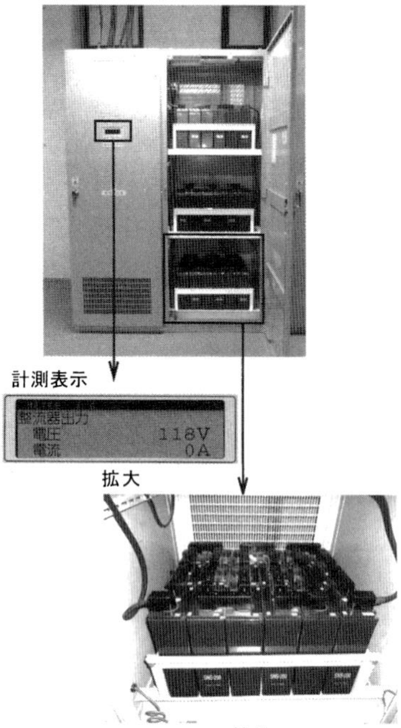 計測表示 拡大 拡大	イ．低圧電動機などの運転制御，保護などを行う設備 ロ．受変電制御機器や，停電時に非常用照明器具などに電力を供給する設備 ハ．低圧の電源を分岐し，単相負荷に電力を供給する設備 ニ．一般送配電事業者から高圧電力を受電する設備
16	全揚程 200 m，揚水流量が 150 m^3/s である揚水式発電所の揚水ポンプの電動機の入力[MW]は。 ただし，電動機の効率を 0.9，ポンプの効率を 0.85 とする。	イ．23　ロ．39　ハ．225　ニ．384
17	タービン発電機の記述として，**誤っているものは。**	イ．タービン発電機は，駆動力として蒸気圧などを利用している。 ロ．タービン発電機は，水車発電機に比べて回転速度が大きい。 ハ．回転子は，非突極回転界磁形（円筒回転界磁形）が用いられる。 ニ．回転子は，一般に縦軸形が採用される。
18	送電・配電及び変電設備に使用するがいしの塩害対策に関する記述として，**誤っているものは。**	イ．沿面距離の大きいがいしを使用する。 ロ．がいしにアークホーンを取り付ける。 ハ．定期的にがいしの洗浄を行う。 ニ．シリコンコンパウンドなどのはっ水性絶縁物質をがいし表面に塗布する。

問　い		答　え
19	配電用変電所に関する記述として，**誤っているものは。**	イ．配電電圧の調整をするために，負荷時タップ切換変圧器などが設置されている。 ロ．送電線路によって送られてきた電気を降圧し，配電線路に送り出す変電所である。 ハ．配電線路の引出口に，線路保護用の遮断器と継電器が設置されている。 ニ．高圧配電線路は一般に中性点接地方式であり，変電所内で大地に直接接地されている。
20	次の機器のうち，高頻度開閉を目的に使用されるものは。	イ．高圧断路器 ロ．高圧交流負荷開閉器 ハ．高圧交流真空電磁接触器 ニ．高圧交流遮断器
21	キュービクル式高圧受電設備の特徴として，**誤っているものは。**	イ．接地された金属製箱内に機器一式が収容されるので，安全性が高い。 ロ．開放形受電設備に比べ，より小さな面積に設置できる。 ハ．開放形受電設備に比べ，現地工事が簡単となり工事期間も短縮できる。 ニ．屋外に設置する場合でも，雨等の吹き込みを考慮する必要がない。
22	写真に示す GR 付 PAS を設置する場合の記述として，**誤っているものは。**	イ．自家用側の引込みケーブルに短絡事故が発生したとき，自動遮断する。 ロ．電気事業用の配電線への波及事故の防止に効果がある。 ハ．自家用側の高圧電路に地絡事故が発生したとき，自動遮断する。 ニ．電気事業者との保安上の責任分界点又はこれに近い箇所に設置する。
23	写真に示す機器の用途は。	イ．零相電流を検出する。 ロ．高電圧を低電圧に変成し，計器での測定を可能にする。 ハ．進相コンデンサに接続して投入時の突入電流を抑制する。 ニ．大電流を小電流に変成し，計器での測定を可能にする。

	問い	答え
24	低圧分岐回路の施設において，分岐回路を保護する過電流遮断器の種類，軟銅線の太さ及びコンセントの組合せで，**誤っているものは。**	（下表）

	分岐回路を保護する過電流遮断器の種類	軟銅線の太さ	コンセント
イ	定格電流 15 A	直径 1.6 mm	定格 15 A
ロ	定格電流 20 A の配線用遮断器	直径 2.0 mm	定格 15 A
ハ	定格電流 30 A	直径 2.0 mm	定格 20 A
ニ	定格電流 30 A	直径 2.6 mm	定格 20 A（定格電流が 20 A 未満の差込みプラグが接続できるものを除く。）

	問い	答え
25	引込柱の支線工事に使用する材料の組合せとして，**正しいものは。**	イ．亜鉛めっき鋼より線，玉がいし，アンカ ロ．耐張クランプ，巻付グリップ，スリーブ ハ．耐張クランプ，玉がいし，亜鉛めっき鋼より線 ニ．巻付グリップ，スリーブ，アンカ
26	写真のうち，鋼板製の分電盤や動力制御盤を，コンクリートの床や壁に設置する作業において，一般的に使用されない工具はどれか。	イ． ロ． ハ． ニ．
27	乾燥した場所であって展開した場所に施設する使用電圧 100 V の金属線ぴ工事の記述として，**誤っているものは。**	イ．電線にはケーブルを使用しなければならない。 ロ．使用するボックスは，「電気用品安全法」の適用を受けるものであること。 ハ．電線を収める線ぴの長さが 12 m の場合，D 種接地工事を施さなければならない。 ニ．線ぴ相互を接続する場合，堅ろうに，かつ，電気的に完全に接続しなければならない。

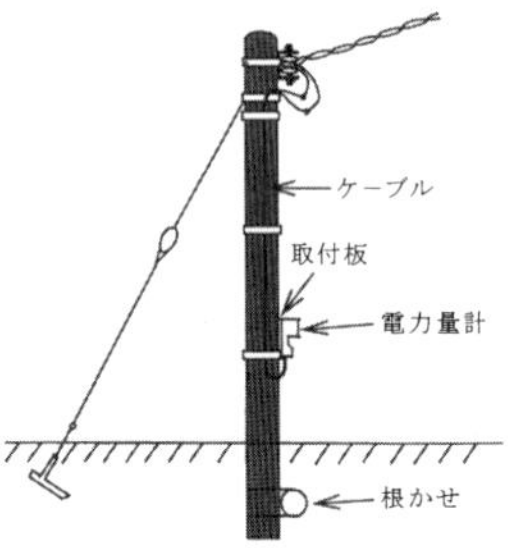

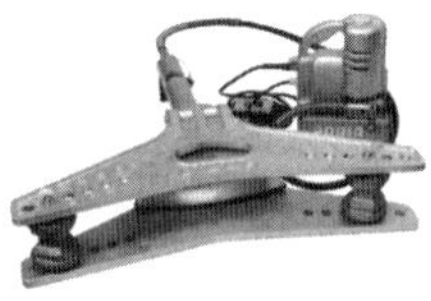

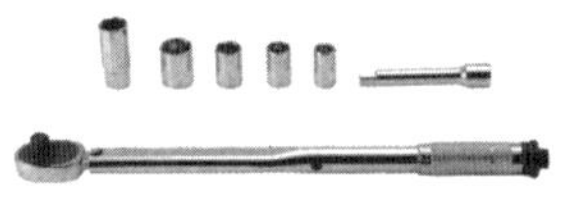

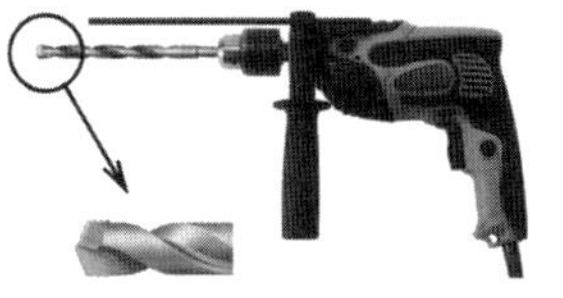

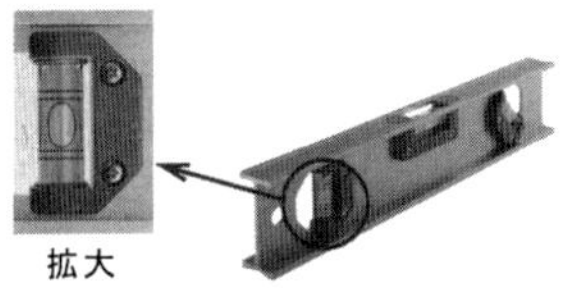

	問い	答え
28	高圧屋内配線を，乾燥した場所であって展開した場所に施設する場合の記述として，**不適切なものは。**	**イ**．高圧ケーブルを金属管に収めて施設した。 **ロ**．高圧ケーブルを金属ダクトに収めて施設した。 **ハ**．接触防護措置を施した高圧絶縁電線をがいし引き工事により施設した。 **ニ**．高圧絶縁電線を金属管に収めて施設した。
29	地中電線路の施設に関する記述として，**誤っているものは。**	**イ**．長さが 15 m を超える高圧地中電線路を管路式で施設し，物件の名称，管理者名及び電圧を表示した埋設表示シートを，管と地表面のほぼ中間に施設した。 **ロ**．地中電線路に絶縁電線を使用した。 **ハ**．地中電線に使用する金属製の電線接続箱にＤ種接地工事を施した。 **ニ**．地中電線路を暗きょ式で施設する場合に，地中電線を不燃性又は自消性のある難燃性の管に収めて施設した。

問い30から問い34までは，下の図に関する問いである。

図は，自家用電気工作物構内の受電設備を表した図である。この図に関する各問いには，4通りの答え（**イ**，**ロ**，**ハ**，**ニ**）が書いてある。それぞれの問いに対して，答えを１つ選びなさい。

〔注〕図において，問いに関連した部分及び直接関係のない部分等は，省略又は簡略化してある。

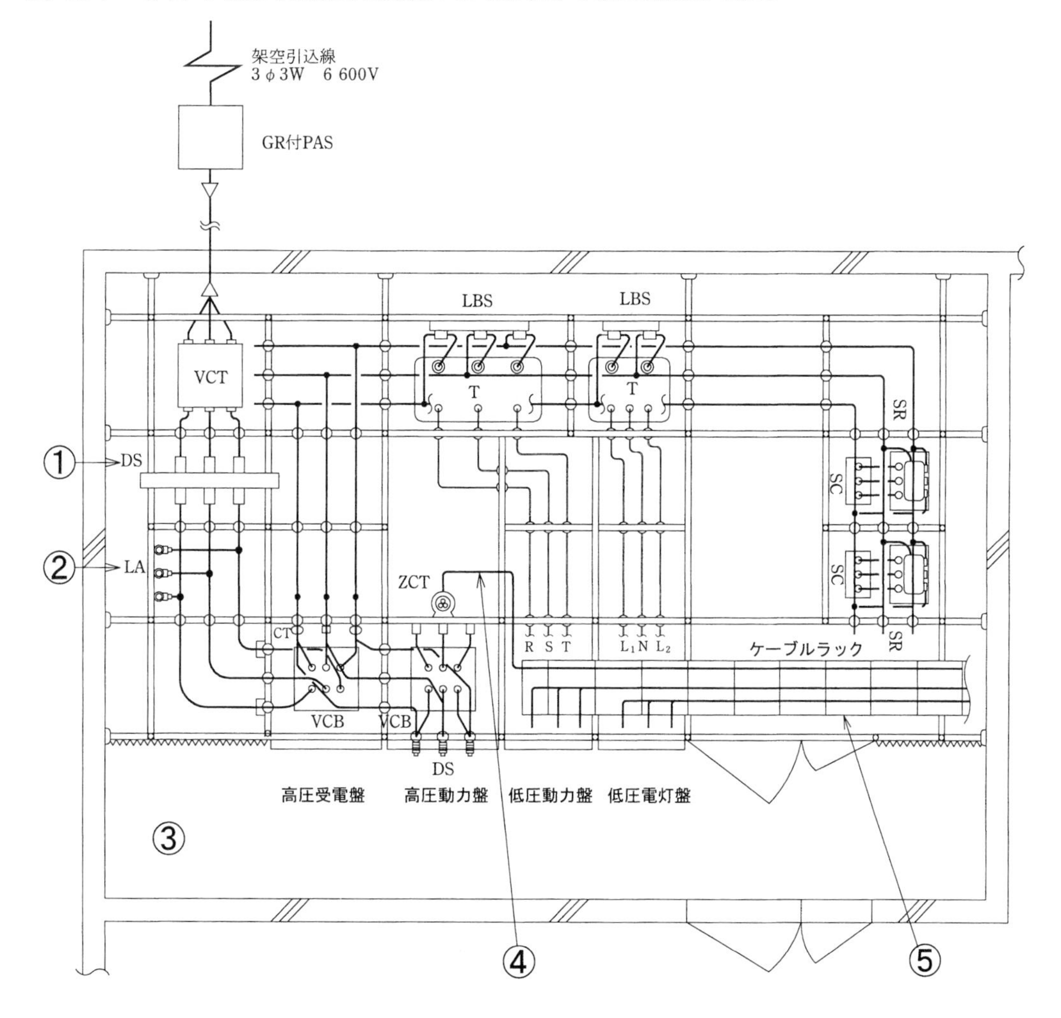

	問い	答え
30	①に示す DS に関する記述として，**誤っているものは。**	イ．DS は負荷電流が流れている時，誤って開路しないようにする。 ロ．DS の接触子（刃受）は電源側，ブレード（断路刃）は負荷側にして施設する。 ハ．DS は断路器である。 ニ．DS は区分開閉器として施設される。
31	②に示す避雷器の設置に関する記述として，**不適切なものは。**	イ．保安上必要なため，避雷器には電路から切り離せるように断路器を施設した。 ロ．避雷器には電路を保護するため，その電源側に限流ヒューズを施設した。 ハ．避雷器の接地は A 種接地工事とし，サージインピーダンスをできるだけ低くするため，接地線を太く短くした。 ニ．受電電力が 500 kW 未満の需要場所では避雷器の設置義務はないが，雷害の多い地域であり，電路が架空電線路に接続されているので，引込口の近くに避雷器を設置した。
32	③に示す受電設備内に使用される機器類などに施す接地に関する記述で，**不適切なものは。**	イ．高圧電路に取り付けた変流器の二次側電路の接地は，D 種接地工事である。 ロ．計器用変圧器の二次側電路の接地は，B 種接地工事である。 ハ．高圧変圧器の外箱の接地の主目的は，感電保護であり，接地抵抗値は 10 Ω 以下と定められている。 ニ．高圧電路と低圧電路を結合する変圧器の低圧側の中性点又は低圧側の 1 端子に施す接地は，混触による低圧側の対地電圧の上昇を制限するための接地であり，故障の際に流れる電流を安全に通じることができるものであること。
33	④に示す高圧ケーブル内で地絡が発生した場合，確実に地絡事故を検出できるケーブルシールドの接地方法として，**正しいものは。**	イ．電源側 ZCT 負荷側 ロ．電源側 ZCT 負荷側 ハ．電源側 ZCT 負荷側 ニ．電源側 ZCT 負荷側 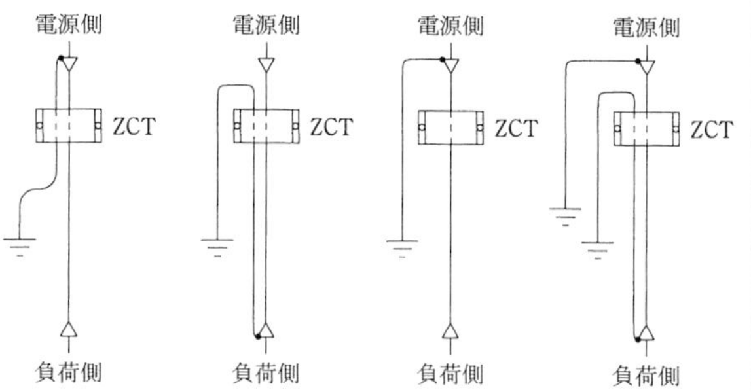
34	⑤に示すケーブルラックに施設した高圧ケーブル配線，低圧ケーブル配線，弱電流電線の配線がある。これらの配線が接近又は交差する場合の施工方法に関する記述で，**不適切なものは。**	イ．高圧ケーブルと低圧ケーブルを 15 cm 離隔して施設した。 ロ．複数の高圧ケーブルを離隔せずに施設した。 ハ．高圧ケーブルと弱電流電線を 10 cm 離隔して施設した。 ニ．低圧ケーブルと弱電流電線を接触しないように施設した。

問い		答え
35	自家用電気工作物として施設する電路又は機器について，C 種接地工事を**施さなければならないものは。**	イ．使用電圧 400 V の電動機の鉄台 ロ．6.6 kV/210 V の変圧器の低圧側の中性点 ハ．高圧電路に施設する避雷器 ニ．高圧計器用変成器の二次側電路
36	受電電圧 6 600 V の受電設備が完成した時の自主検査で，一般に**行わないものは。**	イ．高圧電路の絶縁耐力試験 ロ．高圧機器の接地抵抗測定 ハ．変圧器の温度上昇試験 ニ．地絡継電器の動作試験
37	CB 形高圧受電設備と配電用変電所の過電流継電器との保護協調がとれているものは。 ただし，図中①の曲線は配電用変電所の過電流継電器動作特性を示し，②の曲線は高圧受電設備の過電流継電器と CB の連動遮断特性を示す。	イ．　ロ．　ハ．　ニ． 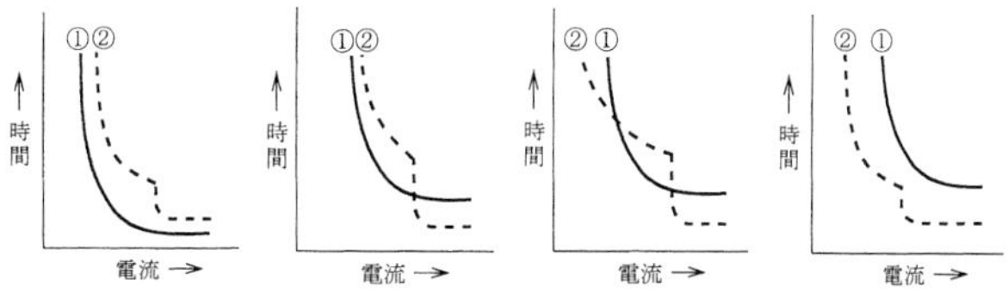
38	「電気工事士法」及び「電気用品安全法」において，**正しいものは。**	イ．交流 50 Hz 用の定格電圧 100 V，定格消費電力 56 W の電気便座は，特定電気用品ではない。 ロ．特定電気用品には，(PS)E と表示されているものがある。 ハ．第一種電気工事士は，「電気用品安全法」に基づいた表示のある電気用品でなければ，一般用電気工作物の工事に使用してはならない。 ニ．電気用品のうち，危険及び障害の発生するおそれが少ないものは，特定電気用品である。
39	「電気工事業の業務の適正化に関する法律」において，主任電気工事士に関する記述として，**誤っているものは。**	イ．第一種電気工事士免状の交付を受けた者は，免状交付後に実務経験が無くても主任電気工事士になれる。 ロ．第二種電気工事士は，2 年の実務経験があれば，主任電気工事士になれる。 ハ．第一種電気工事士が一般用電気工事の作業に従事する時は，主任電気工事士がその職務を行うため必要があると認めてする指示に従わなければならない。 ニ．主任電気工事士は，一般用電気工事による危険及び障害が発生しないように一般用電気工事の作業の管理の職務を誠実に行わなければならない。
40	「電気工事士法」において，第一種電気工事士免状の交付を受けている者のみが従事できる電気工事の作業は。	イ．最大電力 400 kW の需要設備の 6.6 kV 変圧器に電線を接続する作業 ロ．出力 300 kW の発電所の配電盤を造営材に取り付ける作業 ハ．最大電力 600 kW の需要設備の 6.6 kV 受電用ケーブルを電線管に収める作業 ニ．配電電圧 6.6 kV の配電用変電所内の電線相互を接続する作業

問題２．配線図１（問題数 5，配点は 1 問当たり 2 点）

図は，三相誘導電動機を，押しボタンの操作により正逆運転させる制御回路である。この図の矢印で示す 5 箇所に関する各問いには，4 通りの答え（イ，ロ，ハ，ニ）が書いてある。それぞれの問いに対して，答えを 1 つ選びなさい。

〔注〕図において，問いに直接関係のない部分等は，省略又は簡略化してある。

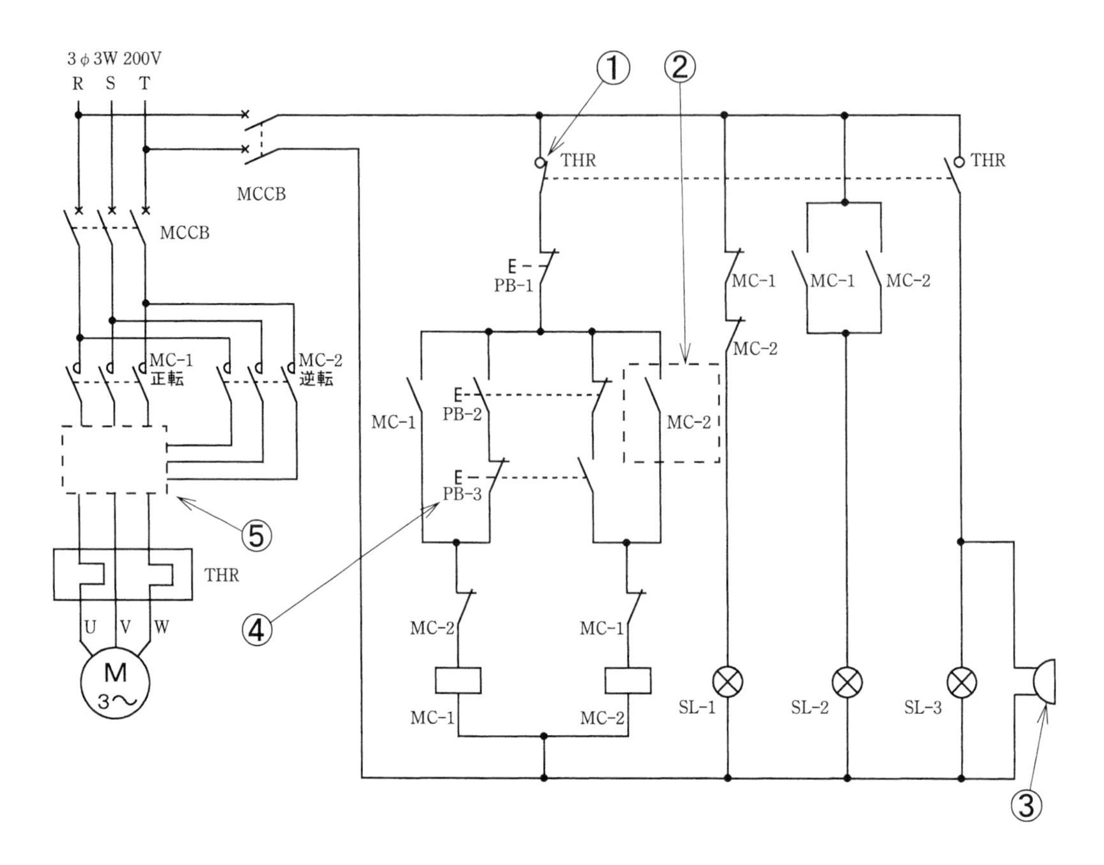

	問い	答え
41	①で示す接点が開路するのは。	イ．電動機が正転運転から逆転運転に切り替わったとき ロ．電動機が停止したとき ハ．電動機に，設定値を超えた電流が継続して流れたとき ニ．電動機が始動したとき
42	②で示す接点の役目は。	イ．押しボタンスイッチ PB-2 を押したとき，回路を短絡させないためのインタロック ロ．押しボタンスイッチ PB-1 を押した後に電動機が停止しないためのインタロック ハ．押しボタンスイッチ PB-2 を押し，逆転運転起動後に運転を継続するための自己保持 ニ．押しボタンスイッチ PB-3 を押し，逆転運転起動後に運転を継続するための自己保持

	問　い	答　え
43	③で示す図記号の機器は。	イ．  ロ．  ハ．  ニ． 
44	④で示す押しボタンスイッチ PB-3 を正転運転中に押したとき，電動機の動作は。	イ．停止する。 ロ．逆転運転に切り替わる。 ハ．正転運転を継続する。 ニ．熱動継電器が動作し停止する。
45	⑤で示す部分の結線図は。	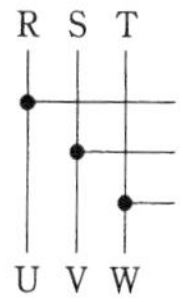 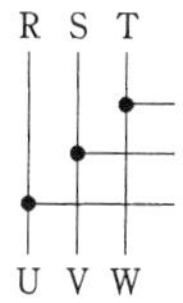 イ．R S T / U V W 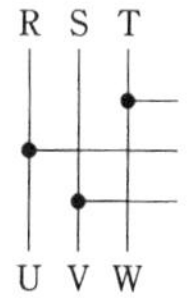 ロ．R S T / U V W ハ．R S T / U V W ニ．R S T / U V W 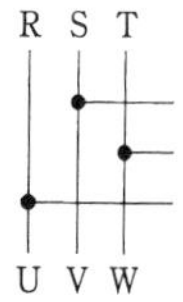

問題３．配線図２（問題数 5，配点は 1 問当たり 2 点）

図は，高圧受電設備の単線結線図である。この図の矢印で示す 5 箇所に関する各問いには，4 通りの答え（イ，ロ，ハ，ニ）が書いてある。それぞれの問いに対して，答えを 1 つ選びなさい。

〔注〕図において，問いに直接関係のない部分等は，省略又は簡略化してある。

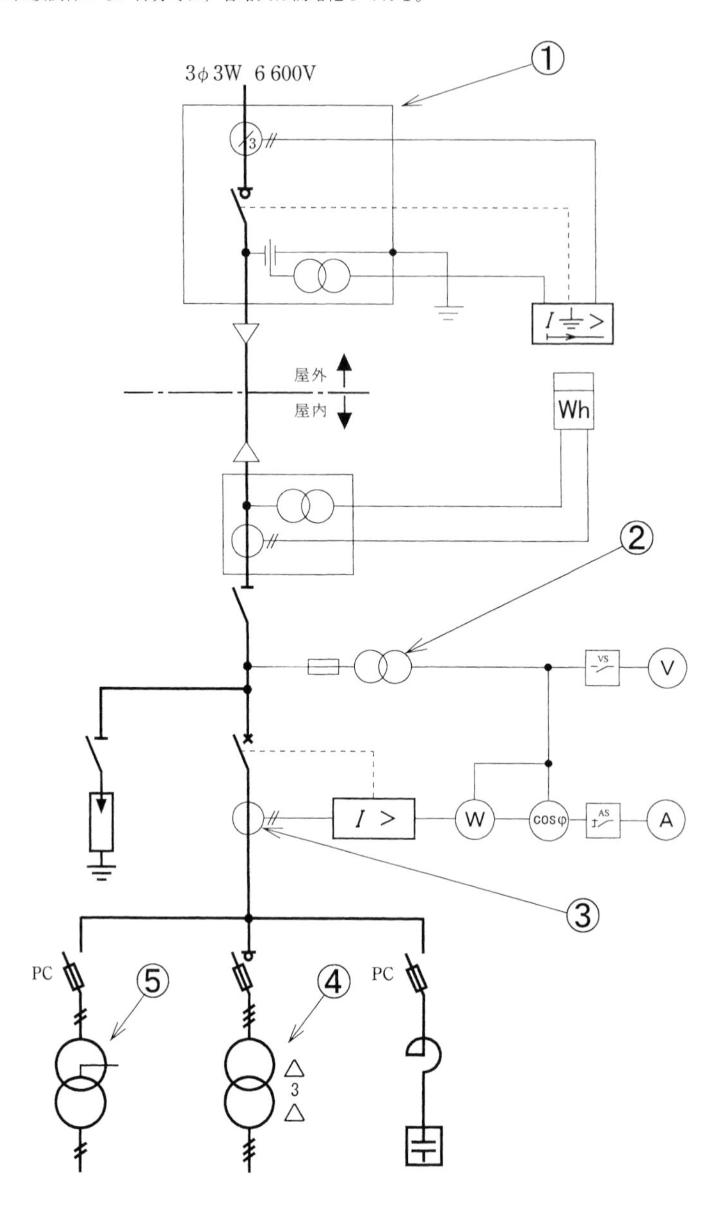

問　い		答　え
46	①で示す機器の役割は。	イ．一般送配電事業者側の地絡事故を検出し，高圧断路器を開放する。 ロ．需要家側電気設備の地絡事故を検出し，高圧交流負荷開閉器を開放する。 ハ．一般送配電事業者側の地絡事故を検出し，高圧交流遮断器を自動遮断する。 ニ．需要家側電気設備の地絡事故を検出し，高圧断路器を開放する。
47	②で示す機器の定格一次電圧[kV]と定格二次電圧[V]は。	イ．6.6 kV 105 V　　ロ．6.6 kV 110 V　　ハ．6.9 kV 105 V　　ニ．6.9 kV 110 V
48	③で示す部分に設置する機器と個数は。	イ．(1 個)　　ロ．(2 個)   ハ．(1 個)　　ニ．(2 個)  
49	④に設置する機器と台数は。	イ．(3 台)　　ロ．(1 台)   ハ．(3 台)　　ニ．(1 台)  

	問い	答え
50	⑤で示す部分に使用できる変圧器の最大容量[kV･A]は。	イ．50　ロ．100　ハ．200　ニ．300

〔問題１〕一般問題の解答

1　ニ．80

静電容量6μFのコンデンサを２個並列に接続したときの合成静電容量は，6＋6＝12〔μF〕になるので，回路は第１図のようになる．

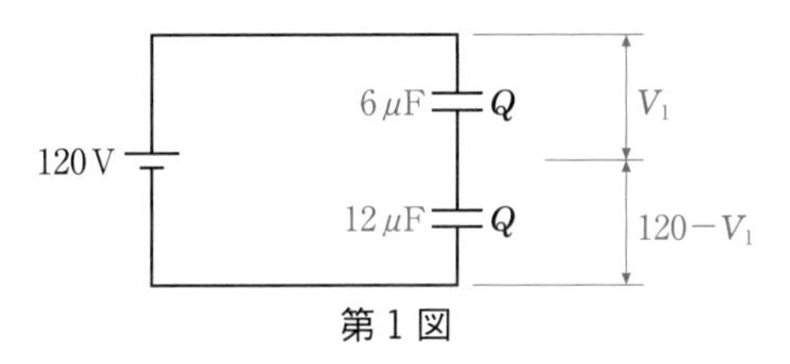

第１図

6μFと12μFのコンデンサに蓄えられる電荷$Q=CV$〔C〕が等しいことから，

$$6V_1=12(120-V_1)\text{〔μC〕}$$

$$6V_1=12\times120-12V_1$$

$$18V_1=1\,440$$

$$V_1=\frac{1\,440}{18}=80\text{〔V〕}$$

2　ロ．3

第２図において，回路全体の合成抵抗R〔Ω〕は，

$$R=5+\frac{(2+8)\times(5+5)}{(2+8)+(5+5)}\text{〔Ω〕}$$

$$=5+\frac{10\times10}{20}=5+5=10\text{〔Ω〕}$$

回路全体に流れる電流I〔A〕は，

$$I=\frac{20}{10}=2\text{〔A〕}$$

第２図の電圧V〔V〕は，

$$V=20-5I=20-5\times2=10\text{〔V〕}$$

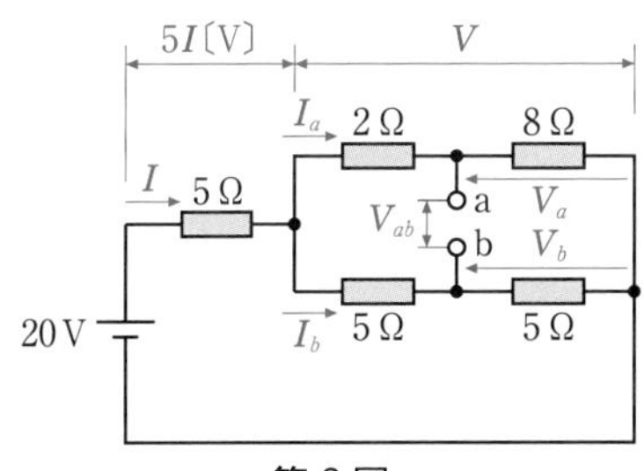

第２図

電流I_a〔A〕は，

$$I_a=\frac{V}{2+8}=\frac{10}{10}=1\text{〔A〕}$$

電流I_b〔A〕は，

$$I_b=\frac{V}{5+5}=\frac{10}{10}=1\text{〔A〕}$$

電圧V_a〔V〕は，

$$V_a=I_a\times8=1\times8=8\text{〔V〕}$$

電圧V_b〔V〕は，

$$V_b=I_b\times5=1\times5=5\text{〔V〕}$$

a-b間の電圧V_{ab}〔V〕は，V_a〔V〕とV_b〔V〕の差になる．

$$V_{ab}=V_a-V_b=8-5=3\text{〔V〕}$$

3　ハ．20

角周波数が$\omega=500$〔rad/s〕のとき，インダクタンス$L=$〔8 mH〕のリアクタンスX_L〔Ω〕は，

$$X_L=\omega L=500\times8\times10^{-3}=4\text{〔Ω〕}$$

回路のインピーダンスZ〔Ω〕は，

$$Z=\sqrt{R^2+X_L{}^2}\text{〔Ω〕}$$

$$=\sqrt{3^2+4^2}=\sqrt{9+16}=\sqrt{25}=5\text{〔Ω〕}$$

回路に流れる電流I〔A〕は，

$$I=\frac{V}{Z}=\frac{100}{5}=20\text{〔A〕}$$

4　ハ．960

第３図において，抵抗12 Ωに流れる電流I_R〔A〕は，

$$I_R=\frac{96}{12}=8\text{〔A〕}$$

リアクタンス16 Ωに流れる電流I_L〔A〕は，

$$I_L=\frac{96}{16}=6\text{〔A〕}$$

回路全体に流れる電流I〔A〕は，

$$I=\sqrt{I_R{}^2+I_L{}^2}\text{〔A〕}$$

$$=\sqrt{8^2+6^2}=\sqrt{64+36}=\sqrt{100}=10\text{〔A〕}$$

この回路の皮相電力S〔V·A〕は，

$$S=VI=96\times10=960\text{〔V·A〕}$$

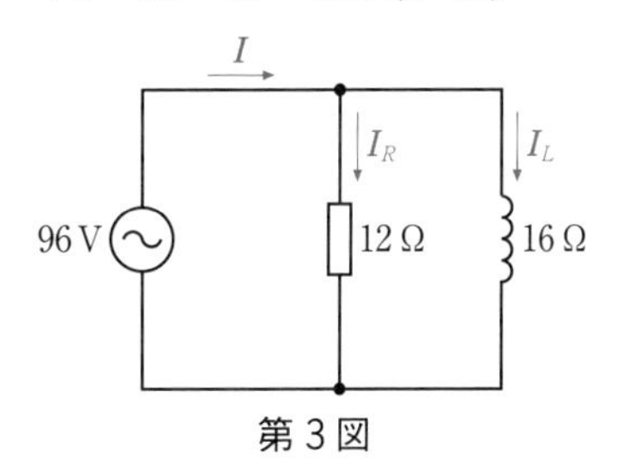

第３図

5　ハ．2.0

第４図において，抵抗20 Ωとリアクタンス40 Ωが並列に接続された１相に加わる相電圧V〔V〕は，

$$V=\frac{200}{\sqrt{3}}\text{〔V〕}$$

抵抗 20 Ωに流れる電流 I_R〔A〕は,

$$I_R=\frac{V}{R}=\frac{\frac{200}{\sqrt{3}}}{20}=\frac{200}{20\sqrt{3}}=\frac{10}{\sqrt{3}}\text{〔A〕}$$

回路の全消費電力 P〔kW〕は,

$$P=3I_R{}^2R=3\times\left(\frac{10}{\sqrt{3}}\right)^2\times 20$$

$$=3\times\frac{100}{3}\times 20=2\,000\text{〔W〕}=2\text{〔kW〕}$$

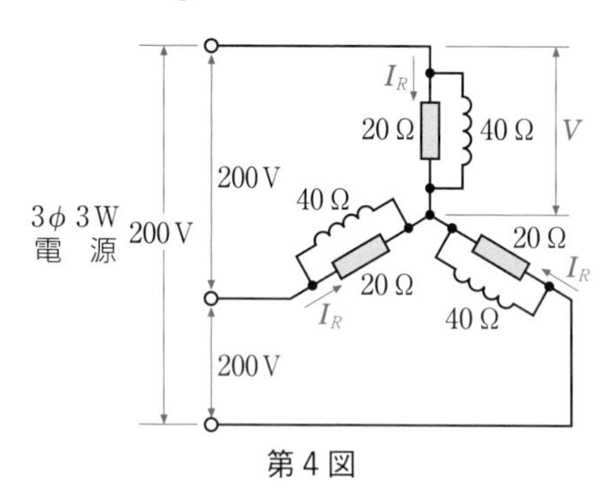

第 4 図

6 ロ. 104

負荷 A と負荷 B は等しく，負荷が平衡しているので，中性線による電圧降下はない.

平衡した単相 3 線式配電線路の電圧降下 v〔V〕の近似式は，電線の抵抗を r〔Ω〕，リアクタンスを x〔Ω〕，負荷電流を I〔A〕，力率を $\cos\theta$ とすると，次のようになる.

$$v=I(r\cos\theta+x\sin\theta)\text{〔V〕}$$

問題の配電線路にはリアクタンス x〔Ω〕が与えられていないので，電圧降下 v〔V〕は,

$$v=Ir\cos\theta=10\times 0.5\times 0.8=4\text{〔V〕}$$

電源電圧 V〔V〕は,

$$V=100+v=100+4=104\text{〔V〕}$$

7 ロ. 1.6

コンデンサ設置前と設置後の消費電力は同じである. コンデンサ設置前に配電線路に流れる電流を I_1〔A〕，コンデンサ設置後に配電線路に流れる電流を I〔A〕，負荷電圧を V〔V〕とすると，消費電力は次式のようになる.

$$\sqrt{3}\,VI_1\times 0.8=\sqrt{3}\,VI\times 1.0$$

コンデンサ設置後に流れる電流 I〔A〕は,

$$I=0.8I_1\text{〔A〕}$$

配電線路の電線 1 本当たりの抵抗を r〔Ω〕とすると，コンデンサ設置前の線路損失は，次式で表すことができる.

$$3I_1{}^2r=2\,500\text{〔W〕}$$

コンデンサ設置後の線路損失は,

$$3I^2r=3(0.8I_1)^2r=3\times 0.64I_1{}^2r$$

$$=3I_1{}^2r\times 0.64=2\,500\times 0.64=1\,600\text{〔W〕}$$

$$=1.6\text{〔kW〕}$$

8 イ. 2.5

第 5 図において，変圧器の一次側に流れる電流 I_1〔A〕は,

$$6\,300\times I_1=210\times 300$$

$$I_1=\frac{210}{6\,300}\times 300=10\text{〔A〕}$$

変流器の二次側に流れる電流 I〔A〕は，変流比が 20/5 A であることから,

$$\frac{I_1}{I}=\frac{20}{5}=4$$

$$I=\frac{I_1}{4}=\frac{10}{4}=2.5\text{〔A〕}$$

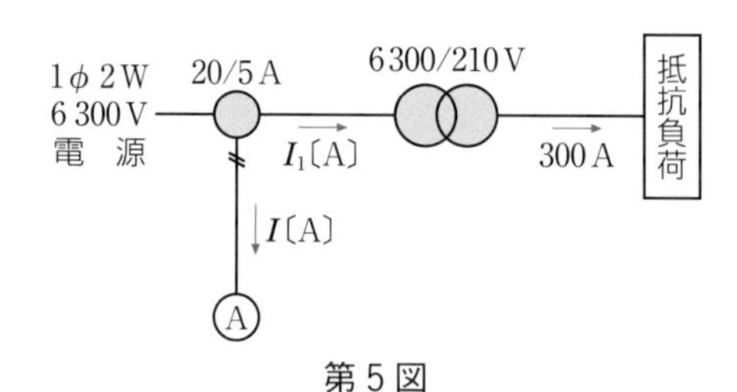

第 5 図

9 イ. 100

需要率は，次式で表される.

$$\text{需要率}=\frac{\text{最大需要電力〔kW〕}}{\text{設備容量〔kW〕}}\times 100\text{〔\%〕}$$

最大需要電力〔kW〕は,

$$\text{最大需要電力}=\text{設備容量}\times\frac{\text{需要率}}{100}$$

$$=500\times\frac{40}{100}=200\text{〔kW〕}$$

負荷率は，次式で表される.

$$\text{負荷率}=\frac{\text{平均需要電力〔kW〕}}{\text{最大需要電力〔kW〕}}\times 100\text{〔\%〕}$$

平均需要電力〔kW〕は,

$$\text{平均需要電力}=\text{最大需要電力}\times\frac{\text{負荷率}}{100}$$

$$=200\times\frac{50}{100}=100\text{〔kW〕}$$

⑩ ハ．44

三相誘導電動機の出力 P_o〔W〕，入力 P_i〔W〕，効率 η には，次の関係がある．

$$P_i = \frac{P_o}{\eta} \text{〔W〕}$$

電源電圧を V〔V〕，負荷電流を I〔A〕，力率を $\cos\theta$ とすると，入力 P_i〔W〕は，

$$P_i = \sqrt{3}VI\cos\theta = \frac{P_o}{\eta} \text{〔W〕}$$

したがって，全負荷時における電流 I〔A〕は，

$$I = \frac{P_o}{\sqrt{3}V\cos\theta\,\eta} \text{〔A〕}$$

$$= \frac{11\,000}{\sqrt{3} \times 200 \times 0.8 \times 0.9} \fallingdotseq 44 \text{〔A〕}$$

⑪ ロ．300

JIS Z9110：2010（照明基準総則）による．

学校の教室（机上面）における維持照度の推奨値は，300 lx である．

学校における「学習空間」での維持照度の推奨値は，**第１表**のようになっている．

第１表　学校の維持照度

製図室	750 lx	図書閲覧室	500 lx
被服教室	500 lx	教室	300 lx
電子計算機室	500 lx	体育館	300 lx
実験実習室	500 lx	講堂	200 lx

⑫ ニ．

鉄損は，負荷電流（出力）に関係なく一定である．銅損は，負荷電流（出力）の２乗に比例して大きくなる．

⑬ ロ．直流電力を交流電力に変換する装置

インバータ（inverter）とは，直流電力を交流電力に変換する電力変換装置のことで，逆変換装置などとも呼ばれる．インバータと逆の機能を持つ装置は，コンバータ（converter）である．

⑭ イ．

低圧電路で地絡を生じたときに，自動的に電路を遮断するものは漏電遮断器である．漏電遮断器には，地絡電流が流れたときに正常に動作することを確認するテストボタンがある．

ロはリモコンリレー，ハは配線用遮断器，ニは電磁開閉器である．

⑮ ロ．受変電制御機器や，停電時に非常用照明器具などに電力を供給する設備

写真に示すものは，蓄電池設備である．

⑯ ニ．384

揚水ポンプの電動機の出力 P_o〔kW〕は，全揚程を H〔m〕，揚水流量を Q〔m^3/s〕，ポンプの効率を η_p とすると，次式で表される．

$$P_o = \frac{9.8QH}{\eta_p} \text{〔kW〕}$$

電動機の入力 P_i〔kW〕は，電動機の効率を η_m とすると，次のように表される．

$$P_i = \frac{P_o}{\eta_m} = \frac{9.8QH}{\eta_p \eta_m} \text{〔kW〕}$$

したがって，揚水ポンプの電動機の入力 P_i〔MW〕は，

$$P_i = \frac{9.8QH}{\eta_p \eta_m} \times 10^{-3} \text{〔MW〕}$$

$$= \frac{9.8 \times 150 \times 200}{0.85 \times 0.9} \times 10^{-3} \fallingdotseq 384 \text{〔MW〕}$$

⑰ ニ．回転子は，一般に縦軸形が採用される．

タービン発電機は，蒸気タービンやガスタービンによって駆動される発電機をいう．タービンは高速回転のため，直結される発電機は直径が小さく，軸方向に長い構造になっている．タービン発電機は軸が長いため，回転子は一般に水平軸形が採用されている．

⑱ ロ．がいしにアークホーンを取り付ける．

がいしにアークホーンを取り付けるのは，雷害対策である．

がいしの塩害対策には，次の方法がある．

- がいし数を直列に増加する．
- 沿面距離の大きいがいしを使用する．
- シリコンコンパウンドなどのはっ水性絶縁物質をがいし表面に塗布する．
- 定期的にがいしの洗浄を行う．

⑲ ニ．高圧配電線路は一般に中性点接地方式であり，変電所内で大地に直接接地されている．

高圧配電線路は，一般的に中性点非接地方式である．それは，１線地絡電流を小さくして，変圧器の混触時に低圧電路の電位上昇を抑制したり，通信線への電磁誘導障害を小さくするた

めである．

20 ハ．高圧交流真空電磁接触器

高圧交流真空電磁接触器は，高圧動力制御盤や自動力率改善調整装置など，頻繁に開閉を行う開閉器として使用される．

21 ニ．屋外に設置する場合でも，雨等の吹き込みを考慮する必要がない．

高圧受電設備規程 1130-4（屋外に設置するキュービクルの施設）による．

キュービクル式高圧受電設備を屋外に施設する場合は，風雨・氷雪による被害を受けるおそれがないように十分注意しなければならない．

22 イ．自家用側の引込みケーブルに短絡事故が発生したとき，自動遮断する．

GR付PASは，地絡事故時に自動遮断する．短絡電流を遮断する能力がないので，短絡事故が発生したときは過電流ロック機能が働いて，自動遮断しないようになっている．

23 ニ．大電流を小電流に変成し，計器での測定を可能にする．

写真の機器は変流器で，高圧の大きな電流を小さな電流に変成する機器である．

24 ハ．

電技解釈第149条(低圧分岐回路等の施設)による．

低圧分岐回路を施設する場合は，分岐回路を保護する過電流遮断器，軟銅線の太さ，コンセントの定格電流の組合せは，第2表のようにしなければならない．

第2表　分岐回路の施設

過電流遮断器	軟銅線の太さ	コンセント
15 A 以下	1.6 mm 以上	15 A 以下
20 A 配線用遮断器	1.6 mm 以上	20 A 以下
20 A ヒューズ	2.0 mm 以上	20 A
30 A	2.6 mm (5.5 mm^2) 以上	20 A 以上 30 A 以下
40 A	8 mm^2 以上	30 A 以上 40 A 以下
50 A	14 mm^2 以上	40 A 以上 50 A 以下

(注) 20 A ヒューズ，30 A 過電流遮断器では，定格電流が 20 A 未満の差込みプラグが接続できるコンセントを除く．

分岐回路を保護する過電流遮断器が定格電流 30 A の場合は，接続できる電線の太さは直径 2.6 mm（断面積 5.5 mm^2）以上のものでなければならない．

25 イ．亜鉛めっき鋼より線，玉がいし，アンカ

支線工事に使用する材料は，**第6図**のとおりである．巻付グリップは，支線と玉がいし，支線棒とアンカの取り付けに使用する．

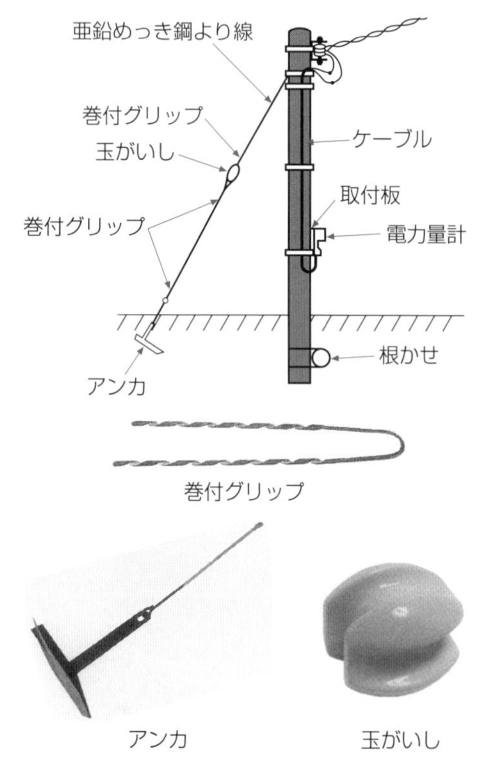

第6図　支線工事に使用する材料

26 イ．

イは油圧式パイプベンダで，太い金属管を曲げる工具である．分電盤等を，コンクリートの床や壁に設置する作業には使用されない．

ロはレンチで，ボルトやナットを締め付けるのに使用する．ハは振動ドリルで，コンクリートの床や壁に穴をあけるのに使用する．ニは水準器で，水平・垂直を調整するのに使用する．

27 イ．電線にはケーブルを使用しなければならない．

電技解釈第161条(金属線ぴ工事)による．

金属線ぴ工事に使用する電線は，絶縁電線(屋外用ビニル絶縁電線を除く)であることが定められている．

28　ニ．高圧絶縁電線を金属管に収めて施設した．

電技解釈第 168 条（高圧配線の施設）による．

高圧屋内配線は，がいし引き工事（乾燥した場所であって展開した場所に限る）かケーブル工事によらなければならない．

高圧絶縁電線を金属管に収めて施設することはできないので，ニは誤りである．

ケーブルを金属管や金属ダクトに収めてもケーブル工事になるので，イとロは正しい．

29　ロ．地中電線路に絶縁電線を使用した．

電技解釈第 120 条（地中電線路の施設）・第 123 条（地中電線の被覆金属体等の接地）による．

地中電線路には，ケーブルを使用しなければならないので，ロは誤りである．

30　ニ．DS は区分開閉器として施設される．

高圧受電設備規程 1110-2（区分開閉器の施設）による．

GR 付 PAS（地絡継電装置付き高圧交流負荷開閉器）が施設してあるので，それを区分開閉器にする．

DS は断路器（第７図）で，電路や機器などの点検，修理などを行うときに高圧電路の開閉を行う．

第７図　断路器

区分開閉器の施設については，次のように定められている．

①保安上の責任分界点には，区分開閉器を施設すること．ただし，電気事業者が自家用引込線専用の分岐開閉器を施設する場合は，保安上の責任分界点に近接する箇所に区分開閉器を施設することができる．

②区分開閉器には，高圧交流負荷開閉器を使用すること．ただし，電気事業者が自家用引込線専用の分岐開閉器を施設する場合において，断路器を屋内，又は金属製の箱に収めて屋外に施設し，かつ，これを操作するとき負荷電流の有無が容易に確認できるように施設する場合は，区分開閉器として断路器を使用することができる．

31　ロ．避雷器には電路を保護するため，その電源側に限流ヒューズを施設した．

電技解釈第 37 条（避雷器等の施設），高圧受電設備規程 1150-10（避雷器）による．

避雷器（第８図）の電源側に，限流ヒューズを施設してはならない．限流ヒューズが溶断すると，避雷器がその機能を果たせなくなる．

第８図　避雷器

32　ロ．計器用変圧器の二次側電路の接地は，B 種接地工事である．

電技解釈第 17 条（接地工事の種類及び施設方法）・第 24 条（高圧又は特別高圧と低圧との混触による危険防止施設）・第 28 条（計器用変成器の２次側電路の接地）・第 29 条（機械器具の金属製外箱等の接地）による．

高圧計器用変圧器の二次側電路の接地は，D 種接地工事である．

33　イ．

零相変流器（第９図）が地絡電流を検出できるようにするには，ケーブルシールド（遮へい

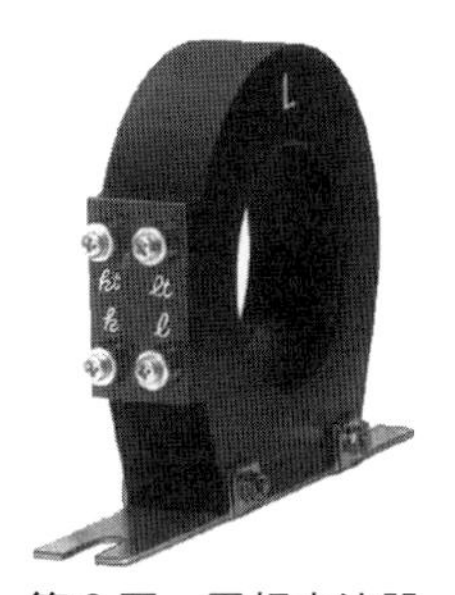

第９図　零相変流器

銅テープ）の接地線を適切に処理しなければならない．

イの場合（第 10 図）は，ZCT を通る地絡電流が $I_g - I_g + I_g = I_g$ で，地絡事故を検出できる．

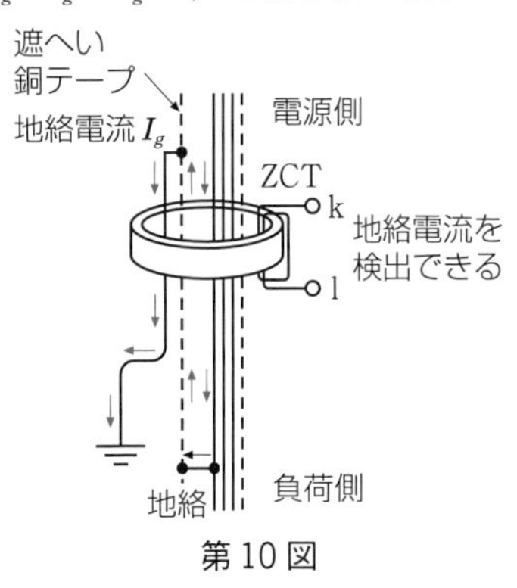

第 10 図

ロの場合〔第 11 図〕は，ZCT を通る地絡電流が $I_g - I_g = 0$ で，地絡事故を検出できない．

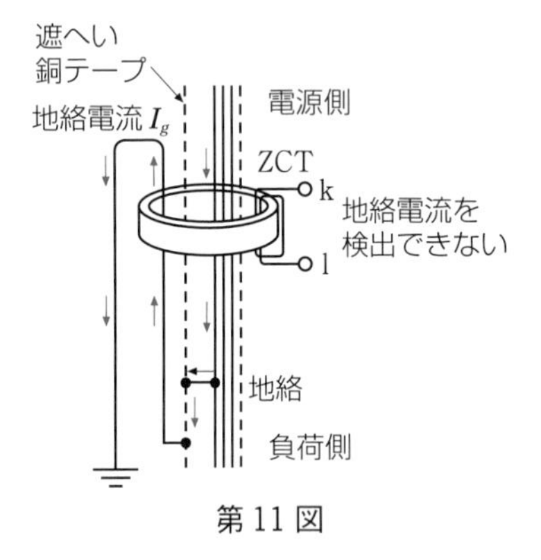

第 11 図

ハの場合〔第 12 図〕は，ZCT を通る地絡電流が $I_g - I_g = 0$ で，地絡事故を検出できない．

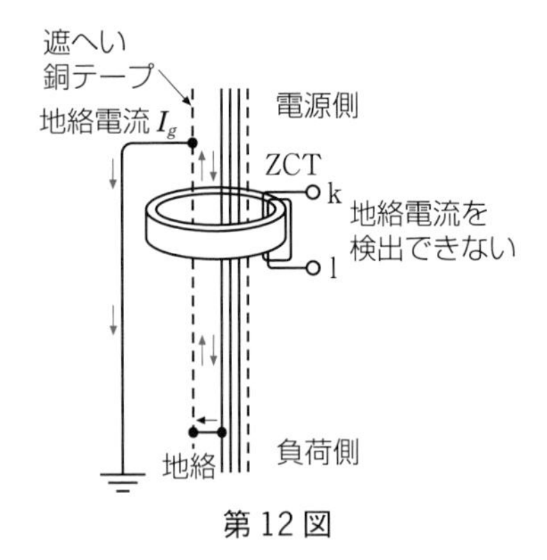

第 12 図

ニの場合は，ケーブルヘッドの両端を接地し，接地線がいずれも ZCT で地絡電流を検出しない配線のため，地絡事故を検出できない．

34 ハ．高圧ケーブルと弱電流電線を 10 cm 離隔して施設した．

電技解釈第 167 条（低圧配線と弱電流電線等又は管との接近又は交差）・第 168 条（高圧配線の施設）による．

高圧ケーブルと低圧ケーブル・弱電流電線とは，15 cm 以上離隔しなければならない．

高圧ケーブル相互は，離隔しなくてもよい．低圧ケーブルと弱電流電線とは，接触しないように施設しなければならない．

35 イ．使用電圧 400 V の電動機の鉄台

電技解釈第 24 条（高圧又は特別高圧と低圧との混触による危険防止施設）・第 28 条（計器用変成器の 2 次側電路の接地）・第 29 条（機械器具の金属製外箱等の接地）・第 37 条（避雷器等の施設）による．

使用電圧が 300 V を超える電動機の鉄台には，C 種接地工事を施さなければならない．

ロの 6.6 kV/210 V の変圧器の低圧側の中性点には B 種接地工事，ハの高圧電路に施設する避雷器には A 種接地工事，ニの高圧計器用変成器の二次側電路には D 種接地工事を施さなければならない．

36 ハ．変圧器の温度上昇試験

受電設備が完成したときの自主検査では，変圧器の温度上昇試験は行わない．

37 ニ．

CB 形高圧受電設備と配電用変電所の過電流継電器の保護協調をとるには，過電流が流れた場合に高圧受電設備の CB（遮断器）の遮断する時間が，常に配電用変電所の過電流継電器が動作する時間より速くなければならない．

38 ハ．第一種電気工事士は，「電気用品安全法」に基づいた表示のある電気用品でなければ，一般用電気工作物の工事に使用してはならない．

電気用品安全法第 2 条（定義）・第 10 条（表示）・第 28 条（使用の制限），施行令第 1 条の 2（特定電気用品），施行規則第 17 条（表示の方式）による．

電気工事士等は，「電気用品安全法」に基づいた表示が付されているものでなければ，電気用品を電気工作物の設置又は変更の工事に使用してはならない．

イの電気便座は，特定電気用品である．ロの特定電気用品には，◇PSE 又は＜PS＞Eの表示がされる．ⓅⓈⒺ 又は(PS) Eは，特定電気用品以外の電気用品に表示される．ニの特定電気用品は，危険及び障害の発生するおそれが多いものである．

39 ロ．第二種電気工事士は，2年の実務経験があれば，主任電気工事士になれる．

電気工事業法第19条(主任電気工事士の設置)・第20条(主任電気工事士の職務等)による．

主任電気工事士になれる者は，次のとおりである．

①第一種電気工事士

②第二種電気工事士で3年以上の実務経験を有する者

40 イ．最大電力400 kWの需要設備の6.6 kV変圧器に電線を接続する作業

電気工事士法第2条(用語の定義)・第3条(電気工事士等)，施行規則第2条(軽微な作業)による．

電気工事士法が適用される電気工作物は，一般用電気工作物と最大電力500 kW未満の需要設備である．

ロの発電所，ハの最大電力600 kWの需要設備，ニの配電用変電所は，電気工事士法が適用されないので，第一種電気工事士の免状の交付を受けていなくても作業ができる(第13図)．

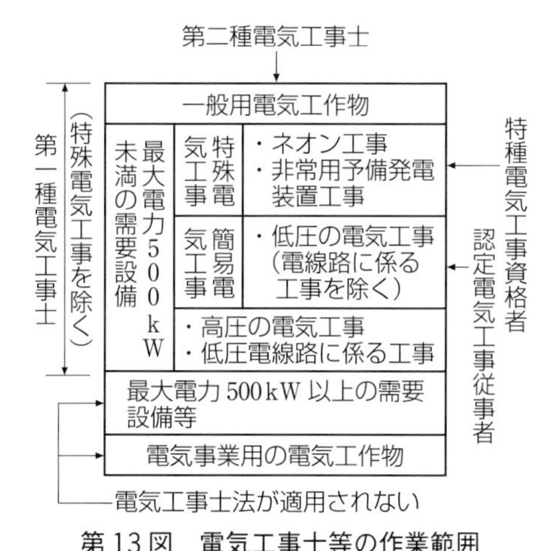

第13図　電気工事士等の作業範囲

〔問題2〕配線図の解答

41 ハ．電動機に，設定値を超えた電流が継続して流れたとき

THR(thermal relay)は熱動継電器(第14図)で，電動機に設定値を超えた電流が継続して流れたとき，ブレーク接点が開いて電動機を停止させる．

第14図　熱動継電器

42 ニ．押しボタンスイッチPB-3を押し，逆転運転起動後に運転を継続するための自己保持

PB-3を押すとMC-2のコイルに電圧が加わって，②で示したメーク接点MC-2が閉じる．PB-3を離しても，そのメーク接点MC-2を通じてMC-2のコイルに電圧が加わり，運転を継続する．

43 イ．

③で示す図記号の機器は，ブザーである．

44 ハ．正転運転を継続する．

正転運転をしているときには，インタロック回路によって，MC-2のコイルの上にあるブレーク接点MC-1が開いている(第15図)．押しボタンスイッチPB-3を押してもMC-2のコイルには電圧が加わらないので，正転運転を継続する．

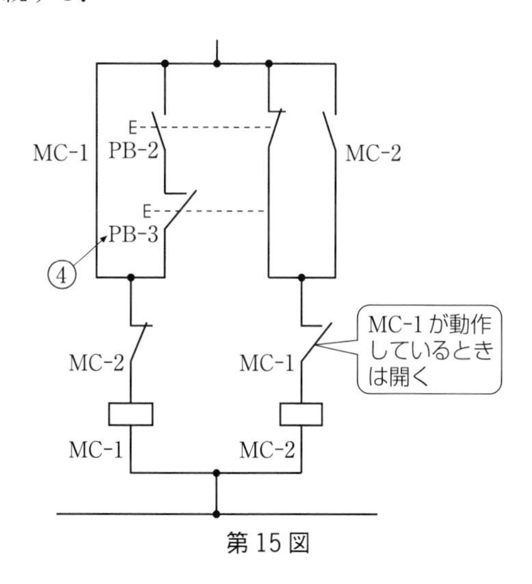

第15図

45 ハ.

MC-2 逆転が動作したときに，第 16 図のようにU相とW相の2線が入れ換わるようにする．

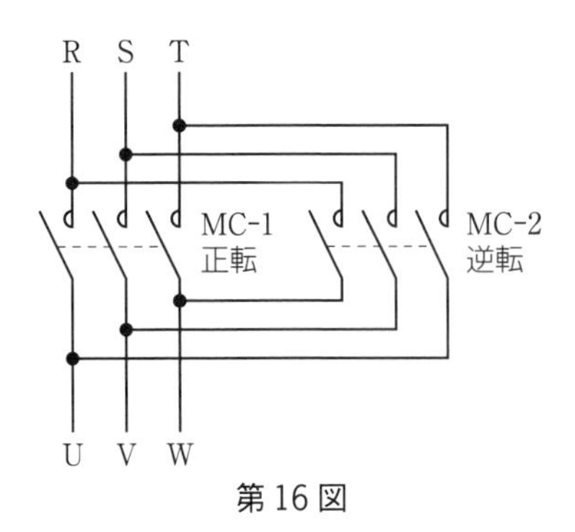

第 16 図

46 ロ．需要家側電気設備の地絡事故を検出し，高圧交流負荷開閉器を開放する．

①で示す機器は，地絡方向継電装置付き高圧交流負荷開閉器(第 17 図)である．

地絡方向継電装置付き高圧交流負荷開閉器(DGR 付 PAS)は，需要家側電気設備の地絡事故を検出し，高圧交流負荷開閉器を開放して，電気事業者への波及事故を防止する．

第 17 図　地絡方向継電装置付き高圧交流負荷開閉器

47 ロ．6.6 kV　110 V

②で示す機器は計器用変圧器(第 18 図)で，定格一次電圧は 6.6 kV，定格二次電圧は 110 V である．

第 18 図　計器用変圧器

48 ニ.

③の部分に設置する機器は変流器で，大電流を小電流に変成して，電流計などの計器や保護継電器を動作させる．変流器は，R 相と T 相(第 19 図)に設置するので 2 個使用する．

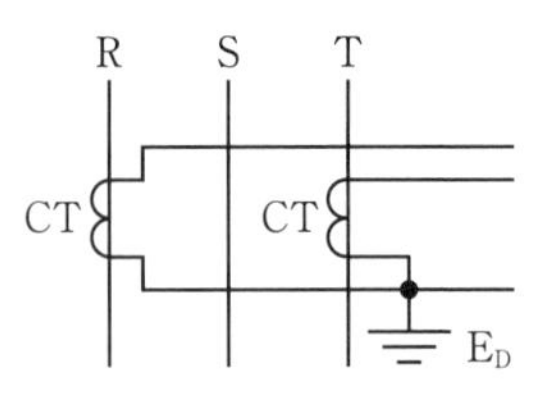

第 19 図　変流器の設置

49 イ.

④に設置する機器は単相変圧器で，3 台使用して第 20 図のように△-△結線する．

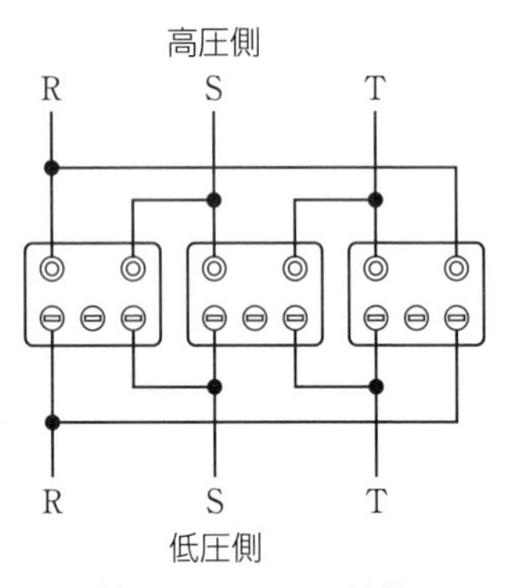

第 20 図　△-△結線

50 ニ．300

高圧受電設備規程 1150-8（変圧器)による．

⑤で示す変圧器の一次側に施設してある開閉装置は，高圧カットアウト PC（第 21 図)である．高圧カットアウトに接続できる変圧器の容量は，300 kV·A 以下である．

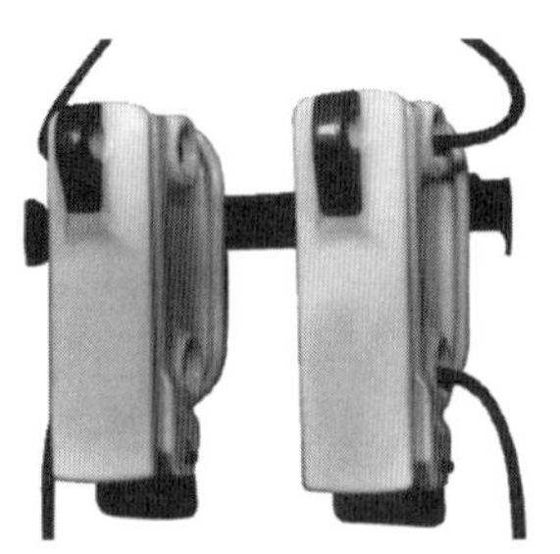

第 21 図　高圧カットアウト

付録　シーケンス図

電動機の制御回路はシーケンス図（sequence diagram）で書かれており，シーケンス図のことを「展開接続図」ともいう．

■準拠規格

シーケンス図は，日本産業規格（JIS）及び日本電機工業会規格（JEM）に基づいて書かれている．

❶ 図記号は，JIS C 0617（電気用図記号）による．

JIS C 0617（電気用図記号）の抜粋

No.	図記号	説明	No.	図記号	説明
07-02-01		メーク接点	07-07-02		押しボタンスイッチ（自動復帰メーク接点）
07-02-03		ブレーク接点	07-15-01		継電器コイル（一般図記号）
07-06-02		自動復帰しないメーク接点	08-10-01		ランプ（一般図記号）

❷ 制御機器の文字記号は，JEM 1115（配電盤・制御盤・制御装置の用語及び文字記号）による．

配電盤・制御盤・制御装置の用語及び文字記号（JEM 1115）の抜粋

整理番号	用　語	文字記号	外国語（参考）
4054	熱動継電器	THR	Thermal relay
4075	限時継電器	TLR（TR）	Time-limit relay, Timinig relay
6032	配線用遮断器	MCCB	Molded-case circut-breaker
6037	電磁接触器	MC	Electromagnetic contactor
6047	ボタンスイッチ	BS	Button switch
6111	表示灯［赤］	RD（RL）	Signal lamp,（Signal lamp-red）
6122	ブザー	BZ	Buzzer

■シーケンス図の書き方

シーケンス図は，次の約束で書かれている．

❶「縦書きシーケンス図」と「横書きシーケンス図」がある．

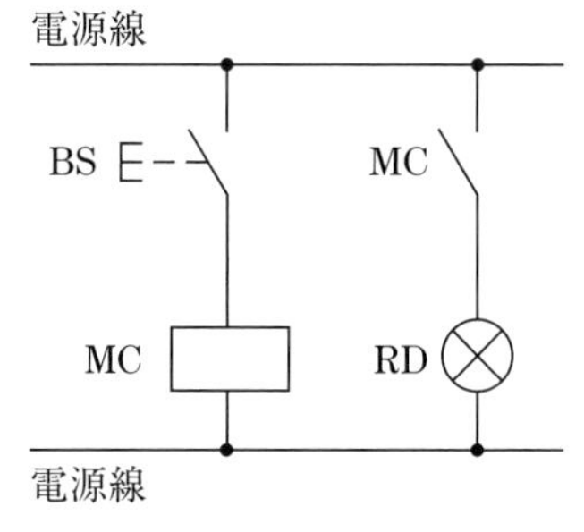

縦書きシーケンス図

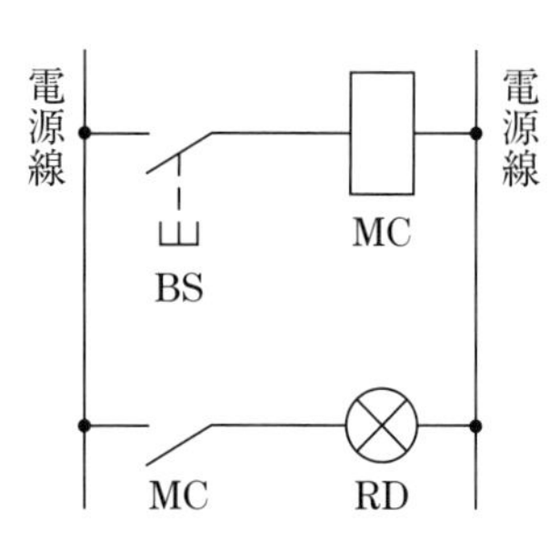

横書きシーケンス図

❷ 制御機器の各部は切り離されて書かれ，同じ文字記号を付けて同一の制御機器であることを示す．

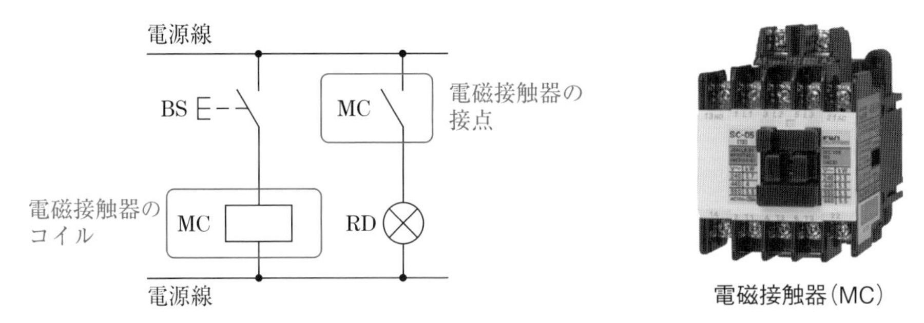

電磁接触器(MC)

❸ 動作順序を重視して書く．

・上から下へ

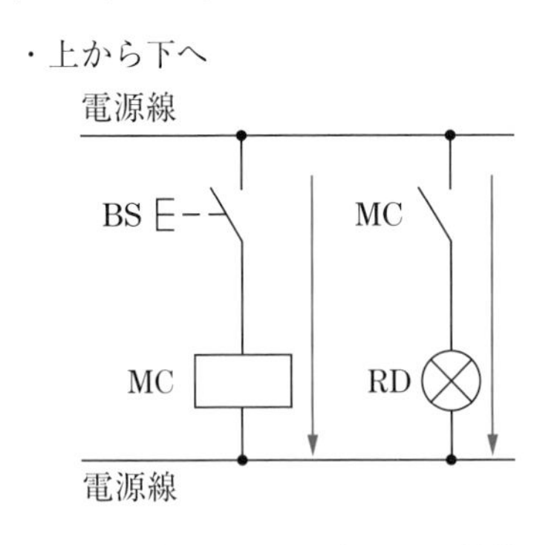

・左から右へ

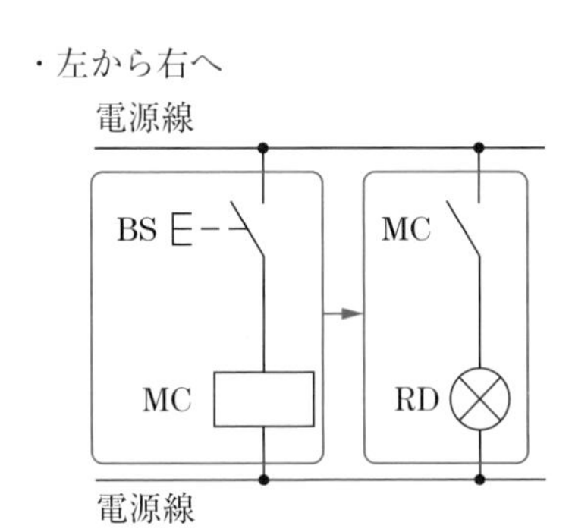

❹ 電源は切って，外部からの入力がない状態で書く．

❺ 同じ種類の制御機器は，同じ高さに書く．

❻ 制御機器を接続する電線は，できるだけ交差しないように書く．

■シーケンス図の例

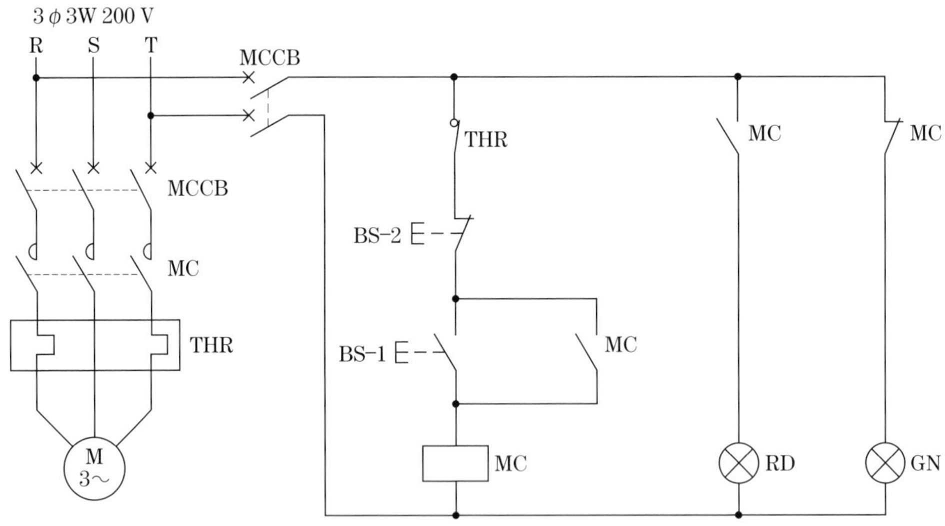

❶ 電源を入れて，BS-1 を押して離すと，MC が自己保持をする．
電動機が運転し，GN が消灯して RD が点灯する．

❷ 電動機が運転中に，BS-2 を押して離すと，MC の自己保持が解除される．
電動機が停止し，RD が消灯して GN が点灯する．

❸ 電動機が過負荷運転を継続すると，THR のブレーク接点が開放される．
MC の自己保持が解除されて，電動機が停止し，RD が消灯して GN が点灯する．

付録　第一種電気工事士筆記試験出典一覧表

一般財団法人電気試験技術者試験センター実施の第一種電気工事士筆記試験等から引用した問題の一覧表を次に示します。

ページ	練習問題	引用
7	1	平成 10 年問い 2
	2	平成 30 年問い 2
	3	平成 25 年問い 2
9	1	平成 15 年問い 2
	2	平成 16 年問い 2
	3	平成 20 年問い 4
11	1	平成 27 年問い 1
	2	二種平成 3 年午後問い 2
	3	平成 12 年問い 1
	4	平成 17 年問い 25
13	1	平成 23 年問い 2
	2	平成 26 年問い 2
	3	平成 20 年問い 11
16	1	平成 19 年問い 1
17	2	平成 26 年問い 1
	3	平成 2 年問い 1
	4	令和元年問い 1
19	1	平成 14 年問い 1
	2	平成 17 年問い 1
	3	平成 28 年問い 1
	4	平成 20 年問い 1
21	1	平成 16 年問い 3
	2	平成 4 年問い 3
23	1	平成 22 年問い 4
	2	令和 2 年問い 3
	3	平成 16 年問い 4 改変
25	1	平成 22 年問い 3
	2	平成 27 年問い 4
	3	平成 24 年問い 2
26	1	平成 24 年問い 3
27	2	平成 23 年問い 3 改変
	3	令和 2 年問い 4
	4	平成元年問い 4
29	1	平成 18 年問い 4
	2	平成 22 年問い 5 改変
	3	平成 25 年問い 5 改変

ページ	練習問題	引用
30	1	平成 3 年問い 5
	2	平成 10 年問い 6
31	3	平成 25 年問い 9
	4	平成 24 年問い 4
32	2	平成 4 年問い 6 改変
33	3	平成 6 年問い 5 改変
	4	令和 3 年午前問い 5
35	1	平成 5 年問い 1
	2	平成 10 年問い 1
	3	平成 18 年問い 1
41	1	平成 4 年問い 23
	2	昭和 63 年問い 9 改変
43	1	平成 30 年問い 7
	2	平成 20 年問い 6
44	1	平成 10 年問い 13
45	2	平成 28 年問い 6
	3	平成 25 年問い 7 改変
47	1	平成 14 年問い 8 改変
	2	平成 25 年問い 8
	3	平成 18 年問い 8
48	1	令和 2 年問い 6
49	2	平成 29 年問い 8
	3	令和元年問い 6
51	1	平成 19 年問い 8
	2	平成 29 年問い 6
52	1	平成 21 年問い 6
53	2	平成 27 年問い 19
	3	平成 19 年問い 16
55	1	平成 16 年問い 21
	2	平成 22 年問い 18
	3	平成 23 年問い 9
57	1	平成 2 年問い 8
	2	二種平成 3 年午後問い 11
59	2	平成 9 年問い 30
	3	平成 11 年問い 31
	4	等価実技平成 14 年問い 22 改変

ページ	練習問題	引用
60	5	平成 27 年問い 7
	6	令和 2 年問い 24
65	1	平成 17 年問い 13
	2	平成 11 年問い 30
	3	平成 15 年問い 14 改変
67	1	平成 19 年問い 13
	2	平成 21 年問い 13
	3	平成 7 年問い 29
	4	平成 22 年問い 10
68	1	平成 18 年問い 12
69	2	平成 20 年問い 13
	3	平成 26 年問い 12
71	1	平成 23 年問い 10
	2	平成 19 年問い 11
	3	平成元年問い 19 改変
	4	平成 13 年問い 16
	5	平成 21 年問い 12
73	1	平成 23 年問い 16
	2	令和 2 年問い 16
	3	平成 30 年問い 11
	4	平成 25 年問い 10
76	1	平成 25 年問い 19
77	2	平成 19 年問い 9
78	1	平成 23 年問い 19
79	2	平成 5 年問い 25
	3	平成 29 年問い 12
	4	平成 19 年問い 18
81	1	平成 25 年問い 11
	2	平成 30 年問い 12
	3	平成元年問い 22
	4	平成 14 年問い 15
	5	平成 20 年問い 12
83	1	令和 3 年午後問い 11
	2	平成 24 年問い 7
	3	平成 23 年問い 8 改変
85	1	平成 16 年問い 13
	2	平成 26 年問い 19
	3	平成元年問い 24
	4	平成 24 年問い 17
87	1	平成 2 年問い 35
	3	平成 4 年問い 37
	5	平成 3 年問い 15 改変

ページ	練習問題	引用
89	1	令和 2 年問い 10
	2	平成 29 年問い 11
	3	平成 30 年問い 10
	4	平成 29 年問い 10
91	1	平成 18 年問い 10
	2	平成 26 年問い 11
	3	平成 14 年問い 16
93	2	平成 4 年問い 20
	3	平成 28 年問い 10
95	1	平成 19 年問い 10
	2	平成 17 年問い 11
	3	平成 28 年問い 13
97	1	平成 7 年問い 18
	2	平成 11 年問い 19
	3	平成 10 年問い 19
	4	平成 23 年問い 13
101	1	令和 2 年問い 21
103	1	平成 21 年問い 21
	2	平成 25 年問い 20
	3	平成 4 年問い 26
105	1	平成 2 年問い 28
	2	平成 6 年問い 31
	3	平成 2 年問い 26
	4	昭和 63 年問い 30
107	1	平成 28 年問い 21
	2	平成 18 年問い 20
	3	平成 9 年問い 28
109	1	令和 2 年問い 8
	2	平成 24 年問い 20
	3	平成 21 年問い 20
111	1	平成 22 年問い 20
	2	平成元年問い 14
	3	平成 16 問い 28
	4	平成 11 年問い 21
113	1	等価実技平成 14 問い 17
	2	平成 3 年問い 12
	3	平成 5 年問い 26
114	1	平成 18 年問い 7 改変
115	2	平成 17 年問い 21
	3	平成 9 年問い 23
	4	平成 12 年問い 25
	5	平成 27 年問い 21

ページ	練習問題	引用
117	1	平成 17 年問い 20
	2	平成 16 年問い 30
	3	平成 7 年問い 21 改変
119	2	平成 21 年問い 25
	3	平成 24 年問い 26
121	1	平成 23 年問い 26
	2	平成 25 年問い 26
127	1	平成 2 年問い 33
	2	平成 16 年問い 33
	3	平成 14 年問い 33
	4	平成 25 年問い 27
	5	平成 30 年問い 29
129	1	平成 15 年問い 28
	2	平成 25 年問い 36
	3	平成 14 年問い 30
131	1	平成 8 年問い 35
	2	平成 17 年問い 28
	3	平成 13 年問い 32
133	1	平成 7 年問い 34 改変
	2	平成 6 年問い 33
	4	平成 8 年問い 32 改変
135	1	平成 21 年問い 27
	2	平成 25 年問い 29
	3	平成 24 年問い 29
137	1	平成 23 年問い 27
	2	平成 5 年問い 29 改変
139	1	平成 2 年問い 31
	2	平成元年問い 33
	3	平成 27 年問い 27
141	1	平成 24 年問い 27
	2	昭和 63 年問い 33 改変
	3	平成 3 年問い 34
143	1	平成 14 年問い 32 改変
	2	平成 30 年問い 27
	3	平成 4 年問い 32
145	1	平成 28 年問い 29
	2	二種平成 16 年問い 21
147	1	平成 22 年問い 29
	2	平成 26 年問い 28
	3	平成 17 年問い 29
149	1	平成 16 年問い 32
	3	令和 2 年問い 29

ページ	練習問題	引用
151	1	平成 3 年問い 25 改変
155	2	等価実技平成 6 年問い 20 改変
157	1	昭和 63 年問い 39 改変
	2	平成 5 年問い 23 改変
	3	平成 28 年問い 37
	4	昭和 63 年問い 34 改変
	5	平成 5 年問い 31 改変
159	1～5	平成 17 年問い 30～34
161	1～4	平成 20 年問い 30～33
162	1～2	平成 19 年問い 30～31
163	3～5	平成 19 年問い 32～34
165	1～5	平成 25 年問い 30～34
173	1	平成 21 年問い 5
	2	平成 4 年問い 7 改変
	3	平成 3 年問い 6 改変
175	1	平成 2 年問い 5
	2	平成 7 年問い 7
	3	平成 7 年問い 37
177	1	平成 18 年問い 36
	2	令和元年問い 35
	3	平成 19 年問い 36
	4	昭和 63 年問い 37
179	1	平成 19 年問い 37
	2	平成 23 年問い 35
	3	平成 17 年問い 35
	4	平成 18 年問い 35
181	1	昭和 63 年問い 36
	2	平成 2 年問い 36
	3	平成 5 年問い 16
	4	平成 30 年問い 37
183	1	令和 2 年問い 36
	2	平成 24 年問い 36
	3	平成 21 年問い 37
187	1	平成 30 年問い 16
	2	平成 4 年問い 22
	3	平成 12 年問い 21
	4	平成 2 年問い 21
	5	平成 13 年問い 21
	6	平成 28 年問い 16
189	1	平成 19 年問い 21
	2	平成 30 年問い 18
	3	平成 7 年問い 24

ページ	練習問題	引用
189	4	平成 26 年問い 18
191	1	平成 25 年問い 17
	2	平成 12 年問い 20
	3	令和 2 年問い 17
193	1	平成 18 年問い 17
	2	平成 17 年問い 18
	3	平成 20 年問い 18
197	1	平成 17 年問い 19
198	2	平成 28 年問い 19
	3	平成 26 年問い 17
	4	平成 24 年問い 18
	5	令和元年問い 18
	6	平成 30 年問い 19
199	7	平成 26 年問い 20
	8	平成 28 年問い 18
	9	令和 2 年問い 18
	10	令和 2 年問い 19
203	1	二種令和 2 年下期午後問い 30
	2	平成 30 年問い 40
	3	平成 29 年問い 38
206	1	平成 17 年問い 38
	2	平成 30 年問い 38
	3	平成 25 年問い 39
	4	平成 21 年問い 39
207	5	平成 28 年問い 38
	6	平成 25 年問い 38
209	1	平成 27 年問い 40
	2	平成 21 年問い 38
	3	平成 30 年問い 39
212	1	平成 27 年問い 38
	2	平成 23 年問い 38
	3	平成 28 年問い 40
	4	平成 29 年問い 40
	5	令和元年問い 40
233	1～4	令和元年問い 46～49
234	5	令和元年問い 50
236	1～5	平成 30 年問い 41～45
237	6～10	平成 30 年問い 46～50
240	1～6	平成 29 年問い 41～46

ページ	練習問題	引用
241	7～10	平成 29 年問い 47～50
244	1～5	平成 28 年問い 46～50
258	1～2	平成 28 年問い 41～42
259	3～5	平成 28 年問い 43～45
260	1	令和 2 年問い 41
261	2～5	令和 2 年問い 42～45
262	1～2	令和元年問い 41～42
263	3～5	令和元年問い 43～45
271	1	令和 2 年問い 23
	2	令和 2 年問い 22
	3	令和元年問い 23
	4	令和元年問い 22
	5	平成 30 年問い 23
	6	平成 30 年問い 22
272	7	平成 29 年問い 23
	8	平成 29 年問い 22
	9	平成 25 年問い 25
	10	平成 24 年問い 23
	11	平成 21 年問い 23
	12	平成 19 年問い 22
273	13	平成 21 年問い 22
	14	平成 24 年問い 16
278	1	令和 2 年問い 14
	2	令和元年問い 26
	3	平成 30 年問い 14
	4	平成 29 年問い 15
279	5	平成 29 年問い 14
	6	平成 28 年問い 24
	7	平成 28 年問い 25
	8	平成 28 年問い 14
283	1	令和 2 年問い 26
	2	平成 27 年問い 24
	3	平成 29 年問い 26
284	4	平成 18 年問い 26
	5	平成 20 年問い 25
	6	平成 21 年問い 14 改変
	7	平成 21 年問い 26
	8	平成 18 年問い 23 改変
	9	令和元年問い 14

索 引

あ 行

か 行

さ 行

た　行

な　行

は　行

ま　行

や　行

ら　行

記号・英数字

第一種電気工事士筆記試験完全マスター（改訂４版）

2009 年 12 月 20 日　第 1 版第 1 刷発行
2012 年 5 月 30 日　改訂 2 版第 1 刷発行
2014 年 12 月 20 日　改訂 3 版第 1 刷発行
2022 年 1 月 25 日　改訂 4 版第 1 刷発行
2022 年 9 月 20 日　改訂 4 版第 3 刷発行

編　集　オーム社
発行者　村上和夫
発行所　株式会社 オーム社
郵便番号　101-8460
東京都千代田区神田錦町 3-1
電話　03(3233)0641(代表)
URL https://www.ohmsha.co.jp/

印刷・製本　三美印刷
ISBN978-4-274-22808-7　Printed in Japan